语音信号处理

洪 弘 陶华伟 薛 彪 赵 力 ◎编著

清华大学出版社

北京

内 容 简 介

本书为语音信号处理领域的指导书。作者在东南大学、南京理工大学开设的本科生课程的基础上,介绍了语音信号处理的基本原理、分析方法以及该学科领域近年来取得的一些研究成果和技术,在理论和应用之间达到了极好的平衡。全书共 11 章,内容包括:绪论、语音信号处理的声学理论与模型、传统语音信号分析方法、现代语音信号处理方法、语音信号的参数估计、语音编码、语音增强、语音合成、语音识别、说话人识别、语音信号中的情感信息处理。另外,在本书的每章中都加入了复习题,供读者思考。

本书可作为高等院校计算机应用、信号与信息处理、通信与信息系统等专业的高年级本科生、研究生教材,同时也可供语音信号处理等领域的工程技术人员参考。

图书在版编目(CIP)数据

语音信号处理/洪弘等编著.—北京:清华大学出版社,2023.6
ISBN 978-7-302-63548-2

Ⅰ.①语… Ⅱ.①洪… Ⅲ.①语声信号处理 Ⅳ.①TN912.3

中国国家版本馆 CIP 数据核字(2023)第 087767 号

责任编辑:贾 斌
封面设计:刘 键
责任校对:胡伟民
责任印制:杨 艳

出版发行:清华大学出版社
   网 址:http://www.tup.com.cn,http://www.wqbook.com
   地 址:北京清华大学学研大厦 A 座   邮 编:100084
   社 总 机:010-83470000   邮 购:010-62786544
   投稿与读者服务:010-62776969,c-service@tup.tsinghua.edu.cn
   质量反馈:010-62772015,zhiliang@tup.tsinghua.edu.cn
   课件下载:http://www.tup.com.cn,010-83470236
印 装 者:三河市龙大印装有限公司
经 销:全国新华书店
开 本:185mm×260mm 印 张:21   字 数:525 千字
版 次:2023 年 6 月第 1 版   印 次:2023 年 6 月第 1 次印刷
印 数:1~1500
定 价:69.80 元

产品编号:086898-01

人工智能技术的发展,正改变着人机交互的方式。语音是人类最直接、最方便的信息交流方式,让机器像人一样说话和听话,实现人与机器的自然交流,是人工智能领域一直追求的目标。语音信号处理的研究,可推动这一目标的逐步实现,其研究成果可广泛应用于智能办公、交通、金融、公安、商业、旅游等行业的语音咨询与管理,工业生产部门的语声控制,电话和电信系统的自动拨号、辅助控制与查询以及医疗卫生和福利事业的生活支援等领域。可见,语音信号处理技术的研究是一项极具市场价值和挑战的工作。我们今天进行这一领域的研究与开拓就是要让语音信号处理技术走入人们的日常生活中,并不断朝着更高的目标发展。因此,开展语音信号处理的研究具有重要的理论意义和较高的实际应用价值。

语音信号处理这门学科之所以能够长期深深吸引广大科学工作者不断对其进行研究和探讨,除了它的实用性之外,另一个重要原因是它始终与信息科学中最活跃的前沿学科保持密切的联系,并共同发展。语音信号处理是以语音语言学和数字信号处理为基础而形成的一门涉及面很广的综合性学科,与人工智能、心理学、生理学、计算机科学、通信与信息系统以及模式识别等学科都有着非常密切的关系。对语音信号处理的研究一直是数字信号处理技术发展的重要推动力量。因为许多信号处理新方法的提出,首先是在语音信号处理中获得成功,然后再推广到其他领域的。许多高速信号处理器的诞生和发展与语音信号处理技术的发展密不可分,语音信号处理的复杂性和实时性,促使人们设计更为先进的高速信号处理器。这种处理器问世之后,会先在语音信号处理中得到最有效的推广应用。语音信号处理产品对此类处理器有着巨大的需求,因此它反过来又进一步推动了微电子技术的发展。

语音信号处理是研究用数字信号处理技术对语音信号进行处理的一门学科。与语音信号处理的理论和研究紧密结合的有两方面:一方面是从语音的产生和对语音的感知来对其进行研究,这一研究与语音学、语言学、认知科学、心理学、生理学等学科密不可分;另一方面是将语音作为一种信号来进行处理,包括传统的数字信号处理技术以及一些新的应用于语音信号处理的方法和技术。

本书将系统介绍语音信号处理的基础、原理、方法和应用。全书共 11 章。其中,第 1 章为绪论。第 2 章介绍了语音信号处理的声学理论与模型,如语音信号处理的声学基础、语音生成的数学模型、语音信号的特性分析和语言学基本概念等,在此基础上才可以建立既实用又便于分析的语音信号产生模型和语音信号感知模型等。第3章介绍了传统语音信号分析方法,包括语音信号数字化和预处理、端点检测、语音信号的时域分析与频域分析等,传统语音分析方法均为线性方法,制约着语音分析和处理性能的进一步提高;第4章介绍了现代语音信号的处理方法,包括同态信号处理、小波变换、Teager能量操作、希尔伯特-黄变换和经验小波变换。第5章介绍了语音信号的基音周期估计和共振峰估计等,基音周期估计可以分为基于帧的估计和基于事件的估计,而共振峰估计主要包括传统的共振峰估计方法和基于希尔伯特-黄变换的汉语共振峰估计方法。第6章介绍了三种编码方法,包括波形编码、参数编码与混合编码,各种编码技术的目的是减少传输码率或存储量,以提高传输或存储的效率,同时介绍了现代通信中的语音信号编码方法。第7章主要介绍语音增强的内容,首先介绍了语音特性和人耳感知特性,在此基础上根据实际情况选用合适的语音增强方法,对于传统的语音增强方法,介绍了基于滤波法、减谱法、Weiner滤波法、模型、听觉隐蔽和时域处理的语音增强技术,而对于现代语音增强技术,则从机器学习的角度出发,介绍了基于非负矩阵分解的语音增强技术和基于DNN频谱映射的语音增强技术。第8章介绍了语音合成的共振峰合成法、线性预测合成法、神经网络语音合成法和PSOLA算法等。第9章介绍了语音识别的内容,主要包括语音识别原理及识别系统的组成、动态时间规整、孤立字(词)识别系统、连续语音识别系统及其性能评测和基于DNN-HMM的语音识别系统,可以分为模板匹配法、随机模型法、概率语法分析法、基于深度学习等语音识别系统。第10章主要介绍了说话人识别系统中所使用的方法,说话人识别系统的基本结构,以及说话人识别系统的应用。第11章介绍了语音信号中的情感信息处理,对语音信号中的情感做了分类,主要可以分为基本情感论和多维分析论,并给出了三种语音情感识别的方法,即基于融合特征的语音情感识别方法、基于LSTM的语音情感识别方法和基于CNN的语音情感识别方法。

　　语音信号处理技术是目前发展最为迅速的信息科学技术之一,其研究涉及一系列前沿课题,且处于迅速发展之中。因此本书的宗旨是在系统地介绍语音信号处理的基础、原理、方法和应用的同时,向读者介绍该学科领域近年来取得的一些新成果、新方法及新技术。数字语音信号处理属于应用科学,要学好这门课程,必须理论联系实际应用,才能很好地掌握数字语音处理的理论和技术方法。因此,本书的每一章后面都附有课外思考题。建议学习者仔细思考书中的习题,并进行计算机上机实验以获得实际经验,帮助自己尽快掌握所学的语音信号处理知识。

　　本书可作为人工智能、计算机、电子信息等专业工程技术人员、教师和研究生的参考书。因为语音信号处理技术是一项正在快速发展的技术,许多方法还在不断更新和研究中,加之作者水平有限,书中许多内容有待进一步研究和完善,恳请读者批评指正。

编　者

2023 年 3 月 30 日

CONTENTS 目录

第 1 章

绪 论

语言是人类的思维工具和交际工具,它和思维有着非常密切的关联,是思维的载体、物质外壳和表现形式。语音是人类发音器官发出的具有一定社会意义的声音,语音是语言的物质外壳和外部形式,是最直接地记录人类思维活动的符号体系。在语言的形、音、义三个基本属性中,语音是第一属性。人类的语言首先是以语音的形式形成,世界上有无文字的语言,但是没有无语音的语言,因此语音在语言中起决定性的支撑作用。

随着社会的不断发展,电子计算机参与人类各种各样的生产活动和社会活动,因此改善人和电子计算机之间的关系,实现人和电子计算机的无缝对接显得越来越重要。随着电子计算机向便携化方向发展和计算环境的日趋复杂化,人们发现人类和电子计算机之间最好的通信方式就是语言通信。然而要使电子计算机听懂人类的语言,并能够使用人类的语言进行表达,还有大量工作需要做,这就是语音信号处理的目标。作为高科技应用领域的研究热点,语音信号处理从理论研究到产品开发已经走过了几十个春秋并且取得了长足的进步。

语音信号处理是以语音语言学和数字信号处理为基础而形成的一门涉及面很广的综合性学科,与心理学、生理学、认知科学、计算机科学、通信与信息系统、模式识别和人工智能等学科都有着非常密切的关系。语音信号处理技术的发展依赖于这些学科的发展,而语音信号处理技术的进步也会促进这些学科的进步。比如,对语音信号处理的研究一直是推动数字信号处理技术发展的重要力量。因为很多数字信号处理的新方法的提出,首先是在语音信号处理领域获得成功,然后再推广到其他领域的。

1.1 语音信号处理的发展历史

1.1.1 经典语音信号处理技术

语音信号处理作为一个重要的研究领域,已经有很长的研究历史。最早可以追溯到1876 年贝尔发明的电话,它首次用声电-电声转换来实现远距离语音传输技术。但是语音信号处理的快速发展可以说是从 1939 年 Dudley 的声码器(Vocoder)开始的,此项工作奠定了语音产生模型的基础。1947 年,贝尔(Bell)实验室发明了语谱图仪,将语音信号的时变频谱用图形表现出来,为语音信号分析提供了有效工具。1948 年,美国耶鲁大学的 Haskins 实验室研制了"语图回放机",将手工绘制在薄膜片上的语谱图自动转换为语音,成功实现语音合成。

20 世纪 50 年代开始进行语音识别的研究工作,语音识别技术的根本目的是研究出一种具有听觉功能的机器,能够听懂人类语言。1952 年,贝尔实验室的 Davis 等人研制了特定说话人孤立数字识别装置,该装置利用每个数字元音部分的频谱特征可以识别 10 个英语数字。1956 年,美国无线电公司的 Olson 和 Belar 等人研制出 10 个单音节词的识别系统,系统采用 8 个带通滤波器组提取的频谱参数作为语音的特征。1959 年,Fry 等人尝试构建音素识别器来识别 4 个元音和 9 个辅音,采用频谱分析和模式匹配来完成识别。1959 年,MIT 林肯实验室的 Forgie 等人利用声道的时变估计技术对 10 个元音进行识别。

20 世纪 60 年代初期,Fant 和 Stevens 奠定了语音生成理论的基础,在此基础上语音合成的研究得到了扎实的进展。20 世纪 60 年代中期形成的一系列数字信号处理方法和技术,如数字滤波器、快速傅里叶变换(FFT)等成为语音信号数字处理的理论和技术基础。与此同时,斯坦福大学的 Reddy 开始尝试用动态跟踪音素的方法来进行连续语音识别,此项工作对后来近 20 年的连续语音识别研究产生了深远的影响。20 世纪 60 年代末期,美国无线电公司的 Martin 等人开始研究语音信号时间尺度不统一的解决方法,形成一系列的时间规整方法。

20 世纪 70 年代初期,语音识别研究在诸多领域取得了大量成就,单词识别装置开始进入实用化阶段,其后实用化的进程进一步高涨,实用机的生产销售也上了轨道。此外社会上所宣传的声纹(Voice Print)识别,即说话人识别的研究也扎扎实实地开展起来,并很快达到了实用化阶段。1971 年,美国国防部的高级研究规划局主导的"语音理解系统"研究计划开始起步。这个研究计划不仅在美国国内,而且对世界各国都产生了很大影响。历时 5 年的庞大研究计划,虽然在语音理解、语言统计模型等方面的研究积累了一些经验,取得了许多成果,但没能达到巨大投资应得的效果,在 1976 年停了下来。但值得一提的是,在 20 世纪 70 年代还是有几项研究成果对语音信号处理这门学科的进步和发展产生了重大的影响。首先,20 世纪 70 年代初期,由板仓(Itakura)提出的动态时间规整(DTW)技术,使语音识别研究在匹配算法方面开辟了新思路。其次,20 世纪 70 年代中期,线性预测技术(LPC)被用于语音信号处理,该技术后来在语音信号处理的多个方面获得巨大成功。最后,20 世纪 70 年代末期,Linda 等人解决了矢量量化(VQ)码书生成的方法,并将矢量量化技术用于语音编码获得成功。从此矢量量化技术不仅在语音识别、语音编码和说话人识别等方面发挥了重要作用,而且很快推广到许多领域。

20 世纪 80 年代初期开始,由于矢量量化、隐马尔可夫模型(HMM)和人工神经网络(ANN)等相继被应用于语音信号处理,并经过不断改进与完善,使得语音信号处理技术产生了突破性的进展。其中,隐马尔可夫模型的理论基础由 Baum 等人于 1970 年左右建立,该模型作为语音信号的一种统计模型,在语音信号处理的各个领域中获得了广泛的应用。20 世纪 80 年代末期,美国卡内基梅隆大学利用 VQ/HMM 实现了 997 词的非特定人连续语音识别系统 SPHINX,这是世界上首个高性能的非特定人、大词汇量、连续语音识别系统。另外,美国 BBN 科技公司的 BYBLOS 系统和林肯实验室的语音识别系统也都具有很好的性能。上述研究工作开创了语音识别的新时代,直到目前 HMM 仍然是语音识别研究中的主流方法。

从 20 世纪 90 年代初期开始,语音信号处理在很多领域取得实质性的研究进展。在语音识别方面,随着 IBM、Microsoft、Apple、AT&T、NTT 等著名公司为语音识别的实用化开发投以巨资,掀起了语音信号处理技术的应用热潮,不少技术逐渐由实验室走向实用化。一方面,对声学语音学统计模型的研究逐渐深入,鲁棒的语音识别、基于语音段的建模方法及隐马尔可夫模型与人工神经网络的结合成为研究的热点。另一方面,为了语音识别实用化的需要,讲者自适应、听觉模型、快速搜索识别算法以及进一步的语言模型的研究等课题倍受关注。在语音合成方面,有限词汇的语音合成群已在自动报时、报警、报站、电话查询服务、发音玩具等方面得到了广泛的应用。关于文本—语音自动转换系统(TTS)的研究,许多国家、多个语种都已在 1990 年代初达到了商品化程度,其语音质量能为广大公众接受。从研究技术上可分为发音器官参数合成、声道模型参数合成和波形编辑合成;从合成策略上讲可分为频谱逼近合成和波形逼近合成。其中最具代表性的是 20 世纪 90 年代末期提出的基音同步叠加法(PSOLA),这种方法既能保持所发语音的主要音段特征,又能在拼接时灵活调整其基频、时长和强度等超音段特征,在语音合成中影响较大。在语音编码方面,从最早的标准化语音编码系统是速率为 64kbps 的 PCM 波形编码器,到 20 世纪 90 年代中期形成的速率为 4~8kbps 的波形与参数混合编码器,在语音质量上已接近前者的水平,且已达到实用化阶段。1999 年欧洲通信标准协会(ETSI)推出了基于码激励线性预测编码(CELP)的第三代移动通信语音编码标准自适应多速率语音编码器(AMR),其中最低速率为 4.75kbps,达到通信质量。CELP 是 20 世纪 90 年代最成功的语音编码算法,是中低速上广泛使用的语音压缩编码方案。该算法用线性预测提取声道参数,用一个包含许多典型激励矢量的码本作为激励参数,每次编码时都在这个码本中搜索一个最佳的激励矢量,这个激励矢量的编码值就是这个码本中的序号。

包含在语音信号中的情感信息是一种很重要的信息资源,它是人们感知事物的必不可少的信息。例如同样的一句话,由于说话人表现的情感不同,在给听者的感知上就可能会有较大的差别。所谓"听话听音"就是这个道理。然而传统的语音信号处理技术把这些信息,作为模式的变动和差异,通过规则化噪声处理给去掉了。实际上,人们是同时接受各种形式的信息的,怎样有效地利用各种形式的信息以达到最佳的信息传递和交流效果,是今后信息处理研究的发展方向。所以包含在语音信号中的情感信息的计算机处理研究、分析和处理语音信号中的情感特征、判断和模拟说话人的喜怒哀乐等是意义重大的研究课题,也是 20 世纪 90 年代以来兴起的新的语音信号处理研究领域。

1.1.2 新兴的语音信号处理技术

进入 21 世纪之后,借助人工智能领域深度学习技术的发展,以及大数据语料的积累,语音识别技术得到突飞猛进的发展。将人工智能领域深度学习技术引入语音识别声学模型训练,使用带 RBM 预训练的多层神经网络,极大提高了声学模型的准确率。在此方面,微软公司的研究人员率先取得了突破性进展,他们使用深度神经网络模型(DNN)后,语音识别错误率降低了 30%,是近 20 年来语音识别技术方面最快的进步。目前大多主流的语音识别解码器已经采用基于有限状态机(FST)的解码网络,该解码网络可以把语言模型、词典和声学共享音字集统一集成为一个大的解码网络,大大提高了解码的速度,为语音识别的实时应用提供了基础。随着互联网的快速发展,以及手机等移动终端的普及应用,目前可以从多个渠道获取大量文本或语音方面的语料,这为语音识别中语言模型和声学模型的训练提供了丰富的资源,使得构建通用大规模语言模型和声学模型成为可能。在语音识别中,训练数据的匹配和丰富性是推动系统性能提升的最重要因素之一,但是语料的标注和分析需要长期的积累和沉淀,随着大数据时代的来临,大规模语料资源的积累将提到战略高度。近期,语音识别在移动终端上的应用最为火热,语音对话机器人、语音助手、互动工具等层出不穷,许多互联网公司纷纷投入人力、物力和财力展开此方面的研究和应用,目的是通过语音交互的新颖和便利模式迅速占领客户群。

目前,国外的应用一直以苹果的 Siri 为龙头。而国内方面,科大讯飞、云知声、盛大、捷通华声、搜狗语音助手、紫冬口译、百度语音等系统都采用了最新的语音识别技术,市面上其他相关的产品也直接或间接嵌入了类似的技术。

21 世纪语音合成技术同样飞速发展。在声音合成达到真人说话水平后,学术界渐渐把眼光转向音色合成、情感合成等领域,力求使合成的声音更加自然,并具备个性化特征。Ogbureke 等人提出用多层感知人工神经网络(MLP)来感知清浊音,因而改变了时长的隐马尔可夫模型提高语音合成的音质。Rebai 等人针对阿拉伯语中的边音符,提出在合成器前加一个变音符分析系统,其作用是分析得到传统的不带变音符的文本,然后采用多层感知人工神经网络训练,最后将数据送入梅尔对数谱近似滤波器来合成阿拉伯语。Bahaadini 等人利用谐波加噪声模型(HNM)和 STRAIGHT(Speech Transformation and Representation using Adaptive Interpolation of weiGHTed spectrum)合成器来实现波斯语的合成。除了上述单独改进某种方法,还有研究者选择方法的融合,扬长避短。传统的基于 HMM 建模的语音合成方法存在过平滑问题(导致语音波形起伏不如自然语音大,声音听起来有点"闷"),Takamichi 等人将基于 HMM 的合成方法和单元选择方法联合起来,音质大幅度提高。Styliano 等人提出谐波加噪声模型和单元选择方法的融合,并与 TD-PSOLA 比较,波形拼接不连续现象被平滑掉,合成语音在自然度、灵活度和愉悦度上都比 TD-PSOLA 方法要好。其中最具代表性的应该是 Siri 近期推出的语音合成系统,它是一种混合语音合成系统,选音方法类似于传统的波形拼接方法,它利用参数合成方法来指导选音,本质上是一种波形拼接语音合成系统。Siri 的 TTS 系统的目标是训练一个基于深度学习的统一模型,该模型能自动准确地预测数据库中单元的目标成本和拼接成本。因此该方法使用深度混合密度模型来预测特征值的分布。这种网络结构结合了常规的深度神经网络和高斯混合模型的优势,即通过 DNN 对输入和输出之间的复杂关系进行建模,并且以概率分布作为输出。该系统使用了基于 MDN 统一的目标和拼接模型,该模型能预测语音目标特征(谱、基频、时长)和拼接成本分布,并引导基元的搜索。对于元音,有时语音特征相对稳定,而有些时候变化又非常迅速,针对这一问题,模型需要能够根据这种变化对参数进行调整,因此在模型中使用嵌入方差解决这一问题。系统在运行速度、内存使用上具有一定优势,使用快速预选机制、单元剪枝和计算并行化优化了它的性能,可以在移动设备上运行。

进入 21 世纪之后,语音编码的研究主要集中在低速率语音编码、宽带语音编码、变速率语音编码以及嵌入式语音编码。CELP 方案在 4～16kbps 速率上取得了巨大的成功,但是当速率低于 4kbps 时,由于码本容量变得太小,不能很好地代表预测余量信号,性能会下降很快,研究者普遍认为必须寻找新的途径来解决 4kbps 以下速率的高质量语音编码问题。近年出现了 4 种基本技术:多带激励(MBE)、正弦变换编码(STC)、混合激励线性预测(MELP)和波形插值(WI)。STC 可看作一种新的谐波激励模型,通常认为带宽有限的语音信号可以通过有限的正弦波叠加合成。STC、MBE 和 WI 都要应用正弦波模型合成语音。不同的是 MBE 要划分子带,在子带的基础上进行分析合成。WI 只传送部分语音段(没有传送的语音段通过插值得到),分析合成主要针对传送的语音段。宽带语音编码也出现了 3 种基本技术:G.722 宽带语音编码、频带扩展(BWE)技术和联合语音音频编码(USAC)。变速率语音编码理论上仍属于 CELP,但是在"变"上有新发展,主要引入几项新的技术:①为突出"变"进行速率判决(RDA)的自适应技术;②检测语音通信时是否有语音存在的话音激活检测(VDA)技术;③为克服背景噪声不连续的舒适背景噪声(CNA)生成技术;④为避免语音帧丢失后带来负面效应的差错隐藏(ECU)技术。嵌入式语音编码算法从本质上讲也是一种变速率语音编码算法,其码流的分布为嵌入式结构,核心码流能够保证基本的合成语音质量,外围层的码流不断提高合成语音的质量,收到的比特流越多,合成语音质量就越好,嵌入式语音编码的这种结构特别适用于因特网上的语音传输,因此得到了各国学者的重视与研究。

近年来,基于深度学习的语音增强方法得到了越来越多的关注,主要包含以下几种典型的方法。①预测幅值谱信息,这类方法通过深度神经网络模型建立带噪语音和干净语音谱参数之间的映射关系,模型的输入是带噪语音的幅值谱相关特征,模型的输出是干净语音的幅值谱相关特征,通过深度神经网络强大的非线性建模能力重构安静语音的幅值谱相关特征;神经网络模型结构可以是 DNN/BLSTM-RNN/CNN 等;相比于谱减、最小均方误差、维纳滤波等传统方法,这类方法可以更为有效地利用上下文相关信息,对于处理非平稳噪声具有明显的优势。②预测屏蔽值信息,采用这类方法建模时模型的输入可以是听觉域相关特征,模型的输出是二值型屏蔽值或浮点型屏蔽值,最常用的听觉域特征是 Gamma 滤波器相关特征,这种方法根据听觉感知特性将音频信号分成不同子带提取特征参数;对于二值型屏蔽值,如果某个时频单元能量是语音主导,则保留该时频单元能量,如果某个时频单元能量是噪声主导,则将该时频单元能量置零;采用这种方法的优势是,共振峰位置处的能量得到了很好的保留,而相邻共振峰之间波谷处的能量虽然失真误差较大,但是人耳对这类失真并不敏感;因此通过这种方法增强后的语音具有较高的可懂度;浮点值屏蔽是在二值型屏蔽基础上进一步改进,目标函数反映了对各个时频单元的抑制程度,进一步提高增强后语音的话音质量和可懂度。③预测复数谱信息,复数神经网络模型可以对复数值进行非线性变换,而语音帧的复数谱能够同时包含幅值谱信息和相位谱信息,可以通过复数神经网络建立带噪语音复数谱和干净语音复数谱的映射关系,实现同时对幅值信息和相位信息的增强。④基于对抗网络的语音增强,这种方法提供了一种快速增强处理方法,不需要因果关系,没有 RNN 中类似的递归操作;直接处理原始音频的端到端方法,不需要手工提取特征,无须对原始数据做明显假设;从不同说话者和不同类型噪声中学习,并将它们结合在一起形成相同的共享参数,使得系统简单且泛化能力较强。

1.2 语音信号处理的研究内容

语音信号处理有着广泛的应用,其中最重要的包括语音编码、语音合成、语音识别等。

1. 语音编码

语音编码技术是伴随语音数字化而产生的,主要应用于数字语音通信领域。语音信号的数字化传输一直是通信发展方向之一。语音信号的低速率编码传输比模拟传输有更多的优点。直接将连续语音信号取样量化而成为数字信号,要占用较多的信道资源。因而,在失真尽可能小的情况下,使用同样信道容量能够传输更多路的信号,这需要对模拟信号进行高效率的数字表示,即进行压缩编码,这已经成为语音编码的主要内容。

语音编码与通信技术的发展密切相关,现代通信的重要标志是数字化,而语音编码的根本作用是使语音通信数字化,它将使通信技术水平提高一大步。语音编码是移动通信及个人通信非常重要的支撑技术,对通信新业务的发展有十分重要的影响。

2. 语音合成

目前,计算机使用还不够方便,人与计算机的通信需利用键盘和显示器,效率低下且操作也不方便。因而希望计算机有智能接口,使人能够方便自然地与计算机打交道。语音是人与人、人与计算机间最方便的信息交换方式,因而人们特别期望有智能的语音接口。最理想的是,计算机有人那样的听觉功能及发音功能,从而人可用自然语言与计算机对话,使其可接收、识别并理解声、图、文本信息,看懂文字、听懂语言、朗读文章,甚至进行不同语言间的翻译。智能接口技术有重大的应用价值,又有基础的理论意义,多年来一直是最活跃的研究领域。而语音识别与语音合成为人机智能接口开辟了新途径,是智能接口技术中的标志性成果,也是人工智能的重要课题。

这里,语音合成是使计算机说话,它是一种人机语音通信技术,应用领域十分广泛,已发挥了很好的社会效益。对语音合成的社会需求也十分广泛,其研究和产品开发有很好的前景。目前,有限词汇语音合成已成熟,在自动报时、报警、报站、电话查询服务等方面得到广泛应用。

最简单的语音合成是语声响应系统,其非常简单,在计算机内建立一个语言库,将可能用到的字、词组或一些句子的声音信号,编码后存入计算机。键入所需的字、词组或句子代码时,就可调出对应的数码信号,并转换成声音。

3. 语音识别

语音识别就是使计算机判断出人说话的内容。语音识别的根本目的是使计算机有人那样的听觉功能,能接受人的语音、理解人的意图。语音识别与语音合成类似,也是人机语音通信技术。语音识别的研究有重要意义,特别是对于汉语来说,汉字的书写和录入较为困难,因而通过语音来输入汉字信息就特别重要。而且,用计算机键盘进行操作也不方便,因而用语音输入代替键盘输入的必要性更为突出。在计算机智能接口及多媒体的研究中,语音识别有很大应用潜力。

1.3 本书的结构

本书将系统介绍语音信号处理的基础、原理、方法和应用。全书共 11 章,其中第 2 章介绍了语音信号的声学理论与模型,如语音信号的产生与感知、语音生成的数学模型、语音信号的特性分析和语言学基本概念等。第 3 章介绍了传统语音信号分析方法,包括语音信号的数字化和预处理、端点检测、语音信号的时域分析与频域分析等。与第 3 章相对应,第 4 章介绍了现代语音信号处理方法,包括同态信号处理、小波变换、Teager 能量操作、希尔伯特-黄变换和经验小波变换。第 5 章介绍了语音信号的参数估计,包括基音周期估计和共振峰估计等,其中基音周期估计主要包括基于自相关法的基音周期估计、基于平均幅度差函数的基音周期估计、基于倒谱法的基音周期估计、基于简化逆滤波的基音周期估计、基于小波变换的基音周期估计、基音检测的后处理、基于倒谱和希尔伯特-黄变换的基音周期估计、基于系综经验模式分解的动态基音周期估计和基于系综经验模式分解和倒谱法的基音周期估计算法等,而共振峰估计主要包括传统的共振峰估计方法和基于希尔伯特-黄变换的汉语共振峰估计。第 6 章介绍了语音编码,包括语音信号压缩编码的原理、语音编码的关键技术、语音编码的性能指标和评测方法、语音信号的波形编码、语音信号的参数编码、语音信号的混合编码和现代通信中的语音信号编码方法。第 7 章介绍了语音增强的内容,主要包括语音特性和人耳感知特性、传统语音增强技术和现代语音增强技术,其中传统语音增强技术主要包括基于滤波法的语音增强技术、基于减谱法的语音增强技术、基于 Weiner 滤波法的语音增强技术、基于模型的语音增强技术、基于听觉隐蔽的语音增强技术和基于时域处理的语音增强技术;而现代语音增强技术主要为基于机器学习的内容,主要包括基于非负矩阵分解的语音增强技术和基于 DNN 频谱映射的语音增强技术。第 8 章介绍了语音合成的内容,主要包括共振峰合成法、线性预测合成法、神经网络合成法、语音合成专用硬件简介、PSOLA 语音合成算法和文语转换系统(TTS)。第 9 章介绍了语音识别的内容,主要包括语音识别原理及识别系统的组成、动态时间规整(DTW)、孤立字识别系统、连续语音识别系统及其性能评测和基于深度学习的语音识别。第 10 章介绍了说话人识别的内容,主要包括说话人识别方法及系统结构、应用 DTW 的说话人确认系统、应用 VQ 的说话人识别系统、应用 HMM 的说话人识别系统、应用 GMM 的说话人识别系统、应用深度学习的说话人识别、说话人识别系统中尚需进一步探索的课题和语种辨识的原理和应用。第 11 章介绍了语音信号中的情感信息处理,主要包括语音信号中的情感分类及情感特征分析、基于融合特征的语音情感识别方法、基于 LSTM 的语音情感识别方法和基于 CNN 网络的语音情感识别方法。

第 2 章

语音信号处理的声学理论与模型

2.1　概述

　　语音信号处理是研究用数字信号处理技术对语音信号进行处理的一门学科。它的目的一是要通过处理得到一些反映语音信号重要特征的语音参数以便高效地传输或存储语音信号信息；二是要通过某种运算以达到某种用途的要求，例如人工合成出语音、辨识出讲话者、识别出讲话的内容等。因此，在研究各种语音信号数字处理技术应用之前，首先需要了解语音信号的一些重要特性，在此基础上才可以建立既实用又便于分析的语音信号产生模型和语音信号感知模型等，它们是贯穿整个语音信号数字处理的基础。

2.2　语音信号处理的声学基础

2.2.1　语音的产生

　　人们讲话时发出的话语叫语音，它是一种声音，具有称为声学特征的物理特性。然而它又是一种特殊的声音，是人们进行信息交流的声音，是组成语言的声音。因此，语音（speech）是声音（acoustic）和语言（language）的组合体。可以这样定义语音，语音是由一连串的音组成语言的声音。所以对语音的研究包括两个方面，一是语音中各个音的排列由一些规则所控制，对这些规则及其含义的研究称为语言学；二是对语音中各个音的物理特征和分类的研究，称为语音学。

1. 人说话的过程

　　语音和语言是研究人类话语的一门科学，在研究语音和语言之前首先要了解一下人说话的过程。人说话的过程如图 2-1 所示，可以分为 5 个阶段。

（1）想说阶段：人说话是客观现实在大脑中的反映，经大脑的决策产生了说话的动机，接着讲话神经中枢选择恰当的单词、短语并将它们按语法规则组合，以表达想说的内容和情感，这个阶段与大脑中枢的活动有关。

（2）说出阶段：由想说阶段大脑中枢的决策，以脉冲形式向发音器官发出指令，使舌、唇、颚、声带、肺等部分的肌肉协调地动作，发出声音来。当然，与此同时，大脑也发出其他一些指令给其他有关器官，使之产生各种动作来配合言语的效果，如：面部表情、手势、身体姿态等。另外，还开动了一个"反馈"系统，来帮助修改语音。简单地说，一个人不但发出语音，而且他自己的听觉系统也在听自己的话语。但是，这个阶段主要是与发音器官的活动有关。

（3）传送阶段：人说出来的话语是一连串声波，以空气为媒介传送到听者的耳朵里。当然，有时遇到某种阻碍或其他声响的干扰，使声音产生损耗或失真。该阶段中，主要是传送信息的物理过程起作用。

（4）接收阶段：从外耳收集到的声波信息，经过中耳的放大作用，到达内耳。经过内耳基底膜的振动，激发柯尔蒂器内的神经元使之产生脉冲，将信息以脉冲形式传送给大脑。这个阶段主要是与听觉系统的活动有关。

（5）理解阶段：听觉神经中枢收到脉冲信息之后，通过一种至今尚未完全了解的方式，辨认出说话的人及其所说的信息，从而听懂了讲话者的话。

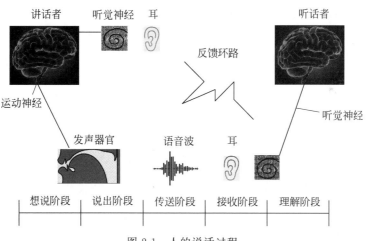

图 2-1　人的说话过程

从 5 个阶段来看，说话过程包括相当复杂的因素，其中有心理、生理、物理、个人和社会因素。这里，个人因素是指讲话的口音和用词造句的特色以及听话者的听力和理解能力。社会因素则是指讲话者和听话者对用于进行交际的手段有共同理解的社会基础。

2．人的发音器官

人的发音器官包括：肺、气管、喉（包括声带）、咽、鼻和口，这些器官共同形成一条形状复杂的管道。喉的部分称为声门。从声门到嘴唇的呼气通道叫作声道（vocal tract）。声道的形状主要由嘴唇、颚和舌头的位置来决定。由声道形状的不断改变，而发出不同语音。

语音是从肺部呼出的气流通过在喉头至嘴唇的器官的各种作用而发出的。作用的方式有 3 种：第一是把从肺部呼出的直气流变为交流的断续流或者乱流；第二是对音源起共振和反共振的作用,使它带有音色；第三是从嘴唇或鼻孔向空间幅射。因此,与发出语音声音有关的各器官叫作发音器官,图 2-2 是发音器官的部位和名称。

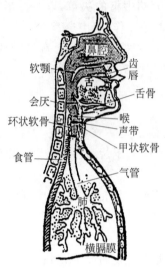

图 2-2　发音器官的部位和名称

产生语音的能量,来源于正常呼吸时肺部呼出的稳定气流。“肺”的主要功能是使血液和空气之间进行交换,即将空气中的氧气吸入血液,而将血液中的二氧化碳气体排入空气中。肺内可容纳约 1.75 升容积的空气。正常呼气时大约能呼出 275mL 的空气,在讲话时肺的气压比大气压大百分之一左右。不讲话时,呼和吸的时间大致相等。在讲话时可使呼气时间达到整个呼吸周期的 85% 左右。气管是由一些环状软骨组成的,讲话时它将来自肺部的空气送到喉部。

“喉”是由许多软骨组成的。突出在颈部的喉结称为骨甲状软骨,喉的顶部是梨状的会厌软骨。会厌软骨的作用是：在吞咽食物时不让它进入气管。对发音影响最大的是从喉结至杓状软骨之间的韧带褶,称为声带。声带的长度仅约 10～14mm,比指甲还小。呼吸时左右两声带打开,讲话时则合拢起来,声带之间的部位称为声门。声门的开启和关闭是由两个杓状软骨控制的,它使声门呈 Λ 形状开启或关闭。吸气时两声带分离,声门开启,吸入气息；发声时,两声带靠拢闭合发出声音。不断地张开与闭合的结果,使声门向上送出一连串喷流而形成一系列脉冲。图 2-3 显示声门开闭的控制情况。声带每开启和闭合一次的时间即声带的振动周期就是音调周期或基音周期,它的倒数称为基音频率。

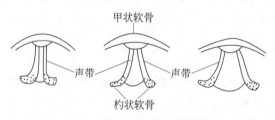

图 2-3　声门开闭的控制情况

图 2-4 显示声带开启的面积与时间的曲线。由图可见,声带开启后大约经过了 4ms 的时间,声带开启的面积约达最高峰 8mm²;随后大约用了 3ms 的时间闭合起来;然后受气管的气流冲击 1ms 时间,又重复开放。所以,基音周期为 8ms,或基音频率为 125Hz。这个频率是一般成年男子的音调频率。通常,基音频率取决于声带的大小、厚薄、松紧程度以及声门上下之间的气压差的效应等,其范围约为 60~450Hz。基音频率范围随发音人的性别、年龄而定。老年男性偏低,小孩和青年女性偏高。基音频率决定了声音频率的高低,频率快则音调高,频率慢则音调低。

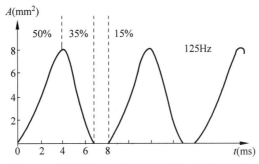

图 2-4 声带开启的面积 A 与时间 t 的关系曲线

从声门到嘴唇的呼气通道叫作声道。在说话的时候,声门处气流冲击声带产生振动,然后通过声道响应变成语音。由于发不同音时,声道的形状不同,所以能够听到不同的语音。声道的形状主要由嘴唇、颚和舌头的位置来决定。另外软颚的下降使鼻腔和声道耦合。声道中各器官对语音的作用称为调音。起调音作用的器官叫作调音器官。一般成年人声道的长度大约是 17cm,最大截面积可达 20cm²。咽腔是连接喉和食管与鼻腔和口腔的一段管子。在讲话时,咽腔的形状是有变化的,如图 2-5 所示。咽腔与口腔一起使得声道形状的变化增多,因而能发出较多的不同声音。鼻腔从咽腔一直延伸到鼻孔,约 10cm 长。发鼻化语音时,软颚下垂;如果它上抬,则完全由口腔发出语音了。口腔是声道最重要的部分,它的大小和形状可以通过调整舌、唇、齿和颚来改变。舌最活跃:它的尖部、边缘部、中央部都能分别自由活动,整个舌体也能上下前后活动。双唇位于口腔的末端,它也可活动成展开的(扁平的)或圆形的形状。齿的作用是发齿化音的关键,如[θ]音等。最后,颚中的软颚如前所述,是发鼻音的阀门。至于硬颚及齿龈则是声道管壁的构成部分,也参与了发音过程。由上所述可见,声道是自声门和声带之后最重要的、对发音起决定性作用的器官。

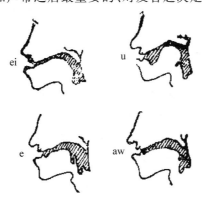

图 2-5 发不同音时咽腔形状的变化

2.2.2　语音信号的感知

人的听觉系统是一个十分巧妙的音频信号处理器。听觉系统对声音信号的处理能力来自于它巧妙的生理结构。

人的听觉系统如图 2-6 所示。这里主要介绍一下人耳的情况。耳由内耳、中耳和外耳三部分组成。外耳由耳翼、外耳道和鼓膜构成。外耳道长约 2.7cm，直径约 0.7cm（均指成年人）。外耳道封闭时最低共振频率约为 3060Hz，处于语音的频率范围内。由于外耳道的共振效应，会使声音得到 10dB 左右的放大。鼓膜在声压的作用下会产生位移，日常谈话中，鼓膜位移约为 10^{-8} cm。一般认为，外耳在对声音的感知中起着声源定位和声音放大的作用。

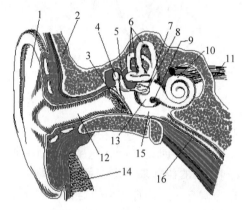

图 2-6　人的听觉系统示意图

1—耳翼；2—颞骨；3—鼓膜；4—锤骨；5—砧骨；6—半规管；7—镫骨；8—前庭窗；
9—鼓窗；10—耳蜗；11—耳蜗神经；12—外耳道；13—前庭；
14—腮腺；15—内耳道；16—咽鼓管

中耳包括由锤骨、砧骨和镫骨这三块听小骨构成的听骨链以及咽鼓管等组成。其中锤骨与鼓膜相接触，镫骨则与内耳的前庭窗相接触。中耳的作用是进行声阻抗的变换，即将中耳两端的声阻抗匹配起来。同时，在一定声强范围内，听小骨对声音进行线性传递，而在特强声时，听小骨进行非线性传递，这样对内耳起着保护的作用。

内耳的主要构成器官是耳蜗（cochlea）。它是听觉的受纳器，把声音从机械振动转化为神经信号。耳蜗长约 3.5cm，呈螺旋状盘旋 2.5～2.75 圈。它是一根密闭的管子，内部充满淋巴液。耳蜗由三个分隔的部分组成：鼓阶、中阶和前庭阶，如图 2-7 所示。其中中阶的底膜称为基底膜（basilar membrane），基底膜之上是柯尔蒂器（organ of corti），它由耳蜗覆膜、外毛细胞（outer hair cells，共三列，约 2 万个）以及内毛细胞（inner hair cells，共一列，约 3500 个）构成。毛细胞上部的微绒毛受到耳蜗内流体速度变化的影响，从而引起毛细胞膜两边电位的变化，在一定条件下造成听觉神经的发放（firing）或抑制。因此，柯尔蒂器是一个传感装置。毛细胞通过听觉神经与神经系统耦合，其中传入听觉神经由耳蜗中的螺旋神经节（spiral ganglion）发出，如图 2-8 所示。

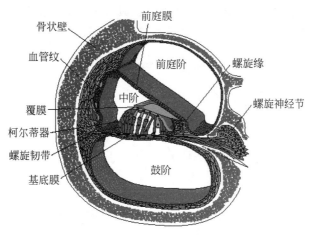

图 2-7 耳蜗横截面示意图

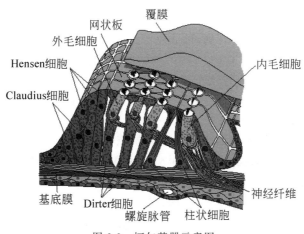

图 2-8 柯尔蒂器示意图

2.2.3 掩蔽效应

人的听觉系统有两个重要特性,一个是耳蜗对于声信号的时频分析特性,另一个是人耳听觉掩蔽效应。对于耳蜗的时频分析特性,当声音经外耳传入中耳时,镫骨的运动引起耳蜗内流体压强的变化,从而引起行波(traveling wave)沿基底膜的传播。不同频率的声音产生不同的行波,其峰值出现在基底膜的不同位置上。频率较低时,基底膜振动的幅度峰值出现在基底膜的顶部附近;相反,频率较高时,基底膜振动的幅度峰值出现在基底膜的基部附近(靠近镫骨),如图 2-9 所示。如果信号是一个多频率信号,则产生的行波将沿着基底膜在不同的位置产生最大幅度。从这个意义上讲,耳蜗就像一个频谱分析仪,将复杂的信号分解成各种频率分量。

基底膜的振动引起毛细胞的运动,使得毛细胞上的绒毛发生弯曲。绒毛的弯曲使毛细胞产生去极化(depolarization)或超极化(hyperpolarization),从而引起神经的发放或抑制。在基底膜不同部位的毛细胞具有不同的电学与力学特征。在耳蜗的基部,基底膜窄而劲度强,外毛细胞及其绒毛短而有劲度;在耳蜗的顶部,基底膜宽而柔和,毛细胞及其绒毛也较长而柔和。正是由于这种结构上的差异，因此它们具有不同的机械谐振特性和电谐振特性。有学者认为这种差异可能是确定频率选择性的最重要因素。

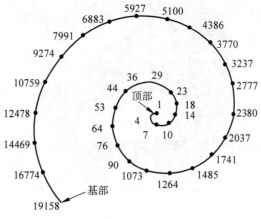

图 2-9　基底膜的频率响应分布

　　并非所有的声音都能被人耳听到，这取决于声音的强度及其频率范围。一般人可以感觉到 20Hz～20kHz、强度为 -5dB～130dB 的声音信号。因此在这个范围以外的音频分量就是听不到的音频分量，在语音信号处理中就可以忽略，以节省处理成本。但是下面可以看到，人耳的这种感觉不是绝对的，将随着信号特性的不同而不同。

　　心理声学中的听觉掩蔽效应是指，在一个强信号附近，弱信号将变得不可闻，被掩蔽了。例如，工厂机器噪声会淹没人的谈话声音。此时，被掩蔽的不可闻信号的最大声压级称为掩蔽门限或掩蔽阈值(masking threshold)，在这个掩蔽阈值以下的声音将被掩蔽。图 2-10 给出了一个具体的掩蔽曲线。图中最底端的曲线表示最小可听阈曲线，即在安静环境下，人耳对各种频率声音可以听到的最低声压，可见人耳对低频率和高频率是不敏感的，而在 1kHz 附近最敏感。上面的曲线表示由于在 1kHz 频率的掩蔽声的存在，使得听阈曲线发生了变化。本来可以听到的 3 个被掩蔽声，变得听不到了。即由于掩蔽声(Masker)的存在，在其附近产生了掩蔽效应，低于掩蔽曲线的声音即使阈值高于安静听阈也将变得不可闻。

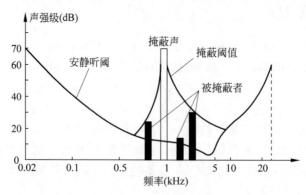

图 2-10　一个 1kHz 的掩蔽声的掩蔽曲线

　　掩蔽效应分为同时掩蔽和短时掩蔽。同时掩蔽是指同时存在的一个弱信号和一个强信号频率接近时，强信号会提高弱信号的听阈，当弱信号的听阈被升高到一定程度时就会导致这个弱信号变得不可闻。例如：同时出现的 A 声和 B 声，若 A 声原来的阈值为 50dB，由于

另一个频率不同的 B 声的存在使 A 声的阈值提高到 68dB，我们将 B 声称为掩蔽声，A 声称为被掩蔽声。68dB－50dB＝18dB 为掩蔽量。掩蔽作用说明：当只有 A 声时，必须把声压级在 50dB 以上的声音信号传送出去，50dB 以下的声音是听不到的。但当同时出现了 B 声时，由于 B 声的掩蔽作用，使 A 声中的声压级在 68dB 以下部分已听不到了，可以不予传送，而只传送 68dB 以上的部分即可。一般来说，对于同时掩蔽，掩蔽声愈强，掩蔽作用愈大；掩蔽声与被掩蔽声的频率靠得愈近，掩蔽效果愈显著。两者频率相同时掩蔽效果最大。

当 A 声和 B 声不同时出现时也存在掩蔽作用，称为短时掩蔽。短时掩蔽又分为后向掩蔽和前向掩蔽。掩蔽声 B 即使消失后，其掩蔽作用仍将持续一段时间，约 0.5～2s，这是由于人耳的存储效应所致，这种效应称为后向效应。若被掩蔽声 A 出现后，相隔 0.05～0.2s 之内出现了掩蔽声 B，它也会对 A 起掩蔽作用，这是由于 A 声尚未被人所反应接受而强大的 B 声已来临所致，这种掩蔽称为前向掩蔽。

随着噪声声宽加宽，纯音对窄带噪声的掩蔽量先增大，但超过某一带宽后就不再增大，这一带宽称为临界带宽。当 A 声被 B 声掩蔽时，若 A 声的频率处在以 B 声为中心的临界带的频率范围内时，掩蔽效应最为明显，当 A 声处在 B 声的临界带以外时，仍然会产生掩蔽效应，这种掩蔽效应取决于 A 声和 B 声的频率间隔，这一间隔越宽，掩蔽效应越弱。

另外，实验表明人的听觉系统对声音的感知是一个极为复杂的过程，它包含自下而上（数据驱动）和自上而下（知识驱动）两方面的处理。前者显然是基于语音信号所含有的信息，但光靠这些信息还不足以进行声音的理解。听者还需要利用一些先验知识来加以指导。从另外一个角度看，人对声音的理解不仅和听觉系统的生理结构密切相关，而且与人的听觉心理特性密切相关。

这里还必须简短介绍一下神经系统。因为发音，尤其是听觉，都牵涉人的神经活动。在发音时，将观念变成单词和句子并发出指令，控制发音器官使之做适当运动；在听音时，将内耳的柯尔蒂器发出的脉冲，经过神经系统的处理，才能使大脑感知这些编了码的信号，变成词汇并得到理解。

神经系统的基元是神经元。神经元是人体内的一种专职细胞；它有一个细胞体，内有细胞核。从细胞体伸展出去的树形分支，称为"轴突"或"神经纤维"。最小分支的末端称为"神经末梢"。神经元之间的联系，由"突触"完成。这种构造还可使突触与人体内其他细胞相联结。例如，内耳柯尔蒂器上的纤毛细胞是一种感受细胞，它将接受的感觉信息，变成电化学脉冲，传达给神经元的突触，并由神经系统处理。这种电化学脉冲的波形是固定的，其宽度约 1ms，幅值约 100mV。如图 2-11 所示。

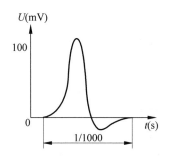

图 2-11　神经系统的电化学脉冲的波形

经研究,神经受激反应的规律如下:①刺激的强弱。只有超过某一门限值刺激强度时,才产生脉冲。或者说,脉冲波形并不携带有刺激强度的信息。②刺激的时间。存在"绝对不应期"和"相对不应期"。前者约 $1\sim2\,\mathrm{ms}$,在此期间无论刺激多么强,都不能产生反应脉冲。后者约 $10\,\mathrm{ms}$,在此期间需要强刺激才产生反应脉冲。③当刺激超过门限值并持续 $10\,\mathrm{ms}$ 以上时,神经元将不断产生脉冲。换言之,刺激的强度反映在脉冲的个数上,但也有限制。最高刺激强度只能产生 1000 个脉冲/s 左右的脉冲个数,再增大刺激强度就不起作用了。④脉冲沿神经纤维传输的速度取决于纤维的粗细。直径越大,传输速度越快。但实际上要比这快得多,因为大的神经纤维往往有一个个脂肪节(称为"朗飞节"),脉冲的传输在此时是一节节地跳跃着传输的。此时速度可高达 $100\,\mathrm{m/s}$ 左右。⑤神经元之间的传输机制主要是电化学的。即,一个脉冲刺激另一个神经元的电化学反应,使其产生脉冲,然后在该神经元轴突内按上述方法传输。⑥神经纤维有兴奋和抑制两种状态。在前者状态时,神经元之间的传送是无阻的;反之,则受到抑制而不传送脉冲。若某神经元同时受到好几个兴奋状态和抑制状态的联合刺激,则由其综合效应来决定该神经元的反应。

应该强调指出:与神经系统有关的语音信号处理的两个分支(语音合成和语音识别),正在期待着人们对发音心理和听觉心理的研究成果;只有彻底弄清人在发音和听音时的心理过程并研究出模仿这些过程的模型,语音合成和语音识别才可能得到一个飞跃的进展。例如,目前语音合成中的按规则合成只能从寻找各种语言的规则入手,尽可能得出较好的人工语言。如果发音时大脑智能活动的机理之谜揭开,那么就可以获得高度自然的合成语音了。又如,目前的语音识别只能从语音信号出发,用所谓"隐过程"(如隐马尔可夫模型)来进行神经系统的听觉过程的模拟,而不是按人的听觉过程来建立处理模型,因而不能达到理想的识别和理解效果。但是,人们正在努力研究,可望在不久的将来取得飞跃的进展。例如,现在已经知道,基底膜上的纤毛细胞,约有两万多个,它们与大约 28 000 个神经元细胞的突触发生信息脉冲的交换,并在这些神经纤维上产生电化学脉冲。在耳蜗出来的听觉神经纤维至大脑听觉皮质之间的信息传输是通过好几个"接力站"才到达的。它们是:蜗神经核、高级橄榄复合体和中央膝状体;并且已经知道,在沿途各接力站中,都进行了初步的加工与处理。例如,每条听觉感受神经元的突触与 $75\sim100$ 个向上的神经元突触相联结。经过这个接力站之后神经纤维数却减少了三倍。在这些接力站上信息是如何处理的,目前尚在研究之中。

2.3　语音生成的数学模型

这一节将讨论语音信号生成的数学模型,它的基础是上面讨论的人的发音器官的特点和语音产生的机理。所谓建立数学模型就是要寻求一种可以表达一定物理状态下量与量之间关系的数学表示。建立了语音信号的数字模型,才能够用计算机来定量地对语音信号进行模拟和处理。所以语音信号生成的数学模型是语音信号处理的基础。

建立数学模型的基本原则是要使这种关系不仅具有最大的精确度,而且还要最简单。理想的模型具有线性和时不变性。从人的发音器官的机理来看,发不同性质的声音时,声道的情况是不同的。另外,声门和声道的相互耦合,还形成语音信号的非线性特性。因此,语音信号是非平稳随机过程,其特性是随着时间变化的,所以模型中的参数应该是随时间向变化的。但语音信号特性随着时间变化是很缓慢的。所以可以做出一些合理的假设,将语音信号分为一些相继的短段进行处理,在这些短段中可以认为语音信号特性是不随着时间变化的平稳随机过程。这样在这些短段时间内表示语音信号时,可以采用线性时不变模型。

通过上面对发音器官和语音产生机理的分析,可以将语音生成系统分成三个部分,在声门(声带)以下,称为"声门子系统",它负责产生激励振动,是"激励系统";从声门到嘴唇的呼气通道是声道,是"声道系统";语音从嘴唇辐射出去,所以嘴唇以外是"辐射系统"。它们之间的关系可以由图 2-12 表示。

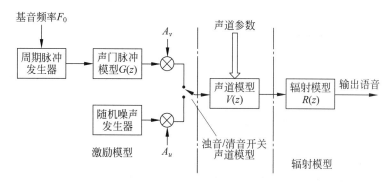

图 2-12　语音信号产生的离散时域模型

2.3.1　激励模型

激励模型一般分成浊音激励和清音激励来讨论。发浊音时,由于声带不断张开和关闭,将产生间歇的脉冲波。这个脉冲波的波形类似于斜三角形的脉冲,如图 2-13 所示。它的数学表达式如下:

$$g(n) = \begin{cases} (1/2)\big[1 - \cos(\pi n/N_1)\big], & 0 \leqslant n < N_1 \\ \cos\big[\pi(n - N_1)/2N_2\big], & N_1 \leqslant n \leqslant N_1 + N_2 \\ 0, & \text{其他} \end{cases} \tag{2-1}$$

式(2-1)中,N_1 为斜三角波上升部分的时间,N_2 为其下降部分的时间。单个斜三角波波形的频谱 $G(\mathrm{e}^{jw})$ 的图形如图 2-14 所示。由该图可见,它是一个低通滤波器。它的 z 变换的全极模型的形式如下:

$$G(z) = \frac{1}{(1 - \mathrm{e}^{-cT}z^{-1})^2} \tag{2-2}$$

这里,c 是一个常数。显然,式(2-2)表示斜三角波形可描述为一个二极点的模型。因此,斜三角波形串可视为加权了单位脉冲串激励上述单个斜三角波模型的结果。而该单位脉冲串及幅值因子则可表示成下面的 z 变换形式:

$$E(z) = \frac{A_v}{1 - z^{-1}} \tag{2-3}$$

所以,整个浊音激励模型可表示如下:

$$U(z) = G(z)E(z) = \frac{A_v}{1 - z^{-1}} \cdot \frac{1}{(1 - e^{-cT}z^{-1})^2} \tag{2-4}$$

也就是说,浊音激励波是一个以基音周期为周期的斜三角脉冲串。

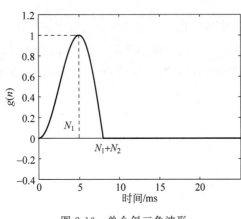

图 2-13　单个斜三角波形

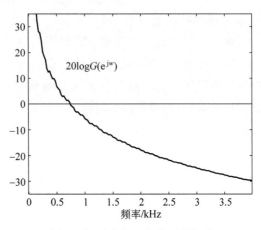

图 2-14　单个斜三角波形的频谱

发清音时,无论是发塞音或摩擦音,声道都被阻碍形成湍流。所以,可把清音激励模拟成随机白噪声。实际情况一般使用均值为 0、方差为 1、在时间或/和幅值上为白色分布的序列。

应该指出,简单地把激励分为浊音和清音两种情况是不全面的。实际上对于浊辅音,尤其是其中的浊擦音,即使把两种激励简单地叠加起来也是不行的。但是,若将这两种激励源经过适当的网络之后,是可以得到良好的激励信号的。为了更好地模拟激励信号,还有人提出在一个音调周期时间内用多个斜三角波(例如 3 个)脉冲串的方法;此外,还有用多脉冲序列和随机噪声序列的自适应激励的方法等。

2.3.2　声道模型

关于声道部分的数学模型,有多种观点,目前最常用的有两种建模方法。一是把声道视为由多个等长的不同截面积的管子串联而成的系统,按此观点推导出的叫作"声管模型";另一个是把声道视为一个谐振腔,按此推导出的叫作"共振峰模型"。由于"声管模型"理论建立得比较早,作为经典的声道模型理论在许多语音信号处理书里都有较详细的介绍。所以这里我们只介绍"共振峰模型"。

共振峰模型,把声道视为一个谐振腔。共振峰就是这个腔体的谐振频率。由于人耳听觉的柯尔蒂器的纤毛细胞就是按频率感受而排列其位置的,所以这种共振峰的声道模型方法是非常有效的。一般来说,一个元音用前 3 个共振峰来表示就足够了;而对于较复杂的辅音或鼻音,大概要用到前 5 个以上的共振峰才行。

从物理声学观点,可以很容易推导出均匀断面的声管的共振频率。一般成人的声道约

为 17cm 长,因此算出其开口时的共振频率为:

$$F_i = \frac{(2i-1)c}{4L} \tag{2-5}$$

这里 $i=1,2,\cdots$ 为正整数,表示共振峰的序号,c 为声速,L 为声管长度。按此可算出:$F_1 = 500\text{Hz}$,$F_2 = 1500\text{Hz}$,$F_3 = 2500\text{Hz}$,等等。发元音 e[ə]时声道的开头最接近于均匀断面,所以它的共振峰也就最接近上述数值。但是发其他音时,声道的形状很少是均匀断面的,所以还必须研究如何从语音信号求出共振峰的方法。另外,除了共振峰频率之外,这套参数还应包括共振峰带宽和幅度等参数,也必须求出来。

基于物理声学的共振峰理论,可以建立起 3 种实用的共振峰模型:级联型、并联型和混合型。

1. 级联型

该模型认为声道是一组串联的二阶谐振器。从共振峰理论来看,整个声道具有多个谐振频率和多个反谐振频率,所以它可被模拟为一个零极点的数学模型;但对于一般元音,则用全极点模型就可以了。它的传输函数可表示为:

$$V(z) = \frac{G}{1 - \sum_{k=1}^{N} a_k z^{-k}} \tag{2-6}$$

式(2-6)中,N 是极点个数,G 是幅值因子,a_k 是常系数。此时可将它分解为多个二阶极点的网络的串联,即:

$$V(z) = \prod_{k=1}^{M} \frac{1 - 2\mathrm{e}^{-B_k T}\cos(2\pi F_k T) + \mathrm{e}^{-2B_k T}}{1 - 2\mathrm{e}^{-B_k T}\cos(2\pi F_k T)z^{-1} + \mathrm{e}^{-2B_k T}z^{-2}} \tag{2-7}$$

或写成:

$$V(z) = \prod_{i=1}^{M} \frac{a_i}{1 - b_i z^{-1} - c_i z^{-2}} \tag{2-8}$$

式(2-8)中,

$$\begin{aligned}
c_i &= -\exp(-2\pi B_i T) \\
b_i &= 2\exp(-\pi B_i T)\cos(2\pi F_i T) \\
a_i &= 1 - b_i - c_i \\
G &= a_1 \cdot a_2 \cdot a_3 \cdot \cdots \cdot a_M
\end{aligned} \tag{2-9}$$

并且 M 是小于$(N+1)/2$ 的整数。

若 z_k 是第 k 个极点,则有 $z_k = \mathrm{e}^{-B_k T}\mathrm{e}^{-2\pi F_k T}$,$T$ 是取样周期。

取式(2-7)中的某一级,设为:

$$V_i(z) = \frac{a_i}{1 - b_i z^{-1} - c_i z^{-2}} \tag{2-10}$$

则可画出其幅频特性及其流图,如图 2-15 所示。

如 $N=10$,则 $M=5$。此时整个声道可模拟成如图 2-16 所示的模型。图中的激励模型和辐射模型,可以参照激励模型和辐射模型结果;G 是幅值因子。

幅值/dB
30
20
10
0
−10
0
1
2
3
4
频率/Hz
a
b
c
z^{-1}
z^{-1}

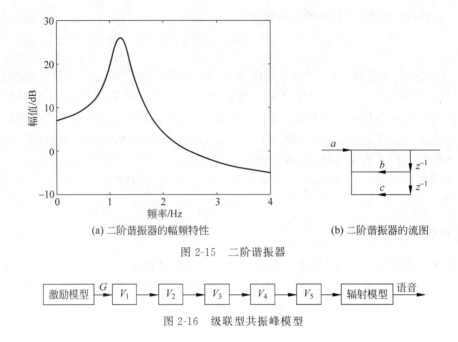

(a) 二阶谐振器的幅频特性　　(b) 二阶谐振器的流图

图 2-15　二阶谐振器

激励模型
G
V_1
V_2
V_3
V_4
V_5
辐射模型
语音

图 2-16　级联型共振峰模型

2. 并联型

对于非一般元音以及大部分辅音，必须考虑采用零极点模型。此时，模型的传输函数如下：

$$V(z)=\frac{\sum_{r=0}^{R} b_r z^{-r}}{1-\sum_{k=1}^{N} a_k z^{-k}} \tag{2-11}$$

通常，$N>R$，且设分子与分母无公因子及分母无重根，则式(2-11)可分解为如下部分分式之和的形式：

$$V(z)=\sum_{i=1}^{M} \frac{A_i}{1-B_i z^{-1}-C_i z^{-2}} \tag{2-12}$$

这就是并联型的共振峰模型。如图 2-17 所示($M=5$)。

激励模型
G
A_1
A_2
A_3
A_4
A_5
V_1
V_2
V_3
V_4
V_5
+
辐射模型
语音

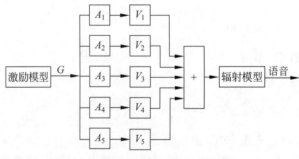

图 2-17　并联型共振峰模型

3. 混合型

上述两种模型中,级联型比较简单,可以用于描述一般元音。级联的级数取决于声道的长度。一般成人的声道长度约17cm,取3~5级即可,对于女子或儿童,则可取4级。对于声道特别长的男子,也许要用到6级。当鼻化元音或鼻腔参与共振,以及阻塞音或摩擦音等情况时,级联模型就不能胜任了。这时腔体具有反谐振特性,必须考虑加入零点,使之成为零极点模型。采用并联结构的目的就在于此,它比级联型复杂些,每个谐振器的幅度都要独立地给以控制。但对于鼻音、塞音、擦音以及塞擦音等都可以适用。

正因为如此,将级联模型和并联模型结合起来的混合模型也许是比较完备的一种共振峰模型,如图2-18所示。根据要描述的语音,自动地进行切换。图中的并联部分,从第一到第五共振峰的幅度都可以独立地进行控制和调节,用来模拟辅音频谱特性中的能量集中区。此外,并联部分还有一条直通路径,其幅度控制因子为AB,这是专为一些频谱特性比较平坦的音素(如[f]、[p]、[b]等)而考虑的。

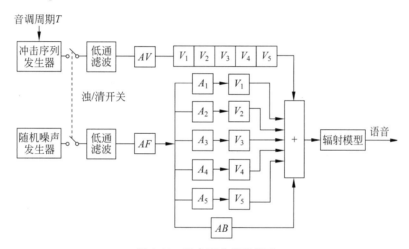

图2-18　混合型共振峰模型

2.3.3　辐射模型

从声道模型输出的是速度波$u_L(n)$,而语音信号是声压波$p_L(n)$,二者之倒比称为辐射阻抗Z_L。它表征口唇的辐射效应,也包括圆形的头部的绕射效应等。当然,从理论上推导这个阻抗是有困难的。但是如果认为口唇张开的面积远小于头部的表面积,则可近似地看成平板开槽辐射的情况。此时,可推导出辐射阻抗的公式如下:

$$Z_L(\Omega) = \frac{j\Omega L_r R_r}{R_r + j\Omega L_r} \tag{2-13}$$

式中,$R_r = \frac{128}{9\pi^2}$,$L_r = \frac{8a}{3\pi c}$,这里,a是口唇张开时的开口半径,c是声波传播速度。图2-19显示了辐射阻抗的实部和虚部的频率响应曲线。

由辐射引起的能量损耗正比于辐射阻抗的实部,所以辐射模型是一阶类高通滤波器。由于除了冲激脉冲串模型$E(z)$之外,斜三角波模型是二阶低通而辐射模型是一阶高通,所

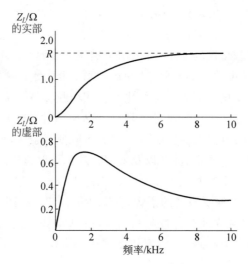

图 2-19　辐射阻抗的实部和虚部的频率响应

以,在实际信号分析时,常用所谓"预加重技术"。即在取样之后,插入一个一阶的高通滤波器。这样,只剩下声道部分,就便于声道参数的分析了。在语音合成时再进行"去加重"处理,就可以恢复原来的语音。常用的预加重因子为 $[1-(R(1)z^{-1}/R(0))]$。这里,$R(n)$ 是信号 $s(n)$ 的自相关函数。通常对于浊音,$R(1)/R(0) \approx 1$;而对于清音,则该值可取得很小。

综上所述,完整的语音信号的数字模型可以用三个子模型,即激励模型、声道模型和辐射模型的串联来表示。它的传输函数 $H(z)$ 可表示为:

$$H(z) = A \cdot U(z)V(z)R(z) \tag{2-14}$$

这里,$U(z)$ 是激励信号,浊音时 $U(z)$ 是声门脉冲即斜三角形脉冲序列的 z 变换;在清音的情况下,$U(z)$ 是一个随机噪声的 z 变换。$V(z)$ 是声道传输函数,既可用声管模型,也可用共振峰模型等来描述。实际上就是全极点模型:

$$V(z) = \frac{1}{1 - \sum_{k=1}^{N} a_k z^{-k}} \tag{2-15}$$

而 $R(z)$ 则可由式(2-13)按如下方法得到。先将该式改写为拉普拉斯变换形式:

$$z_L(s) = \frac{sR_r L_y}{R_r + sL_r} \tag{2-16}$$

然后使用数字滤波器设计的双线性变换方法将式(2-16)转换成 z 变换的形式:

$$R(z) = R_0 \frac{(1 - z^{-1})}{(1 - R_1 z^{-1})} \tag{2-17}$$

若略去式(2-17)的极点(R_1 值很小),即得一阶高通的形式:

$$R(z) = R_0(1 - z^{-1}) \tag{2-18}$$

应该指出,式(2-14)所示模型的内部结构并不和语音产生的物理过程相一致,但这种模型和真实模型在输出处是等效的。另外,这种模型是"短时"的模型,因为一些语音信号的变化是缓慢的,例如元音在 $10 \sim 30 \text{ms}$ 内其参数可假定不变。这里声道转移函数 $V(z)$ 是一个参数随时间缓慢变化的模型。另外,这一模型认为语音是声门激励源激励线性系统——声道所产生的；实际上，声带——声道相互作用的非线性特征还有待研究。另外，模型中用浊音和清音这种简单的划分方法是有缺陷的，对于某些音是不适用的，例如浊音当中的摩擦音。这种音要有发浊音和发清音的两种激励，而且两者不是简单的叠加关系。对于这些音可用一些修正模型或更精确的模型来模拟。

2.4　语音信号的特性分析

语音信号的特性主要是指它的声学特性、语音信号的时域波形和频谱特性以及语音信号的统计特性等。关于声学特性在上面已经进行了简单的介绍，下面主要就语音信号的时域波形和频谱特性以及语音信号的统计特性等进行分析。

2.4.1　语音信号的时域波形和频谱特性

在时间域里，语音信号可以直接用它的时间波形表示出来，通过观察时间波形可以看出语音信号的一些重要特性。图 2-20 是汉语拼音 sou 的时间波形。表示这段语音波形时采用的采样频率是 16kHz，量化精度是 16bit。观察语音信号时间波形的特性，可以通过对语音波形的振幅和周期性来观察不同性质的音素的差别。

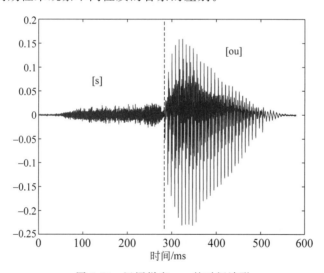

图 2-20　汉语拼音 sou 的时间波形

从图 2-20 可以看出，清辅音[s]和元音[ou]这两类音的时间波形有很大区别。图 2-20 中标注的音节[s]是清辅音，它的波形类似于白噪声，振幅很小，没有明显的周期性；而图 2-20 中标注的元音[ou]具有明显的周期性，且振幅较大。它的周期对应的就是声带振动的频率，即基音频率，它是声门脉冲的间隔。如果考察其中一小段元音语音波形，从它的频谱特性大致可以看出它们的共振峰特性。

语音信号属于短时平稳信号，一般认为在 10～30ms 内语音信号特性基本上是不变的，或者变化很缓慢。于是，可以从中截取一小段进行频谱分析（具体的语音信号频谱分析方法将在第 3 章介绍）。

　　图 2-21 给出 sou 中音素 ou 的傅里叶变换,时间大约在图 2-20 中 300ms 处开始。取时间波形宽度为 512 个样本,因采样率为 16kHz,则该语音段的持续时间为 32ms。在进行傅里叶变化前,为了移去直流分量和加重高频分量,采用了汉明窗对信号进行加权;另外,还采用附加零点的方法将信号长度延长一倍,以提高其频率分辨率。从音素 ou 的频谱图上能直接看出浊音的基音频率(pitch)及谐波频率。在 0~1.4kHz 之间几乎有 11 个峰点,因此基音频率约为 126Hz。通过对比观察时域波形图中 ou 波形的周期之间的距离可以证明这里的推算是正确的。在图 2-20 中,300~352ms 之间大约有 4 个周期,由此可以估计周期约为 125Hz,这两种结果是相当一致的。另外,从图 2-21 中可以看出频谱中明显地具有几个凸起点,它们的出现频率就是共振峰频率,表明元音频谱具有明显的共振峰特性。

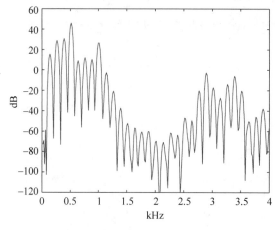

图 2-21　元音[ou]的频谱图

　　同时清辅音[s]的傅里叶变换示于图 2-22 中,可以看出频谱峰点之间的间隔是随机的,表明清辅音[s]中没有周期分量,这与原来的预计是一样的。

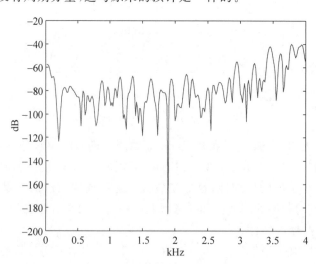

图 2-22　清辅音[s]的频谱图

2.4.2 语音信号的语谱图

1. 语谱图简介

语音的时域分析和频域分析是语音分析的两种重要方法。显然这两种单独分析的方法均有局限性：时域分析对语音信号的频率特性没有直观的了解；而频域分析出的特征中又没有语音信号随时间的变化关系。语音信号是时变信号，所以其频谱也是随时间变化的。但是由于语音信号随时间变化是很缓慢的，因而在一段短时间内(如10～30ms，即所谓的一帧之内)可以认为其频谱是固定不变的，这种频谱又称为短时谱。短时谱只能反映语音信号的静态频率特性，不能反映语音信号的动态频率特性。因此，人们致力于研究语音的时频特性，把和时序相关的傅里叶分析的显示图形称为语谱图(sonogram，或者spectrogram)。语谱图是一种三维频谱，它是表示语音频谱随时间变化的图形，其纵轴为频率，横轴为时间，任一给定频率成分在给定时刻的强弱用相应点的灰度或色调的浓淡来表示。用语谱图分析语音又称为语谱分析。语谱图中显示了大量与语音的语句特性有关的信息，它综合了频谱图和时域波形的特点，能够显示出语音频谱随时间的变化情况，或者说是一种动态的频谱。记录这种谱图的仪器就是语谱仪。

语谱仪是一种进行语音信号频率分析的仪器，其本质是滤波器组，能够输出随时间发生连续变化并且连续重复的信号。带通滤波器有两种带宽可供选择，分别为宽带与窄带。下面对这两类语谱图进行介绍。

2. 宽带语谱图

宽带语谱图带宽约为300Hz，具有良好的时间分辨率，但是频率分辨率较差。宽带语谱图能给出语音的共振峰频率及清辅音的能量汇集区，在语谱图里共振峰呈现为黑色的条纹。

宽带语谱图中的典型频谱分为宽横杠(Bar)、竖直条和摩擦乱纹。宽横杠代表元音的共振峰位置，表现为图中与水平时间轴平行的较宽的黑杠，不同元音的共振峰位置不同，根据宽带语谱图上各横杠的位置可以区分不同的元音，不同人发音的第一共振峰位置会不同，但是其分布结构是相似的。从横杠对应的频率和宽度可以确定相应的共振峰频率和带宽。竖直条在语谱图中表现为图中与垂直频率轴平行的较宽的黑条，每个竖直条相当于一个基音，条纹的起点相当于声门脉冲的起点，条纹之间的距离表示基音周期，条纹越密表示基音频率越高。摩擦乱纹代表摩擦音(s,sh,x,f,h)或者送气音的送气部分，在语谱图中表现为无规则的乱纹，乱纹的深浅和上下限反映了噪声能量在频域中的分布。

3. 窄带语谱图

窄带语谱图带宽约为45Hz，具有良好的频率分辨率，有利于显示基音频率及其各次谐波，但它的时间分辨率较差，不利于观察共振峰(声道谐振)的变化。

窄带语谱图的典型频谱分为窄横条与无声间隙段。窄横条代表元音的基音频率及各次谐波，表现为图中与水平轴平行的线条，窄横条在频率轴的位置对应了音高频率值，随时间轴的曲折、升降变化代表了高音变化的模式。而无声间隙段对应于语音的停顿间隙，在图中表现为空白区,在两种语谱图中都存在。

4. 语谱图分析

可以利用语谱仪测量语谱图的方法来确定语音参数,例如共振峰频率及基音频率。语谱图的实际应用是用于确定讲话人的本性。语谱图上因其不同的黑白程度,形成了不同的纹路,称之为"声纹",它因人而异,即不同讲话者语谱图的声纹是不同的。因而可以利用声纹鉴别不同的讲话人。这与不同的人有不同的指纹,根据指纹可以区别不同的人是一个道理。虽然对采用语谱图的讲话人识别技术的可靠性还存在相当大的怀疑,但目前这一技术已在司法法庭中得到某些认可及采用。

图 2-23 给出了与上文相对应的汉语拼音 sou 的宽带与窄带语谱图,其中横轴坐标为时间,纵轴坐标为频率。同时图 2-20 给出了相应的语音的时域波形。语谱图由 512 点 FFT 计算得到,对于宽带语谱图,采用 4ms 的汉明窗以 1ms 的帧间隔移动,而对于窄带语谱图,采用 20ms 的汉明窗以 5ms 的帧间隔移动。

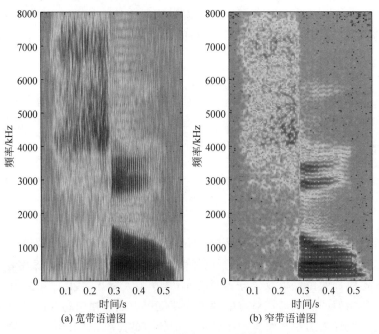

(a) 宽带语谱图　　　　　　　(b) 窄带语谱图

图 2-23　汉语拼音 sou 的语谱图

2.4.3　语音信号的统计特性

语音信号的统计特性可以用它的波形振幅概率密度函数和一些统计量如均值和自相关函数来描述。表示语音信号的统计特性的概率密度的估算方法是根据长时间范围内一段语音信号的大量取样数据的幅度绝对值计算出其幅度直方图,然后,根据统计的振幅直方图,寻找近似的概率密度表达式。通过对语音信号的统计特性的研究表明,语音信号振幅分布的概率密度有两种逼近方法,一种是修正伽玛(Gamma)分布概率密度函数:

$$p_G(x) = \frac{\sqrt{k}}{2\sqrt{\pi}} \frac{e^{-k|x|}}{\sqrt{|x|}} \qquad (2\text{-}19)$$

式(2-19)中 k 是一个常数,与标准差 σ_x 有下列关系:

$$k = \frac{\sqrt{3}}{2\sigma_x} \qquad (2\text{-}20)$$

另一种是拉普拉斯(Laplace)分布概率密度函数:

$$p_L = 0.5\alpha e^{-\alpha|x|} \qquad (2\text{-}21)$$

式(2-21)中 α 是一个由标准差 σ_x 决定的常数:

$$\alpha = \frac{\sqrt{2}}{\sigma_x} \qquad (2\text{-}22)$$

对于长期统计来说,用拉普拉斯分布描述语音信号的统计特性不及用伽玛分布描述精确,但其函数式却简单一些。也可以用高斯分布(Gaussian distribution)来近似。这三个分布函数中,伽玛函数逼近的效果最好,其次是拉普拉斯函数,而高斯分布逼近效果最差。应当注意,语音信号的振幅通常都趋向于集中在低电平范围内。同时还应注意到,通常语音信号的强度要经过压缩,而振幅的概率分布不仅反映从一个瞬时到另一个瞬时的取样值的分布,而且还反映语音强度的总的变化。

2.5 语音学基本概念

2.5.1 语音学

语言是从人们的话语中概括总结出来的规律性的符号系统。包括构成语言的语素、词、短语和句子等不同层次的单位,以及词法、句法、文脉等语法和语义内容等。句法的最小单位是单词,词法的最小单位是音节。不同的语言有不同的语言规则。语言学是语音信号处理的基础,例如,可以利用句法和语义信息减少语音识别中搜索匹配范围,提高正确识别率。随着现代科学和计算机技术的发展,除了人与人之间的上述自然语言的通信方式之外,人机对话及智能机器人等领域也开始使用语言了。这些人工语言同样有词汇、语法、句法结构和语义内容等。因此,语言学又称为自然语言处理,它是一门专门的学科。

语音学(Phonetics)是研究言语过程的一门科学。它考虑的是语音产生、语音感知等过程以及语音中各个音的特征和分类等问题。从某种意义上讲,语音学与语音信号处理这门学科联系得更紧密。正如上面所介绍的一样,人类的说话交流是通过联结说话人和听话人的一连串心理、生理和物理的转换过程实现的,这个过程分为"发音—传递—感知"三个阶段。因此现代语音学发展成为与此相应的三个主要分支:发音语音学、声学语音学、听觉语音学。

发音语音学(articulatory phonetics):发音语音学也称生理语音学,主要研究语音产生机理,借助仪器观察发音器官,以确定发音部位和发音方法。这一学科在 19 世纪中期就已经形成,近年来由于新型仪器设备的发明和改进,又有很大发展,目前已相当成熟。

声学语音学(acoustic phonetics):声学语音学研究语音传递阶段的声学特性,它与传统语音学和现代语音分析手段相结合,用声学和非平稳信号分析理论来解释各种语音现象,是近几十年中发展非常迅速的一门新学科。

听觉语音学(auditory phonetics):听觉语音学也称感知语音学,它研究语音感知阶段的生理和心理特性,也就是研究耳朵是怎样听音的,大脑是怎样理解这些语音的,语言信息在大脑中存储的部位和形式。感知语音学与心理学关系密切,是近几十年才发展起来的新兴学科,目前还处于探索阶段。

下面先从语音的基本声学特性入手来熟悉语音。语音是人的发声器官发出的一种声波,它具有一定的音色、音调、音强和音长。其中,音色也叫音质,是一种声音区别于另一种声音的基本特征。音调是指声音的高低,它取决于声波的频率。声音的强弱叫音强,它由声波的振动幅度决定。声音的长短叫音长,它取决于发音时间的长短。

2.5.2 语音的分类及其声学特征

说话时一次发出的,具有一个响亮的中心,并被明显感觉到的语音片段叫音节(syllable)。一个音节可以由一个音素(phoneme)构成,也可以由几个音素构成。音素是语音发音的最小单位。任何语言都有语音的元音(vowel)和辅音(consonant)两种音素。前者是当声带振动发出的声音气流从喉腔、咽腔进入口腔从唇腔出去时,这些声腔完全开放,气流顺利通过,这种音称为元音。而后者是呼出的声流,由于通路的某一部分封闭起来或受到阻碍,气流被阻不能畅通,而克服发音器官的这种阻碍而产生的音素称为辅音。发辅音时由声带是否振动引起浊音和清音的区别,声带振动的是浊音,声带不振动的是清音。还有些音素,虽然声道基本畅通,但某处声道比较狭窄,引起轻微的摩擦声,称为半元音。元音构成一个音节的主干,无论从长度还是从能量看,元音在音节中都占主要部分。辅音则只出现在音节的前端或后端或前后两端,它们的时长和能量与元音相比都很小。

决定元音音色的主要因素是舌头的形状及其在口腔中的位置(简称舌位)、嘴唇的形状(简称口形)等。由口腔中舌位高度和舌位前后位置的改变,可以发出不同的音素。如果将舌位高度分为高、中、低,舌位前后分为前、中、后,则可以有9种基本的组合,再加上口唇开放程度、咽宽度,就可发出十多个不同的单元音。图2-24是单元音发音舌位示意图。

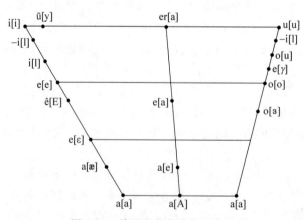

图 2-24 单元音发音舌位示意图

元音的另一个重要声学特性是共振峰(formant)。声道可以看成是一根具有非均匀截面的声管,在发音时起共鸣器的作用。当元音激励进入声道时会引起共振特性,产生一组共振频率,称为共振峰频率或简称共振峰。共振峰参数是区别不同元音的重要参数,它一般包括共振峰频率(formant frequency)的位置和频带宽度(formant bandwidth)。不同的元音对应于一组不同的共振峰参数,为了精确地描述语音,应该尽可能使用多个共振峰,但在实际应用中,只用前三个共振峰就够了,它们分别被称为 F_1、F_2 和 F_3。

元音的共振峰特性与发音机制有关。例如,第一共振峰 F_1 与舌位高低(即舌在嘴的上下)有关:表现为舌位高,F_1 低;舌位低,F_1 高。因为舌位越低嘴张得越大,所以也称为开口度大,反之舌位越高开口度越小。第二共振峰 F_2 与舌位前后密切相关:表现为舌位靠前,F_2 就高;舌位靠后,F_2 就低。例如前元音[i]的舌位靠前,所以它的 F_2 高达 2000 Hz;而后元音[u]的舌位靠后,所以它的 F_2 只有 500 Hz。另外 F_1 和 F_2 与嘴唇的圆展程度也有关系,如圆唇可使 F_2 降低等。第三共振峰 F_3 虽然与舌位的关系并不密切,但受舌尖活动的影响,舌尖抬高卷起时,F_3 就明显下降。图 2-25 表示了舌位前后、唇形圆展和开口度大小对 F_1 和 F_2 的影响情况。

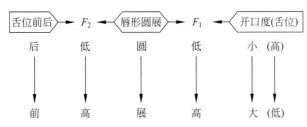

图 2-25　舌位、唇形和开口度对 F_1 和 F_2 的影响

一般来说,虽然就语音的基音频率而言是女声和童声高于男声,但是实验表明:区分语音是男声还是女声、是成人声音还是儿童声音,更重要的因素是共振峰频率的高低。表 2-1 给出了 10 个英语单元音前三个共振峰的平均值。从表中可知女声和男声的共振峰频率有明显的差别。女声的共振峰频率值大约较男性高 25%,而童声大约高 35%。如果按照各个元音的前两个共振峰的典型值,把它们标注在以 F_1 为横坐标、F_2 为纵坐标的坐标平面,就可以得到一个元音三角形。图 2-26 是一个汉语元音的三角形图,它以元音[i][a][u]为顶点,其他元音都在三角形中。要注意的是每个元音在三角形图中的分布不是一个点,而是一个区域,这是因为不同的人发同一元音,其共振峰频率会有较大的差别。

表 2-1　10 个英语单元音前三个共振峰频率的平均值　　　　(单位: Hz)

		[i]	[I]	[ɛ]	[æ]	[ɑ]	[e]	[u]	[U]	[ʌ]	[ɜ]
F_1	男	270	390	530	660	730	570	440	300	640	490
	女	310	430	610	860	850	590	470	370	760	500
F_2	男	2290	1990	1840	1720	1090	840	1020	870	1190	1350
	女	2790	2480	2330	2050	1220	920	1160	950	1400	1640
F_3	男	3010	2550	2480	2410	2440	2410	2240	2240	2390	1690
	女	3310	3070	2990	2810	2810	2710	2610	2670	2780	1960

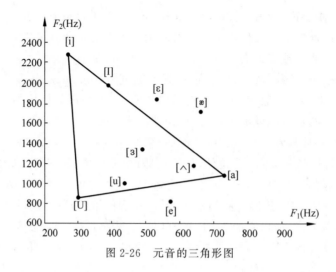

图 2-26 元音的三角形图

由两个或三个元音组合在一起的元音称为复合元音。复合元音有真性复合元音和假性复合元音之分。前者的各单元音有一个很长的稳定段,而过渡段很短;后者的单元音很少有稳定段,共振峰图形是一个滑动和平滑过渡的过程。三复合元音很少有真性的。

元音鼻化(nasalized)是由于鼻与口耦合作用而产生的,一般是由于该元音与鼻辅音邻近而发生的现象。元音鼻化作用将在该元音共振峰特性中引起两对极零点,一对极点在 290 Hz 左右,零点在 295 Hz 左右;另一对极点在 2240 Hz 左右,零点在 2340 Hz 左右。每对极零点分离的越远鼻音越重。

下面来介绍辅音。从上面的介绍可以总结出发音器官产生元音的条件,即①声道受到声带振动的激励引起共振;②在语音流的持续过程中,声道不发生极端的狭窄,并维持较稳定的形状;③和鼻腔不发生耦合,声音只从口腔辐射出去。这三个条件中,只要缺少其中之一,则该语音就是辅音。简单地说,辅音就是把呼气流在声道的某一位置用适当的方法进行阻碍而产生的。辅音没有明确的共振峰结构。辅音发音时阻碍的位置叫调音点(place of articulation)、阻碍的方法叫调音方式(manner of articulation)。根据调音方式等的不同可以把辅音分成如下几类。

(1)塞音,又称爆破音或破裂音:把口腔和鼻腔完全封闭,然后急快解除口腔封闭。即声门打开,先是声道的某处完全阻塞,使气流无法通过,声音出现短暂的间歇,维持到除阻阶段,然后突然放出气流,这种高压气流形成极短的音段导致发出阻塞音。如普通话的[p]、[t]、[k]、[b]、[d]、[g]。

(2)摩擦音:持阻阶段阻碍处并不完全闭塞,但将声道变窄到气流产生摩擦噪声的程度,即声门打开,但声道的某处收紧而形成湍流,这种高速湍流导致发出摩擦音。例如普通话的[f]、[s]、[sh]、[x]、[h]。摩擦音可以任意延长。

(3)塞擦音:成阻阶段阻碍处闭塞,气流无法通过,除阻阶段阻碍略微放松,让气流挤出去产生摩擦,形成先塞后擦的音,例如普通话的[z]、[zh]等。

(4)鼻音:封闭口腔,但同时软腭下降,开放鼻腔通路,让气流从鼻腔出而形成的音。例如普通话里的[m]、[n]等。鼻音可以任意延长。

(5)边音:舌尖形成阻碍不让气流通过,但舌尖两边有空隙能让气流通过,即封闭口腔中央部分开放两侧通路而形成的音。例如普通话里的[l]。

（6）颤音：发音器官中双唇、舌尖和小舌的肌肉有一定的弹性，当声道中的气流通过时使这些部位发音器官受气流冲击而产生颤动，而发出颤音，如拉萨语[ra]（羊）中的[r]。

（7）通音（半元音或半辅音）：使声道稍微变窄，但是窄到不至于发出摩擦噪声的程度，然后逐渐向后续元音的过渡调音而产生的音；或者从先行元音逐渐变窄，但窄到气流通过时只产生极轻微的摩擦，甚至可能没有摩擦，这样的调音方式产生的音称为通音或无擦通音。通音一般都是浊音，其性质已接近元音，例如普通话的[w]、[y]，这个通音也称半元音或半辅音。

另外，根据发辅音时声带有无振动，可以把辅音分类成浊辅音和清辅音。根据辅音除阻后是否紧跟着送出一股气来，可以把辅音分类成送气辅音和不送气辅音，如普通话的[p]、[t]、[k]是送气辅音，而普通话的[b]、[d]、[g]是不送气辅音。

浊音的声带振动基本频率（fundamental frequency）又称基音频率，一般用 F_0 表示。无论是说一个音节或是说一段连续语音时，各个音节的元音段的 F_0 都是随时间变化的，F_0 的变化产生了声调，F_0 的变化轨迹称为声调轨迹。声调反映了语音的韵律，在汉语中声调有辨意作用。

在连续语流中，各音节的响亮程度并不完全相同，有的音节听起来比其他音节重，简单地说，这就是重音。重音一般可从词和句子去考虑而分为词重音和语句重音。词重音以词为考查对象，音位学可把词重音划分为正常重音、对比重音和弱重音。人们在口语交流中，常把在表情传意方面较重要的词读得重些，把其余的词读得轻些。因此，把握词重音的特征对了解语音中蕴涵的情感和情绪信息具有极其重要的作用，但是，词重音的情感效果往往同词义本身具有较强的联系，要利用词重音来改进语音情感识别的效果就必须要结合表层语义识别的工作来进行。语句重音是指由于句子语法结构、逻辑语义或心理情感表达的需要而产生的句子中的重读音，它不同于词重音，因为词重音只出现在词结构中。语句重音一般分为 3 种，即语音重音、逻辑重音、心理重音。一般认为，重音的声学特征主要表现在时长、音高与音强三个方面，也往往是三者的结合。不同语言的重音特点不一样，对于汉语，老一辈语音学家赵元任先生认为，"汉语重音首先是延长持续时间和扩大调域，其次才是增加强度。"现代语音学家也认为，汉语重音主要表现在时长的增加（或者说是基音周期数的增加）；其次是调域的扩大和音高的提升，调型完整地展开，与发音强度的关系并不是主要的。

重音、语调和声调也是构成语音学的一部分，它们或者用来表示一句话中的重要的单词，或者用来表示疑问句，或者用来表示说话人的感情。重音和语调是一种附加的信息，其中词的重音是西方语言如英语的一个重要特点，而语调实际上是讲话声音的调节，它取决于诸多因素，如语气、语言环境、讨论的话题等。在语流中由音高、音长和强度等方面的变化所表现出来的特征，又叫超音段特征。超音段特征是表现说话人感情的重要特征。语音中还有一个问题是同音异义字（词），它是指有相同的语音发音，但是有两个和更多的不同意思。如普通话中的"语""与""雨"，英语中的 site、sight、cite 等就是同音异义词。语音除了上述一些特点外，还存在所谓超语言学特点，如低语表示秘密、高声说话表示愤怒等。

2.5.3 汉语语音学

1. 汉语语音的特点

(1) 音系简单。这是指音素少、音节少(大约有 60 个音素,但只有 407 个左右音节,如考虑每个音节有五个声调,也只不过 1330 多个有调音节)。音节的结构也比较简单。

(2) 由于清辅音多,而且多是弱清音,而且开口呼的音节占全部音节的一半以上(如用[a]这个音素为主要元音的音节就占 40%),所以汉语语音听感上有清亮、高扬和舒服、柔和的感觉。汉语是世界上最大的语种,使用人口达十几亿。汉语标准语音以北京语音为标准音,以北方话为基础方言,在中国又称为普通话。

(3) 有鲜明的轻重音和儿化韵,所以字词分隔清楚,语言表达准确而丰富。轻音与重音配合使语气活泼,语义明显,感情流露。儿化韵能起适当的语法修辞作用。

2. 汉语的拼音方法

汉语由音素构成声母或韵母。有时,将含有声调(汉语通常认为有五个声调)的韵母称为调母。由单个调母或由声母与调母拼音称为音节。汉语的一个音节就是汉语一个字的音,即音节字。由音节字构成词(其中主要是两音节字构成的两字词,约占 74%),最后再由词构成句子。国际上,都是用音标来描述拼音过程的。汉语也不例外。汉语拼音的音标包括:声母表、韵母表和声调符号等。

3. 汉语音节的一般结构

汉语音节一般由声母、韵母和声调三部分组成。汉语普通话中有 6000 多个常用字,每个汉字是一个音节,如将同音字合一处理,则汉语中共有 1332 个有调音节,其中可以单念的有 1268 个。汉语中一般有五个声调,即阴平、阳平、上声、去声以及轻声。如果不考虑声调,则汉语中无调音节共有 407 个。每个汉字有四种音节结构:V、CV、VC$_1$、CVC$_1$。其中 C 是除了[ng]以外的全部辅音;V 是单元音或复合元音;C$_1$ 是鼻辅音[n]或[ng]。C 称为声母,V 或 VC$_1$ 称为韵母。这就是汉语的"声-韵"结构。图 2-27 是汉语音节的一般结构,它由 9 个部分组成。其中 1~4 段属于声母(辅音),6~9 段属于韵母(元音),第 5 段是二者的过渡段。一个音节可能只包含里面的某几段,但是第 7 段(主要元音段)是每个音节都具有的。

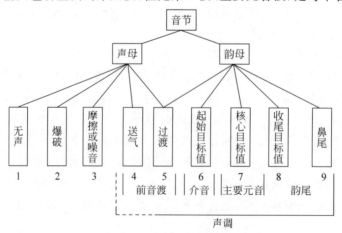

图 2-27 汉语音节的构成

（1）无声段。这一段只有塞音和塞擦音才有。从发音上看，它是塞音和塞擦音的成阻和持阻的阶段。此段呈无声能，但它的存在对塞音、塞擦音的产生和感知是至关重要的。

（2）爆破段。这一段也是塞音和塞擦音所特有的。从发音上看，此时声道中的阻塞处突然打开。从频谱上看，这一段是一个时长很短的脉冲。

（3）摩擦和/或噪声段。这一段几乎对所有的声母都有意义。但对于不同的声母来说，此段的发音和声学特征会很不一样。从声源来看有两种，一种是噪声源，产生于气流急速通过声道某狭窄处时形成的湍流；另一种是噪声声源，它产生于气流通过声门时带动声带所产生的准周期性运动。因此清声母在此段用的是噪声源；浊声母或者只用噪声声源（边音、鼻音），或者同时使用两种声源（浊擦音）。

（4）送气段。这一段是送气塞音、送气塞擦音所特有的。送气塞音和送气塞擦音在爆破之后，声带并不立即开始振动，而是在一段时间内连续让声门敞开，并让肺部气流快速流出，在声门以及声门之上的声道狭窄处摩擦产生湍流。

（5）过渡段。过渡段指的是处于声母和韵母之间，跟韵母共振峰平滑衔接的一段高度动态性的浊音音段。但音渡不仅包括过渡段，同时还包括送气段（在送气辅音中），而音渡对于许多辅音的感知起着决定性的作用，所以它同属于声母和韵母。

（6）起始目标值。这段是韵母的第一段，也叫"韵首"。只有当韵母里含有两个或三个音位，才有[I]、[u]、[y]这三个"韵首"，又被称为介音。介音发音时开口度较小，所以 F_1 较低，总能量较弱，而且它具有过渡性，是一个不稳定阶段。

（7）核心目标值。这一段是绝大多数音节的核心部分，具有典型的频谱模式。

（8）收尾目标值或后音渡。当韵母为三合谱时，这一段大致相当于普通话语言学中的元音性韵尾。它的声学表现同主要元音相似，只是它的目标值往往不易达到。后音渡的性质和前音渡非常相似，只是它的时长要比前音渡加倍。

（9）鼻尾段。鼻韵尾是普通话里唯一能出现在音节末尾的辅音。它们的特性与声母里的鼻辅音基本相同，不过鼻韵尾有时仅仅表现为对主要元音的鼻化，而不表现为鼻辅音。

4．汉语声母的结构

普通话中的 22 个声母可分为六大类：摩擦音、塞音、塞擦音、边音、鼻音、零声母。除零声母之外，其他所有的声母全部都是单辅音。

（1）摩擦音。普通话里有六个摩擦音：[f]、[h]、[s]、[sh]、[x]、[h]。摩擦音是音节结构框架里的第 3 段即摩擦段和第 5 段即过渡段构成的。在频谱图上，清擦音最明显的特点是持续时间较长的噪声频谱。不同的摩擦音有不同的摩擦频谱。

（2）塞音。普通话里有六个塞音：[b]、[d]、[g]、[p]、[t]、[k]，其中前三个是不送气塞音，后三个是送气塞音，它们都是清塞音。送气塞音与不送气塞音的一个重要区别在于：送气塞音的长度要比不送气塞音长得多，而塞音与摩擦音的区别在于前者有一段无声的间隙，频谱表现为一段空白区。在间隙之后还有爆破段，产生一个或多个脉冲，经过声道的共鸣后在频谱上表现为频域较宽、时域较窄的冲直条。而摩擦音没有无声段和爆破段，在频谱上表现为摩擦频谱。

（3）塞擦音。普通话里的塞擦音有六个：[zh]、[z]、[j]、[ch]、[c]、[q]，其中前三个为不送气塞擦音，后三个为送气塞擦音。在音长上，送气的远比不送气的长。塞擦音兼有塞音和摩擦音的特性,但又与它们各有差别,主要的区别之一是摩擦段的时长。塞音的摩擦段的时长最长;塞擦音的摩擦段的时长居中。除了摩擦段的时长外,摩擦段振幅变化的动态特性是区别塞音和塞擦音的又一重要标志。

(4)边音。普通话里只有一个边音[1],如"零"字的声母。边音主要由噪声段和过渡段构成。在边音[1]除阻的一瞬间,舌尖突然下降,声道敞开,开始向第一个元音目标值过渡。由于声道形状的突变,造成共振峰模式突变。在频谱图上表现为一个共振峰"断层"。边音也有音渡。边音音渡的起点是断层右边的共振峰起点,音渡的终点是后边的第一个元音的目标值。

(5)鼻音。普通话里只有两个鼻音[m]、[n(ng)]。无论鼻音是声母还是韵尾,都有一个较强的 F_1。鼻音较强的 F_1 以及分布较均匀的低中频能量(一般不超过 4kHz),还有对元音的鼻化作用,是它区别于其他浊辅音的重要特点。

(6)零声母。零声母指的是那些直接以元音开始的音节里的声母,即没有声母、只有调母的情况,共分两类。一类是非开口呼的零声母,它指那些以[i]、[u]、[y]起首的音节里的声母,它们又称半元音。另一类是开口呼的零声母。它们有两个特征:一是音节起始时它的振幅的上升速率较快,在短时间内振幅就可以达到最高值;二是在音节起缓处有爆破段,在频谱图上表现为一条或几条与元音共振峰位置相同的冲直条。

5. 汉语韵母的结构

普通话的 38 个韵母大致可以分为三类:8 个单韵母,如[a]、[i]、[u]等;14 个复韵母,如[ai]、[ao]等;16 个鼻韵母如[an]、[uang]等。在这 38 个韵母中有三个(-i、er、ê)是特殊韵母:①-i 有两种发音,即[1]资韵,[ʅ]知韵。由于它们是互不重叠的,所以只需用一个韵母符号来表示。例如,在[1]前的声母只能有 z、c、s;而[ʅ]前的声母只能有 zh、ch、sh、r。②er[ə]是儿化韵,很少用到。③ê 的发音为[E],常在 ie 这个韵母的韵尾中用到它。

除了这 3 个韵母之外,其余的 35 个韵母的拼音字母及其汉语名称和国际音标符号如表 2-2 所示。

表 2-2　汉语韵母表

单元音(6 个)		复合元音(13 个)	复合鼻元音(16 个)
a　o　e [a] [o] [ɣ] [A]　　[ə] [ɑ] 啊　喔　鹅		ai　ei　ao　ou [aI][eI] [aU] [əU] 哀　欸　熬　欧	an　en　ang　eng　ong [an] [ən] [aŋ]　[əŋ] [Uŋ] 　　　　　　　享　轰 安　恩　昂　(韵)　(韵)
i 行	i [i] 衣	ia　ie　iao　iou [iA] [iɛ] [iaU] [iəU] 呀　耶　腰　忧	ian　in　iang　ing　iong [iæn][in] [iaŋ]　[iŋ]　[iUŋ] 烟　因　央　英　雍
u 行	u [u] 乌	ua　uo　uai　uei [uA][uo] [uaI] [ueI] 蛙　窝　歪　威	uan　uen　uang　ueng [uan] [uən] [uaŋ] [Uəŋ] 弯　温　汪　翁
ü 行	ü [y] 遇	üe [yɛ] 约	üan　ün [yen] [yn] 冤　晕

不同的元音里有不同的共振峰模式,不同的共振峰模式取决于不同元音产生时的不同声道形状。严格地说,一个共振峰的频率并不是与声道的某一部分的形状直接相关,而是声道中任何一部分的形状与所有的共振峰都相关,而任何一个共振峰又都与声道的整体形状有关。另外应该注意,元音并不等于韵母。元音、辅音是按音素的发音特征分类的;而声母、韵母则是按音节结构分类的。这是两种不同的概念,尽管它们之间有一定的联系。

6. 声母和韵母的相互作用——音征互载

在普通话里,声母和韵母的音征并不总是在各自的音段之内,而且又可能跨越两者的边界,即声母里可能会带有韵母的信息,韵母里也可能带有声母的信息,如辅音音渡。如果把韵母从元音起始就开始算起的话,那么音渡就是韵母中载带的辅音音征,对于某些辅音来说,如不送气塞音[b]、[d],元音里的音渡正是它们之间相互区别的主要音征。

而韵母中的某些音征有声带载带的现象,最典型的就是介音的实现方式,即复韵母中作为起始音位的[i]、[u]、[y],介音是具有非稳定性的音,即在不同声母的影响下,介音的实现方式很不相同。

声母按载带介音音征的多少,可以得到以下排列:〈多〉送气塞擦音→送气塞音→擦音→边音→不送气塞擦音→不送气塞音→鼻音→零声母〈少〉。

汉语语音一些特性,如辅音音长、声母和韵母及声调的频谱和出现概率与结合概率、汉语词长及词频统计以及语音质量(即清晰度、可懂度)测试标准等,请参阅有关文献,兹不赘述。

7. 汉语的声调

汉语是一种声调语言,相同声母和韵母构成的音节随声调的不同而具有完全不同的意义,对应着不同的汉字。所以在汉语的相互交谈中,不但要凭借不同的元音、辅音来辨别这些字或词的意义,还需要从不同的声调来区别它,也就是说声调有辨意作用;另外,汉语中存在着多音字现象,同一个字在不同的语气或不同的词义下具有不同的声调,因而声调对于汉语语音的理解极为重要,承担着重要的构字辨意作用,而在其他很多语种中声调则没有这样重要的作用。汉语普通话的声调只有阴平、阳平、上声、去声以及轻声等5种声调(汉语的有些地方方言具有5个以上的声调,例如苏州方言有7个声调)。通常用如下表示方法和符号表示它们:阴平用符号"—"表示,如 mā 妈;阳平用符号"/"表示,如 má 麻;上声用符号"Ⅴ"表示,如 mǎ 马;去声用符号"\"表示,如 mà 骂;轻声如 ma 吗。普通话的句调由单字调、二字调(包括轻声)作为它的基本单元。这些基本单元的调型在语句中虽然受语法、语气的影响而有所变动,但基本上不改变原有的模式——调型,这些基本单元的调型一般都具备辨意功能,它们是句调的基础,而不是句调的附属体。

声调的变化就是浊音基音周期(或基音频率)的变化,各个韵母段中基音周期随时间的变化产生了声调,变化的轨迹称为声调曲线。声调曲线从一个韵母的起始端开始,到韵母的终止端结束。不同声调的声调曲线的开始段称为弯头段,呈共同上升走向;末尾一段呈共同下降走向,称为降尾段;而中间一段则具有不同的特点,这一段称为调型段。一般来说,弯头段和降尾段对声调的听辨不起作用,起作用的是调型段。而一段语音,它的起始和结尾处的波形幅度较小,要准确地测出这些地方的基音周期并不容易,因此,可将这两处的波形忽略,只测调型段这一部分波形的基音周期。图 2-28 给出了单独说一个音节时的四种声调的典型曲线。

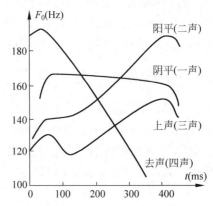

图 2-28　汉语普通话四种声调的典型曲线(男性话者)

2.6　小结

　　本章主要介绍了语音信号的声学理论和模型,对语音信号的重要特性进行了介绍,在此基础上推导出了语音信号的几种模型。首先介绍了语音信号的声学基础,包括语音的产生和感知;随后介绍了语音生成的三类子模型:激励模型、声道模型和辐射模型,完整的语音信号的数字模型可以用三个子模型串联表示;之后对语音信号的特性进行了分析,分别介绍了其时域波形和频谱特性、宽带语谱图和窄带语谱图以及统计特性;最后对语言学的基本概念进行了介绍。本章介绍的基础知识对于语音信号处理的任何一个领域都是必需的。

复习思考题

　　2.1　什么叫作语音?什么叫作语言?人们说话的过程可分为哪五个阶段?每个阶段的主要内容是什么?

　　2.2　语言学主要研究哪些内容?语音学研究的又是哪些内容?

　　2.3　汉语语音的特点是什么?对于语音信号来说,汉语语音比西方语言有哪些优点?有什么缺点吗?

　　2.4　通常用"声、韵、调"的拼音来描述汉语语音。那么,汉语有多少个声母?有多少个韵母?有多少种声调?请列表并以声调符号表示之。

　　2.5　汉语的音节结构、声母结构和韵母结构是什么?汉语中共有多少个辅音、单元音、复元音和复鼻尾音?请列举出一些例子。

　　2.6　人类的发音器官包括哪些部分?在发音时各部分都起了什么作用?音调频率由什么因素决定?发声时声道是如何活动的?

　　2.7　人类的听觉器官包括哪些部分?在听音时它们是如何起作用的?基底膜是如何

起关键作用的？你能画出神经电化学脉冲的波形吗？请叙述神经受刺激后反应的规律。

  2.8 人耳听觉的掩蔽效应分为哪几种？掩蔽效应的存在对研究语音信号处理系统有什么启示？

  2.9 请叙述语音产生的机理模型及其数学模型。

  2.10 语音信号的数学模型包括哪些子模型？激励模型是怎样推导出来的？辐射模型又是怎样推导出来的？它们各属于什么性质的滤波器？

第 3 章

传统语音信号分析方法

3.1 概述

  语音信号分析是语音信号处理的前提和基础,只有分析出可表示语音信号本质特征的参数,才有可能利用这些参数进行高效的语音通信、语音合成和语音识别等处理。而且,语音合成的音质好坏,语音识别率的高低,也都取决于对语音信号分析的准确性和精确性。因此语音信号分析在语音信号处理应用中具有举足轻重的地位。

  贯穿于语音分析全过程的是"短时分析技术"。因为,语音信号从整体来看其特性及表征其本质特征的参数均是随时间而变化的,所以它是一个非平稳态过程,不能用处理平稳信号的数字信号处理技术对其进行分析处理。由于不同的语音是由人的口腔肌肉运动构成声道某种形状而产生的响应,而这种口腔肌肉运动相对于语音频率来说是非常缓慢的,所以从另一方面看,虽然语音信号具有时变特性,但是在一个短时间范围内(一般认为在 $10\sim30\mathrm{ms}$ 的短时间内),其特性基本保持不变即相对稳定,因而可以将其看作是一个准稳态过程,即语音信号具有短时平稳性。所以任何语音信号的分析和处理必须建立在"短时"的基础上,即进行"短时分析",将语音信号分为一段一段来分析其特征参数,其中每一段称为一"帧",帧长一般取为 $10\sim30\mathrm{ms}$。这样,对于整体的语音信号来讲,分析出的是由每一帧特征参数组成的特征参数时间序列。

  根据所分析出的参数的性质的不同,可将语音信号分析分为时域分析、频域分析、倒频域分析等;根据分析方法的不同,又可将语音信号分析分为模型分析方法和非模型分析方法两种。时域分析方法具有简单、计算量小、物理意义明确等优点,但由于语音信号最重要的感知特性反映在功率谱中,而相位变化只起着很小的作用,所以相对于时域分析来说频域分析更为重要。

  模型分析法是指依据语音信号产生的数学模型,来分析和提取表征这些模型的特征参数,如共振峰分析及声管分析(即线性预测模型)法;而不进行模型化分析的其他方法都属于非模型分析法,包括上面提到的时域分析法、频域分析法及同态分析法(即倒频域分析法)等。

不论是分析怎样的参数以及采用什么分析方法,在按帧进行语音分析,提取语音参数之前,有一些经常使用的、共同的短时分析技术必须预先进行,如语音信号的数字化、语音信号的端点检测、预加重、加窗和分帧等,这些也是不可忽视的语音信号分析的关键技术。

线性预测是语音处理的核心技术,普遍用于语音信号处理的各个方面,是最有效和应用最广的语音分析技术之一,且是第一个真正得到实际应用的语音分析技术。线性预测可极精确地估计语音参数,它在估计基本语音参数(如共振峰、谱、声道面积函数),及用低速率传输或储存语音等方面,是一种主要技术。其可用很少的参数有效而准确地呈现语音波形及其频谱的性质,且计算效率高,应用上灵活方便。

3.2　语音信号数字化和预处理

3.2.1　数字化

如图 3-1 所示,语音信号的数字化一般包括预滤波、采样、量化、编码(一般就是 PCM 码);预处理一般包括预加重、加窗和分帧等。

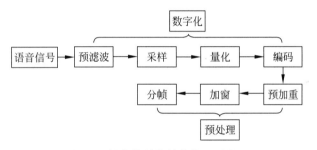

图 3-1　语音信号的数字化和预处理

1. 预滤波

对连续信号进行等间隔采样时,当采样频率设置不合理时,即采样频率少于 2 倍的信号频率时,高于奈奎斯特频率的频率成分将被重构成低于奈奎斯特频率的信号。这种频谱的重叠导致的失真称为混叠,也就是高频信号被混叠成了低频信号。

如果信号中没有高于奈奎斯特频率的频率成分,则不存在混叠。但现实世界中的信号很难保证这一点。此外,如果采样频率极高也可以一定程度上避免混叠,但这并不总是实用和可能的,因为,最高采样频率受采样设备的限制,同时,当采样频率过高时,会出现大的数据文件。

故在采样前,应把比关心信号的最高频率成分以上的频率滤掉,这就需要抗混叠滤波,它是一个低通滤波器。低于奈奎斯特频率的频率通过,移除高于奈奎斯特频率的频率成分,也就是预滤波。

预滤波的目的有两个：

（1）抑制输入信号各频域分量中频率超出 $f_s/2$ 的所有分量，其中 f_s 为采样频率，以防止混叠干扰；

（2）避免 50Hz 的电源干扰，因此预滤波是一个带通滤波器，其下截止频率 $f_L=50\text{Hz}$，上截止频率 f_H 根据需要定义。

对于绝大多数语音编译码器，$f_H=3400\text{Hz}$、$f_L=60\sim100\text{Hz}$、采样率为 $f_s=8\text{kHz}$。而对于语音识别而言，当用于电话用户时，指标与语音编译码器相同；当使用要求较高或很高的场合时，$f_H=4500\text{Hz}$ 或 8000Hz、$f_L=60\text{Hz}$、$f_s=10\text{kHz}$ 或 20kHz。

2. 采样

语音信号是时间和幅度都连续变化的一维模拟信号，要想在计算机中对它进行处理，就要先进行采样和量化，将它变成时间和幅度都离散的数字信号。

在语音信号处理中，需要将信号表示成可以处理的函数的形式。对于模拟信号 $x_a(t)$，它表示函数值随着连续时间变量 t 的变化趋势。如果以一定的时间间隔 T 对这样的连续信号取值，则连续信号 $x_a(t)$ 即变成离散信号 $x(n)=x_a(nT)$，这个过程称为采样，其中两个取样点之间的间隔 T 称为采样周期，它的倒数 f_s 称为采样频率。

采样定理：设时间连续信号 $f(t)$，其最高截止频率为 f_m，如果使用采样频率 f_s 大于等于 $2f_m$，采样后的信号就包含原连续信号的全部信息，而不会有信息丢失，当需要时，可以根据这些采样信号的样本来还原原来的连续信号。

根据采样定理，当采样频率大于信号最高频率的两倍时，在采样过程中就不会丢失信息，并且可以用采样后的信号重构原始信号。实际的信号常有一些低能量的频谱分量超过采样频率的一半，如浊音的频谱超过 4kHz 的分量比其峰值至少要低 40dB；而对于清音，即使超过 8kHz，频率分量也没有显著下降，因此语音信号所占的频率范围可以达到 10kHz 以上。虽然这样，但对语音清晰度有明显影响部分的最高频率为 5.7kHz 左右。CCITT（国际电报电话咨询委员会）提出的 G.711 标准建议采样频率为 8kHz，但一般情况下这只适合电话语音的情况，因为电话语音的频率范围大概是 60～3400Hz。在实际的语音信号处理中，采样频率一般为 8～10kHz。有一些系统为了实现更高质量的语音合成，或者使语音识别系统得到更高的识别率，将可处理的语音信号扩展到 7～9kHz，这时的采样频率一般为 15～20kHz。

若是采样频率不满足采样定理，采样后的信号就会发生频谱混叠现象，从而产生频谱混叠失真。为了防止产生混叠失真，要根据采样频率在采样之前进行一个低通滤波，也就是预滤波。

3. 量化

量化的主要工作就是将幅度上连续取值的每一个样本转换为离散值表示。A/D 变换中要对信号进行量化，量化不可避免地会产生误差。量化后的信号值与原信号值之间的差值称为量化误差，又称为量化噪声。若信号波形的变化足够大或量化间隔 Δ 足够小时，可以证明量化噪声符合具有下列特征的统计模型：①它是平稳的白噪声过程；②量化噪声与输入信号不相关；③量化噪声在量化间隔内均匀分布，即具有等概率密度分布。

若用 σ_x^2 表示输入语音信号序列的方差，$2X_{\max}$ 表示信号的峰值，B 表示量化字长，σ_e^2 表

示噪声序列的方差,则可证明量化信噪比 SNR(信号与量化噪声的功率比)为:

$$SNR(dB) = 10\lg\left(\frac{\sigma_x^2}{\sigma_e^2}\right) = 6.02B + 4.77 - 20\lg\left(\frac{X_{max}}{\sigma_x}\right) \tag{3-1}$$

假设语音信号的幅度服从 Laplacian 分布,此时信号幅度超过 $4\sigma_x$ 的概率很小,只有 0.35%,因而可取 $X_{max} = 4\sigma_x$,则使式(3-1)变为:

$$SNR(dB) = 6.02B - 7.2 \tag{3-2}$$

式(3-2)表明量化器中每 bit 字长对 SNR 的贡献约为 6dB。当 $B = 7bit$ 时,SNR = 35dB。此时量化后的语音质量能满足一般通信系统的要求。然而,研究表明,语音波形的动态范围达 55dB,故 B 应取 10bit 以上。为了在语音信号变化的范围内保持 35dB 的信噪比,常用 12bit 来量化,其中附加的 5bit 用于补偿 30dB 左右的输入动态范围的变化。

A/D 变换器分为线性和非线性两类。目前采用的线性 A/D 变换器绝大部分是 12 位的(即每一个采样脉冲转换为 12 位二进制数字)。非线性 A/D 变换器则是 8 位的,它与 12 位线性变换器等效。有时为了后续处理,要将非线性的 8 位码转换为线性的 12 位码。

数字化的反过程就是从数字化语音中重构语音波形。由于进行了以上处理,所以在接收语音信号之前,必须在 D/A 后加一个平滑滤波器,对重构的语音波形的高次谐波起平滑作用,以去除高次谐波失真。事实上,预滤波、采样、A/D 和 D/A 变换、平滑滤波等许多功能可以用一块芯片来完成,在市场上能购买到这样的实用芯片。

4. 编码

编码是整个声音数字化的最后一步,其实声音模拟信号经过采样、量化之后已经变为了数字形式,但这时语音的数据量仍旧非常大,因此在进行传输和存储之前,往往要对其进行压缩处理,以减少其传输码率或存储量,即进行压缩编码。

传输码率也称为数码率或编码速率,表示为传输每秒钟语音信号所需要的比特数。语音编码的目的就是要在保证语音音质和可懂度的条件下,采用尽可能少的比特数来表示语音。

语音编码方式有很多种划分方法。从数码率的角度可以将语音编码划分成五大类:高速率(32kbps 以上)、中高速率(16~32kbps)、中速率(4.8~16kbps)、低速率(1.2~4.8kbps)和极低速率(1.2kbps 以下)。

从采用的编码方法的角度还可以分为三类:波形编码、参数编码和混合编码。波形编码是根据语音信号的波形导出相应的数字编码形式,其目的是尽量保持波形不变,使接收端能够完整地再现原始语音。波形编码具有抗噪性能强、语音质量好等优点,但需要有较高的数码率,一般为 16~64kbps。参数编码又称为声码器技术,它通过对语音信号进行分析,提取参数来对参数进行编码。在接收端能够用解码后的参数重构语音信号,参数编码主要是从听觉感知的角度注重语音的重现,即让解码语音听起来与输入语音是相同的,而不是保证其波形相同。参数编码一般对数码率的要求要比波形编码低得多。混合编码是上述两种方法的有机结合,同时从两个方面构造语音编码,一方面增加语音的自然度,提高了语音质量,另一方面相对于波形编码实现较低的数码率指标。

在对语音信号压缩很多倍后仍可以得到可懂的语音,是因为语音信号中存在大量的冗余信息,而语音编码就是利用各种编码技术减少语音信号的冗余度。此外语音编码中也充分地利用了人耳的听觉掩蔽效应,一方面去除将会被掩蔽的语音信号,实现数据的压缩;另一方面控制量化噪声,使其低于掩蔽阈值,即使在较低数码率的情况下,也能获得高质量的语音。

3.2.2　预处理

1. 预加重

数字化的语音信号序列将依次存入一个数据区,在语音信号处理中一般用循环队列的方式来存储这些数据,以便用一个有限容量的数据区来应付数量极大的语音数据,已处理完提取出语音特征参数的一个时间段的语音数据可以依次抛弃,让出存储空间来存储新数据。

由于语音信号的平均功率谱受声门激励和口鼻辐射影响,高频端大约在 800Hz 以上按 6dB/倍频程跌落,即 6dB/oct(2 倍频)或 20dB/dec(10 倍频),所以求语音信号频谱时,频率越高相应的成分越小,高频部分的频谱比低频部分的难求,为此要在预处理中进行预加重(pre-emphasis)处理。预加重的目的是提升高频部分,使信号的频谱变得平坦,保持在低频到高频的整个频带中,能用同样的信噪比求频谱,以便于频谱分析或声道参数分析。预加重可在语音信号数字化时在反混叠滤波器之前进行,这样不仅可以进行预加重,而且可以压缩信号的动态范围,有效地提高信噪比。但预加重一般是在语音信号数字化之后,在参数分析之前在计算机里用具有 6dB/倍频程的提升高频特性的预加重数字滤波器来实现,它一般是一阶的数字滤波器:

$$H(Z) = 1 - \mu Z^{-1} \tag{3-3}$$

式(3-3)中,μ 值接近于 1。

有时要恢复原信号,需要从做过预加重的信号频谱来求实际的频谱,要对测量值进行去加重处理(de-emphasis),即加上 6dB/倍频程的下降频率特性还原成原来的特性。

2. 加窗

在语音信号数字处理中常用的窗函数是矩形窗和汉明(Hamming)窗等,它们的表达式如下(其中 N 为帧长):

矩形窗:

$$w(n) = \begin{cases} 1, & 0 \leqslant n \leqslant (N-1) \\ 0, & 其他 \end{cases} \tag{3-4}$$

汉明窗:

$$w(n) = \begin{cases} 0.54 - 0.46\cos[2\pi n/(N-1)], & 0 \leqslant n \leqslant N-1 \\ 0, & 其他 \end{cases} \tag{3-5}$$

窗函数 $w(n)$ 的选择(形状和长度),对于短时分析参数的特性影响很大。为此应选择合适的窗口,使其短时参数更好地反映语音信号的特性变化。下面从窗口的形状和窗口的长度两方面来讨论这个问题。

1) 窗口的形状

虽然不同的短时分析方法(时域、频域、倒频域分析)以及求取不同的语音特征参数可能对窗函数的要求不尽一样,但一般来讲,一个好的窗函数的标准是:在时域因为是语音波形乘以窗函数,所以要减小时间窗两端的坡度,使窗口边缘两端不引起急剧变化而平滑过渡到零,这样可以使截取出的语音波形缓慢降为零,减小语音帧的截断效应;在频域要有较宽的3dB带宽以及较小的边带最大值。这里只以典型的矩形窗和汉明窗为例进行比较,其他窗口可参阅 FIR 数字滤波器或谱分析的有关书籍。

矩形窗时:

$$h(n) = \begin{cases} 1, & 0 \leqslant n \leqslant (N-1) \\ 0, & \text{其他} \end{cases} \tag{3-6}$$

对应于该单位函数响应的数字滤波器的频率响应为:

$$H(e^{jwT}) = \sum_{n=0}^{N-1} e^{-jwnT} = \frac{\sin(NwT/2)}{\sin(wT/2)} e^{-jwT(N-1)/2} \tag{3-7}$$

它具有线性的相位——频率特性,其频率响应为第一个零值时所对应的频率:

$$f_{01} = f_s/N = 1/NT_s \tag{3-8}$$

这里,f_s 为采样频率,$T_s = 1/f_s$ 为采样周期。

汉明窗时:

$$h(n) = \begin{cases} 0.54 - 0.46\cos[2\pi n/(N-1)], & 0 \leqslant n \leqslant N-1 \\ 0, & \text{其他} \end{cases} \tag{3-9}$$

则发现其频率响应 $H(e^{jwT})$ 的第一个零值频率(即带宽)以及通带外的衰减都比矩形窗要大许多。矩形窗、汉明窗以及其他常用窗的一些参照数据见表 3-1。

表 3-1 不同窗函数的比较

窗 类 型	旁瓣峰值/dB	主瓣宽度
矩形窗	−13	$4\pi/N$
汉明窗	−41	$8\pi/N$
三角窗	−25	$8\pi/N$
海宁窗	−41	$8\pi/N$
布莱克曼窗	−57	$12\pi/N$

从表 3-1 和图 3-2 中可以看出,汉明窗的主瓣宽度比矩形窗大一倍,即带宽约增加一倍。矩形窗的谱平滑性能较好,但损失了高频成分,使波形细节丢失;而汉明窗则相反,从这一方面来看,汉明窗比矩形窗更为合适。因此,对语音信号的短时分析来说,窗口的形状是至关重要的。

2) 窗口的长度

采样周期 $T_s = 1/f_s$、窗口长度 N 和频率分辨率 Δf 之间存在下列关系:

$$\Delta f = \frac{1}{NT_s} \tag{3-10}$$

可见,采样周期一定时,Δf 随窗口长度 N 的增加而减小,即频率分辨率相应得到提高,但同时时间分辨率降低;如果窗口取短,频率分辨率下降,而时间分辨率提高,因而二者是

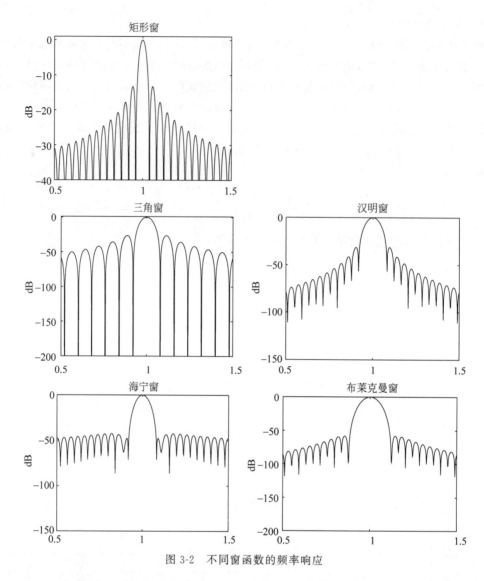

图 3-2　不同窗函数的频率响应

矛盾的。应该根据不同的需要选择合适的窗口长度。例如对于时域分析来讲,如果 N 很大,则它等效于很窄的低通滤波器,语音信号通过时,反映波形细节的高频部分被阻碍,短时能量随时间变化很小,不能真实地反映语音信号的幅度变化;反之,N 太小时,滤波器的通带变宽,短时能量随时间有急剧的变化,不能得到平滑的能量函数。因此,窗口的长度选择应合适。

　　有时窗口长度的选择,更重要的是要考虑语音信号的基音周期。通常认为在一个语音帧内应包含 1～7 个基音周期。然而不同人的基音周期变化很大,从女性和儿童的 2ms 到老年男子的 14ms(即基音频率的变化范围为 500～70Hz),所以 N 的选择比较困难。通常在 10kHz 取样频率下,N 折中选择为 100～200 为宜(即 10～20ms 持续时间)。

　　语音信号的数字化和预处理是一个很重要的环节,在对一个语音信号处理系统进行性能评价时,作为语音参数分析条件,采样频率和精度,采用了什么预加重,窗函数、帧长和帧移各是多少等都必须交代清楚以供参考。

这样,经过上面介绍的处理过程,语音信号就已经被分割成一帧一帧的加过窗函数的短时信号,然后再把每一个短时语音帧看成平稳的随机信号,利用数字信号处理技术来提取语音特征参数。在进行处理时,按帧从数据区中取出数据,处理完成后再取下一帧,逐帧计算,最后得到由每一帧参数组成的语音特征参数的时间序列。

3. 分帧

进行过预加重数字滤波处理后,接下来就要进行加窗分帧处理。一般每秒的帧数约为33～100帧,视实际情况而定。分帧虽然可以采用连续分段的方法,但一般要采用如图3-3所示的交叠分段的方法,这是为了使帧与帧之间平滑过渡,保持其连续性。前一帧和后一帧的交叠部分称为帧移。帧移与帧长的比值一般取为0～1/2。分帧是用可移动的有限长度窗口进行加权的方法来实现的,这就是用一定的窗函数 $w(n)$ 来乘 $s(n)$,从而形成加窗语音信号 $s_w(n)=s(n)\times w(n)$。

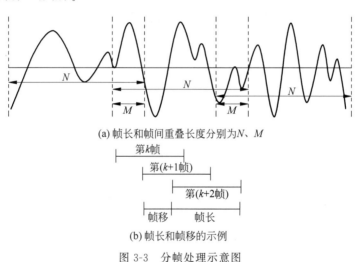

(a) 帧长和帧间重叠长度分别为N、M

(b) 帧长和帧移的示例

图 3-3　分帧处理示意图

3.3　端点检测

在语音信号处理中检测出语音的端点是相当重要的。语音端点的检测是指从包含语音的一段信号中确定出语音的起始点和结束点的位置。因为在某些语音特性检测和处理中,只对有话段检测或处理。例如,在语音减噪与增强中,对有话段和无话段可能采取不同的处理方法。在语音识别与语音编码中同样有类似的处理。

语音信号是随时间变化的非平稳随机过程,因此对于语音的分析一般都是短时分析。这是因为语音虽然是时变的但是具有短时相关性,这个相关性来源于人的发声器官具有惯性,因此语音的状态不会发生突变,语音在短时间内语音信号的特性基本不变,称之为语音的短时平稳性。语音信号本身是时域信号,对其进行分析时,最直观的方法就是观察其时域波形,一般需要进行加窗分帧处理,短时能量和短时过零率是在语音分析中具有广泛的运用的时域特性。短时能量表示一帧语音中语音信号的能量。短时过零率表示一帧语音中语音信号波形穿过横轴(零电平)的次数。

处理没有噪声情况下的语音端点的检测,用短时平均能量就可以检测出语音的端点。但实际处理中语音往往处于复杂的噪声环境中,这时,判别语音段的起始点和终止点的问题主要归结为区别语音和噪声的问题。

3.3.1 双门限法

双门限法最初是基于短时平均能量和短时平均过零率而提出的,其原理是汉语的韵母中有元音,能量较大,所以可以从短时平均能量中找到韵母,而声母是辅音,它们的频率较高,相应的短时平均过零率较大,所以用这两个特点找出声母和韵母,等于找出完整的汉语音节。双门限法是使用二级判决来实现的,参见图 3-4。

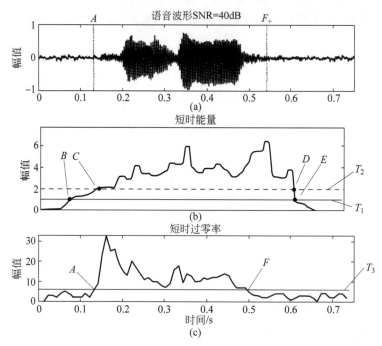

图 3-4　利用能量和过零率进行端点检测两级判决法示意图

图 3-4(a)是语音的波形,图 3-4(b)是该语音的短时平均能量,图 3-4(c)是该语音的短时平均过零率。进行判决的具体步骤如下。

1. 第一级判决

根据在语音短时能量包络线上选取的一个较高阈值(门限)T_2(图中以虚水平线表示)进行一次粗判,就是高于该 T_2 阈值肯定是语音(即在 CD 段之间肯定是语音),而语音起止点应位于该阈值与短时能量包络交点所对应的时间点之外(即在 CD 段之外)。

在平均能量上确定一个较低的阈值(门限)T_1(图中以实水平线表示),并从 C 点往左,D 点往右搜索,分别找到短时能量包络与阈值 T_1 相交的两个点 B 和 E,于是 BE 段就是用双门限法根据短时能量所判定的语音段的起止点位置。

2. 第二级判决

以短时平均过零率为准,从 B 点往左和从 E 点往右搜索,找到短时平均过零率低于某个阈值(门限)T_3 的两点 A 和 F(图中 T_3 以水平虚线表示),这便是语音段的起止点。

根据这两级判决,求出了语音的起始点位置 A 和结束点位置 F。但考虑到语音发音时单词之间的静音区会有一个最小长度表示发音间的停顿,就是在小于阈值 T_3 满足这样一个最小长度后才判断为该语音段结束,实际上相当于延长了语音尾音的长度。

3.3.2 相关法的端点检测

对于短时自相关函数:语音信号 $x(n)$ 分帧后有 $x_i(m)$,下标表示为第 i 帧($i=1,2,\cdots,M$),M 为总帧数。每帧数据的短时自相关函数定义如下:

$$R_i(k) = \sum_{m=1}^{L-k} x_i(m)x_i(m+k) \tag{3-11}$$

式中,L 为语音分帧后每帧的长度,k 为延迟量。

语音的自相关函数和噪声的自相关函数:图 3-5 给出了一帧噪声的波形和相对应的自相关函数;图 3-6 给出了一帧带噪语音信号的波形和相对应的自相关函数。从图中可以看出,它们的相关函数中存在极大的差别,可利用这种差别来提取语音的端点。

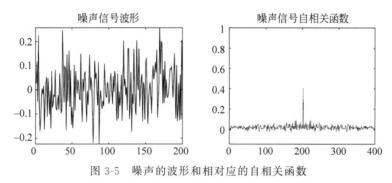

图 3-5 噪声的波形和相对应的自相关函数

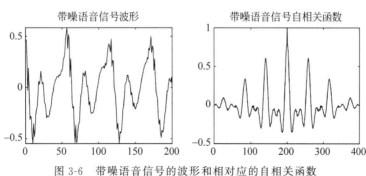

图 3-6 带噪语音信号的波形和相对应的自相关函数

式(3-11)给出了分帧语音信号的自相关函数,如果在相邻两帧之间计算相关函数,便是互相关函数,其表达式如下:

$$R_i(k) = \sum_{m=1}^{L-k} x_{i-1}(m)x_i(m+k) \tag{3-12}$$

式(3-12)中,$i=2,3,\cdots,M$,M 为总帧数。

因为语音信号是准稳态信号,它的变化较缓慢,所以相邻两帧之间的互相关函数的结果与图 3-5 和图 3-6 所示的自相关结果十分相似,所以也可以把图 3-5 和图 3-6 噪声帧和有话帧计算互相关的结果。

从图 3-5 和图 3-6 中看到,它们的波形大小是差不多的,而自(互)相关函数最大值的大小相差比较多,所以就可利用这一特点来判断是有话帧还是噪声帧。根据噪声的情况,设置两个阈值 T_1 和 T_2,当相关函数最大值大于 T_2 时,便判定为语音;当相关函数最大值小于 T_1 时,则判定为语音信号的端点。这样就能在设置阈值以后用双门限方法来进行判决。

用自(互)相关函数的最大值检测端点,而实际上每帧数据相关函数最大值的大小是受该帧信号能量的影响的。为了避免语音端点检测过程中受到绝对能量带来的影响,把自相关函数进行归一化处理。一帧信号的自相关函数为

$$R_i(k) = \sum_{m=1}^{L-k} x_i(m) x_i(m+k) \tag{3-13}$$

用 $R_i(0)$ 进行归一化(在一帧的自相关函数中总是 $R_i(0)$ 为最大),得

$$R_i^n(k) - R_i(k)/R_i(0) \tag{3-14}$$

归一化以后,无论是噪声帧,还是有话帧,自相关函数的最大幅值都为 1,分别如图 3-7 和图 3-8 所示。把自相关函数通过一个低通滤波器来提取语音端点的信息。低通滤波器的要求是:截止频率为 300Hz,在 600Hz 处衰减 20dB。

噪声帧和有话帧自相关函数通过低通滤波器后的波形也分别显示在图 3-7 和图 3-8上,从图中可以看出滤波后波形最大值在噪声帧和有话帧之间依然有很大的差别,利用该特点可以进行端点检测。

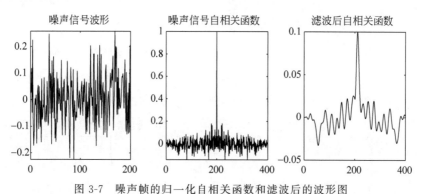

图 3-7 噪声帧的归一化自相关函数和滤波后的波形图

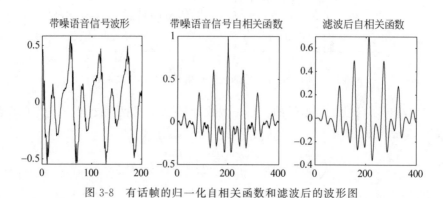

图 3-8 有话帧的归一化自相关函数和滤波后的波形图

3.3.3　能零比双门限法

含噪语音信号中的有话帧的能量可以看作噪声能量和语音能量的和,而噪声帧的能量仅包含噪声的能量。因此语音音频信号的有话帧和噪声帧在能量上有明显区别。而在有话帧内的过零率小于噪声帧内的过零率,能量和过零率相结合的能零比法可以有效检测到语音端点。

对语音信号 $x(n)$ 进行短时分析,第 i 帧语音信号为 $x_i(m)$,下标表示为第 i 帧($i=1$, $2,\cdots M$), M 为总帧数。第 i 帧语音信号 $x_i(m)$ 的短时能量定义如下:

$$E(i) = \sum_{m=1}^{L} x_i^2(m) \quad 1 \leqslant i \leqslant M \tag{3-15}$$

式(3-15)中 L 为语音分帧后每帧的长度。

引入改进的能量计算关系:

$$\mathrm{LE}(i) = \log_{10}(1 + E(i)/a) \tag{3-16}$$

式(3-16)中, $E(i)$ 是按式(3-15)计算出的每帧的能量; a 是一个常数,当 $E(i)$ 在幅值上发生急剧变化时,由于式中 a 的存在,$\mathrm{LE}(i)$ 将对 $E(i)$ 进行调节并使其变化有所缓和,因此选择适当的 a 值有助于区分有话帧和噪声帧。

每帧信号的短时过零率如下:

$$\mathrm{ZCR}(i) = \frac{1}{2} \sum_{m=2}^{L} |\operatorname{sgn}(x_i(m)) - \operatorname{sgn}(x_i(m-1))| \quad 1 \leqslant i \leqslant M \tag{3-17}$$

式(3-17)中,$\operatorname{sgn}[\cdot]$ 是符号函数,即

$$\operatorname{sgn}[x] = \begin{cases} 1, & x \geqslant 0 \\ -1, & x < 0 \end{cases} \tag{3-18}$$

按改进的能量计算值和短时过零率就能给出能零比

$$\mathrm{EZR}(i) = \mathrm{LE}(i)/(\mathrm{ZCR}(i) + b) \tag{3-19}$$

式(3-19)中,b 也是一个较小的常数,防止 $\mathrm{ZCR}(i)$ 为 0 时出现溢出的情况。

根据能零比确定两个门限 T_1 和 T_2 ,进行端点检测的具体步骤如下:

(1) 当能零比高于 T_2 时,便确认进入到有话帧;若不高于 T_2 ,则对下一帧信号继续进行步骤(1),直到检测到有话帧。

(2) 检测到有话帧后,继续判断能零比的值,若能零比小于 T_1 ,则结束;若不小于 T_1 ,则对下一帧语音信号继续进行步骤(2)。

(3) 重复步骤(1)(2)直到输入的语音信号结束。

其中阈值 $T_2 = a_1 \times \mathrm{Det} + \mathrm{eth}$,$T_1 = a_2 \times \mathrm{Det} + \mathrm{eth}$,Det 为能零比 $\mathrm{EZR}(i)$ 的最大值,eth 为语音信号噪声段的能零比均值,a_1 、a_2 为 Det 的权重。

3.4　语音信号的时域分析

语音信号的时域分析就是分析和提取语音信号的时域参数。进行语音分析时,最先接触到并且也是最直观的是它的时域波形。语音信号本身就是时域信号,因而时域分析是最

早使用的,也是应用最广泛的一种分析方法,这种方法直接利用语音信号的时域波形。时域分析通常用于最基本的参数分析及应用,如语音的分割、预处理、大分类等。这种分析方法的特点是:①表示语音信号比较直观、物理意义明确;②实现起来比较简单、运算量少;③可以得到语音的一些重要的参数;④只使用示波器等通用设备,使用较为简单等。

语音信号的时域参数有短时能量、短时过零率、短时自相关函数和短时平均幅度差函数等,这是语音信号的一组最基本的短时参数,在各种语音信号数字处理技术中都要应用。在计算这些参数时使用的一般是矩形窗或汉明窗。现分别讨论如下。

3.4.1 短时能量及短时平均幅度分析

如图 3-9 所示,设语音波形时域信号为 $x(l)$、加窗分帧处理后得到的第 n 帧语音信号为 $x_n(m)$,则 $x_n(m)$ 满足下式:

$$x_n(m) = w(m)x(n+m), \quad 0 \leqslant m \leqslant N-1 \tag{3-20}$$

$$w(m) = \begin{cases} 1, & m = 0 \sim (N-1) \\ 0, & \text{其他} \end{cases} \tag{3-21}$$

其中,$n = 0, 1T, 2T, \cdots$,并且 N 为帧长,T 为帧移长度。

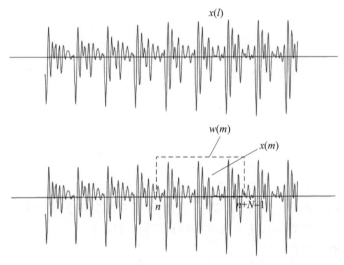

图 3-9　语音信号加窗分帧处理说明

设第 n 帧语音信号 $x_n(m)$ 的短时能量用 E_n 表示,则其计算公式如下:

$$E_n = \sum_{m=0}^{N-1} x_n^2(m) \tag{3-22}$$

E_n 是一个度量语音信号幅度值变化的函数,但它有一个缺陷,即它对高电平非常敏感(因为它计算时用的是信号的平方)。为此,可采用另一个度量语音信号幅度值变化的函数,即短时平均幅度函数 M_n,它定义为:

$$M_n = \sum_{m=0}^{N-1} |x_n(m)| \tag{3-23}$$

M_n 也是一帧语音信号能量大小的表征,它与 E_n 的区别在于计算时小取样值和大取样值不会因取平方而造成较大差异,在某些应用领域中会带来一些好处。

短时能量和短时平均幅度函数的主要用途有:①可以区分浊音段与清音段,因为浊音时 E_n 值比清音时大得多;②可以用来区分声母与韵母的分界、无声与有声的分界、连字(指字之间无间隙)的分界等;③作为一种超音段信息,用于语音识别中。

3.4.2　短时过零率分析

短时过零率表示一帧语音中语音信号波形穿过横轴(零电平)的次数。过零分析是语音时域分析中最简单的一种。对于连续语音信号,过零即意味着时域波形通过时间轴;而对于离散信号,如果相邻的取样值改变符号则称为过零。过零率就是样本改变符号的次数。

定义语音信号 $x_n(m)$ 的短时过零率 Z_n 如下:

$$Z_n = \frac{1}{2}\sum_{m=0}^{N-1} | \operatorname{sgn}[x_n(m)] - \operatorname{sgn}[x_n(m-1)] | \tag{3-24}$$

式(3-24)中,$\operatorname{sgn}[\ ]$ 是符号函数。

在实际中求过零率参数时,需要注意的一个问题是如果输入信号中包含有 50Hz 的工频干扰或者 A/D 变换器的工作点有偏移(这等效于输入信号有直流偏移),往往会使计算的过零率参数很不准确。为了解决前一个问题,A/D 变换器前的防混叠带通滤波器的低端截频应高于 50Hz,以有效地抑制电源干扰。对于后一个问题除了可以采用低直流漂移器件外,也可以在软件上加以解决,也就是算出每一帧的直流分量并予以滤除。

对语音信号进行分析,发现发浊音时,尽管声道有若干个共振峰,但由于声门波引起谱的高频跌落,所以其语音能量约集中于 3kHz 以下。而发清音时,多数能量出现在较高频率上。高频就意味着高的平均过零率,低频意味着低的平均过零率,所以可以认为浊音时具有较低的过零率,而清音时具有较高的过零率。当然,这种高低仅是相对而言,并没有精确的数值关系。

利用短时平均过零率还可以从背景噪声中找出语音信号,可用于判断寂静无声段和有声段的起点和终点位置。在孤立词的语音识别中,必须要在一连串连续的语音信号中进行适当分割,用以确定每个单词的语音信号,即找出每个单词的开始和终止位置,这在语音处理中是一个基本问题。此时,在背景噪声较小时用平均能量识别较为有效,而在背景噪声较大时用平均过零率识别较为有效。但是研究表明,在以某些音为开始或结尾时,如当弱摩擦音(如[f]、[h]等音素)、弱爆破音(如[p]、[t]、[k]等音素)为语音的开头或结尾,以鼻音(如[ng]、[n]、[m]等音素)为语音的结尾时,只用其中一个参量来判别语音的起点和终点是有困难的,必须同时使用这两个参数。

短时能量、短时平均幅度和短时过零率都是随机参数,但是对于不同性质的语音它们具有不同的概率分布。例如,对于无声(用 S 表示,S 是 Silence 的第一个字母)、清音(用 U 表示)、浊音(用 V 表示)三种情况,短时能量、短时平均幅度和短时过零率具有不同的概率密度函数。图 3-10 给出了短时平均幅度和短时过零率在三种情况下条件概率密度函数示意图,其中短时平均幅度的最大值已规格化为 1。可以看到,在三种情况中浊音的短时平均幅度最大而短时过零率最低,当采样率为 8kHz、帧长为 20ms(每帧包含 160 个样点)时平均值约为 20。反之,清音的短时平均幅度居中而短时过零率最高,其平均值约为 70(条件与浊音情况一致)。无声的短时平均幅度最低而短时过零率居中。这些条件概率密度函数都很接近于正态分布。

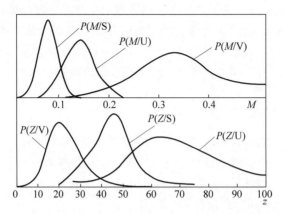

图 3-10　M_n 和 Z_n 在 S、U、V 三种情况下条件概率密度函数示意图

如果能够求出在 S、U、V 三种情况下的短时平均幅度（或短时能量）和短时过零率的条件联合概率密度函数 $P(M,Z/S)$、$P(M,Z/U)$ 以及 $P(M,Z/V)$，那么就可以采用统计学中的最大似然算法，根据一帧信号的短时平均幅度和短时过零率值来判断它的 S/U/V 类别。这就是计算如下的后验概率：

$$P(X/M,Z) = \frac{P(M,Z/X) \cdot P(X)}{P(M,Z)} \tag{3-25}$$

其中 $X=$ S 或 U 或 V。后验概率最大者即作为判别结果。事实上，仅依靠短时平均幅度和短时过零率两个参数还不够。如果能选取更多的有效参数，例如相关系数等，可以得到更佳的分类效果。

3.4.3　短时相关分析

相关分析是一种常用的时域波形分析方法，并有自相关和互相关之分。这里主要讨论自相关函数。自相关函数具有一些性质，如它是偶函数；假设序列具有周期性，则其自相关函数也是同周期的周期函数等。可以把自相关函数的这些性质应用于语音信号的时域分析中。例如，对于浊音语音可以用自相关函数求出语音波形序列的基音周期。此外，在进行语音信号的线性预测分析时，也要用到自相关函数。和其他语音参数一样，在语音信号分析中，分析的是短时自相关函数。

1. 短时自相关函数

定义语音信号 $x_n(m)$ 的短时自相关函数 $R_n(k)$ 的计算式如下：

$$R_n(k) = \sum_{m=0}^{N-1-k} x_n(m)x_n(m+k) \quad (0 \leqslant k \leqslant K) \tag{3-26}$$

这里 K 是最大的延迟点数。

短时自相关函数具有以下性质：

（1）如果 $x_n(m)$ 是周期的（设周期为 N_p），则自相关函数是同周期的周期函数，即 $R_n(k) = R_n(k+N_p)$；

（2）$R_n(k)$是偶函数，即$R_n(k)=R_n(-k)$；

（3）当$k=0$时，自相关函数具有最大值，即$R_n(0)\geqslant|R_n(k)|$，并且$R_n(0)$等于确定性信号序列的能量或随机性序列的平均功率。

图3-11给出了三个自相关函数的例子，(a)(b)(c)分别是浊音"成"，浊音"床"，清音"照"。它们是用式(3-26)当$N=801$时在16kHz取样的语音计算得到的。如图3-11所示，计算了延迟为$0\leqslant k\leqslant500$时的自相关值。前两种情况是对浊音语音段，而第三种情况是对一个清音段。由于语音信号在一段时间内的周期是变化的，所以甚至在很短一段语音内也不同于一个真正的周期信号段。不同周期内的信号波形也有一定变化。由图3-11(a)和图3-11(b)可见，对应于浊音语音的自相关函数，具有一定的周期性。在相隔一定的取样后，自相关函数达到最大值。在图3-11(c)上自相关函数没有很强的周期峰值，表明在信号中缺乏周期性，这种清音语音的自相关函数有一个类似于噪声的高频波形，有点像语音信号本身。浊音语音的周期可用自相关函数的第一个峰值的位置来估算。在图3-11(a)中，峰值约出现在137的位置上，由此估计出图3-11(a)的浊音语音的基音周期为$T=137/16\,000=8.56\mathrm{ms}$。在图3-11(b)中，第一个最大值出现在140个取样的位置上，它表明平均的基音周期约为$T=140/16\,000=8.75\mathrm{ms}$。

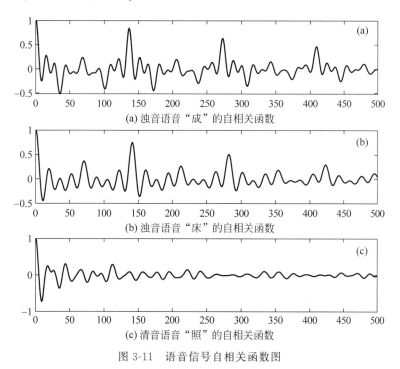

(a) 浊音语音"成"的自相关函数

(b) 浊音语音"床"的自相关函数

(c) 清音语音"照"的自相关函数

图3-11　语音信号自相关函数图

2. 修正的短时自相关函数

在传统的自相关函数的计算中，是两个等长的序列进行乘积和的，这样随着延迟k的增加，进行乘积和的项数在减少，所以总体上自相关函数的幅度值随着延迟k的增加而下降。因此，在利用传统自相关函数计算波形周期时，如果窗长不足够长，包含的周期数不足够多,则会给周期计算带来困难。短时自相关函数在基音周期的各个整数倍点上有很大的峰值。看来只要找到第一最大峰值点(除 $R_n(0)$ 外最近的一个最大值点)的位置并计算它与 $k=0$ 点的间隔,便能估计出基音周期。实际上并不是这样简单,第一最大峰值点的位置有时不能与基音周期相吻合。产生这种情况的原因之一就是窗的长度不够。图 3-12 给出了一段周期语音的短时自相关函数随窗长 N 的变化情况(窗形为矩形窗)。语音的采样率为 16kHz,基音周期为 8.75ms,这相应于 140 个采样点。图 3-12(a)、图 3-12(b)、图 3-12(c)分别给出了窗长分别为 $N=801$、501、251 时的短时自相关函数图形,可以看到对于图 3-12(a) 和图 3-12(b)两种情况,第一最大峰值与基音周期是吻合的;而对于图 3-12(c)情况,由于窗长过短,第一最大峰值与基音周期不一致。一般认为窗长至少应大于两个基音周期,才可能有较好效果。

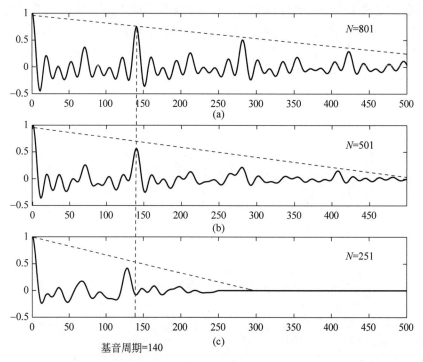

图 3-12 窗长对于语音信号短时自相关函数的影响

因此,在语音信号处理中,计算自相关函数所用的窗口长度与平均能量等情况略有不同。这里,N 值至少要大于基音周期的两倍,否则将找不到第一个最大值点。此外,N 值也要尽可能得小,否则将影响短时性。因此长基音周期要用宽的窗,短基音周期要用窄的窗。虽然可采用自适应于基音周期的窗口长度法,但是这种方法比较复杂。为解决这个问题,可用"修正的短时自相关函数"来代替短时自相关函数。

修正的短时自相关函数是用两个长度不同的窗口,截取两个不等长的序列进行乘积和,两个窗口的长度相差最大的延迟点数 K。这样就能始终保持乘积和的项数不变,即始终为短窗的长度。修正的短时自相关函数定义如下:

$$\hat{R}_n(k) = \sum_{m=0}^{N-1} x_n(m) x'_n(m+k), \quad (0 \leqslant k \leqslant K) \tag{3-27}$$

其中,

$$x_n(m) = w(m)x(n+m), \quad 0 \leqslant m \leqslant N-1 \tag{3-28}$$

$$w(m) = \begin{cases} 1, & m = 0 \sim (N-1) \\ 0, & \text{其他} \end{cases} \tag{3-29}$$

$$x_n'(m) = w'(m)x(n+m), \quad 0 \leqslant m \leqslant N-1+K \tag{3-30}$$

$$w'(m) = \begin{cases} 1, & m = 0 \sim (N-1+K) \\ 0, & \text{其他} \end{cases} \tag{3-31}$$

这里 K 是最大的延迟点数。式(3-27)表明,为了消除式(3-26)中可变上限引起的自相关函数的下降,而选取不同长度的窗口,使一个窗口包括另一个窗口的非零间隔以外的取样,如图 3-13 所示。这样计算自相关函数时序列总是取 N 个抽样来进行。

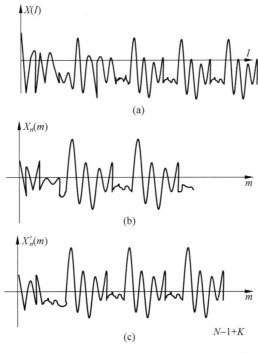

图 3-13 修正短时自相关函数计算中窗口长度的说明

严格地说,$\hat{R}_n(k)$ 具有互相关函数的特性,而不是自相关函数,因为 $\hat{R}_n(k)$ 是两个不同长度的语音段的相关函数。然而 $\hat{R}_n(k)$ 在周期信号周期的倍数上有峰值,所以与 $\hat{R}_n(0)$ 最接近的第一个最大值点仍然代表了基音周期的位置。

3.4.4 短时平均幅度差函数

短时自相关函数是语音信号时域分析的重要参量。但是,计算自相关函数的运算量很大,其原因是乘法运算所需要的时间较长。利用快速傅里叶变换(FFT)等简化计算方法都无法避免乘法运算。为了避免乘法,一个简单的方法就是利用差值。为此常常采用另一种与自相关函数有类似作用的参量,即短时平均幅度差函数(AMDF)。

平均幅度差函数能够代替自相关函数进行语音分析,是基于这样一个事实:如果信号是完全的周期信号(设周期为 N_p),则相距为周期的整数倍的样点上的幅值是相等的,差值为零。即:

$$d(n) = x(n) - x(n+k) = 0 \quad (k = 0, \pm N_p, \pm 2N_p, \cdots) \tag{3-32}$$

对于实际的语音信号,$d(n)$ 虽不为零,但其值很小。这些极小值将出现在整数倍周期的位置上。为此,可定义短时平均幅度差函数:

$$F_n(k) = \sum_{m=0}^{N-1-k} | x_n(m) - x_n(m+k) | \tag{3-33}$$

显然,如果 $x(n)$ 在窗口取值范围内具有周期性,则 $F_n(k)$ 在 $k = N_p, 2N_p, \cdots$ 时将出现极小值。如果两个窗口具有相同的长度,则可以得到类似于自相关函数的一个函数。如果一个窗口比另一个窗口长,则有类似于修正自相关函数的那种情况。如图 3-14(b)所示,对于周期性的 $x(n)$,$F_n(k)$ 也呈现周期性,与 $R_n(k)$ 相反的是在周期的各个整数倍点上 $F_n(k)$ 具有谷值而不是峰值。

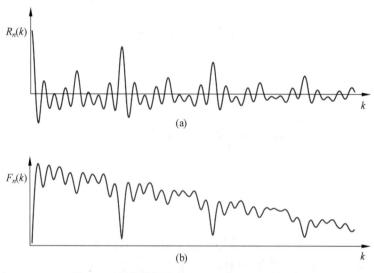

图 3-14　周期性语音的 $R_n(k)$ 和 $F_n(k)$ 的示例

可以证明平均幅度差函数和自相关函数有密切的关系,两者之间的关系可由下式表达:

$$F_n(k) = \sqrt{2}\beta(k)[R_n(0) - R_n(k)]^{1/2} \tag{3-34}$$

式中 $\beta(k)$ 对不同的语音段在 $0.6 \sim 1.0$ 变化,但是对一个特定的语音段,它随 k 值变化并不明显。

图 3-15 给出了 AMDF 函数的例子,它与图 3-11 使用相同的语音段并且宽度也一样。从图中可以看到,AMDF 函数确实在浊音语音的基音周期上出现极小值,而在清音语音时没有明显的极小值。

显然,计算 $F_n(k)$ 只需加、减法和取绝对值的运算,与自相关函数的加法与乘法相比,其运算量大大减少,尤其在用硬件实现语音信号分析时有很大好处。为此,AMDF 已被用在许多实时语音处理系统中。

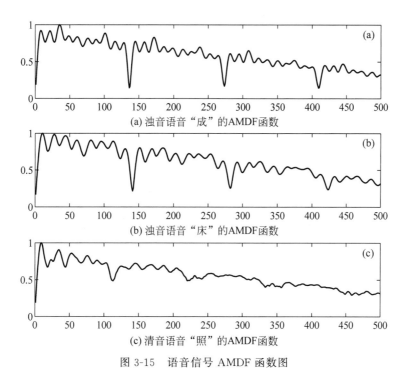

(a) 浊音语音"成"的AMDF函数

(b) 浊音语音"床"的AMDF函数

(c) 清音语音"照"的AMDF函数

图 3-15　语音信号 AMDF 函数图

3.5　语音信号的频域分析

语音信号的频域分析就是分析语音信号的频域特征。从广义上讲,语音信号的频域分析包括语音信号的频谱、功率谱、倒频谱、频谱包络分析等,而常用的频域分析方法有带通滤波器组法、傅里叶变换法、线性预测法等几种。本节介绍的是语音信号的傅里叶分析法。因为语音波是一个非平稳过程,因此适用于周期或平稳随机信号的标准傅里叶变换不能用来直接表示语音信号,而应该用短时傅里叶变换对语音信号的频谱进行分析,相应的频谱称为"短时谱"。

3.5.1　利用短时傅里叶变换求语音的短时谱

对第 n 帧语音信号 $x_n(m)$ 进行傅里叶变换(离散时域傅里叶变换,DTFT),可得到短时傅里叶变换,其定义如下:

$$X_n(\mathrm{e}^{\mathrm{j}w}) = \sum_{m=0}^{N-1} x_n(m)\mathrm{e}^{-\mathrm{j}wm} \tag{3-35}$$

由定义可知,短时傅里叶变换实际就是窗选语音信号的标准傅里叶变换。这里,窗 $w(n-m)$ 是一个"滑动的"窗口,它随 n 的变化而沿着序列 $x(m)$ 滑动。由于窗口是有限长度的,满足绝对可和条件,所以这个变换是存在的。当然窗口函数不同,傅里叶变换的结果也将不同。

可以将式(3-35)写成另一种形式。设语音信号序列和窗口序列的标准傅里叶变换均存在。当 n 取固定值时,$w(n-m)$ 的傅里叶变换如下:

$$\sum_{m=-\infty}^{\infty} w(n-m)e^{-jwm} = e^{-jwn} \cdot W(e^{-jw}) \tag{3-36}$$

根据卷积定理,有:

$$X_n(e^{jw}) = X(e^{jw}) * [e^{-jwn} \cdot W(e^{-jw})] \tag{3-37}$$

因为式(3-37)右边两个卷积项均为关于角频率 w 的以 2π 为周期的连续函数,所以也可将其写成以下的卷积积分形式:

$$X_n(e^{jw}) = \frac{1}{2\pi} \int_{-\pi}^{\pi} [W(e^{j\theta})e^{jn\theta}] \cdot [X(e^{j(w+\theta)})] d\theta \tag{3-38}$$

即,假设 $x(m)$ 的 DTFT 是 $X(e^{jw})$,且 $w(m)$ 的 DTFT 是 $W(e^{jw})$,那么 $X_n(e^{jw})$ 是 $X(e^{jw})$ 和 $W(e^{jw})$ 的周期卷积。

根据信号的时宽带宽积为一常数这一基本性质,可知 $W(e^{jw})$ 主瓣宽度与窗口宽度成反比,N 越大,$W(e^{jw})$ 的主瓣越窄。由式(3-38)可知,为了使 $X_n(e^{jw})$ 再现 $X(e^{jw})$ 的特性,$W(e^{jw})$ 相对于 $X(e^{jw})$ 来说必须是一个冲激函数。所以为了使 $X_n(e^{jw}) \to X(e^{jw})$,需 $N \to \infty$;但是 N 值太大时,信号的分帧又失去了意义。尤其是 N 值大于语音的音素长度时,$X_n(e^{jw})$ 已不能反映该语音音素的频谱了。因此,应折衷选择窗的宽度 N。另外,窗的形状也对短时傅氏频谱有影响,如矩形窗,虽然频率分辨率很高(即主瓣狭窄尖锐),但由于第一旁瓣的衰减很小,有较大的上下冲,采用矩形窗时求得的 $X_n(e^{jw})$ 与 $X(e^{jw})$ 的偏差较大,这就是 Gibbs 效应,所以不适合用于频谱成分很宽的语音分析中。而汉明窗在频率范围中的分辨率较高,而且旁瓣的衰减大,具有频谱泄漏少的优点,所以在求短时频谱时一般采用具有较小上下冲的汉明窗。

与离散傅里叶变换和连续傅里叶变换的关系一样,如令角频率 $w = 2\pi k/N$,则得离散的短时傅里叶变换(DFT),它实际上是 $X_n(e^{jw})$ 在频域的取样,如下所示:

$$X_n(e^{j\frac{2\pi k}{N}}) = X_n(k) = \sum_{m=0}^{N-1} x_n(m)e^{-j\frac{2\pi km}{N}} \quad (0 \leqslant k \leqslant N-1) \tag{3-39}$$

在语音信号数字处理中,都是采用 $x_n(m)$ 的离散傅里叶变换(DFT)$X_n(k)$ 来替代 $X_n(e^{jw})$,并且可以用高效的快速傅里叶变换(FFT)算法完成由 $x_n(m)$ 至 $X_n(k)$ 的转换。当然,这时窗长 N 必须是 2 的倍数 2^L(L 是整数)。根据傅里叶变换的性质,实数序列的傅里叶变换的频谱具有对称性,因此,全部频谱信息包含在长度为 $N/2+1$ 的 $X_n(k)$ 里。另外,为了使 $X_n(k)$ 具有较高的频率分辨率,所取的 DFT 以及相应的 FFT 点数 N_1 应该足够多,但有时 $x_n(m)$ 的长度 N 要受到采样率和短时性的限制,例如,在通常采样率为 8kHz 且帧长为 20ms 时,$N=160$。而 N_1 一般取 256、512 或 1024,为了将 $x_n(m)$ 的点数从 N 扩大为 N_1,可以采用补 0 的办法,在扩大的部分添若干个 0 取样值,然后再对添 0 后的序列进行 FFT。例如,在 10kHz 的范围内采样求频谱,并要求频率分辨率在 30Hz 以下。由 10kHz/$N_1 < 30$,得 $N_1 > 333$,所以 $N_1 = 2^L$ 要取比 333 大的值,这时可取 $N_1 = 2^9 = 512$ 点,不足的部分采用补 0 的办法解决,此时频率分辨率(即频率间隔)为 10kHz/512=19.53Hz,采样后的该帧信号频率处在 $0 \sim 2^L \times 19.53$Hz 内,因此,原连续信号频率就处在 $0 \sim 2^{L-1} \times 19.53$Hz 内(即 $f_{max}=5$kHz),所以要在 $0 \sim 5$kHz 频率范围内求其频谱。FFT 的计算可以在通用计算机上由相应的算法软件来完成,这种方式一般只能实现非实时运算。为了完成实时运算可以采用先进的数字信号处理芯片、阵列处理芯片或专用 FFT 芯片。为了完成 1024

点的 FFT,这些专用芯片所需的运算时间是几十毫秒至几毫秒,甚至可以降至 1ms 以下。

在语音信号数字处理中,功率谱具有重要意义,在一些语音应用系统中,往往都是利用语音信号的功率谱。根据功率谱定义,可以写出短时功率谱与短时傅里叶变换之间的关系:

$$S_n(\mathrm{e}^{jw}) = X_n(\mathrm{e}^{jw}) \cdot X_n^*(\mathrm{e}^{jw}) = |X_n(\mathrm{e}^{jw})|^2 \tag{3-40}$$

或者:

$$S_n(k) = X_n(k) \cdot X_n^*(k) = |X_n(k)|^2 \tag{3-41}$$

式中 * 表示复共轭运算。并且功率谱 $S_n(\mathrm{e}^{jw})$ 是短时自相关函数 $R_n(k)$ 的傅里叶变换。

$$S_n(\mathrm{e}^{jw}) = |X_n(\mathrm{e}^{jw})|^2 = \sum_{k=-N+1}^{N-1} R_n(k)\mathrm{e}^{-jwk} \tag{3-42}$$

以上介绍了利用短时傅里叶变换进行语音频谱分析,求取语音信号的短时谱的方法。常用的语音频谱分析方法还有利用线性预测分析法求取语音信号的短时频谱包络的方法。

3.5.2 语音的短时谱的临界带特征矢量

利用短时傅里叶变换求取的语音信号的短时谱,它是按实际频率分布的,而符合人耳的听觉特性的频率分布应该是按临界带频率分布的。所以,如果用按实际频率分布的频谱作为语音特征,由于它不符合人耳的听觉特性,将会降低语音信号处理系统的性能。下面介绍一种把实际的线性频谱转化为临界带频谱特征的方法。

第一步,首先求出一帧加窗语音 $x_n(m)$:$m=0\sim(N-1)$(例如,采样率 $f_s=8\mathrm{kHz}$,窗长为 20ms,则 $N=160$,窗形一般为汉明窗)的 DFT 的模平方值 $|X_n(k)|^2$,即功率谱。DFT 可用 FFT 计算,设定 DFT 的点数为 512(在实际的语音信号数字处理系统中的 DFT 点数一般在 128、256、512、1024 中任选一个,点数越高则频谱分辨精度提高,计算开销相应提高),则可以得到 $|X_n(k)|^2$ 与原始加窗模拟语音的频谱模平方 $|X_n(\exp(j\omega_k))|^2$ 具有下列关系:

$$|X_n(k)|^2 = |X_n(\exp(j\omega_k))|^2, \quad k=0\sim511 \tag{3-43}$$

其中,$\omega_k = 2\pi f_k$,$f_k = \dfrac{f_s}{512}k$。

第二步,在 $f=0\sim f_s/2$ 中确定 $\hat{f}_1,\hat{f}_2,\hat{f}_3,\cdots$,即若干个临界带频率分割点。确定的方法是将 $i=1,2,3,\cdots$ 代入下式,即可求出相应的 $\hat{f}_i$(以 Hz 为单位)。

$$i = \frac{26.81\hat{f}_i}{(1960+\hat{f}_i)} - 0.53 \tag{3-44}$$

由此可以求出 $\hat{f}_1=118.6\mathrm{Hz}$,$\hat{f}_2=188.7\mathrm{Hz}$,$\hat{f}_3=297.2\mathrm{Hz}$,$\cdots$,$\hat{f}_{16}=3151\mathrm{Hz}$,$\hat{f}_{17}=3702\mathrm{Hz}$,$\hat{f}_{18}=4386\mathrm{Hz}$,$\cdots$。这样 $\hat{f}_1\sim\hat{f}_2$ 构成第 1 临界带,$\hat{f}_2\sim\hat{f}_3$ 构成第 2 临界带,等等。如果 $f_s=8\mathrm{kHz}$,在 $0.1\sim4\mathrm{kHz}$ 范围内需要安排 16 个临界带。若 $f_s=10\mathrm{kHz}$,在 $0.3\sim5\mathrm{kHz}$ 范围内可排 16 个临界带。将每个临界带中的 $|X_n(k)|^2$ 取和即可得到相应的临界带特征矢量。

如果用 $G=[g_1,g_2,\cdots,g_l,\cdots,g_L]$ 表示临界带特征矢量,对于上面举的第一个例子($f_s=8\mathrm{kHz}$,频谱范围 $0.1\sim3.7\mathrm{kHz}$),$L=16$,其中的每个分量可用下式计算:

$$g_l = \sum_{\hat{f}_l < \hat{f}_k \leqslant \hat{f}_{l+1}} |X_n(k)|^2, \quad l = 1 \sim 16 \tag{3-45}$$

对于第二个例子,特征矢量仍是 16 维的,其中每个分量可按照与式(3-45)类似的方法来计算。

临界带特征矢量从人耳对频率高低的非线性心理感觉角度反映了语音短时幅度谱的特征。它的畸变可以用欧氏距离来度量,所需的变换可以用高效的 FFT 来完成,因而使用此特征矢量时计算开销较小。所以可以用它来作为语音识别系统特征矢量。

3.6　语音信号的线性预测(LPC)分析

1947 年维纳首次提出了线性预测(Linear Prediction)这一术语,而板仓等人在 1967 年首先将线性预测技术应用到了语音分析和语音合成中。线性预测是一种很重要的技术,普遍应用于语音信号处理的各个方面。

线性预测分析的基本思想是:由于语音样点之间存在相关性,所以可以用过去的样点值来预测现在或未来的样点值,即一个语音的抽样能够用过去若干个语音抽样或它们的线性组合来逼近。通过使实际语音抽样和线性预测抽样之间的误差在某个准则下达到最小值来决定唯一的一组预测系数。而这组预测系数就反映了语音信号的特性,可以作为语音信号特征参数用于语音识别、语音合成等。

将线性预测应用于语音信号处理,不仅是因为它的预测功能,而且更重要的是因为它能提供一个非常好的声道模型及模型参数估计方法。线性预测的基本原理和语音信号数字模型密切相关。

3.6.1　线性预测分析的基本原理

线性预测分析的基本思想是:用过去 p 个样点值来预测现在或未来的样点值:

$$\hat{s}(n) = \sum_{i=1}^{p} a_i s(n-i) \tag{3-46}$$

预测误差 $\varepsilon(n)$ 为:

$$\varepsilon(n) = s(n) - \hat{s}(n) = s(n) - \sum_{i=1}^{p} a_i s(n-i) \tag{3-47}$$

这样就可以通过在某个准则下使预测误差 $\varepsilon(n)$ 达到最小值的方法来决定唯一的一组线性预测系数 $a_i (i=1,2,\cdots,p)$。

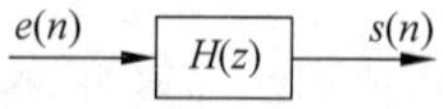

图 3-16　语音模型

把线性预测分析和语音信号数字模型联系起来,可以用准周期脉冲(在浊音语音期间)或白噪声(在清音语音期间)激励一个线性时不变系统(声道)所产生的输出作为语音的模型,如图 3-16 所示。

这里,系统的输入 $e(n)$ 是语音激励,$s(n)$ 是输出语音,模型的系统函数 $H(z)$ 可以写成有理分式的形式:

$$H(z) = G \cdot \frac{1 + \sum_{l=1}^{q} b_l z^{-l}}{1 - \sum_{i=1}^{p} a_i z^{-i}} \tag{3-48}$$

式中，系数 a_i、b_l 及增益因子 G 是模型的参数，而 p 和 q 是选定的模型的阶数。因而信号可以用有限数目的参数构成的模型来表示。根据 $H(z)$ 的形式不同，有 3 种不同的信号模型。

(1) 如式(3-48)所示的 $H(z)$ 同时含有极点和零点，称作自回归-滑动平均模型，简称为 ARMA 模型，这是一种一般模型。

(2) 当式(3-48)中的分子多项式为常数，即 $b_l = 0$ 时，$H(z)$ 为全极点模型，这时模型的输出只取决于过去的信号值，这种模型称为自回归模型，简称为 AR 模型。

(3) 如果 $H(z)$ 的分母多项式为 1，即 $a_i = 0$ 时，$H(z)$ 成为全零点模型，称为滑动平均模型，简称 MA 模型。此时模型的输出只由模型的输入来决定。

实际上语音信号处理中最常用的模型是全极点模型，这是因为：① 如果不考虑鼻音和摩擦音，那么语音的声道传递函数就是一个全极点模型；而对于鼻音和摩擦音，细致的声学理论表明其声道传输函数既有极点又有零点，但这时如果模型的阶数 p 足够高，可以用全极点模型来近似表示极零点模型，因为一个零点可以用许多极点来近似（即 $1 - az^{-1} = \dfrac{1}{1 + az^{-1} + a^2 z^{-2} + a^3 z^{-3} + \cdots}$）。② 可以用线性预测分析的方法估计全极点模型参数，因为对全极点模型进行参数估计是对线性方程的求解过程，而若模型中含有有限个零点，则是解非线性方程组，实现起来非常困难。

采用全极点模型，辐射、声道以及声门激励的组合谱效应的传输函数为：

$$H(z) = \frac{S(z)}{E(z)} = \frac{G}{1 - \sum_{i=1}^{p} a_i z^{-i}} = \frac{G}{A(z)} \tag{3-49}$$

其中 p 是预测器阶数，G 是声道滤波器增益。由此，语音抽样 $s(n)$ 和激励信号 $e(n)$ 之间的关系可以用以下差分方程来表示：

$$s(n) = Ge(n) + \sum_{i=1}^{p} a_i s(n-i) \tag{3-50}$$

即语音样点间有相关性，可以用过去的样点值预测未来样点值。对于浊音，激励 $e(n)$ 是以基音周期重复的单位冲激；对于清音，$e(n)$ 是稳衡白噪声。

在信号分析中，模型的建立实际上是由信号来估计模型的参数的过程。因为信号是客观实际存在的，因此用模型表示它不可能是完全精确的，总是存在误差。且极点阶数 p 无法事先确定，可能选得过大或过小，况且信号是时变的。因此求解模型参数的过程是一个逼近过程。

在模型参数估计过程中，把如下系统称为线性预测器：

$$\hat{s}(n) = \sum_{i=1}^{p} a_i s(n-i) \tag{3-51}$$

式中 a_i 称为线性预测系数。从而，p 阶线性预测器的系统函数具有如下形式：

$$P(z) = \sum_{i=1}^{p} a_i z^{-i} \tag{3-52}$$

在式(3-49)中的 $A(z)$ 称作逆滤波器,其传输函数为:

$$A(z) = 1 - \sum_{i=1}^{p} \alpha_i z^{-i} = \frac{GE(z)}{S(z)} \tag{3-53}$$

预测误差 $\varepsilon(n)$ 为:

$$\varepsilon(n) = s(n) - \sum_{i=1}^{p} a_i s(n-i) = Ge(n) \tag{3-54}$$

线性预测分析要解决的问题是:给定语音序列(显然,鉴于语音信号的时变特性,LPC 分析必须按帧进行),使预测误差在某个准则下最小,求预测系数的最佳估值 a_i,这个准则通常采用最小均方误差准则。

下面推导线性预测方程。把某一帧内的短时平均预测误差定义为:

$$E\{\varepsilon^2(n)\} = E\left\{\left[s(n) - \sum_{i=1}^{p} a_i s(n-i)\right]^2\right\} \tag{3-55}$$

为使 $E\{\varepsilon^2(n)\}$ 最小,对 a_j 求偏导,并令其为零,有:

$$E\left\{\left[s(n) - \sum_{i=1}^{p} a_i s(n-i)\right] s(n-j)\right\} = 0, \quad j = 1,2,\cdots,p \tag{3-56}$$

式(3-56)表明采用最佳预测系数时,预测误差 $\varepsilon(n)$ 与过去的语音样点正交。由于语音信号的短时平稳性,要分帧处理($10 \sim 30\text{ms}$),对于一帧从 n 时刻开窗选取的 N 个样点的语音段 s_n,记 $\Phi_n(j,i)$ 为:

$$\Phi_n(j,i) = E\{s_n(m-j)s_n(m-i)\} \tag{3-57}$$

则有:

$$\sum_{i=1}^{p} a_i \Phi_n(j,i) = \Phi_n(j,0), \quad j = 1,2,\cdots,p \tag{3-58}$$

显然,如果能找到一种有效的方法求解这组包含 p 个未知数的 p 个方程,就可以得到在语音段 s_n 上使均方预测误差为最小的预测系数 $a_i(i=1,2,\cdots,p)$。为求解这组方程,必须首先计算出 $\Phi_n(i,j)(1 \leqslant i \leqslant p, 1 \leqslant j \leqslant p)$,一旦求出这些数值即可按上式求出 $a_i(i=1,2,\cdots,p)$。因此从原理上看,线性预测分析是非常直接了当的。然而,$\Phi_n(i,j)$ 的计算及方程组的求解都是十分复杂的,因此必须选择适当的算法。

另外利用式(3-56),可得最小均方预测误差为:

$$\sigma_\varepsilon = E\left\{[s(n)]^2 - \sum_{i=1}^{p} a_i s(n)s(n-i)\right\} \tag{3-59}$$

再考虑式(3-57)和式(3-58)可得:

$$\sigma_\varepsilon = \Phi_n(0,0) - \sum_{i=1}^{p} a_i \Phi_n(0,i) \tag{3-60}$$

因此,最小预测误差由一个固定分量和一个依赖于预测器系数 a_i 的分量组成。

3.6.2 线性预测方程组的求解

在 LPC 分析中,对于线性预测方程组的求解,有自相关法和协相关法两种经典解法,另外还有效率较高的格型法等。这里只介绍自相关法,其他方法请参阅有关文献。

设从 n 时刻开窗选取 N 个样点的语音段 s_n,即只用 $s_n(n),\cdots,s_n(n+N-1)$ 个语音样

点来分析该帧的预测系数 a_i。对于语音段 s_n,它的自相关函数为:

$$R_n(j) = \sum_{n=j}^{N-1} s_n(n) s_n(n-j), \quad j = 1, 2, \cdots, p \tag{3-61}$$

作为自相关函数,$R_n(j)$ 满足这样的性质,即它是偶函数且 $R_n(j-i)$ 只与 j 和 i 的相对大小有关。因此,比较式(3-57)和式(3-61)可知,可以定义 $\Phi_n(i,j)$ 为:

$$\Phi_n(i,j) = \sum_{m=0}^{N-1-|i-j|} s_n(m) s_n(m+|i-j|) \tag{3-62}$$

即:

$$\Phi_n(i,j) = R_n(|i-j|) \tag{3-63}$$

因此有:

$$\sum_{i=1}^{p} a_i R_n(|i-j|) = R_n(j), \quad j = 1, 2, \cdots, p \tag{3-64}$$

把上式展开写成矩阵形式:

$$\begin{bmatrix} R_n(0) & R_n(1) & \cdots & R_n(p-1) \\ R_n(1) & R_n(0) & \cdots & R_n(p-2) \\ \vdots & \vdots & \vdots & \vdots \\ R_n(p-1) & R_n(p-2) & \cdots & R_n(0) \end{bmatrix} \begin{bmatrix} a_1 \\ a_2 \\ \vdots \\ a_p \end{bmatrix} = \begin{bmatrix} R_n(1) \\ R_n(2) \\ \vdots \\ R_n(p) \end{bmatrix} \tag{3-65}$$

这种方程叫 Yule-Wslker 方程,方程左边的矩阵称为托普利兹(Toeplitz)矩阵,它是以主对角线对称的、而且其沿着主对角线平行方向的各轴向的元素值都相等。这种 Yule-Wslker 方程可用莱文逊-杜宾递推算法来高效地求解。下面介绍 Durbin 快速递推算法。

如果把式(3-65)简写为:

$$\boldsymbol{R}^p \boldsymbol{a}^p = \boldsymbol{r}^p \tag{3-66}$$

求解 a_i^p 就是对自相关矩阵 $\boldsymbol{R}^p$ 求逆。一般 Toeplitz 矩阵 $\boldsymbol{R}^p$ 是非奇异矩阵,它的逆矩阵存在:

$$[\boldsymbol{R}^p]^{-1} \boldsymbol{R}^p = I \tag{3-67}$$

$$\boldsymbol{a}^p = [\boldsymbol{R}^p]^{-1} \boldsymbol{r}^p \tag{3-68}$$

在式(3-68)中,上标 p 代表阶数,a_i^p 中的 i 代表 p 阶全极点模型系数标号。这样对于 $p+1$ 阶模型参数的估值,则有:

$$\boldsymbol{R}^{p+1} \boldsymbol{a}^{p+1} = \boldsymbol{r}^{p+1} \tag{3-69}$$

$$\boldsymbol{R}^{p+1} = \begin{bmatrix} \boldsymbol{R}^p & \vdots & \underline{\boldsymbol{r}}^p \\ \cdots & \bullet & \cdots \\ [\underline{\boldsymbol{r}}^p]^{t} & \vdots & \boldsymbol{R}_n(0) \end{bmatrix} \tag{3-70}$$

$$\boldsymbol{r}^{p+1} = \begin{bmatrix} \boldsymbol{r}^p \\ \cdots \\ R_n(p+1) \end{bmatrix} \tag{3-71}$$

其中 $\underline{r}^p$ 是 r^p 列矢量的倒置,$[\underline{r}^p]^t$ 是 $\underline{r}^p$ 列矢量的转置。

$$\begin{bmatrix} \boldsymbol{R}^p & \cdots & \underline{\boldsymbol{r}}^p \\ \vdots & \boldsymbol{\cdot} & \vdots \\ [\underline{\boldsymbol{r}^p}]^t & \cdots & R_n(0) \end{bmatrix} \begin{bmatrix} a_1^{p+1} \\ a_2^{p+1} \\ \vdots \\ a_{p+1}^{p+1} \end{bmatrix} = \begin{bmatrix} \boldsymbol{r}^p \\ \vdots \\ R_n(p+1) \end{bmatrix} \tag{3-72}$$

将上式分为上下两部分运算，相应运算式为：

$$[\boldsymbol{R}^p] \begin{bmatrix} a_1^{p+1} \\ a_2^{p+1} \\ \vdots \\ a_p^{p+1} \end{bmatrix} + a_{p+1}^{p+1} \underline{\boldsymbol{r}}^p = \boldsymbol{r}^p \tag{3-73a}$$

$$[\underline{\boldsymbol{r}}^p]^t \begin{bmatrix} a_1^{p+1} \\ a_2^{p+1} \\ \vdots \\ a_p^{p+1} \end{bmatrix} + a_{p+1}^{p+1} R_n(0) = R_n(p+1) \tag{3-73b}$$

设 $\begin{bmatrix} a_1^{p+1} \\ a_2^{p+1} \\ \vdots \\ a_p^{p+1} \end{bmatrix} = \tilde{\boldsymbol{a}}^{p+1}$，则上两式为：

$$[\boldsymbol{R}^p] \tilde{\boldsymbol{a}}^{p+1} + a_{p+1}^{p+1} \underline{\boldsymbol{r}}^p = \boldsymbol{r}^p \tag{3-74a}$$

$$[\underline{\boldsymbol{r}}^p]^t \tilde{\boldsymbol{a}}^{p+1} + a_{p+1}^{p+1} R_n(0) = R_n(p+1) \tag{3-74b}$$

由于 R^p 是 Toeplitz 矩阵，从 $R^p a^p = r^p$ 可以导出 $R^p \underline{a}^p = \underline{r}^p$。相应下面两式成立：

$$\boldsymbol{a}^p = [\boldsymbol{R}^p]^{-1} \boldsymbol{r}^p \tag{3-75a}$$

$$\underline{\boldsymbol{a}}^p = [\boldsymbol{R}^p]^{-1} \underline{\boldsymbol{r}}^p \tag{3-75b}$$

将式(3-74a)两边乘以 $[\boldsymbol{R}^p]^{-1}$，得到：

$$\begin{cases} [\boldsymbol{R}^p]^{-1} [\boldsymbol{R}^p] \tilde{\boldsymbol{a}}^{p+1} + a_{p+1}^{p+1} [\boldsymbol{R}^p]^{-1} \underline{\boldsymbol{r}}^p = [\boldsymbol{R}^p]^{-1} \boldsymbol{r}^p \\ \tilde{\boldsymbol{a}}^{p+1} + a_{p+1}^{p+1} [\boldsymbol{R}^p]^{-1} \underline{\boldsymbol{r}}^p = [\boldsymbol{R}^p]^{-1} \boldsymbol{r}^p \end{cases} \tag{3-76}$$

将上式代入式(3-75a)和式(3-75b)后，得：

$$\tilde{\boldsymbol{a}}^{p+1} + a_{p+1}^{p+1} \underline{\boldsymbol{a}}^p = \boldsymbol{a}^p \tag{3-77a}$$

再将式(3-77a)中的结果代入式(3-74b)，解出 a_{p+1}^{p+1}：

$$[\underline{\boldsymbol{r}}^p]^t \tilde{\boldsymbol{a}}^{p+1} + a_{p+1}^{p+1} R_n(0) = R_n(p+1)$$
$$= [\underline{\boldsymbol{r}}^p]^t (\boldsymbol{a}^p - a_{p+1}^{p+1} \underline{\boldsymbol{a}}^p) + a_{p+1}^{p+1} R_n(0) = R_n(p+1) \tag{3-77b}$$

$$a_{p+1}^{p+1} = \frac{R_n(p+1) - [\underline{\boldsymbol{r}}^p]^t \boldsymbol{a}^p}{R_n(0) - [\underline{\boldsymbol{r}}^p]^t \boldsymbol{a}^p} \tag{3-77c}$$

从式(3-77a)到式(3-77c)是从 a^p 递推出 a^{p+1} 的递推公式。式(3-77c)的分母等于 $R_n(0) - \sum_{i=1}^p a_i^p R_n(i)$，它等于 p 阶最佳线性预测反滤波余数能量 E^p。E^p 与 E^{p+1} 的递推关系：

$$E^{p+1} = E^p [1 - (a_{p+1}^{p+1})^2] \tag{3-78}$$

推导如下：

$$E^p = R_n(0) - \sum_{i=1}^{p} a_i^p R_n(i) \tag{3-79}$$

$$E^{p+1} = R_n(0) - \sum_{i=1}^{p+1} a_i^{p+1} R_n(i) \tag{3-80}$$

将式(3-77a)带入式(3-80)，得到：

$$E^{p+1} = R_n(0) - \sum_{i=1}^{p} (a_i^p - a_{p+1}^{p+1} a_{p+1-i}^p) R_n(i) - a_{p+1}^{p+1} R_n(p+1) \tag{3-81}$$

由式(3-77b)有：

$$R_n(p+1) = a_{p+1}^{p+1} E^p + [\underline{r^p}]^t a^p$$
$$= a_{p+1}^{p+1} E^p + \sum_{i=1}^{p} a_{p+1-i}^p R_n(i) \tag{3-82}$$

代入式(3-81)，得：

$$E^{p+1} = R_n(0) - \sum_{i=1}^{p} (a_i^p - a_{p+1}^{p+1} a_{p+1-i}^p) R_n(i) - a_{p+1}^{p+1} R_n(p+1)$$
$$= R_n(0) - \sum_{i=1}^{p} a_i^p R_n(i) + \sum_{i=1}^{p} a_{p+1}^{p+1} a_{p+1-i}^p R_n(i) - a_{p+1}^{p+1} \left[a_{p+1}^{p+1} E^p + \sum_{i=1}^{p} a_{p+1-i}^p R_n(i) \right]$$
$$= E^p - (a_{p+1}^{p+1})^2 E^p \tag{3-83}$$

归纳起来为：

$$\begin{cases} \tilde{a}^{p+1} = a^p - a_{p+1}^{p+1} \underline{a^p} \\ a_{p+1}^{p+1} = \dfrac{R_n(p+1) - [\underline{r^p}]^t a^p}{E^p} \\ E^{p+1} = E^p [1 - (a_{p+1}^{p+1})^2] \end{cases} \tag{3-84}$$

因此，Durbin算法从零阶预测开始，此时 $p=0$，$E_n^0 = R_n(0)$，$a^0 = 1$，可以逐步递推出 $\{a_i^1\}, i=1, E^1; \{a_i^2\}, i=1,2, E^2; \{a_i^3\}, i=1,2,3, E^3;$ 一直到 $\{a_i^p\}, i=1,2,3,\cdots,p, E^p$。增益 G 计算详见3.6.4小节。这就是 p 阶线性预测快速递推算法的全过程。在运算过程中出现的各阶预测系数的最末一个值 $a_1^1, a_2^2, \cdots, a_p^p$ 被定义为偏相关(Parcor)系数 k_1, $k_2, \cdots, k_p$。

完整的递推过程为：

(1) $E_n^0 = R_n(0)$；

(2) $k_i = \left[R_n(i) - \sum_{j=1}^{i-1} a_j^{i-1} R_n(i-j) \right] \Big/ E_n^{i-1}$；

(3) $a_i^i = k_i$；

(4) $a_j^i = a_j^{i-1} - k_i a_{i-j}^{i-1}, \quad 1 \leq j < i-1$；

(5) $E_n^i = (1 - k_i^2) E_n^{i-1}$；

如果 $i < p$，回到(1)。

(6) $a_j = a_j^p, \quad 1 \leq j \leq p$。

显然,在 Durbin 快速递推算法中,$\{k_i\}$,$i=1,2,3,\cdots,p$ 起到很关键的作用,它是格型网络的基本参数。可以证明,$|K_i|<1(1\leqslant i\leqslant p)$ 是多项式 $A(z)$ 的根在单位圆内的充分必要条件,也即它可以保证系统 $H(z)$ 的稳定性。

针对上面的 Durbin 快速递推算法,作为一个例子,来看对一个二阶预测器求预测系数的过程:

(1) $p=2$,先计算出 $R_n(0)$,$R_n(1)$,$R_n(2)$,则有:

$$\begin{bmatrix} R_n(0) & R_n(1) \\ R_n(1) & R_n(0) \end{bmatrix} \begin{bmatrix} a_1 \\ a_2 \end{bmatrix} = \begin{bmatrix} R_n(1) \\ R_n(2) \end{bmatrix}$$

(2) 对于 $i=1$,有:

$$E_n^0 = R_n(0)$$

$$k_1 = \frac{R_n(1)}{R_n(0)}$$

$$a_1^1 = k_1$$

$$E_n^1 = (1-k_1^2)E_n^0$$

(3) 对于 $i=2$,有:

$$k_2 = [R_n(2) - a_1^1 R_n(1)]/E_n^1$$

$$a_2^2 = k_2$$

(4) 最后得:

$$a_1^2 = a_1^1 - k_2 a_1^1$$

$$a_1 = a_1^2, \quad a_2 = a_2^2$$

下面来计算模型的增益 G,由式(3-54):

$$\sum_{m=0}^{N-1} \varepsilon_n^2(m) = G^2 \sum_{m=0}^{N-1} e_n^2(m) \tag{3-85}$$

由于 $e(n)$ 具有单位方差,可以认为:

$$\frac{1}{N} \sum_{m=0}^{N-1} e^2(m) = 1 \tag{3-86}$$

因此有:

$$G^2 = \frac{1}{N} \sum_{m=0}^{N-1} \varepsilon_n^2(m) \tag{3-87}$$

3.6.3 LPC 谱估计和 LPC 复倒谱

1. LPC 谱估计

当求出一组预测器系数后,就可以得到语音产生模型的频率响应,即:

$$H(e^{j\omega}) = \frac{G}{1 - \sum_{i=1}^{p} a_i e^{-j\omega i}} = \frac{G}{\sum_{i=0}^{p} a_i e^{-j\omega i}} = \frac{G}{A(e^{j\omega})} \quad (\text{令 } a_0=1) \tag{3-88}$$

因此在共振峰频率上其频率响应特性会出现峰值。所以线性预测分析法又可以看作是一种短时谱估计法。其频率响应 $H(e^{j\omega})$ 即称为 LPC 谱,也就是序列 $(1,a_1,a_2,\cdots,a_p)$ 傅里叶变

换的倒数。它的对数功率谱(DFT 形式)为:

$$10\lg | H(k) |^2 = 20\lg G - 10\lg\{\text{Re}^2[A(k)] + \text{Im}^2[A(k)]\} \tag{3-89}$$

用 $H(e^{j\omega})$ 表示模型 $H(z)$ 的频率响应、$S(e^{j\omega})$(即信号谱)表示语音信号 $s(n)$ 的傅里叶变换、$|S(e^{j\omega})|^2$ 表示语音信号 $s(n)$ 的功率谱。可以证明如果信号 $s(n)$ 是一个严格的 p 阶 AR 模型,则可以满足:

$$| H(e^{j\omega}) |^2 = | S(e^{j\omega}) |^2 \tag{3-90}$$

但事实上,语音信号并非是 AR 模型,而应该是 ARMA 模型。因此,可用一个 AR 模型来逼近 ARMA 模型,即:

$$\lim_{p \to \infty} | H(e^{j\omega}) |^2 = | S(e^{j\omega}) |^2 \tag{3-91}$$

上式中 p 为 $H(z)$ 的阶数。虽然 $p \to \infty$ 时 $|H(e^{j\omega})|^2 = |S(e^{j\omega})|^2$,但是不一定存在 $H(e^{j\omega}) = S(e^{j\omega})$,因为 $H(z)$ 的全部极点在单位圆内,而 $S(e^{j\omega})$ 却不一定满足这个条件。

LPC 谱估计具有一个特点:在信号能量较大的区域即接近谱的峰值处,LPC 谱和信号谱很接近;而在信号能量较低的区域即接近谱的谷底处,则相差比较大。这个特点对于呈现谐波结构的浊音语音谱来说,就是在谐波成分处 LPC 谱匹配信号谱的效果要远比谐波之间好得多。LPC 谱估计的这一特点实际上来自均方误差最小准则。

从以上讨论知道如果 p 选得很大,可以使 $|H(e^{j\omega})|$ 精确地匹配于 $|S(e^{j\omega})|$,而且极零模型也可以用全极点模型来代替,但却增加了计算量和存储量,且 p 增加到一定程度以后,预测平方误差的改善就很不明显了,因此在语音信号处理中,p 一般选在 8~14。

2. LPC 复倒谱

LPC 系数是线性预测分析的基本参数,可以把这些系数变换为其他参数,以得到语音的其他替代表示方法。LPC 系数可以表示整个 LPC 系统冲激响应的复倒谱。

设通过线性预测分析得到的声道模型系统函数为:

$$H(z) = \frac{1}{1 + \sum_{k=1}^{p} a_k z^{-k}} \tag{3-92}$$

其冲激响应为 $h(n)$,设 $\hat{h}(n)$ 表示 $h(n)$ 的复倒谱,则有:

$$\hat{H}(z) = \ln H(z) = \sum_{n=1}^{\infty} \hat{h}(n) z^{-n} \tag{3-93}$$

将式(3-92)代入并将其两边对 z^{-1} 求导数,有:

$$\left(1 + \sum_{k=1}^{p} a_k z^{-k}\right) \sum_{n=1}^{\infty} n\hat{h}(n) z^{-n+1} = -\sum_{k=1}^{p} k a_k z^{-k+1} \tag{3-94}$$

令式(3-94)左右两边的常数项和 z^{-1} 各次幂的系数分别相等,从而可由 a_k 求出 $\hat{h}(n)$:

$$\begin{cases} \hat{h}(0) = 0 \\ \hat{h}(1) = -a_1 \\ \hat{h}(n) = -a_n - \sum_{k=1}^{n-1} (1 - k/n) a_k \hat{h}(n-k) \quad (1 \leqslant n \leqslant p) \\ \hat{h}(n) = -\sum_{k=1}^{p} (1 - k/n) a_k \hat{h}(n-k) \quad (n > p) \end{cases} \tag{3-95}$$

按上式求得的复倒谱 $\hat{h}(n)$ 称为 LPC 复倒谱。

LPC 复倒谱由于利用了线性预测中声道系统函数 $H(z)$ 的最小相位特性,避免了相位卷绕问题;且 LPC 复倒谱的运算量小,它仅是用 FFT 求复倒谱时运算量的一半;又因为当 $p \to \infty$ 时,语音信号的短时复频谱 $S(e^{j\omega})$ 满足 $|S(e^{j\omega})| = |H(e^{j\omega})|$,因而可以认为 $\hat{h}(n)$ 包含了语音信号频谱包络信息,即可近似把 $\hat{h}(n)$ 当作 $s(n)$ 的短时复倒谱 $\hat{s}(n)$,来分别估计出语音短时谱包络和声门激励参数。在实时语音识别中也经常采用 LPC 复倒谱作为特征矢量。

对以上所介绍的进行总结可知,为了估计语音信号的短时谱包络,有 3 种方法:① 由 LPC 系数直接估计语音信号的谱包络;② 由 LPC 倒谱估计谱包络;③ 求得复倒谱 $\hat{s}(n)$,再用低时窗取出短时谱包络信息,这种方法称为 FFT 倒谱。

3. LPC 美尔倒谱系数(LPCCMCC)

由式(3-95)求得复倒谱 $\hat{h}(n)$ 后,由 $c(n) = \dfrac{1}{2}\big[\hat{h}(n) + \hat{h}(-n)\big]$ 即可立即求出倒谱 $c(n)$。但是,这个倒谱 $c(n)$ 是实际频率尺度的倒谱系数(称为 LPC 倒谱系数:LPCC)。根据人的听觉特性可以把上述的倒谱系数进一步按符合人的听觉特性的美尔(MEL)尺度进行非线性变换,从而求出如下所示的 LPC 美尔倒谱系数(LPCCMCC)。

$$
\mathrm{MC}_k(n) = \begin{cases} C_n + \alpha \cdot \mathrm{MC}_0(n+1) & k = 0 \\ (1 - \alpha^2) \cdot \mathrm{MC}_0(n+1) + \alpha \cdot \mathrm{MC}_1(n+1) & k = 1 \\ \mathrm{MC}_{k-1}(n+1) + \alpha(\mathrm{MC}_k(n+1) - \mathrm{MC}_{k-1}(n)) & k > 1 \end{cases} \tag{3-96}
$$

这里,C_k(公式中为 C_n)表示倒谱系数,MC_k 表示美尔倒谱系数,n 为迭代次数,k 为美尔倒谱阶数,取 $n = k$。迭代是从高往低,即 n 从大到 0 取值,最后求得的美尔倒谱系数放在 $\mathrm{MC}_0(0)$,$\mathrm{MC}_1(0)$,$\cdots$,$\mathrm{MC}_{\mathrm{ORDER}}(0)$ 里面。当抽样频率分别为 8kHz、10kHz 时,α 分别取 0.31、0.35,这样可以近似于美尔尺度。

3.6.4 线谱对(LSP)分析

线谱对分析也是一种线性预测分析方法,只是它求解的模型参数是"线谱对"(LSP),它是频域参数,因而和语音信号谱包络的峰有着更紧密的联系;同时它构成合成滤波器 $H(z)$ 时容易保证其稳定性,合成语音的数码率也比用格型法求解时要低。

在 LSP 分析中,仍然采用全极点模型。设 p 阶线性预测误差滤波器传递函数为 $A(z)$,令 $A(z) = A^p(z) = 1 + a_1^p z^{-1} + a_2^p z^{-2} + \cdots + a_p^p z^{-p}$,则由 Durbin 算法:

$$
\begin{bmatrix} 1 \\ a_1^{(p)} \\ a_2^{(p)} \\ \vdots \\ a_p^{(p)} \end{bmatrix} = \begin{bmatrix} 1 \\ a_1^{(p-1)} \\ a_2^{(p-1)} \\ \vdots \\ a_{p-1}^{(p-1)} \\ 0 \end{bmatrix} - k_p \begin{bmatrix} \mathbf{0} \\ a_{p-1}^{(p-1)} \\ a_{p-2}^{(p-1)} \\ \vdots \\ a_1^{(p-1)} \\ 1 \end{bmatrix} \tag{3-97}
$$

两边同乘以 $\begin{bmatrix} 1 & z^{-1} & z^{-2} & \cdots & z^{-p} \end{bmatrix}$，得：

$$A^p(z) = A^{p-1}(z) - k_p z^{-p} A^{p-1}(z^{-1}) \tag{3-98}$$

分别将 $k_{p+1} = -1$ 和 $k_{p+1} = 1$ 时的 $A^{p+1}(z)$ 用 $P(z)$ 和 $Q(z)$ 表示，可得：

$$P(z) = A(z) + z^{-(p+1)} A(z^{-1}) \tag{3-99}$$

$$Q(z) = A(z) - z^{-(p+1)} A(z^{-1}) \tag{3-100}$$

这两个式子均为 $p+1$ 阶多项式，则由上面二式可直接得出：

$$A(z) = \frac{1}{2} [P(z) + Q(z)] \tag{3-101}$$

并有：

$$\begin{aligned} P(z) = 1 + (a_1 - a_p)z^{-1} + (a_2 - a_{p-1})z^{-2} + \cdots \\ + (a_p - a_1)z^{-p} - z^{-(p+1)} \end{aligned} \tag{3-102}$$

$$\begin{aligned} Q(z) = 1 + (a_1 + a_p)z^{-1} + (a_2 + a_{p-1})z^{-2} + \cdots \\ + (a_p + a_1)z^{-p} + z^{-(p+1)} \end{aligned} \tag{3-103}$$

所以如果知道了 $p(z) = 0$ 和 $Q(z) = 0$ 的根，就可以求得 $A(z)$。

显然，如果取 p 为偶数，则 $p(z) = 0$ 有一个根 $+1$，$Q(z) = 0$ 有一个根 -1。并且可以证明，当 $A(z)$ 的零点在 z 平面单位圆内时，$P(z)$ 和 $Q(z)$ 的零点都在单位圆上，并且沿着单位圆随 ω 的增加交替出现。设 $P(z)$ 的零点为 $e^{j\omega_i}$，$Q(z)$ 的零点为 $e^{j\theta_i}$，那么 $P(z)$ 和 $Q(z)$ 可写成下列因式分解形式：

$$\left. \begin{aligned} P(z) = (1 + z^{-1}) \prod_{i=1}^{p/2} (1 - 2\cos\omega_i z^{-1} + z^{-2}) \\ Q(z) = (1 - z^{-1}) \prod_{i=1}^{p/2} (1 - 2\cos\theta_i z^{-1} + z^{-2}) \end{aligned} \right\} \tag{3-104}$$

并且 ω_i、θ_i 按下式关系排列：

$$0 < \omega_1 < \theta_1 < \cdots < \omega_{p/2} < \theta_{p/2} < \pi \tag{3-105}$$

由于因式分解中的系数 ω_i、θ_i 成对出现，反映了谱的特性，故称为"线谱对"。而且可以证明，$P(z)$ 和 $Q(z)$ 的零点互相分离是保证合成滤波器 $H(z) = 1/A(z)$ 稳定的充分必要条件。

从上面的分析可以看到，线谱对分析的基本出发点是将 $A(z)$ 的 p 个零点通过 $P(z)$ 和 $Q(z)$ 映射到单位圆上，这样使得这些零点可以直接用频率 ω 来反映，且 $P(z)$ 和 $Q(z)$ 各提供 $p/2$ 个零点频率；而从物理意义上来说，$P(z)$ 和 $Q(z)$ 就对应着声门全开或全闭时的全反射情况（因为反射系数 $k_{p+1} = \pm 1$）。

线谱对参数 ω_i，θ_i 可以反映语音信号的谱特性。因此对合成滤波器 $H(z) = 1/A(z)$，有：

$$|H(e^{j\omega})|^2 = \frac{1}{|A(e^{j\omega})|^2} = 4 |P(e^{j\omega}) + Q(e^{j\omega})|^{-2}$$

$$= 2^{(1-p)} \left[\sin^2(\omega/2) \prod_{i=1}^{p/2} (\cos\omega - \cos\theta_i)^2 + \cos^2(\omega/2) \prod_{i=1}^{p/2} (\cos\omega - \cos\omega_i)^2 \right]^{-2} \tag{3-106}$$

当 ω 接近 0 或 $\theta_i (i=1,2,\cdots,p/2)$ 时，式中括号内的第一项接近于零；当 ω 接近 π 或 $\omega_i (i=1, 2,\cdots,p/2)$ 时，括号中第二项接近于零。如果 ω_i 和 θ_i 很靠近，那么当 ω 接近这些频率时，$|A(e^{j\omega})|^2$ 变小，$|H(e^{j\omega})|^2$ 显示出强谐振特性，相应地语音信号谱包络在这些频率处出现峰值，而这些峰值就对应于共振峰频率。

在用线谱对对语音信号进行分析时，主要的任务是要求解参数 ω_i, θ_i。当 $A(z)$ 的系数（线性预测系数 $\{a_i\}$）求出后，可以采用下面的方法求 $P(z)$ 和 $Q(z)$ 的零点。

1. 用代数方程式求根

由于

$$\prod_{j=1}^{m}(1-2z^{-1}\cos\omega_j + z^{-2}) = (2z^{-1})^m \prod_{j=1}^{m}\left(\frac{z+z^{-1}}{2} - \cos\omega_j\right) \tag{3-107}$$

且 $(z+z^{-1})/2 \big|_{z=e^{j\omega}} = \cos\omega = x$，所以 $P(z)/(1+z^{-1})=0$ 是关于 x 的一个 $p/2$ 次代数方程。同理 $Q(z)/(1-z^{-1})=0$ 也是关于 x 的一个 $p/2$ 次代数方程。联立解此代数方程组求得 x，再由 $\omega_i = \cos^{-1}x_i$ 就可得到线谱频率(LSF)。

2. DFT 法

对 $P(z)$ 和 $Q(z)$ 的系数求离散傅里叶变换，得到 $z_k = e^{-j\frac{k\pi}{N}} (k=0,1,\cdots,N-1)$（实际中 N 值常取 64~128）各点的值，根据两点间嵌入零点的内插，能够推定零点。为减少查找零点的计算量，还可以利用关系式(3-105)。

3.7 小结

数字化是语音信号处理的第一步，只有转换成数字信号才能通过计算机进行分析处理。语音信号是非平稳过程，它的特性随时间而改变，但同时又具有短时平稳性，在较短的时间内，语音信号的特性基本保持不变。所以，需要对数字化的语音信号进行预处理，分成一帧一帧来分析。本章介绍了几种常见的端点检测方法，因为在语音信号分析的过程中更加关注有声段，对有声段的判定，即端点检测，是十分必要的一部分。然后从时域和频域两个方面介绍了相关的语音信号分析方法，时域分析简单直观、清晰易懂，如短时能量、短时过零率等；语音信号频谱具有非常明显的声学特性，频域分析获得的语音特征更具有实际的物理意义。LPC 用于语音信号处理，不仅有预测功能，且提供了一个非常好的声道模型，对理论研究及实际应用均相当有用。因而，LPC 的基本原理与语音信号数字模型密切相关。声道模型的优良性能意味着 LPC 不仅是特别合适的语音编码方法，且预测系数也是语音识别的非常重要的信息来源。LPC 技术用于语音编码时，利用模型参数可有效降低传输码率；用于语音识别时，将 LPC 参数形成模板存储，可提高识别率并减小计算时间；其还用于语音合成及语音分类、解混响等。

复习思考题

3.1 在语音信号参数分析前为什么要进行数字化？

3.2 为什么要进行预处理？预处理的步骤有哪些？

3.3 对语音信号进行处理时为什么要进行分帧？分帧的常用方法是什么？

3.4 端点检测有什么意义？语音端点检测有哪些方法？能零比双门限法是如何进行端点检测的？

3.5 简述短时能量(短时平均幅值)和短时过零率的定义。这两种时域参数的用途是什么？窗口函数的长度和形状对它们有什么影响？常用哪几种窗口？

3.6 简述短时自相关函数和短时平均幅差函数的定义及其用途。在选择窗口函数时应考虑什么问题？

3.7 简述语音信号的短时谱的定义。如何利用FFT求语音信号的短时谱？如何提高短时谱的频率分辨率？如何利用实数序列傅里叶变换的频谱具有的对称性？

3.8 什么是语音信号的功率谱？为什么在语音信号数字处理中,功率谱具有重要意义？

3.9 浊语音与清语音的短时平均能量、短时平均过零数、短时自相关函数及短时平均幅差函数之间有何区别？这些区别在语音处理中有何种应用？

3.10 LPC的基本原理是什么？如何求解LPC参数？

第 4 章

现代语音信号处理方法

4.1 概述

传统的语音信号处理技术一直是研究如何将语音产生的模型简化为一维的线性声学模型,一维的线性声学模型通常假设声道中的静态空气只受到一维的平面压缩或扩张的扰动而产生声场。声道系统中的空气也不是静态的,而是从肺部流到嘴里来的,并随着运动带动声场,即这其中包含非声学成分。这种非声学现象的产生与线性源/滤波器理论不同,可能对语音波形的精细结构以及语音是如何处理的带来影响。

越来越多的事实证明,非声学的流体运动能够显著影响声场,例如 Teager 等人的实验就表明声道内分流的存在。分流发生在一个快速流动区域离开相对慢速的流动区域的时候。当分流发生的时候,粘滞力会产生一种力使流体发生"卷曲",形成旋转的流体结构,通常成为旋涡。这个旋涡能够使下游的气流的速度比声音的传播速度慢得多。因此,这样的喷射气流及其相关的旋涡被归入非声学行为中。

同态信号处理把卷积结合在一起的信号映射为加性结合的信号,从而通过线性滤波对其进行信号分离。按照语音信号产生的线性模型理论,语音信号是由激励信号与声道响应卷积产生的。在语音信号处理所涉及的各个领域中,根据语音信号求得声门激励信号和声道冲激响应有着非常重要的意义。卷积同态系统是众多同态系统中的一种,同态系统将非线性结合的信号映射为加性结合的信号,这样就可以使用线性滤波来进行信号分离。如上所述,信号也可能通过其他非线性运算结合在一起。

小波变换采用一种被称为"小波"的函数作为基函数对信号进行处理。通过在信号上加一个变尺度滑移窗来对信号进行分段截取和分析。与短时傅里叶变换窗口长度固定相比,小波变换的滑移时窗不是固定的,而是随尺度因子而变化。这种方法最大的优点是在时域和频域具有很好的局部化性质,同时又是一种线性变换,对于多分量信号而言不会产生交叉项干扰。小波变换对平稳信号的去噪声,要比传统滤波去噪声的效果好,但由于小波函数很多,采用不同的小波进行分解,得到的结果可能相差很大,而变换前并不能预知哪一种小波降噪效果更好,需反复试验比较才能得到良好的效果,这也是小波变换的困难之一。小波变换还在不断的发展当中,它不仅能应用到像语音信号这样的一维信号当中,还可应用到诸如图像等二维信号中。

傅里叶变换或者小波变换,它们使用的基是独立于所研究的信号系统之外的,也因此在信号处理时往往不具有自适应性。1998 年,一种完全不同的具有较强自适应的信号处理方法是由 Huang 等人提出来的,他们称之为"经验模态分解(EMD)"算法,通过将信号在时域进行分解得到不同的模式,然后将其中表征有效信息的模式提取出来,作为代表原信号的主要模式,简单来讲,就是一个模式对应一个具有紧支撑傅里叶谱的信号。其主要优势在于它能够分离信号中平稳和非平稳的分量。尽管 EMD 在许多应用场合表现出较强的适应性,但是这种方案的主要问题在于这个算法缺乏强有力的理论基础,并且在某些场合中会不可避免地出现模式混叠现象。为了解决权衡算法适应性和理论基础,Jérôme Gille 和他的团队在 2013 年提出一种基于小波变换的算法,他们称之为"经验小波变换(EWT)",这种算法提出了一个构建自适应小波的新方法,旨在构建一个直接由信号的特性产生的基函数,其中心思想是通过设计一个适当的小波滤波器组来提取信号的不同模式,实验表明这个方法相较于传统 EMD 有很大的优势。

4.2 同态信号处理

按照语音信号产生的线性模型理论,语音信号是由激励信号与声道响应卷积产生的。在语音信号处理所涉及的各个领域中,根据语音信号求得声门激励信号和声道冲激响应有着非常重要的意义。例如,为了求得语音信号的共振峰,必须知道声道的传递函数。又如,为了判断语音信号是清音还是浊音,以及求得浊音情况下的基音频率,必须知道声门激励序列。要想提取反映声道特性的谱包络,就必须通过解卷积去掉激励信息。

同态信号处理也称为同态滤波,它实现了将卷积关系变换为求和关系的分离处理,即解卷。对语音信号进行解卷,可将语音信号的声门激励信息及声道响应信息分离开来,从而求得声道共振特征和基音周期,用于语音编码、语音合成、语音识别等。对语音信号进行解卷,求取倒谱特征参数的方法有两种,一种是线性预测分析,一种是同态分析处理。在这一节里只讨论通过同态处理的倒谱分析方法。

4.2.1 同态信号处理的基本原理

日常生活中的许多信号,它们并不是加性信号(即组成各分量按加法原则组合起来)而是乘积性信号或卷积性信号,如语音信号、图像信号、通信中的衰落信号、调制信号等。这些信号要用非线性系统来处理。而同态信号处理就是将非线性问题转化为线性问题的处理方法。按被处理的信号来分类,大体分为乘积同态处理和卷积同态处理两种。由于语音信号可视为声门激励信号和声道冲击响应的卷积,所以这里仅讨论卷积同态处理。

　　如图 4-1(a)为一卷积同态系统的模型,该系统的输入卷积信号经过系统变换后输出的是一个处理过的卷积信号。这种同态系统可分解为三个子系统,如图 4-1(b)所示,即两个特征子系统(它们只取决于信号的组合规则)和一个线性子系统(它仅取决于处理的要求)。第一个子系统,如图 4-1(c)所示,它完成将卷积性信号转化为加性信号的运算;第二个子系统是一个普通线性系统,满足线性叠加原理,用于对加性信号进行线性变换;第三个子系统是第一个子系统的逆变换,它将加性信号反变换为卷积性信号,如图 4-1(d)所示。

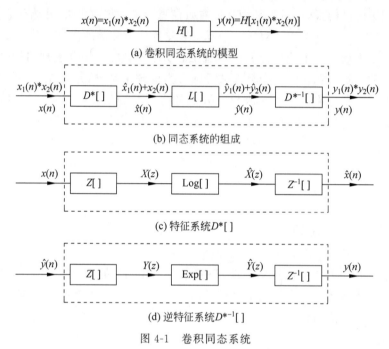

图 4-1　卷积同态系统

　　第一个子系统 $D^*[\ ]$ 完成将卷积性信号转化为加性信号的运算,即对于信号 $x(n)=x_1(n)*x_2(n)$ 进行了如下运算处理:

$$\begin{cases} Z[x(n)]=X(z)=X_1(z)\cdot X_2(z) \\ \ln X(z)=\ln X_1(z)+\ln X_2(z)=\hat{X}_1(z)+\hat{X}_2(z)=\hat{X}(z) \\ Z^{-1}[\hat{X}(z)]=Z^{-1}[\hat{X}_1(z)+\hat{X}_2(z)]=\hat{x}_1(n)+\hat{x}_2(n)=\hat{x}(n) \end{cases} \tag{4-1}$$

　　由于 $\hat{x}(n)$ 为加性信号,所以第二个子系统可对其进行需要的线性处理得到 $\hat{y}(n)$。第三个子系统是逆特征系统 $D^{*-1}[\ ]$,它对 $\hat{y}(n)=\hat{y}_1(n)+\hat{y}_2(n)$ 进行逆变换,使其恢复为卷积性信号,即进行了如下处理:

$$\begin{cases} Z[\hat{y}(n)]=\hat{Y}(z)=\hat{Y}_1(z)+\hat{Y}_2(z) \\ \exp\hat{Y}(z)=Y(z)=Y_1(z)\cdot Y_2(z) \\ y(n)=Z^{-1}[Y_1(z)\cdot Y_2(z)]=y_1(n)*y_2(n) \end{cases} \tag{4-2}$$

从而得到卷积性的恢复信号。

　　考虑第一个子系统 $D^*[\ ]$ 的运算,如果设语音信号为 $x(n)$,则通过 $D^*[\ ]$ 就可以将

$x(n)=x_1(n)*x_2(n)$ 变换为 $\hat{x}(n)=\hat{x}_1(n)+\hat{x}_2(n)$。设 $\hat{x}_1(n)$ 和 $\hat{x}_2(n)$ 分别是声门激励信号和声道冲击响应,则如果 $\hat{x}_1(n)$ 与 $\hat{x}_2(n)$ 处于不同的位置并且互不交替,那么适当地设计线性系统,便可将 $x_1(n)$ 与 $x_2(n)$ 分离开来。

4.2.2　语音信号的复倒谱

虽然 $D^*[\ ]$ 与 $D^{*-1}[\ ]$ 系统中的 $\hat{x}(n)$ 和 $\hat{y}(n)$ 信号也均是时域序列,但它们所处的离散时域显然不同于 $x(n)$ 和 $y(n)$ 所处的离散时域,所以把它称为"复倒频谱域"。$\hat{x}(n)$ 是 $x(n)$ 的"复倒频谱",简称为"复倒谱",有时也称作对数复倒谱。其英文原文为 Complex Cepstrum,Cepstrum 是一个新造的英文词,它是由 Spectrum 这个词的前四个字母倒置而构成的。同样,序列 $\hat{y}(n)$ 也是 $y(n)$ 的复倒谱。

在绝大多数数字信号处理中,$X(z),\hat{X}(z),Y(z),\hat{Y}(z)$ 的收敛域均包含单位圆,因而 $D^*[\ ]$ 与 $D^{*-1}[\ ]$ 系统有如下形式:

$$D^*[\ ]: \begin{cases} F[x(n)]=X(e^{j\omega}) \\ \hat{X}(e^{j\omega})=\ln[X(e^{j\omega})] \\ \hat{x}(n)=F^{-1}[\hat{X}(e^{j\omega})] \end{cases} \tag{4-3}$$

$$D^{*-1}[\ ]: \begin{cases} \hat{Y}(e^{j\omega})=F[\hat{y}(n)] \\ Y(e^{j\omega})=\exp[\hat{Y}(e^{j\omega})] \\ y(n)=F^{-1}[Y(e^{j\omega})] \end{cases} \tag{4-4}$$

设:

$$X(e^{j\omega})=|X(e^{j\omega})|\,e^{j\arg[X(e^{j\omega})]} \tag{4-5}$$

则对其取对数得:

$$\hat{X}(e^{j\omega})=\ln|X(e^{j\omega})|+j\arg[X(e^{j\omega})] \tag{4-6}$$

即复数的对数仍是复数,它包含实部和虚部。注意,这时对数的虚部 $\arg[X(e^{j\omega})]$ 由于是 $X(e^{j\omega})$ 的相位,所以将产生不一致性。如果只考虑 $\hat{X}(e^{j\omega})$ 的实部,并令 $c(n)=F^{-1}[\ln|X(e^{j\omega})|]$,显然 $c(n)$ 是序列 $x(n)$ 对数幅度谱的傅里叶逆变换。$c(n)$ 称为"倒频谱"或简称为"倒谱",有时也称"对数倒频谱"。倒谱对应的量纲是 Quefrency,它也是一个新造的英文词,是由 Frequency 转变而来的,因此也称为"倒频",它的量纲是时间。$c(n)$ 实际上就是要求取的语音信号倒谱特征。复倒谱和倒谱特点和关系如下:

(1) 复倒谱要进行复对数运算,而倒谱只进行实对数运算;

(2) 在倒谱情况下一个序列经过正逆两个特征系统变换后,不能还原成自身,因为在计算倒谱的过程中将序列的相位信息丢失了;

(3) 与复倒谱类似,如果 $c_1(n)$ 和 $c_2(n)$ 分别是 $x_1(n)$ 和 $x_2(n)$ 的倒谱,并且 $x(n)=x_1(n)*x_2(n)$,则 $x(n)$ 的倒谱 $c(n)=c_1(n)+c_2(n)$;

(4) 已知一个实数序列 $x(n)$ 的复倒谱 $\hat{x}(n)$,可以由 $\hat{x}(n)$ 求出它的倒谱 $c(n)$。

4.2.3　语音信号两个卷积分量的复倒谱

语音信号可看作是声门激励信号和声道冲激响应两信号的卷积,因此下面将分别讨论这两个信号的复倒谱的性质。

1. 声门激励信号

发清音时,声门激励是能量较小、频谱均匀分布的白噪声;发浊音时,声门激励是以基音为周期的冲激序列:

$$x(n) = \sum_{r=0}^{M} \alpha_r \delta(n - rN_p) \tag{4-7}$$

其中,M、r 均为正整数,且 $0 \leqslant r \leqslant M$,$\alpha_r$ 为幅度因子,N_p 为用样点数表示的基音周期。

下面求浊音声门激励 $x(n)$ 的复倒谱。

(1) 首先对 $x(n)$ 进行 z 变换:

$$\begin{aligned}
X(z) &= \sum_{n=-\infty}^{\infty} x(n) z^{-n} = \sum_{r=0}^{M} \alpha_r z^{-rN_p} \\
&= \alpha_0 \left[1 + \frac{\alpha_1}{\alpha_0} z^{-N_p} + \cdots + \frac{\alpha_M}{\alpha_0} z^{-MN_p} \right] = \alpha_0 \prod_{r=1}^{M} \left[1 - a_r (z^{N_p})^{-1} \right]
\end{aligned} \tag{4-8}$$

上式中,$a_r = \alpha_r / \alpha_0$,通常 $\alpha_r < 1$。

(2) 对式(4-8)取对数并用泰勒公式展开:

$$\begin{aligned}
\hat{X}(z) &= \ln X(z) = \ln \alpha_0 + \sum_{r=1}^{M} \ln \left[1 - a_r (z^{N_p})^{-1} \right] \\
&= \ln \alpha_0 - \sum_{r=1}^{M} \sum_{k=1}^{\infty} \frac{a_r^k}{k} (z^{N_p})^{-k} \quad (|z^{N_p}| > |a^r|)
\end{aligned} \tag{4-9}$$

(3) 对 $\hat{X}(z)$ 进行逆 z 变换,即得到 $x(n)$ 的复倒谱:

$$\begin{aligned}
\hat{x}(n) &= F^{-1}\left[\hat{X}(z) \right] \\
&= \ln \alpha_0 \delta(n) - \sum_{k=1}^{\infty} \left[\frac{1}{k} \sum_{r=1}^{M} a_r^k \delta(n - kN_p) \right]
\end{aligned} \tag{4-10}$$

令:

$$\beta_k = -\frac{1}{k} \sum_{r=1}^{M} a_r^k = -\frac{1}{k} \sum_{r=1}^{M} \left(\frac{\alpha_r}{\alpha_0} \right)^k \quad (1 \leqslant k < \infty) \tag{4-11}$$

则:

$$\hat{x}(n) = \ln \alpha_0 \delta(n) + \sum_{k=1}^{\infty} \beta_k \delta(n - kN_p) = \sum_{k=0}^{\infty} \beta_k \delta(n - kN_p) \tag{4-12}$$

其中,$\beta_0 = \ln \alpha_0$。

由上面的分析可得以下结论:一个有限长度的周期冲激序列,其复倒谱也是一个周期冲激序列,且周期不变,只是序列变为无限长序列。同时其振幅随着 k 的增大而衰减(因 $\alpha_r / \alpha_0 < 1$),衰减速度比原序列要快。把这种性质应用于语音信号分析中,就意味着除原点外,可以用"高时窗"从语音信号的频谱中提取浊音激励信号的倒谱(对于清音激励,也只是

损失了 $0 \leqslant n \leqslant N-1$ 的一部分激励信息），从而提取出基音信号。

2. 声道冲激响应序列

如果用最严格的（也是最普遍的）极零点模型来描述声道响应 $x(n)$，则有：

$$X(z) = | A | \frac{\prod\limits_{k=1}^{m_i}(1-a_k z^{-1}) \prod\limits_{k=1}^{m_0}(1-b_k z)}{\prod\limits_{k=1}^{p_i}(1-c_k z^{-1}) \prod\limits_{k=1}^{p_0}(1-d_k z)} \tag{4-13}$$

式(4-13)中，$|A|$ 是 $X(z)$ 归一化后的一个实系数；$|a_k|$、$|b_k|$、$|c_k|$、$|d_k|$ 的值皆小于1。由上式可以知道，$X(z)$ 有 m_i 个位于 z 平面单位圆内的零点、m_0 个位于 z 平面单位圆外的零点、p_i 个位于 z 平面单位圆内的极点、p_0 个位于 z 平面单位圆外的极点。对式(4-13)求对数可得：

$$\hat{X}(z) = \ln X(z) = \ln | A | + \sum_{k=1}^{m_i} \ln(1-a_k z^{-1}) + \sum_{k=1}^{m_0} \ln(1-b_k z)$$
$$- \sum_{k=1}^{p_i} \ln(1-c_k z^{-1}) - \sum_{k=1}^{p_0} \ln(1-d_k z) \tag{4-14}$$

其中 $|a_k|$、$|b_k|$、$|c_k|$、$|d_k|$ 的值皆小于1。根据泰勒公式展开：

$$\begin{cases} \ln(1-mz^{-1}) = -\sum\limits_{n=1}^{\infty} \dfrac{m^n}{n} z^{-n} & (| mz^{-1} | < 1 \text{ 或 } | z | > | m |) \\ \ln(1-mz) = -\sum\limits_{n=1}^{\infty} \dfrac{m^n}{n} z^n & \left(| mz | < 1 \text{ 或 } | z | < \dfrac{1}{| m |}\right) \end{cases} \tag{4-15}$$

式(4-14)可化为：

$$\hat{X}(z) = \ln | A | - \sum_{k=1}^{m_i} \sum_{n=1}^{\infty} \frac{a_k^n}{n} z^{-n} - \sum_{k=1}^{m_0} \sum_{n=1}^{\infty} \frac{b_k^n}{n} z^n$$
$$+ \sum_{k=1}^{p_i} \sum_{n=1}^{\infty} \frac{c_k^n}{n} z^{-n} + \sum_{k=1}^{p_0} \sum_{n=1}^{\infty} \frac{d_k^n}{n} z^n \tag{4-16}$$

式(14-16)中后四项的收敛域分别为 $| z | > | a_k |$、$| z | < | 1/b_k |$、$| z | > | c_k |$、$| z | < | 1/d_k |$。

对式(4-16)的 $\hat{X}(z)$ 求逆 z 变换，可得复倒谱：

$$\hat{x}(n) = \ln | A | \delta(n) - \sum_{k=1}^{m_i} \frac{a_k^n}{n} u(n-1) + \sum_{k=1}^{m_0} \frac{b_k^{-n}}{n} u(-n-1)$$
$$+ \sum_{k=1}^{p_i} \frac{c_k^n}{n} u(n-1) - \sum_{k=1}^{p_0} \frac{d_k^{-n}}{n} u(-n-1) \tag{4-17}$$

式(4-17)又等价为：

$$\hat{x}(n) = \begin{cases} \ln | A | & (n=0) \\ \sum\limits_{k=1}^{p_i} \dfrac{c_k^n}{n} - \sum\limits_{k=1}^{m_i} \dfrac{a_k^n}{n} & (n>0) \\ \sum\limits_{k=1}^{m_0} \dfrac{b_k^{-n}}{n} - \sum\limits_{k=1}^{p_0} \dfrac{d_k^{-n}}{n} & (n<0) \end{cases} \tag{4-18}$$

由此可得声道响应序列复倒谱的性质为：

(1) $\hat{x}(n)$ 是双边序列；

(2) 由于 $|a_k|$、$|b_k|$、$|c_k|$、$|d_k|$ 均小于 1，所以 $\hat{x}(n)$ 是衰减序列，即 $|\hat{x}(n)|$ 随 $|n|$ 的增大而减小；

(3) $|\hat{x}(n)|$ 随 $|n|$ 增大而衰减的速度至少比 $1/|n|$ 快。因而 $\hat{x}(n)$ 比 $x(n)$ 更集中于原点附近，也即是说 $\hat{x}(n)$ 更具有短时性。所以用短时窗提取声道响应序列的复倒谱是很有效的；

(4) 如果 $x(n)$ 是最小相位序列（极零点均在 z 平面单位圆内），即 $b_k=0$、$d_k=0$，则 $\hat{x}(n)$ 只在 $n \geqslant 0$ 时有值，且由 $\hat{X}(z)$ 的表达式可知 $\hat{x}(n)$ 是稳定的，即 $\hat{x}(n)$ 为稳定因果序列。也就是说，最小相位信号序列的复倒谱是稳定因果序列；

(5) 与 (4) 相反，最大相位信号序列（极零点均在 z 平面单位圆外）的复倒谱是稳定反因果序列。

4.2.4 语音信号倒谱分析实例

一个信号的倒谱定义为信号频谱模的自然对数的逆傅里叶变换（即设相位恒定为零）。设信号为 $s(n)$，则其倒谱为：

$$\hat{s}(n) = \text{IDFT}\{\ln | \text{DFT}[s(n)]|\} \tag{4-19}$$

根据语音信号产生模型，语音信号 $s(n)$ 是由声门脉冲激励 $e(n)$ 经声道响应 $v(n)$ 滤波而得到，即：

$$s(n) = e(n) * v(n) \tag{4-20}$$

设三者的倒谱分别为 $\hat{s}(n)$、$\hat{e}(n)$ 及 $\hat{v}(n)$，则有：

$$\hat{s}(n) = \hat{e}(n) + \hat{v}(n) \tag{4-21}$$

在倒谱域中，$\hat{v}(n)$ 一般随 n 增大而迅速递减，在采样率 $f_s = 10\text{kHz}$ 时，$\hat{v}(n)$ 在 $[-25, 25]$ 之外的值已比较小，可以认为 $\hat{v}(n)$ 基本只分布在这一范围之内。对于浊音语音，$\hat{e}(n)$ 的第一非零点（在倒谱中出现的基音尖峰）与原点的距离 Np（以样点计）为基音周期，考虑到一般人的基音周期 Tp 的变化范围大致在 2.2ms 至 20ms 之间，若 $f_s = 10\text{kHz}$，则 Np 的变化范围大致在 25 至 200 之间。可见，倒谱域中基音信息与声道信息可以认为是相对分离的，这样只要采取简单的倒滤波方法就可以分离并恢复出 $e(n)$ 和 $v(n)$，并求出基音周期。

需要说明的是，倒谱基音检测中，语音加窗的选择是很重要的，窗口函数应选择缓变窗。如果窗函数选择矩形窗，在许多情况下倒谱中的基音峰将变得不清晰甚至消失。一般来讲，窗函数选择汉明窗较为合理。图 4-2 所示是一帧典型的浊音语音的倒谱（帧长为 300 点），其中图 4-2(b) 所示为加矩形窗的倒谱，图 4-2(d) 所示为加汉明窗的倒谱。由该图可以清楚地看出，加汉明窗的倒谱基音峰清晰突出。

另外，图 4-3 为一段清辅音语音的波形及相应的倒谱。由图 4-3(b) 和图 4-3(d) 可见，倒谱中没有出现任何在浊音语音情况下的那种尖峰，然而倒谱中的低时域部分仍然包含了关于声道冲激响应的信息。

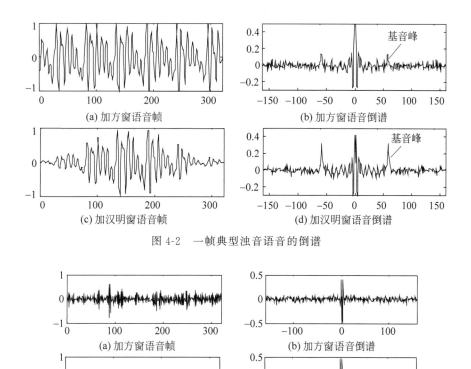

图 4-2　一帧典型浊音语音的倒谱

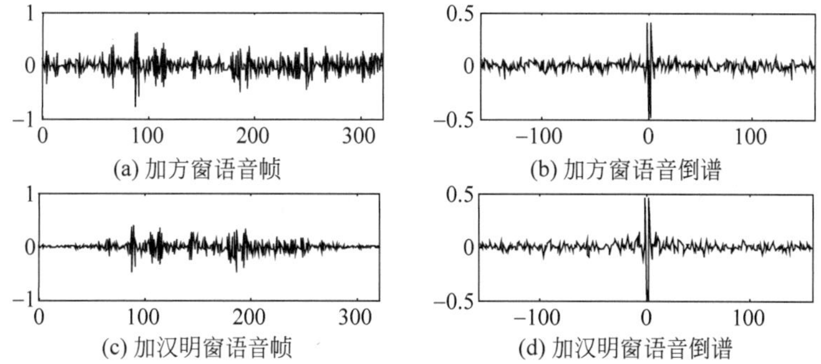

图 4-3　一帧典型清音语音的倒谱

4.3　小波变换

4.3.1　小波变换的基本原理

小波(Wavelet)分析方法是法国的 Morlet 于 1984 年提出的,最终由 Daubechies 构造了正交小波基,并且给出了小波基的构造方法。小波分析的系统理论如下:

设函数 $\psi(t) \in L^2(\mathbf{R})$,

$$\int_{-\infty}^{+\infty} \psi(t) = 0 \tag{4-22}$$

当式(4-22)的情况满足时,称 $\psi(t)$ 为一个基本的小波,又叫母小波(Mother Wavelet)。将母函数 $\psi(t)$ 经过伸缩、平移以后,就可得到一个小波序列。令伸缩因子(称尺度因子)为 a,平移因子为 b,则称 $\psi_{a,b}(t)$ 是依赖参数 a、b 的小波基函数。

$$\psi_{a,b}(t) = a^{\frac{1}{2}} \psi\left(\frac{t-b}{a}\right), \quad a > 0, b \in \mathbf{R} \tag{4-23}$$

连续小波变换的定义:

$$WT_f(a,b) = a^{\frac{1}{2}} \int_{-\infty}^{+\infty} f(t) \bar{\psi}\left(\frac{t-b}{a}\right) dt, \quad a \neq 0 \tag{4-24}$$

其中，$\bar{\psi}(t)$ 是 $\psi(t)$ 的复共轭函数。

小波（Wavelet）这一术语，顾名思义，"小波"就是小的波形。所谓"小"是指它具有衰减性；而称之为"波"则是指它的波动性，其具有振幅正负相间的震荡形式。与 Fourier 变换相比，小波变换是时间、空间、频率的局部化分析，它通过伸缩平移运算对信号（函数）逐步进行多尺度细化，最终达到高频处时间细分、低频处频率细分，能自动适应时频信号分析的要求，从而可聚焦到信号的任意细节，解决了傅里叶变换的困难问题，成为继傅里叶变换以来在科学方法上的重大突破。有人把小波变换称为"数学显微镜"。现今，小波分析是在信号分析中最常用的工具之一。在时域内，一个小波字典 $\{\psi_x^{\psi}(\tau,s)\}$ 被定义为扩张的，参数 $s>0$，由在 $\tau \in \mathbf{R}$ 上的母小波（均值为零）变换而来，然后信号的小波变换就可以通过以下公式得到：

$$\psi_{\tau,s} = \frac{1}{\sqrt{s}}\psi\left(\frac{t-\tau}{s}\right) \tag{4-25}$$

如果 s 是一个连续变量，$\psi_{\tau,s}$ 就被叫作连续小波变换，而当 $s=a^j$ 时，$\psi_{\tau,s}=\psi_{\tau,j}$ 就叫作离散小波变换。小波变换一个非常良好的性质就是它可以被看作是一个滤波器组，每一个滤波器对应于一个振荡模式。实际应用中，最常用的是以 2 为基底的情况，即 $s=2^j$，其频谱结构如图 4-4 所示，相当于在 $\left[\cdots,\frac{\pi}{8}\right]$，$\left[\frac{\pi}{8},\frac{\pi}{4}\right]$，$\left[\frac{\pi}{4},\frac{\pi}{2}\right]$，$\left[\frac{\pi}{2},\pi\right]$ 构建了一系列的带通滤波器。离散小波变换更适应于现代语音信号处理，因为信息社会中处理的语音信号一般是经过离散化的，是非连续的，因此，应用离散小波变换更有利于语音去噪处理。

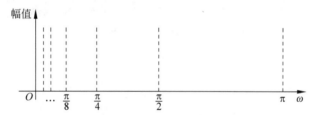

图 4-4　以 2 为基底的小波基频谱结构示意图

4.3.2　常用小波函数的介绍

不同于傅里叶分析，小波分析的基——小波函数并不是唯一的，满足小波条件的所有函数都可以作为小波函数存在，但是相同的问题采用不同的小波基函数分析结果是不同的。现有的技术中，大多数是通过比较小波处理与理论结果的偏差来判断所选用的小波基是否合适，所以对小波函数的选用决定着小波处理的结果准确与否，在实际应用中，常见的选取标准主要有以下几种：

（1）支集长度：即指小波函数和尺度函数收敛的速度，支集太长或者太短都不是最好的，为了使信号能量更好地集中，支集长度通常取 5～9；

（2）对称性：如果小波基有对称性，那么可以防止图像处理中相位的不规则变化；

（3）消失矩：消失矩阶数越高，信号分解后的高频分量越少，压缩率越大，能量越集中，但往往消失矩和支集长度成正比，这就和性质（1）产生了矛盾；

（4）正则性：用 Lipschitz 指数来表示，其意义是用来描述函数图像光滑度，通常正则性越高，重构的信号越光滑；

（5）正交性：信号经过正交小波变换，可以减少数据的相关性，从而降低计算的复杂度。

常用的小波基有 Harr 小波、Daubechies（dbN）小波、SymletsA（symN）小波、Coiflet（coifN）小波、Mexican Hat（mexh）小波、Morlet 小波、Meyer 小波等，它们的表达式及波形图如表 4-1 所示。

表 4-1　常见小波基的函数表达式及波形图

小　波　基	小波基波形图
Haar 小波	
dbN 小波（db4）	
symN 小波（sym4）	

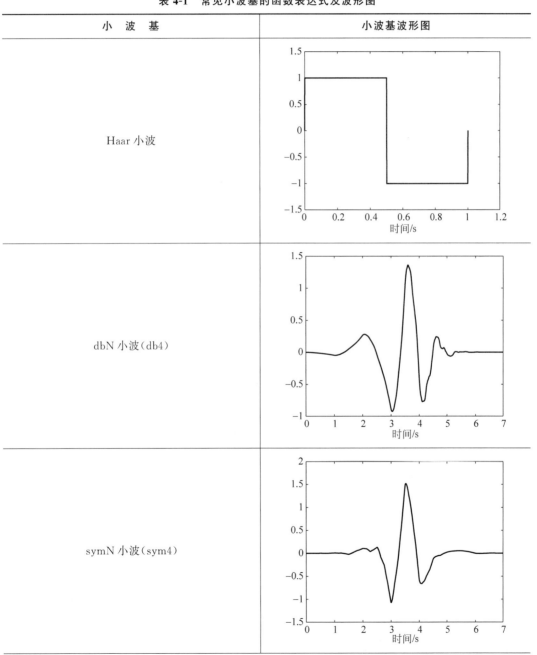

续表

小 波 基	小波基波形图
coifN 小波（coif3）	
mexh 小波	
Morlet 小波	
Meyer 小波	

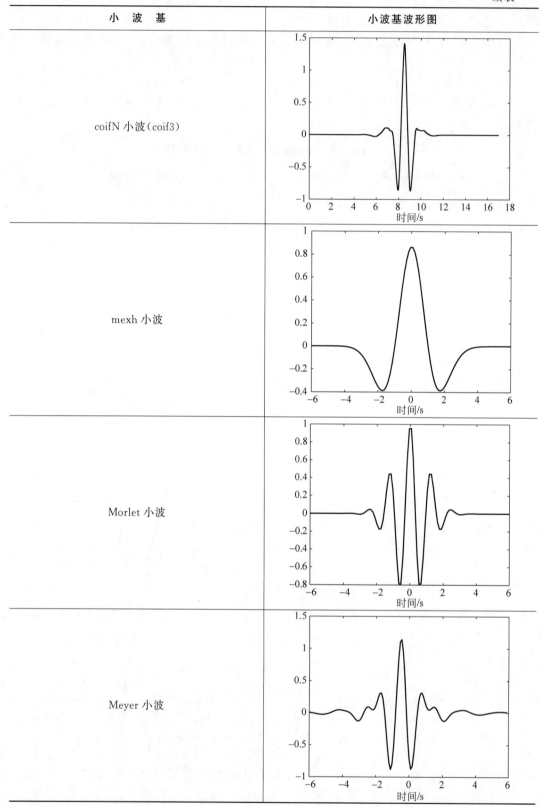

4.3.3　小波基和分解层数的选择

一般来说,应尽量选择支撑长度较小的小波基,这样可以减少数据的计算量;另外,小波基的对称性是体现小波基性质的第一要素,这是因为信号的压缩性能是由小波基的对称性和正交性决定的,拥有这些性质的小波基能够防止小波变换中的信号失真;而不具有这些性质的小波,尤其是支集长度小的正交小波,其压缩效果不好。为了能够有效检测出信号的奇异点,消失矩和正则性也是必须要考虑的因素,在实际的应用中,消失矩应该足够大,正则性也是越高越好,这些性质对于更好的压缩信号,得到光滑自然的信号起到了重要的作用,但是消失矩和紧支性相矛盾了,它们之间需要一个平衡。

综合前面的介绍,不同的小波函数的各个不同的性质,如正则性、正交性等,在应用到不同的场合时有不同的表现,各有优劣。表 4-2 给出了常用小波函数的主要参数。

表 4-2　常见小波函数的主要参数

属　　性	Morlet	mexh	Meyer	Haar	dbN	symN	coifN
光滑性	+	+					
无限规则性	+	+	+				
任意规则性					+	+	+
紧支集正交性				+	+	+	
对称性	+	+	+	+			
近似对称性						+	+
非对称性					+		
任意长消失矩					+	+	
正交分析			+	+	+	+	+

(＋表示小波函数拥有该性质)

4.3.4　语音信号小波变换分析实例

对一段语音为"五"的信号进行三次小波分解为例,基函数选择 sym4。信号经过第一次小波分解,得到含有低频信息的系数 a1 和含有高频信息的系数 d1;第二次分解只对低频部分分解,即将 a1 分解成含有低频信息的 a2 和含有高频信息的 d2;同样,第三次分解将 a2 分解成含有低频信息的 a3 和含有高频信息的 d3;共得到 4 个分解系数,即 a3、d3、d2、d1,如图 4-5 所示。图 4-6 是语音"五"的时域波形图和小波分解各分量的波形图,图 4-7 是语音"五"的频谱图和小波分解各分量的频谱图。

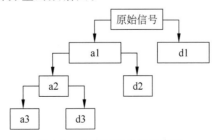

图 4-5　小波三次分解示意图

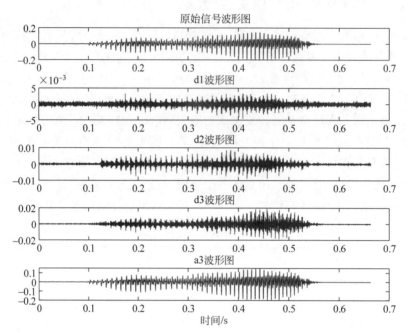

图 4-6　语音信号"五"的时域波形图和小波分解各分量的波形图

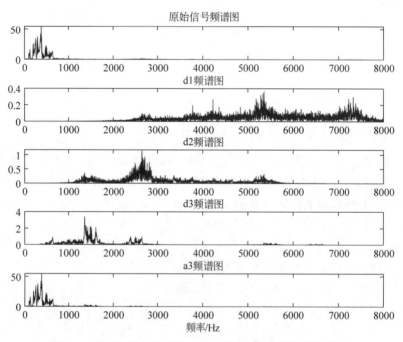

图 4-7　语音信号"五"的频谱图和小波分解各分量的频谱图

4.4　Teager 能量操作

作用在多个声门周期的传统的傅里叶分析方法不能发现语音的精细结构,为了突破这种限制,Teager 等人提出了一种能够快速跟踪声门周期内信号能量变化的运算操作。它是基于能量的定义,代表产生这个信号的系统能量。在这种操作的基础上提出了一种简单的方法,用于根据 Teager 能量分离出正弦波调制幅度(AM)信息和调制频率(FM)信息,将这种算法称为能量分离算法,它具有很好的时间分辨率。

4.4.1　连续时间和离散时间的能量操作

考虑 Kaiser 引入的能量操作,即当信号为 $x(t)$ 时,定义为:

$$\Psi_c\big[x(t)\big]=\left[\frac{\mathrm{d}}{\mathrm{d}t}x(t)\right]^2-x(t)\left[\frac{\mathrm{d}^2}{\mathrm{d}t^2}x(t)\right]=\big[\dot{x}(t)\big]^2-x(t)\ddot{x}(t) \tag{4-26}$$

其中 $\dot{x}=\dfrac{\mathrm{d}}{\mathrm{d}t}x$。当将 Ψ_c 应用于简谐振子产生的信号时,这样的操作可以跟踪振子的能量(每半个质量单位),它等于振荡幅度和频率平方的乘积。即当信号为 $x(t)=A\cos(\Omega t+\theta)$ 时,其中 A 和 Ω 分别代表信号 $x(t)$ 的幅度和频率,则有:

$$\Psi_c\big[x(t)\big]=A^2\Omega^2 \tag{4-27}$$

为了将这个连续时间算子离散化,一种方法是将 t 替换为 nT(T 为采样周期),这样可以将 $x(t)$ 表示为 $x(nT)$,进一步简化为 $x[n]$。同时 $\dot{x}(t)$ 可以用 $x[n]$ 的一阶后向差分表示 $y[n]=\dfrac{x[n]-x[n-1]}{T}$,$\ddot{x}(t)$ 表示为 $\dfrac{y[n]-y[n-1]}{T}$。这样就可以得到:

$$\dot{x}(t)\rightarrow\frac{x[n]-x[n-1]}{T} \tag{4-28}$$

$$\ddot{x}(t)\rightarrow\frac{x[n]-2x[n-1]+x[n-2]}{T^2} \tag{4-29}$$

$$\Psi_c\big[x(t)\big]\rightarrow\frac{\Psi_d\big[x(n-1)\big]}{T^2} \tag{4-30}$$

其中 $\Psi_d[x(n)]$ 是离散时间的能量操作,与前面的连续时间的能量操作 $\Psi_c[x(t)]$ 相对应。对于离散时间信号 $x[n]$,离散时间的能量操作的定义是:

$$\Psi_d(x[n])=x^2[n]-x[n-1]x[n+1] \tag{4-31}$$

与连续时间正弦波的情况类似,当信号为 $x[n]=A\cos(\omega n+\theta)$ 时,其中 A 和 ω 分别代表离散信号 $x[n]$ 的幅度和频率,可以证明:

$$\Psi_d(x[n])=A^2\sin^2(\omega) \tag{4-32}$$

对于离散时间正弦波所得的 $\Psi_d[x(n)]$ 的这个结果是准确的,条件是 $\omega<\dfrac{\pi}{2}$。此外,当 ω 较小时,由于 $\sin(\omega)\approx\omega$,有:

$$\Psi_d(x[n])=x^2[n]-x[n-1]x[n+1]\approx A^2\omega^2 \tag{4-33}$$

因此,与连续时间的能量操作一样,离散时间的操作也可以跟踪离散时间正弦波的能量。这种操作运算最早是由 Teager 等人在研究语音的产生机理的时候形成的,并由 Kaiser 首先提出。

这种能量操作同样可以应用于具有时变的幅度和频率的振荡信号上。在连续时间的情况,实值 AM-FM 信号可以表示成:

$$x(t) = a(t)\cos[\phi(t)] = a(t)\cos\left[\Omega_c t + \Omega_m \int_0^t q(\tau)\mathrm{d}\tau + \theta\right] \qquad (4\text{-}34)$$

它可以用来描述语音共振峰的时变的幅度和频率。信号 $x(t)$ 是载波频率 Ω_c 的余弦,$a(t)$ 是时变的幅度信号,而时变的瞬时频率为:

$$\Omega_i(t) = \frac{\mathrm{d}}{\mathrm{d}t}\varphi(t) = \Omega_c + \Omega_m q(t) \qquad (4\text{-}35)$$

其中 $|q(t)| \leqslant 1, \Omega_m \in [0, \Omega_c]$ 是最大频偏,θ 是固定的相移。特别地,将 Ψ_c 应用于 AM-FM 信号时可以近似地估计出幅度 $a(t)$ 和瞬时频率 $\Omega_i(t)$ 的平方的乘积,即:

$$\Psi_c\left[a(t)\cos\left(\int_0^t \Omega_i(\tau)\mathrm{d}\tau + \theta\right)\right] \approx [a(t)\Omega_i(t)]^2 \qquad (4\text{-}36)$$

这里假设了信号 $a(t)$ 和 $\Omega_i(t)$ 相对于载波 Ω_c 变化得不是太快(数值的时间变化速率),或者太大(数值的变化范围)。同样地,利用离散时间能量算子 $\Psi_d(x[n]) = x^2[n] - x[n-1]x[n+1]$ 也可以得到离散时间情况下的结果。特别地,考虑一个离散时间的 AM-FM 信号:

$$x[n] = a[n]\cos(\phi[n]) = a[n]\cos\left(\omega_c n + \omega_m \int_0^n q[m]\mathrm{d}m + \theta\right) \qquad (4\text{-}37)$$

它的瞬时频率是:

$$\omega_i[n] = \frac{\mathrm{d}}{\mathrm{d}t}\phi[n] = \omega_c + \omega_m q[n] \qquad (4\text{-}38)$$

其中 $|q[n]| \leqslant 1, \omega_m \in [0, \omega_c]$ 是最大频偏,θ 是固定的相移。所有离散时间频率的范围都假定是 $[0, \pi]$。这样可以得到:

$$\Psi_d\left(a[n]\cos\int_0^m \omega_i[m]\mathrm{d}m + \theta\right) \approx a^2[n]\sin^2(\omega_i[n]) \qquad (4\text{-}39)$$

式(4-39)依然是在 $a[n]$ 和 $\omega_i[m]$ 相对于载波 ω_c 变化得不是太快(数值的时间变化速率)或者太大(数值的变化范围)的假设下成立。

离散时间的 Teager 能量算子的一个重要的特性是,它仅需要三个样本点就可以并且几乎是实时地估计出能量信息,即 $x[n-1]$,$x[n]$,$x[n+1]$。这种出色的时间分辨率使得 Teager 能量算子能够动态地跟踪一个声门周期内的能量波动(在幅度和频率的平方乘积意义下)。同时 Teager 等人将"共振峰"简单地解释成一个振荡系统,他们认为"共振峰"是由声道中的局部腔体形成的,从而在语音产生中加重某些频率成分而抑制另一些成分。从 Teager 等人的实验中看到语音的共振峰可以在一个基音周期内迅速变化,这可能是由于声道中快速变化的气流和调制旋涡造成的。此外,来自声门的气流将会与声道的腔体发生相互作用,由于非声学流体运动的动能非线性地转化为传播的声学信号,从而形成分布的气流源。这些分布式气流源就是所谓在一个声门周期内的第二声源。Kaiser 提出这样的假设:这种复杂的相互作用,由于不同的激励源激励不同的共振峰,可能会使得语音在连续的几个声门周期中出现高阶共振峰,也可能会使这些共振峰消失。

Teager 等人通过测量语音压强的方式来研究这种复杂的相互作用,方法如下:首先,在为声道腔共振峰的中心频率进行定位以后,在共振峰中心频率附近对每个共振峰进行带通滤波(采用调制后的高斯滤波器),这种滤波操作能够近似地分离出每一个共振峰成分;接下来对每一个带通滤波器的输出采用离散时间能量算子进行操作计算。

4.4.2　连续时间和离散时间的能量分离(ESA)

当 Teager 能量算子应用于 AM-FM 信号时,可以得出 AM 和 FM 分量平方的乘积(更严格地说,就是幅度包络和瞬时频率的平方乘积)。同时 Kaiser 和 Maragos 提出一种基于能量算子对任意 AM-FM 信号分离出时变的幅度包络 $a(t)$ 和瞬时频率 $\Omega_i(t)$ 的方法。

首先,在连续时间的框架下给出具有固定幅度和频率的正弦波的确切估计,并将这种同样的方法扩展到具有时变的幅度和频率的 AM-FM 信号的情况。将这种算法称为能量分离算法,这是因为简谐振子的能量等于幅度和频率的平方积。

对于具有固定幅度 A 和频率 Ω_c 的余弦信号 $x(t)$:

$$x(t) = A\cos[\Omega_c(t) + \theta] \tag{4-40}$$

它的频率和幅度可以通过下面两个式子得出:

$$\Omega_c = \sqrt{\frac{\Psi[\dot{x}(t)]}{\Psi[x(t)]}} \tag{4-41}$$

$$A = \frac{\Psi[x(t)]}{\sqrt{\Psi[\dot{x}(t)]}} \tag{4-42}$$

对于更一般的 AM-FM 情况,即式(4-34)中的 $x(t) = a(t)\cos[\phi(t)]$,为了使式(4-36)成立,必须做以下两个假设:

(C1):$a(t)$ 和 $q(t)$ 是带限的,即它们分别具有最大频率 Ω_a 和 Ω_q,且 $\Omega_a, \Omega_q \ll \Omega_c$;

(C2):$\Omega_a^2 + \Omega_m\Omega_q \ll (\Omega_c + \Omega_m)^2$。

这种情况下,式(4-34)中的时变频率和幅度可以通过下面两个式子得出:

$$\Omega_i(t) \approx \sqrt{\frac{\Psi[\dot{x}(t)]}{\Psi[x(t)]}} \tag{4-43}$$

$$a(t) \approx \frac{\Psi[x(t)]}{\sqrt{\Psi[\dot{x}(t)]}} \tag{4-44}$$

在每一个时刻,这个算法仅仅使用两个瞬时输出值(该时刻的信号值和微分信号值)来估计瞬时频率和幅度包络。尽管在推导时变 AM-FM 信号的能量分离算法的时候假设了带限的调制信号,但是 Kaiser 和 Maragos 认为它同样适用于其他的 AM-FM 信号的特殊情况,同时近似给出正确解。

上面介绍了连续时间能量分离算法,接下来考虑具有式(4-37)形式的 AM-FM 序列的连续时间能量分离算法的离散时间情况。目标是根据离散时间能量算子的输出 $\Psi_d(x[n]) = x^2[n] - x[n-1]x[n+1]$,以及算子应用于差分信号(可以近似信号的微分),来估计出它们的瞬时频率 $\omega_i[n]$ 以及幅度包络 $a(n)$。使用不同的微分近似以及 AM 和 FM 函数的不同形式,可以得出多种不同的离散能量分离算法。其中一种是基于对称差分的,即:

$$y[n] = \frac{x[n+1] - x[n-1]}{2} \tag{4-45}$$

即在时间上向前和向后一个样本,也可以采用向前和向后差分分别代替微分 $x[n]-x[n-1]$ 和 $x[n+1]-x[n]$,可以得到不同的离散时间算法。假设瞬时频率 $\omega_i[n]$ 是有限项余弦函数之和,并假设 $a[n]$ 和 $q[n]$ 的带宽满足 C1 和 C2 的限制,则利用 $\Psi(x[n])$ 和 $\Psi(y[n])$ 可以得到下面的时变的频率和幅度包络的估计式子:

$$\omega_i[n] \approx \arcsin\left(\sqrt{\frac{\Psi(x[n+1] - x[n-1])}{4\Psi(x[n])}}\right) \tag{4-46}$$

$$a[t] \approx \frac{2\Psi(x[n])}{\sqrt{\Psi(x[n+1] - x[n-1])}} \tag{4-47}$$

上面所描述的离散时间能量分离算法的一个重要特征是这种算法只需要使用短"窗"(5 个样点)。这意味着可以提供很好的时间分辨率,从而可以在语音过渡段和一个声门周期内自适应地估计出瞬时的频率和幅度信息,而这一特征是其他的 AM-FM 信号估计算法(如 Hilbert 变换)所不具备的。有对语音信号的研究表明,能量分离算法在均方误差意义下可以产生与 Hilbert 变换相似的 AM-FM 估计,但能量分离算法极短的窗长可以使它瞬时地自适应。此外,能量分离算法需要较 Hilbert 变换更小的计算量。

4.4.3　语音信号 Teager 能量算子分析实例

Teager 能量算子(TEO)可以用来进行端点检测,Teager 能量算子能在抑制背景噪声中起到信号增强,同时进行信号特征提取的作用,并且 Teager 能量算子具有强化平稳或半平稳信号,并衰减不平稳信号。

使用 Teager 能量算子端点检测的详细步骤如图 4-8 所示。首先求输入语音信号的 Teager 能量算子,接着对求取的 Teager 能量算子进行分帧加窗处理,再求出每一帧的 TEO 能量,即每帧的 Teager 能量算子的短时平均能量。之后对每帧的 TEO 能量曲线进行平滑处理,最后通过双门限-三态判决语音段对端点进行检测。

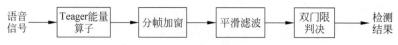

图 4-8　Teager 能量算子端点检测步骤

以语音信号"天气真好"为例,进行 Teager 能量算子端点检测,语音信号波形和 Teager 能量算子如图 4-9 所示。

使用汉明窗进行分帧处理,为了减少噪声抖动引起的误判,提高系统的健壮性,在进行端点检测之前进行平滑滤波:

$$E[\psi(n)]' = \frac{E[\psi(n-1)] + E[\psi(n)] + E[\psi(n+1)]}{3} \tag{4-48}$$

其中,$\psi(n)$ 表示第 n 帧的 Teager 能量算子,$E[\psi(n)]$ 表示第 n 帧的 TEO 能量,$E[\psi(n)]'$ 为平滑滤波后的第 n 帧的 TEO 能量。通过双门限判决,选取合适的阈值判定语音信号的开始和结束,如图 4-10 所示。

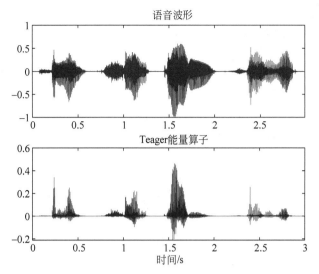

图 4-9 "天气真好"语音信号和 Teager 能量算子波形图

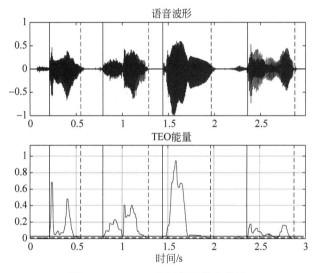

图 4-10 Teager 能量算子端点检测

4.5 希尔伯特-黄变换

前面所述表明,尽管 Teager 等人提出的基于 AM-FM 的非线性语音建模和预测能够自适应地估计出语音信号的瞬时频率,但是由于算法本身的一些限制条件而导致其依据模糊,难以有真正的说服力。为了精确描述频率随时间的变化需要一种自适应性好、直观的瞬时频率分析方法。

4.5.1 希尔伯特-黄变换的起源

直接计算信号的瞬时频率在理论上是困难的,因为绝大多数信号是多分量的。人们在接受瞬时频率的概念的时候,通常受到傅里叶分析的影响。分析瞬时频率,首先需要解决的是瞬时频率的定义问题,给瞬时频率一个满意的定义并不容易。因为将一个实信号 $x(t)$ 表示成 $x(t)=a(t)\cos\phi(t)$,有无穷多种表示法。

尽管遭遇了许多困难,人们并没有放弃对瞬时频率的研究,并在长期的研究中形成了一些共识:

(1) 瞬时频率的解析信号相位求导定义较合理;

(2) 信号可以分为单分量信号和多分量信号两类。

虽然人们已经认识到信号可以分为单分量信号和多分量信号两类,但并不知道如何确定一个单分量信号,并发现用解析信号相位函数导数计算信号的瞬时频率时会产生悖论。

正是在这样的背景下黄锷博士等人经过深入分析和认真总结,提出了希尔伯特-黄变换(HHT)。HHT 首先定义了一种称为内禀模式函数(IMF)的单分量信号,然后用经验模式分解,将任意复合信号分成若干内禀模式函数的和。再对每个内禀模式函数利用解析信号的相位函数导数,可以得出有意义的瞬时频率。其中内禀模式函数必须满足以下两个条件:

(1) 过零点和极值点的数目相等或最多相差一个;

(2) 由信号的局部极大值相连组成的上包络线与局部极小值相连组成的下包络线之和为零,即上下包络线对称于零均线。

在上面两个限制条件中,第一个条件类似于传统的平稳化高斯过程中对窄带信号的要求;第二个条件则强调了局部性的要求。这个要求是必要的,是为了防止波形不对称而引起的瞬时频率多余波动现象的发生。在理想情况下,这个条件应为"数据的局部平均值为零"。对于非稳态的数据来说,计算"局部平均"关系到"局部尺度"的概念,而这一概念很难加以定义。因此,就用数据的极大值包络和极小值包络的平均值为零来代替"数据的局部平均值为零"这个条件,使得信号波形局部对称。为了避免定义"局部平均时间尺度"的概念,这种近似是必要的。由于采用了这种近似,求瞬时频率所用的方法不能保证在任何条件下都能得到较好的瞬时频率,但是在一般情况下,瞬时频率符合所研究系统的物理意义。

4.5.2 经验模式分解

1. 经验模式分解的基本思想

经验模式分解(EMD)是希尔伯特-黄变换的核心部分。建立内禀模式函数只是为了满足希尔伯特变换对于瞬时频率的限制条件的前置处理而已。但在自然界中,大部分的信号都不是 IMF。在任何给定的时间,信号可能包含了不止一个振动模式,基于这个原因,使得希尔伯特变换不能对完整的信号频率含量提供全面的描述。因此必须将信号分解成若干IMF 分量。这里引入了一个新的方法:经验模式分解来处理非线性非平稳的信号。

因为 EMD 分解是基于信号本身的,所以它具有直观性、后验性、可适性。EMD 有三个基本的假设:

(1) 信号必须至少有两个极值,一个极大值和一个极小值;

(2) 信号特征时间尺度是由两个极值之间的时间差值来决定的;

(3) 若是信号中没有极值点,可将信号经由一次或多次微分将极值点找出。之后,可以由分量的积分得到。

EMD 根据经验利用信号中特征时间尺度来定义其振动模式,然后依据它来分解信号。可以用两种方法直接获知不同的时间尺度:①连续两个局部极大值或极小值之间的时间差;②连续两个过零点之间的时间差。如此不但可以提供非常好的振动模式的解析度,而且还能应用到非零均值的信号上,包括完全没有过零点的信号。

2. 经验模式分解的算法

EMD 方法的分解过程是:先将原始数据分解成第一个 IMF 和随时间变换的均值之和;然后,将均值考虑为新的数据,将其分解为第二个 IMF 和新的均值。持续这种分解过程直到获得最后一个 IMF。通常最后一个 IMF 的均值是一个常数或趋势项。均值的获得方法是首先用三次样条函数拟合确定数据的上下包络。然后计算上下包络的平均值确定为均值。为了保证均值确定的准确性,通常需要多次迭代,直到满足给定的判据。

获得内禀模式函数主要有以下 3 个步骤:

(1) 找出原时间序列的所有局部极大值,这里局部极大值定义为时间序列中的某个时刻的值,其前一时刻的值不比它大,后一时刻的值也不比它大。然后采用三次样条函数进行插值,得到原时间序列 $x(t)$ 的上包络 $e_{\max}(t)$。同理可以得到 $x(t)$ 的下包络 $e_{\min}(t)$;

(2) 计算上包络 $e_{\max}(t)$ 和下包络 $e_{\min}(t)$ 的平均值,得到上下包络的瞬时平均值 $m(t)$:

$$m(t) = \frac{e_{\max}(t) + e_{\min}(t)}{2} \tag{4-49}$$

(3) 从原始信号 $x(t)$ 中减去均值包络 $m(t)$,得到去均值曲线 $h(t)$:

$$h(t) = x(t) - m(t) \tag{4-50}$$

如图 4-11 所示。

这个操作相当于统计信号中的去均值,其目的是使得信号关于零点对称。在传统的信号处理中,去均值操作时将整个信号或向上或向下移动一个常数,这个变换是线性的。而在式(4-50)的操作中,减去的是一条均值曲线,而这个曲线来自于原始信号的局部特征,如果原始数据是完全对称的,那么这条曲线是一个常数,否则,这条曲线是时变的。这正是 HHT 变换的非线性、自适应的具体表现。

对于不同的信号,$h(t)$ 可能是内禀模式函数,也可能不是。如果 $h(t)$ 中极值点的数目和过零点的数目相等或最多只差一个,并且各个瞬时平均值 $m(t)$ 都等于零,那么它就是内禀模式函数。否则,把 $h(t)$ 当作原始序列,重复以上的步骤,直至满足内禀模式函数的定义。这样求出了第一个内禀模式函数 $C_1(t)$,然后,用原始序列 $x(t)$ 减去 $C_1(t)$,得到剩余序列 $r_1(t)$:

$$r_1(t) = x(t) - C_1(t) \tag{4-51}$$

至此,提取第一个内禀模式函数的过程全部完成。然后把 $r_1(t)$ 作为一个新的序列,按照以上的步骤,依次提取第 2,第 3,…,直至第 n 个内禀模式函数 $C_n(t)$。最后,由于 $r_n(t)$ 变成一个单调序列,再也没有内禀模式函数能被提取出来。如果把分解后的各分量合并,就可以重构原始序列:

$$x(t) = \sum_{i=1}^{n} C_i(t) + r_n(t) \tag{4-52}$$

具体算法如下:

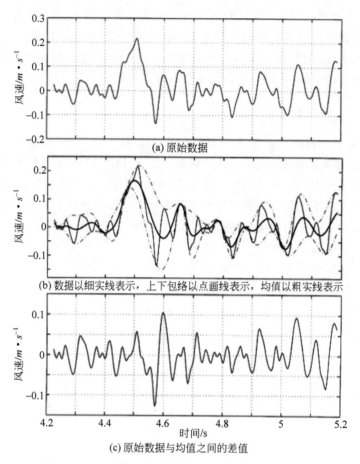

图 4-11 筛选过程的图示

（1）初始化：$r_0(t)=x(t)$，$i=1$。

（2）求第 i 个内禀模式函数 $C_i(t)$：

ⓐ 初始化：$h_0(t)=r_{i-1}(t)$，$j=1$；

ⓑ 找出 $h_{j-1}(t)$ 的全部局部极值点；

ⓒ 分别对 $h_{j-1}(t)$ 的极大、极小值点进行三次样条插值拟合，求得上、下包络；

ⓓ 计算上、下包络的均值曲线 $m_{j-1}(t)$；

ⓔ 从 $h_{j-1}(t)$ 中减去均值曲线 $m_{j-1}(t)$ 得到 $h_j(t)$；

ⓕ 判断 $h_j(t)$ 是否满足停止条件，如果满足则 $C_i(t)=h_j(t)$，否则，$j=j+1$，转至（2）。

（3）$r_i(t)=r_{i-1}(t)-C_i(t)$。

（4）如果 $r_i(t)$ 的极值点不少于两个，则 $i=i+1$，转至（2），否则分解结束。

为了使 IMF 分量的振幅及频率变动都有足够的物理意义，其停止条件为：

（1）过零点数目和局部极值点总数目相等，最多相差一个。

（2）标准偏差值（SD）设定在 0.2 至 0.3，如下式所示：

$$\text{SD}=\sum_{t=0}^{T}\left[\frac{\left|h_{k-1}(t)-h_k(t)\right|^2}{h_{k-1}^2(t)}\right] \tag{4-53}$$

当满足上述其中一个的停止条件，即停止筛选过程然后继续下一个模式的筛选过程。

3. 系综经验模式分解（EEMD）

虽然 EMD 自问世以来已经被成功地应用在各种领域,但在处理具有周期性的复杂信号时,在频率尺度方面其算法本身还存在一些问题,其中一个主要的问题就是模式混叠。当IMF 发生模式混叠时,就会失去本身具有的物理意义。所谓的模式混叠就是在同一个 IMF里混叠着两个不同时间尺度信号,或者是同一时间尺度的信号被分解成两个 IMF。产生模式混叠的主要原因是:

(1) 现有 EMD 算法不能分解一个倍频内振动模式,导致同一个 IMF 里混叠着两个不同时间尺度的信号;

(2) 原始信号中无法预期的复杂信号取代部分的内禀模式函数的位置,而且这些复杂信号呈现间断性和不规则形,进而造成被取代的原内禀模式函数被平移至下一个内禀模式函数,也就导致同一时间尺度的信号被分解成两个 IMF。

为了解决模式混叠问题,黄锷博士提出间断性准则的方法,此观念的提出有助于使用者依据各自的领域及使用需求,变换不同的限制条件,提取其所需的振动模式,可以有效提升EMD 的使用范围,更增进 EMD 分解结果的准确性及可信度。不过,间断性准则方法本身也存在一些问题。首先,选择时间尺度方面是基于主观的,使得分解的信号产生人工主观干扰,由于信号一旦经过人工的主观干扰,就失去了 EMD 方法原先拥有的可适性的优点。其次,当遇到过于复杂的信号,太过于定义时间尺度问题,使得信号丧失了其应有的物理意义。

2004 年,Wu 和 Huang 利用 EMD 方法分析白噪声,理论上,白噪声在时域上的特性为任何两个时间彼此相互独立,即互相关系数为零;而在频域上其功率谱密度为常数,即白噪声的能量均匀分布在频域上。利用 EMD 的方法去分析高斯白噪声所得到的结果显示,EMD 方法类似一个二进滤波器(dyadic filter),每个内禀模式函数的平均频率以二倍递减。因此,利用白噪声消除噪声的影响,成为去除模式混叠这个问题的一种可行的方法。

Wu 和 Huang 提出的 EMD 的改进方法是系综经验模式分解法,利用白噪声消除模式混叠,并且得到模式一致的内禀模式函数,具体步骤如下:

(1) 将原始信号 $x(t)$ 加上白噪声 $n(t)$,获得新的信号 $X(t)$;

(2) 对 $X(t)$ 进行 EMD 分解;

(3) 重复步骤(1)和(2)N 次,每次增加不同的白噪声;

(4) 对分解结果做平均处理。

由于白噪声均匀分布在每个分量上,因此信号就会被分解到适当频率的分量中。当重复很多次这些步骤时,就会得到更符合真实信号的结果。同时,根据 EEMD 解释方法,系综合成数的真正定义应近似无穷大。其公式定义如下:

$$c_j(t) = \lim_{N \to \infty} \frac{1}{N} \sum_{k=1}^{N} c_{j,k}(t) + a\tau_k(t) \tag{4-54}$$

N 为系综总合成数,$c_{j,k}(t)$ 是 EMD 分解的 IMF,a 为增加的噪声的振幅大小,$c_j(t)$ 是EEMD 得到的 IMF。根据统计学理论得知,加入白噪声振幅、分解信号合成后与原信号的误差与系综合成数的关系可以估算为:

$$\varepsilon_n = \frac{\varepsilon}{\sqrt{N}} \tag{4-55}$$

N 是系综合成数，ε 是加入高斯白噪声的振幅，ε_n 是最终误差的标准差，亦为介于输入信号与相应的 IMF 总和的插值，随着噪声量级的增加，误差也会变大。在信号内加入高斯白噪声的意义，是为了在时频域中，能有一个统一的参考架构，也提供更好的分析信号的方法。因此，EEMD 方法在大体上改良了 EMD 方法，使其分解所得的 IMF 分量更加完美。不过值得注意的是，有时平均次数不够也容易造成同一频率范围的信号被分成两个 IMF，所以选择适当的平均次数也很重要。

4.5.3 希尔伯特-黄变换的时频谱

通过 EMD 或 EEMD 筛选过程获得信号 $x(t)$ 的各个内禀模式函数。对各个内禀模式函数进行 Hilbert 变换得到 Hilbert-Huang（希尔伯特-黄）谱。Hilbert 变换是一种线性变换，代表线性系统，即如果输入信号是平稳的，那么输出信号也是平稳的。Hilbert 变换强调了信号的局部特性，用它可以得到单分量信号的瞬时频率，这就避免了傅里叶变换为拟合原信号而产生的多余的、实际不存在的虚假频率成分。

1. HHT 谱的基本原理

经过 EMD 或 EEMD 分解后，原始信号可以表示为式(4-52)的形式。对式(4-52)中除了残余量 $r_n(t)$ 的每个内禀模式函数 $C_i(t)$ 进行 Hilbert 变换：

$$\widetilde{C}_i(t) = \frac{1}{\pi} P \int \frac{C_i(\tau)}{t - \tau} \mathrm{d}\tau \tag{4-56}$$

其中 P 为柯西主值。由 $C_i(t)$ 和 $\widetilde{C}_i(t)$ 构成一个解析信号 $Z_i(t)$：

$$Z_i(t) = C_i(t) + \mathrm{i}\widetilde{C}_i(t) = a_i(t)\mathrm{e}^{\mathrm{i}\theta_i(t)} \tag{4-57}$$

其中：

$$a_i(t) = [C_i^2(t) + \widetilde{C}_i^2(t)]^{1/2}, \quad \theta_i(t) = \arctan\frac{\widetilde{C}_i(t)}{C_i(t)} \tag{4-58}$$

由瞬时频率的定义可得瞬时频率为：

$$\omega_i(t) = \frac{\mathrm{d}\theta_i(t)}{\mathrm{d}t} \tag{4-59}$$

因此，原始数据可以表示成如下的形式：

$$X(t) = \mathrm{Re}\left(\sum_{i=1}^{n} a_i(t)\exp\left(\mathrm{i}\int \omega_i(t)\mathrm{d}t\right)\right) \tag{4-60}$$

其中 Re 是取实部。

在推导中略去了残余分量 $r_n(t)$，因为它是一个单调函数或是一个常数。在进行 Hilbert 变换时，虽然残余分量可以当作长周期波动，但信号所包含的信息主要集中在高频部分，所以做了省略处理。语音"五"的信号的 HHT 时频图如图 4-12 所示。

2. HHT 中的瞬时频率与传统傅里叶频率之间的关系

一个内禀模式函数经过 Hilbert 变换后可以表示成：

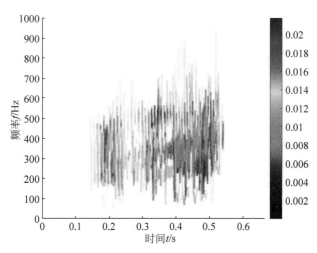

图 4-12　语音"五"的信号的 HHT 时频图

$$Z(t) = X(t) + \mathrm{i}Y(t) = a(t)\mathrm{e}^{\mathrm{i}\theta(t)} \tag{4-61}$$

如果对 $Z(t)$ 作傅里叶变换则有：

$$W(\omega) = \int_{-\infty}^{\infty} a(t)\mathrm{e}^{\mathrm{i}\theta(t)}\,\mathrm{e}^{-\mathrm{i}\omega t}\,\mathrm{d}t = \int_{-\infty}^{\infty} a(t)\mathrm{e}^{\mathrm{i}(\theta(t)-\omega t)}\,\mathrm{d}t \tag{4-62}$$

当频率满足 $\dfrac{\mathrm{d}}{\mathrm{d}t}(\theta(t)-\omega t)=0$ 时，即 $\omega = \dfrac{\mathrm{d}}{\mathrm{d}t}(\theta(t))$，对 $W(\omega)$ 的贡献最大。由此可见,这种频率定义的方法符合频率的经典定义。由式(4-62)可以看出,HHT 定义的频率是对局部波形的最佳正弦逼近,所以不需要全局的正弦函数来定义频率。它可以对波形的每一点定义频率。从概念上讲,傅里叶频率和瞬时频率有以下不同,首先,傅里叶频率是一个独立的量,而瞬时频率是一个时间的函数;其次傅里叶频率和傅里叶变换相关而瞬时频率与 Hilbert 变换相关;最后傅里叶频率是定义在整个信号长度上的全局量,而瞬时频率是某时刻的局部频率的刻画。

既然瞬时频率刻画的是信号的局部频率的变化,而傅里叶频率刻画的是整体上频率的信息。那么从统计或平均的意义上它们的关系又如何呢？考察傅里叶频率的均值和方差,它是在整个频率轴上计算的,而瞬时频率的均值和方差是在时间轴上进行的。傅里叶频率的均值为：

$$\langle \omega \rangle = \frac{\int_{0}^{\infty} \omega \mid X(\omega) \mid^{2} \mathrm{d}\omega}{\int_{0}^{\infty} \mid X(\omega) \mid^{2} \mathrm{d}\omega} = \frac{\int_{0}^{\infty} \omega \mid Z(\omega) \mid^{2} \mathrm{d}\omega}{\int_{0}^{\infty} \mid Z(\omega) \mid^{2} \mathrm{d}\omega} \tag{4-63}$$

其中 $Z(\omega)$ 是解析信号 $Z(t)$ 的频谱,改写式(4-63)：

$$\langle \omega \rangle = \frac{\int_{0}^{\infty} \omega Z^{*}(\omega)Z(\omega)\mathrm{d}\omega}{\int_{0}^{\infty} Z^{*}(\omega)Z(\omega)\mathrm{d}\omega} = -\mathrm{j}\frac{\int_{-\infty}^{\infty} Z^{*}(t)Z'(t)\mathrm{d}t}{\int_{-\infty}^{\infty} \mid Z(t) \mid^{2} \mathrm{d}t} \tag{4-64}$$

其中 $Z'(t)$ 是 $Z(t)$ 的微分。

将式(4-61)代入式(4-64),可得：

$$\langle\omega\rangle=\frac{\int_{-\infty}^{\infty}[-\mathrm{j}a'(t)a(t)+\theta'(t)a^2(t)]\mathrm{d}t}{\int_{-\infty}^{\infty}a^2(t)\mathrm{d}t} \tag{4-65}$$

由微积分的知识得知式(4-65)分子的第一项为 0。因此,

$$\langle\omega\rangle=\frac{\int_{-\infty}^{\infty}\omega(t)a^2(t)\mathrm{d}t}{\int_{-\infty}^{\infty}a^2(t)\mathrm{d}t} \tag{4-66}$$

这就揭示了一个重要的关系,傅里叶的加权平均等于瞬时频率的加权平均。同理可以得到傅里叶频率的谱方差:

$$E(|\omega-\langle\omega\rangle|^2)=\frac{\int_{-\infty}^{\infty}(\omega-\langle\omega\rangle)^2|X(\omega)|^2\mathrm{d}\omega}{\int_{-\infty}^{\infty}|X(\omega)|^2\mathrm{d}\omega}=\frac{\int_{-\infty}^{\infty}(\mathrm{d}a(t)/\mathrm{d}t)^2\mathrm{d}t}{\int_{-\infty}^{\infty}a^2(t)\mathrm{d}\omega}+(\omega-\langle\omega\rangle)^2$$

$$\tag{4-67}$$

从上面的推导中可以看出,傅里叶频率的加权平均等于瞬时频率的加权平均而其方差却大于瞬时频率的方差,只有信号是等幅值,即其包络与时间无关时它们的方差才相等,这说明这两种频率的定义是相似的,从另外一个角度说明了瞬时频率定义的合理性。

有了 Hilbert 时频谱图的定义,就可以得到 Hilbert 边际谱:

$$h(\omega)=\int_0^T H(\omega,t)\mathrm{d}t \tag{4-68}$$

其中,T 为信号的采样时间,$H(\omega,t)$ 为 Hilbert 时频谱图。可见边际谱 $h(\omega)$ 是时频谱图对时间的积分,它反映了每个频率点上幅值的分布。

正如 Huang 所指出的,希尔伯特-黄边际谱中的频率和傅里叶谱分析中的频率所蕴含的意义是不一样的。在傅里叶变换中,某种频率的存在,意味着在整个信号的时间跨度上存在着一个正弦(余弦)成分。而在希尔伯特-黄边际谱中,某种频率值的存在仅仅意味着可能有一个这样的频率波动的存在,但这种波动具体什么时间发生只能从希尔伯特-黄时频图中得到,如图 4-13 所示。对于非稳态数据来说,傅里叶谱从物理上来讲是没有意义的。

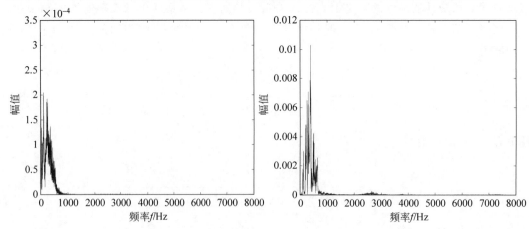

图 4-13　语音"五"信号的 HHT 边际谱和傅里叶谱

4.6 经验小波变换

4.6.1 经验小波的定义

Jérôme Gille 提出建立一系列适应于所需处理的信号的小波的方法,这个构造等价于建立一系列带通滤波器。为了达到信号分析的自适应性,他们提出的解决方案是利用被分析信号频谱上的信息来计算所需要的带通滤波器的形式。在实际应用中,某个带通滤波器的性质等价于取出该模式中特定频率的信号。以真实的信号为例,它们的频谱是关于频率 $\omega=0$ 对称的,建立一个 2π 为周期的归一化的傅里叶坐标系,研究的范围是 $\omega\in(0,\pi)$,假设傅里叶定义域 $[0,\pi]$ 被分割成 N 个连续的分区,用 ω_n 表示每个分区之间的分界带宽 $(\omega_0=0,\omega_n=\pi)$,见图 4-14。每个分区被表示成 $\Lambda_n=[\omega_{n-1},\omega_n]$,然后很容易就可以观察到 $\sum\limits_{n=0}^{N}\Lambda_n=[0,\pi]$。对于每个 ω_n,定义一个过渡段(如图 4-14 阴影线区域)τ_n,它的宽度为 $2\tau_n$。

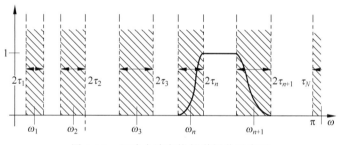

图 4-14 经验小波变换频谱划分示意图

经验小波被定义成在每个 Λ_n 上的带通滤波器,同时借鉴了 Littlewood-Paley 和 Meyer 在构造小波基函数时的想法。对于任意 $n>0$,通过式(4-69)和式(4-70)的表达来分别定义经验小波母函数和经验小波子函数。

$$
\hat{\psi}_n(\omega)=\begin{cases}1, & \omega_n+\tau_n\leqslant|\omega|\leqslant\omega_{n+1}-\tau_{n+1}\\ \cos\left[\dfrac{\pi}{2}\beta\left(\dfrac{1}{2\tau_{n+1}}(|\omega|-\omega_{n+1}+\tau_{n+1})\right)\right], & \omega_{n+1}-\tau_{n+1}\leqslant|\omega|\leqslant\omega_{n+1}+\tau_{n+1}\\ \sin\left[\dfrac{\pi}{2}\beta\left(\dfrac{1}{2\tau_n}(|\omega|-\omega_n+\tau_n)\right)\right], & \omega_n-\tau_n\leqslant|\omega|\leqslant\omega_n+\tau_n\\ 0, & 其他\end{cases}
$$

$$(4\text{-}69)$$

$$
\hat{\phi}_n(\omega)=\begin{cases}1, & |\omega|\leqslant\omega_n-\tau_n\\ \cos\left[\dfrac{\pi}{2}\beta\left(\dfrac{1}{2\tau_n}(|\omega|-\omega_n+\tau_n)\right)\right], & \omega_n-\tau_n\leqslant|\omega|\leqslant\omega_n+\tau_n\\ 0, & 其他\end{cases}
$$

$$(4\text{-}70)$$

函数 $\beta(x)$ 是一个任意的 $C^k([0,1])$ 函数,如下:

$$\beta(x) = \begin{cases} 0, & x \leqslant 0 \\ 1, & x \geqslant 1 \end{cases} \tag{4-71}$$

且

$$\beta(x) + \beta(1-x) = 1, \quad \forall x \in [0,1] \tag{4-72}$$

许多函数满足这些性质,运用最多的是 $\beta(x) = x^4(35 - 84x + 70x^2 - 20x^3)$。参数 τ_n 的选择有很多种,最简单的是选择 τ_n, ω_n 使得 $\tau_n = \gamma \omega_n$,其中 $0 < \gamma < 1$,因此,对任意 $n > 0$,上述等式可以进一步化简。

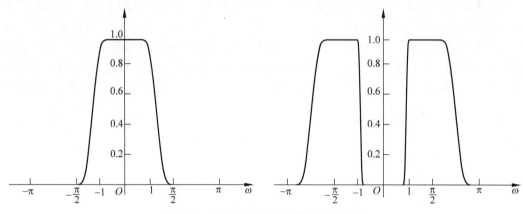

图 4-15　经验小波变换频谱划分示意图

4.6.2　傅里叶频谱划分

如何进行分割傅里叶频谱相当重要,因为这一步决定了方法能否具有较好的分析信号的自适应性。目的是分离频谱中对应于围绕特定频率和模式的不同部分,假设分区的数目为 N,则频谱划分包括 $N+1$ 个边界,由于 0 和 π 总是被用在频谱边界的定义中,因此需要找到其余 $N-1$ 个边界。为了找到这些边界,首先检测出频谱中的局部最大值并把它们按降序排序(0 和 π 被包含在其中)。假设算法发现 M 为最大值。两种情况出现了:

$M \geqslant N$:算法找到足够大的值来定义分区想要的数目,然后只要保持首先的 $N-1$ 个最大值。

$M < N$:信号的模式比预期的少,然后保持所有检测到的最大值并且把 N 重置到合适的值。

现在,把这些最大值加上 0 和 π,把每个分区的边界定义成两个连续最大值的中心。

4.6.3　窗的选取

以下的命题表示,通过恰当地选择参数 γ,可以得到一个紧支撑的窗。如果 $\gamma < \min_n \left(\dfrac{\omega_{n+1} - \omega_n}{\omega_{n+1} + \omega_n} \right)$,然后集合 $\{\phi_1(t), \{\psi_n(t)\}_{n=1}^N\}$ 是 $L^2(\mathbb{R})$ 的紧框架。证明:遵循构造 Meyer 小波的想法。如果 $\sum\limits_{k=-\infty}^{+\infty} \left((|\hat{\phi}_1(\omega + 2k\pi)|^2 + \sum\limits_{n=1}^N |\hat{\psi}_n(\omega + 2k\pi)|^2 \right) = 1$,集合 $\{\phi_1(t), \{\psi_n(t)\}_{n=1}^N\}$ 是一

个紧框架。根据 2π 周期性，足够集中在区间 $[0,2\pi]$。遵循先前的符号，可以写成
$$[0,2\pi] = \bigcup_{n=1}^{N} \Lambda_n \cup \bigcup_{n=1}^{N} \Lambda_{\sigma(n)} \, .$$

$\Lambda_{\sigma(n)}$ 是 Λ_n 的一个复制，但是以 $2\pi - \nu_n$ 为中心而不是 ν_n。首先，可以很简单地看到当 $\omega \in (\bigcup_{n+1}^{N} \Lambda_n / \bigcup_{n+1}^{N} T_n) \cup (\bigcup_{n+1}^{N} \Lambda_{\sigma(n)} / \bigcup_{n+1}^{N} T_{\sigma(n)})$ 时，有

$$|\hat{\phi}_1(\omega)|^2 + |\hat{\phi}_1(\omega - 2\pi)|^2 + \sum_{n=1}^{N} (|\hat{\psi}_n(\omega)|^2 + |\hat{\psi}_n(\omega - 2\pi)|^2) = 1 \quad (4\text{-}73)$$

然后，仍然需要去看过渡区。因为 β 的性质，如果连续的 T_n 不重复，这个结果也在 T_n 中有效：

$$\tau_n + \tau_{n+1} < \omega_{n+1} - \omega_n \Leftrightarrow \gamma\omega_n + \gamma\omega_{n+1} < \omega_{n+1} - \omega_n$$
$$\Leftrightarrow \gamma < \frac{\omega_{n+1} - \omega_n}{\omega_{n+1} + \omega_n} \quad (4\text{-}74)$$

这个条件必须对所有 n 成立，最后如果 $\gamma < \min_n \left(\dfrac{\omega_{n+1} - \omega_n}{\omega_{n+1} + \omega_n} \right)$，则得到结果。图 4-16 给出了一个基于集合 $\omega_n \in \{0, 1.5, 2, 2.8, \pi\}$ 的经验小波滤波器组的例子，此时 $\gamma = 0.05$（一般 $\gamma < 0.057$）。

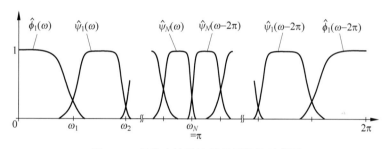

图 4-16 经验小波滤波器组周期性示意图

4.6.4 经验小波变换及其改进算法

现在可以定义经验小波变换（EWT），$W_f^{\varepsilon}(n,t)$，以与经典小波变换相似的方式。细节系数通过经验小波的内积被给出：

$$W_f^{\varepsilon}(n,t) = \langle f, \psi_n \rangle = \int f(\tau)\bar{\psi}_n(\tau - t)\mathrm{d}\tau = (\hat{f}(\omega)\bar{\hat{\psi}}_n(\omega))^{\vee} \quad (4\text{-}75)$$

近似系数（采用约定 $W_f^{\varepsilon}(0,t)$ 来表示它们）通过具有缩放功能的内积得到：

$$W_f^{\varepsilon}(0,t) = \langle f, \phi_1 \rangle = \int f(\tau)\bar{\phi}_1(\tau - t)\mathrm{d}\tau = (\hat{f}(\omega)\bar{\hat{\phi}}_1(\omega))^{\vee} \quad (4\text{-}76)$$

$\hat{\psi}_n(\omega)$ 和 $\hat{\phi}_1(\omega)$ 在式(4-69)和(4-70)中分别被定义。构造函数

$$f(t) = W_f^{\varepsilon}(0,t) \times \phi_1(t) + \sum_{n=1}^{N} W_f^{\varepsilon}(n,t) \times \psi_n(t)$$
$$= (\hat{W}_f^{\varepsilon}(0,\omega)\hat{\phi}_1(\omega) + \sum_{n=1}^{N} \hat{W}_f^{\varepsilon}(n,\omega)\hat{\psi}_n(\omega))^{\vee} \quad (4\text{-}77)$$

遵循这个形式体系,给出下式

$$f_0(t) = W_f^{\varepsilon}(0,t) \times \phi_1(t) \tag{4-78}$$

$$f_k(t) = W_f^{\varepsilon}(k,t) \times \psi_k(t) \tag{4-79}$$

原始的 EWT 算法在频谱划分时采用的是局部极大极小值的方法,其划分原理如图 4-18 所示。在 $[0,\pi]$ 的区间内,假设在 ω_{n-1} 和 ω_n 处分别有两个峰值,通过检测所有极大值和极小值方法,找到两个峰值 a、c 和一个谷值 b,则每两个谷值之间的单个峰作为一个频谱划分区域,图 4-17 的划分结果由虚线所示为 $[0,\omega^n]$ 和 $[\omega^n,\pi]$。在处理这样简单结构的频谱时,局部极小极大值方法处理简便,表现较好,但是,遇到复杂频谱,这一方法并不能适用。

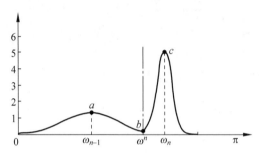

图 4-17　局部极小极大值频谱划分方法示意图

以图 4-18 所示的频谱为例,利用局部极小极大值方法,找到三个峰值 a、c、e 和两个谷值 b、d,则每两个谷值之间的单个峰作为一个频谱划分区域,频谱划分结果如实线所示为 $[0,\omega^1]$,$[\omega^1,\omega^2]$,$[\omega^2,\omega^3]$,$[\omega^3,\pi]$。这样的频谱划分显然是不正确的,它将属于一个峰的两个局部极大值 a 和 c 看作了不同峰,然后彼此切分,正确的划分结果应该是 $[0,\omega^3]$ 和 $[\omega^3,\pi]$。想要解决频谱"过切分"问题,需要一个工具来把复杂的频谱变得"简单",不需要过分地关注局部的极大极小值,而是按照频谱的包络,即大致的轮廓,取出含有最大能量的频率成分。对于这种问题,利用数学形态学的概念,使用形态滤波可以改善。

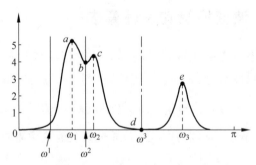

图 4-18　复杂频谱划分示意图

用一个例子对基于 Top-Hat 变换的 EWT 算法改进进行介绍,其流程图如图 4-19 所示。

假设信号 f_{sig} 由三个不同部分组成$(t \in (0,1))$,得到时域图如图 4-20 所示。

$$f_{\text{sig}} = f_{c2}(t) + f_{c2}(t) + f_{c3}(t) \tag{4-80}$$

$$f_{c1}(t) = \frac{1}{1.2 + \cos(2\pi t)}$$

$$f_{c2}(t) = \frac{1}{1.5 + \sin(2\pi t)} \tag{4-81}$$

$$f_{c3}(t) = \cos(32\pi t) + \cos(64\pi t)$$

图 4-19　改进的 EWT 流程图

（1）对信号进行傅里叶变换，获得相应的信号频谱，表示为 $F(\omega)$：

$$F(\omega) = \mathcal{F}[f(t)] = \int_{-\infty}^{+\infty} f(t) \mathrm{e}^{-\mathrm{j}\omega t} \mathrm{d}t \tag{4-82}$$

f_{sig} 的频谱比较简单，由三个主峰构成，分别在采样点 0，30 和 100 左右，采样点 0 附近的峰包含的能量最大，100 附近的峰相对要小很多，如图 4-21 所示。

（2）对信号的频谱 $F(\omega)$ 做 Top-Hat 变换，检测出频谱的包络 $\hat{F}(\omega)$。图中实线所示为 f_{sig} 的频谱曲线，点划线所示为 Top-Hat 变换的结果，由此可知，Top-Hat 变换将频谱的包络正确地勾勒出来，如图 4-22 所示。

（3）采用局部极小极大值的方法对频谱包络 $\hat{F}(\omega)$ 进行峰值检测，将每两个谷值之间存在一个峰值的区域划分出来，得到了原始信号的良好的频谱划分结果 $\hat{F}(\omega) = \sum_{i=1}^{N} M_i$，如

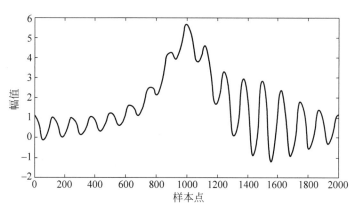

图 4-20　测试信号 f_{sig} 的时域图

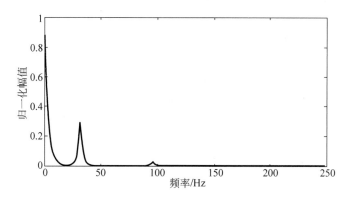

图 4-21　测试信号 f_{sig} 的频谱图

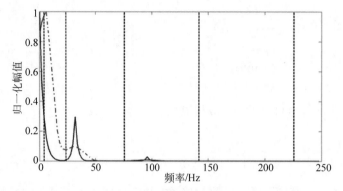

图 4-22　测试信号 f_{sig} 的 Top-Hat 变换及频域划分

图 4-22 所示,图中虚线为频谱划分的边界。

（4）根据各个频谱片段构造小波基函数 $W_f^\epsilon(n,t)$,等效于构建一系列的 Meyer 滤波器组。

（5）经验小波分解,通过经验小波逆变换,得到原始信号对应结果,从图 4-23 中可以清晰看到,含有效信息的 3 个子信号分别被划分在不同的模式中,从对应的时域结果图中,可以观察出通过经验小波变换,信号被成功地分离开来。

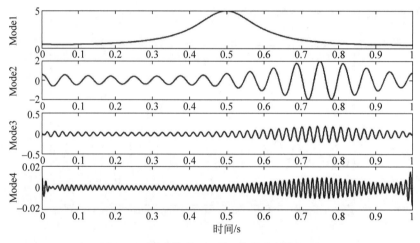

图 4-23　测试信号 f_{sig} 的 EWT 分解结果图

4.6.5　语音信号经验小波变换分析实例

以汉语单音节"完 wán"作为测试信号,其频谱图如图 4-24 中黑色实线所示,形态滤波之后的结果如图中点划线所示,虚线代表了频谱划分结果的边界,可以清晰地看到,在采样点 100 附近的两个小尖峰经过 Top-Hat 变换之后,合并为一个尖峰,同样在 $200\sim300$ 采样点之间,属于同一主峰的多个小尖峰都由 Top-Hat 变换而彼此合并,对于结果使用局部极小极大值方法,能够方便地获取想要的频谱划分方案。如图 4-25 为 EWT 分解结果的前四个模式,分别对应频谱划分的前四个区域（从左到右）,Mode1 对应能量较小的频谱区域,不做分析,Mode2、Mode3 和 Mode4 均表现出较为明显的周期性,且幅值均为 0.05,说明这 3 个模式中包含了信号主要的能量,即经验小波变换算法得到了更为有意义的分解结果。

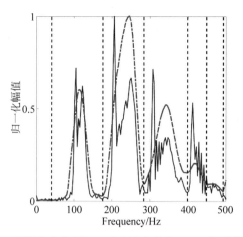

图 4-24　汉语单音节"完 wán"改进之后的 EWT 频谱划分结果

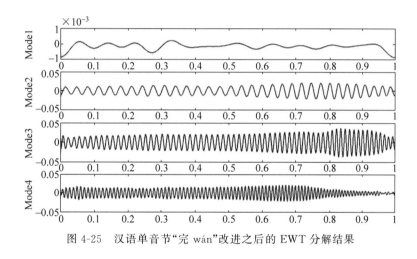

图 4-25　汉语单音节"完 wán"改进之后的 EWT 分解结果

4.7　小结

第 3 章介绍了多种语音信号分析方法,包括时域分析、频谱分析。它们是传统的语音分析方法,均为线性方法。但是,语音线性分析方法存在一些局限,制约着语音分析和处理性能的进一步提高。同态处理方法是一种设法将非线性问题转化为线性问题来进行处理的方法,它能将两个信号通过乘法合成的信号,或通过卷积合成的信号分开。小波分析使信号在一组正交基上进行分解,其采用有时域局域化特性的小波函数为基底,对低频和高频局部信号均能自动调节时频窗,以适应分析的需要,从而具有很强的灵活性,可聚焦到信号时频段的任意细节。在语言产生的线性模型的研究中,提出了 Teager 模型。该模型考虑了涡流的存在及其对语音的影响,给出 Teager 能量算子。Teager 能量算子具有强化平稳或半平稳信号,并衰减不稳定信号的作用。算子具有非线性能量跟踪信号特性,对调幅(AM)信号的幅包络和调频(FM)信号的瞬时频率的变化非常敏感,而且对不同类型的信号能清晰显示不同的 Teager 能量算子结果。主要应用在共振峰轨迹跟踪、基音检测及端点检测等方面。希尔伯特-黄变换是一种新的分析非线性、非平稳信号的时频分析方法。结合经验模态分解方法和 Hilbert 谱技术,可以把复杂的信号分解为有限数目具有一定物理意义的固有模态函数(IMF)分量。对这些 IMF 分量求解瞬时频率,从而可以获得信号的时-频表示。希尔伯特变换的结果反映的是信号的频域特征随时间变化的规律。相对于傅里叶变换得到的是信号的频率组成,希尔伯特变换还可以获取频率成分随时间的"变化"。经验小波变换是一种新的自适应信号分解方法,该方法继承了 EMD 和小波分析方法的各自优点,通过提取频域极大值点自适应地分割傅里叶频谱以分离不同的模态,然后在频域自适应地构造带通滤波器组从而构造正交小波函数,以提取具有紧支撑傅里叶频谱的调幅-调频(AM-FM)成分。

复习思考题

4.1　请叙述同态信号处理的基本原理(分解和特征系统)。倒谱的求法及语音信号两个分量的倒谱性质是什么? 有哪几种避开相位卷绕的方法,请叙述它们的工作原理。

4.2　什么是复倒谱? 什么是倒谱? 已知复倒谱怎样求倒谱? 已知倒谱怎样求复倒谱? 有什么条件限制?

4.3　试述小波变换的原理。

4.4　在语音信号分析中,小波变换与 STFT 相比有何优势?

4.5　什么是 Teager 能量算子? Teager 能量算子有哪些应用场合?

4.6　Teager 能量算子是如何进行端点检测的?

4.7　经验模式分解的思路是什么?

4.8　什么是希尔伯特-黄变换? 瞬时频率的含义?

4.9　HHT 时频谱的含义是什么? HHT 边际谱中的频率和傅里叶谱分析中的频率的意义有什么区别?

4.10　什么是经验小波变换? 使用经验小波变换的一般步骤有哪些?

第 5 章

语音信号的参数估计

5.1　概述

　　人在发浊音时,气流通过声门使声带产生张弛振荡式振动,由此产生一股准周期脉冲气流,这一气流激励声道从而产生浊音,它携带着语音信号中的大部分能量。这种声带振动的频率称为基频,对应的周期就称为基音周期,它由声带逐渐开启到面积最大、逐渐关闭到完全关闭三个阶段组成。

　　元音的声源具有一个基频和一系列谐波。这些谐波基本上都是基频的整数倍,它们的能量随着频率的递增而递减。这一系列基频和谐波通过声腔时,由于声腔变化所造成的不同共振特性称为声腔的自然频率。这些谐波被调制,其中某些频率被加强,另一些频率被抑制,从而构成形式不同的频谱。其中被加强的一组谐波群就称为共振峰。通常,共振峰定义为声道脉冲响应的衰减正弦分量,在经典的语音信号模型中,共振峰等效为声道传输函数的复数极点对。根据语音信号合成的研究表明,表示浊音信号最主要的是前三个共振峰。一个语音信号的共振峰模型,只用前三个时变共振峰频率就可以得到可懂度很好的合成浊音。

　　基音周期具有时变性和准周期性,是语音信号处理中的重要参数之一。基音周期估计的最终目标是找出与声带振动频率完全一致的基音频率变化轨迹曲线,如不可能,则尽量找出相吻合的轨迹曲线。基音周期估计,又称基频检测,是语音信号处理中的一个最基本,同时也是最重要的问题。它在语音编码、语音合成、说话人识别和语音识别等方面有着广泛的应用,是语音研究的一个重要阶段。

　　即使对于持续不变的发音——即说话人在努力保持稳定的基频和声道形状的情况下发一个元音——基音周期也几乎不可能保持固定,而是可能随时间随机地变化着。此外,即使在一个持续的元音中,相邻的几个基音周期中的声门波幅度也会有所变化,这一特性被称为幅度闪烁。这些均可能是由时变的声道特性和声带特性引起的。恰恰是连续基音周期中的抖动和闪烁使元音具有了自然度,而单一的基音周期和一成不变的幅度会导致机器般生硬的声音。所以,基音周期包络的动态监测对声调语言如语音信号的处理尤其重要。

共振峰是反映声道谐振特性的重要特征,代表了发音信息的最直接来源。改变共振峰可产生所有元音和某些辅音,在共振峰中也包含其他辅音的重要信息。共振峰参数随时间的变化反映声道对各种发音的调音运动的变化情况,最能体现声道的一些自然特性,对分析语音信号特性的变化有重要作用。人在语音感知中也利用共振峰信息。因而共振峰是广泛用于语音识别的主要特征及语音编码传输的基本信息。

5.2 基音周期估计

基音是指发浊音时声带振动所引起的周期性,而基音周期是指声带振动频率的倒数。基音周期是语音信号最重要的参数之一,它描述了语音激励源的一个重要特征。基音周期信息在多个领域有着广泛的应用,如:语音识别、说话人识别、语音分析与综合以及低码率语音编码、发音系统疾病诊断、听觉残障者的语言指导等。因为汉语是一种有调语言,基音的变化模式称为声调,它携带着非常重要的具有辨意作用的信息,有区别意义的功能,所以,基音的提取和估计对汉语是一个十分重要的问题。

由于人的声道的易变性及其声道特征的因人而异,而基音周期的范围又很宽,且同一个人在不同情态下发音的基音周期也不同,加之基音周期还受到单词发音音调的影响,因而基音周期的精确检测实际上是一件比较困难的事情。基音提取的主要困难反映在:①声门激励信号并不是一个完全周期的序列,在语音的头、尾部并不具有声带振动那样的周期性,很难准确地判断有些清音和浊音的过渡帧是周期性还是非周期性的。②声道共振峰有时会严重影响激励信号的谐波结构,所以,从语音信号中直接取出仅和声带振动有关的激励信号的信息并不容易。③语音信号本身是准周期性的(即音调是有变化的),而且其波形的峰值点或过零点受共振峰的结构、噪声等的影响。④基音周期变化范围大,从老年男性的50Hz到儿童和女性的450Hz,接近三个倍频程,给基音检测带来了一定的困难。由于这些困难,所以迄今为止尚未找到一个完善的方法可以对于各类人群(包括成年男、女和儿童及不同语种)、各类应用领域和各种环境、条件、情况下都能获得满意的检测结果。

5.2.1 基音周期估计分类

基音周期估计大致可以分为基于帧和基于事件两类,下面分别加以介绍。

1. 基于帧的基音周期估计

基于帧的基音周期估计不需要确定声门闭合时刻,而是通过计算一段语音信号的平均周期来确定基音周期,分为时域算法、频域算法和时频混合算法。

(1) 时域算法的特点是比较直观且运算量小,缺点是抗噪声能力差,容易出现倍频或半频现象。主要算法有自相关法、平均幅度差函数法等。传统的自相关法(ACF)是 Ross 等人于1977年提出的,自相关法的原理是周期信号的自相关函数将在时延等于信号周期的地方产生一个极大值,因此通过计算短时窗内语音信号的自相关函数可以估计信号的基音周期。在实际应用中,还要进行低通滤波和中心削波两步预处理来滤除高次谐波并降低倍频的干扰,最后还要对提取的基音周期数据进行平滑处理以去除偏离基音周期轨迹的"野点"。

这种算法的优点是算法简单,容易实现。缺点是由于语音信号并非严格的周期信号,此方法得到的只是基音周期的估计值。另外这种方法容易受噪声的影响,鲁棒性较差。传统的平均幅度差函数法(AMDF)是 Ross 等人于 1974 年提出的,当语音波形达到最佳匹配时,平均幅度差函数出现最小谷值。平均幅度差函数法无须乘法运算,因此算法复杂度较小,但是当语音信号幅度快速变化时,平均幅度差函数法估计的精度会明显下降。

(2)频域算法的特点是抗噪声性能较自相关法有所提高,但是算法比较复杂,运算量较大,主要方法有倒谱法等。倒谱法是由 Noll 等人于 1967 年提出的,倒谱算法通过对信号的功率谱取对数,再通过滤波或者再做一次傅里叶变换来把相当于频谱包络的慢变分量和相当于基频谐波峰值的快变分量分开。浊音的复倒谱和倒谱中存在一些与基频整数倍相对应的峰值点,可以根据峰值点出现的位置来估计基音周期。倒谱算法对纯洁语音的基音周期估计精度要高于自相关法,可以较好地从语音信号中分离出基音信息和声道信息,但它的算法相对比较复杂。当存在加性噪声时会失去倒谱所依赖的乘积性质,反映基音信息的倒谱峰含噪语音中将会变得不清晰甚至完全消失,严重降低基频提取的准确率。

(3)时频混合算法必须假定语音在一段内是平稳的,而且每段至少包含两个基音周期。它们的缺点是:对基音周期变化较快的段不合适,不能同时适合高音调和低音调语音,对带噪语音处理效果不好。在有噪声干扰的情况下,它们都会不同程度地出现倍频和分频误判的现象。

2. 基于事件的基音周期估计

基于事件的基音周期估计算法主要是通过检测声门闭合时刻,测量相邻的两个声门闭合时刻的时间间隔,从而确定语音的基音周期。主要有声门闭合点检测、基于小波变换的基音周期估计、基于希尔伯特-黄变换的基音周期估计。

(1)基于小波变换的基音周期估计。当信号中有阶跃突变时,其小波变换将在该点附近表现为局部最大,且信号的不连续性在不同分辨率层有传递性。人在发声时,由于声门瞬时闭合,对声道形成较强冲击,从而在语音信号中引起一次蜕变,把这一蜕变事件与信号阶跃突变的事件等价对比,通过小波变换可检测出语音信号的这一蜕变,即相当于检测出声门闭合时刻,而相邻两次的声门闭合时刻之间的时间长度即为该处的基音周期,因此求相邻两次突变的时间间隔就可以得到基音周期。

(2)基于希尔伯特-黄变换的基音周期估计。与小波变换中检测突变的方法类似,检测基音周期首要的任务就是检测信号中的突变点。首先进行 EMD 分解,得到一系列 IMF 分量,每个 IMF 分量都代表了信号的一些特性,相同时间点处的 IMF 分量不可能具有相同的频率。先分解出的 IMF 分量时间分辨率高,后分解出的频率分辨率高。突变信号的特点是局部时间特征尺度较小,所以只要找出局部时间尺度较小的地方就可对突变点进行定位。而局部时间尺度小在 HHT 中具体体现是相邻两极值点的时间间隔很小,且这两极值点的幅度差很大。通过检测具有以上特点的极值点就可以对突变点进行定位。

5.2.2　基于自相关的基音周期估计

语音信号 $s(m)$ 经窗长为 N 的窗口截取为一段加窗语音信号 $s_n(m)$ 后,定义 $s_n(m)$ 的自相关函数(ACF)$R_n(k)$(亦即语音信号 $s(m)$ 的短时自相关函数)为:

$$R_n(k) = \sum_{m=0}^{N-k-1} s_n(m)s_n(m+k) \tag{5-1}$$

$R_n(k)$ 不为零的范围为 k 位于 $(-N+1)\sim(N-1)$，且为偶函数。浊音信号的自相关函数在基音周期的整数倍位置上出现峰值；而清音的自相关函数没有明显的峰值出现。因此检测是否有峰值就可判断是清音或浊音，检测峰值的位置就可提取基音周期值。

在利用自相关函数估计基音周期时，第一要考虑的问题是窗的问题。首先，在估计基音周期时，无论是利用自相关函数 $R_n(k)$ 还是利用平均幅度差函数 $F_n(k)$，计算所用的语音帧 $s_n(m)$ 中应使用矩形窗。其次，窗长的选择要合适。一般认为窗长至少应大于两个基音周期。而为了改善估计结果，窗长应选得更长一些，以使 $s_n(m)$ 中包含足够多个语音周期。第二要考虑的问题是与声道特性影响有关。有的情况下即使窗长已选得足够长，第一最大峰值点与基音周期仍不一致，这就是声道的共振峰特性造成的"干扰"。实际上影响从自相关函数中正确提取基音周期的最主要因素是声道响应部分，当基音的周期性和共振峰的周期性混叠在一起时，被检测出来的峰值就会偏离原来峰值的真实位置。另外，某些浊音中，第一共振峰频率可能会等于或低于基音频率。此时，如果其幅度很高，它就可能在自相关函数中产生一个峰值，而该峰值又可以同基音频率的峰值相比拟，从而给基音周期值检测带来误差。为了克服这个困难，可以从两条途径来着手解决。第一条是减少共振峰的影响。最简单的方法是用一个带宽为 $60\sim900\mathrm{Hz}$ 的带通滤波器对语音信号进行滤波，并利用滤波信号的自相关函数来进行基音估计。这个滤波器可以放在对语音信号采样前（模拟滤波），也可以放在采样后（数字滤波）。之所以将此滤波器的高端截频置为 $900\mathrm{Hz}$，是因为既可以除去大部分共振峰的影响，又可以当基音频率为最高 $450\mathrm{Hz}$ 时仍能保留其一、二次谐波。低端截频置为 $60\mathrm{Hz}$ 是为了抑制 $50\mathrm{Hz}$ 的电源干扰。第二条途径是对语音信号进行非线性变换后再求自相关函数。一种有效的非线性变换是"中心削波"。语音信号的低幅度部分包含大量的共振峰信息，而高幅度部分包含大量的基音信息。

设中心削波器的输入信号为 $x(n)$，中心削波器的输出信号为 $y(n)=C[x(n)]$，则中心削波器如图 5-1 所示。其中图 5-1(a) 所示的是中心削波函数 $C[x]$，一段输入信号 $x(n)$ 及通过中心削波后得到的 $y(n)$ 示例分别如图 5-1(b) 和图 5-1(c) 所示。

削波电平 C_L 由语音信号的峰值幅度来确定，它等于语音段最大幅度 $A_{\max}$ 的一个固定百分数。这个门限的选择是重要的，一般在不损失基音信息的情况下应尽可能选得高些，以达到较好的效果。经过中心削波后只保留了超过削波电平的部分，其结果是削去了许多和声道响应有关的波动。中心削波后的语音通过一个自相关器，这样在基音周期位置呈现大而尖的峰值，而其余的次要峰值幅度都很小。

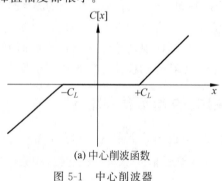

(a) 中心削波函数

图 5-1　中心削波器

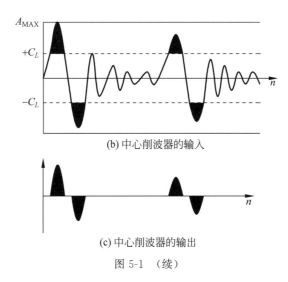

(b) 中心削波器的输入

(c) 中心削波器的输出

图 5-1　（续）

计算自相关函数的运算量是很大的，其原因是计算机进行乘法运算非常费时。为此可对中心削波函数进行修正，采用三电平中心削波的方法，如图 5-2 所示。其输入输出函数为：

$$y(n)=C'[x(n)]=\begin{cases} 1 & (x(n)>C_L) \\ 0 & (|x(n)|\leqslant C_L) \\ -1 & (x(n)<-C_L) \end{cases} \tag{5-2}$$

即削波器的输出在 $x(n)>C_L$ 时为 1，$x(n)<-C_L$ 时为 -1，除此以外均为零。虽然这一处理会增加刚刚超过削波电平的峰的重要性，但大多数次要的峰被滤除了，只保留了明显周期性的峰。

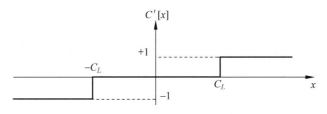

图 5-2　三电平中心削波函数

三电平中心削波的自相关函数的计算很简单，因为削波后的信号的取值只有 -1、0、1 三种情况，因而不须作乘法运算而只需要简单的组合逻辑即可。

图 5-3 中给出了不削波、中心削波和三电平中心削波的信号波形及其自相关函数举例。通过对这三种削波器的详细比较，其性能方面只有微小的差别。其中削波电平 C_L 之值取为该段语音最大采样值的 68%。$x(n)$ 和 $y(n)$ 的自相关函数也并列示于图中。可以看到，在基音周期点上后者的峰起远比前者尖锐突出，因此用它来进行基音周期估计的效果可以好得多。

除了以上的方法外，还有采用原始语音信号经线性预测（LPC）逆滤波器滤波得到残差信号后再求残差信号的自相关函数的方法等。近年来，人们还提出了许多基于自相关函数的各种不同的算法，这些算法或者对自相关函数作适当修改（如加权 ACF、变长 ACF

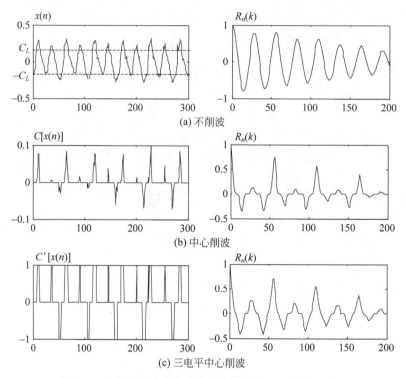

图 5-3　信号波形及其自相关函数举例($R_n(k)$均归一化)

等),或者将自相关函数与其他方法相结合(如 ACF 与小波变换相结合、ACF 与倒谱相结合等)。

5.2.3　基于平均幅度差函数(AMDF)的基音周期估计

语音信号的短时平均幅度差函数(AMDF)$F_n(k)$定义为:

$$F_n(k) = \sum_{m=0}^{N-k-1} | s_n(m+k) - s_n(m) | \tag{5-3}$$

与短时自相关函数一样,对周期性的浊音语音,$F_n(k)$也呈现与浊音语音周期相一致的周期特性,不过不同的是$F_n(k)$在周期的各个整数倍点上具有谷值特性而不是峰值特性,因而通过$F_n(k)$的计算同样可以确定基音周期。而对于清音语音信号,$F_n(k)$却没有这种周期特性。利用$F_n(k)$的这种特性,可以判定一段语音是浊音还是清音,并估计出浊音语音的基音周期。

利用短时平均幅度差函数来估计基音周期,同样要求窗长取得足够长,同样可以采取 LPC 逆滤波和中心削波处理等方法来减少输入语音中声道特性或共振峰的影响,提高基音周期估计效果。近年来,许多基于 AMDF 的不同检测算法被提出。如采用信号经中心削波处理后再计算 AMDF 函数(C-AMDF)的方法、采用概率近似错误纠正技术的方法、对基本 AMDF 函数进行线性加权(W-AMDF)的方法、采用变长度 AMDF 函数(LV-AMDF)的方法、采用原信号经 LPC 预测分析获得预测残差后再计算残差信号的 AMDF 函数(LP-AMDF)的方法等。这些算法使检测结果得到一定改进。

在基音检测中,除了可以采用式(5-3)定义的基本 AMDF 外,也可以采用 C-AMDF、W-AMDF、LV-AMDF、LP-AMDF 等。其中 W-AMDF 定义为:

$$F_{nW}(k) = \frac{1}{N-k+1} \sum_{m=1}^{N-k+1} \mid s_n(m+k-1) - s_n(m) \mid \tag{5-4}$$

而 LV-AMDF 定义为:

$$F_{nLV}(k) = \frac{1}{k} \sum_{m=1}^{k} \mid s_n(m+k-1) - s_n(m) \mid \tag{5-5}$$

一般的浊音语音的短时 AMDF 所呈现的周期谷值特性中,除起始零点($F_n(1) = 0$)外,第一周期谷点大多就是全局最低谷点,以全局最低谷点作为基音周期计算点不会发生检测错误。但是,对于周期性和平稳性都不太好的浊音语音段,其基本 AMDF 常常会出现第一周期谷点并不是全局最低谷点,而全局最低谷点出现在其他整数倍点的位置处,如图 5-4(b)所示。这种现象在 C-AMDF、W-AMDF、LV-AMDF、LP-AMDF 中依然存在,分别如图 5-4(c)~(f)所示。在这种情况下,若以全局最低谷点作为基音周期计算点就会产生严重的检测错误。解决这一问题的方法之一是采用适当的基音周期计算点的搜索算法,即在获得 AMDF 函数的全局最低谷点后,还要:①搜索一定取值范围内的局部谷点;②比较各候选谷点间的间隔,剔去不满足间隔要求的候选谷点;③检查各候选谷点的"清晰度",剔去不"清晰"的候选谷点;④选定基音周期计算点;等等。当然在增加搜索算法后复杂度将增加很多。

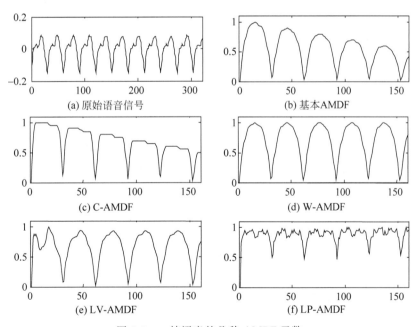

图 5-4　一帧语音的几种 AMDF 函数

由于 AMDF 的计算无须乘法运算,因而其算法复杂度较小。另外在基音周期点处 AMDF 的谷点锐度比 ACF 的峰点锐度更尖锐,因此估值精度更高。但是,AMDF 对语音信号幅度的快速变化比较敏感,它影响估计的精度。

5.2.4　基于倒谱法（CEP）的基音周期估计

倒谱法是传统的基音周期检测算法之一，它利用语音信号的倒频谱特征，检测出表征声门激励周期的基音信息。

语音 $s(n)$ 是由声门脉冲激励 $e(n)$ 经声道响应 $v(n)$ 滤波而得。即：

$$s(n) = e(n) \times v(n) \tag{5-6}$$

设三者的倒谱分别为 $\hat{s}(n)$、$\hat{e}(n)$ 及 $\hat{v}(n)$，则有：

$$\hat{s}(n) = \hat{e}(n) + \hat{v}(n) \tag{5-7}$$

可见，倒谱域中基音信息与声道信息可以认为是相对分离的。采取简单的倒滤波方法可以分离并恢复出 $e(n)$ 和 $v(n)$，根据激励 $e(n)$ 及其倒谱的特征可以求出基音周期。

然而，反映基音信息的倒谱峰，在过渡音和含噪语音中将会变得不清晰甚至完全消失。其原因当然主要是过渡音中周期激励信号能量降低和类噪激励信号干扰或含噪语音中的噪声干扰所致。对于一帧典型的浊音语音的倒谱，其倒谱域中基音信息与声道信息并不是完全分离的，在周期激励信号能量较低的情况下，声道响应（特别是其共振峰）对基音倒谱峰的影响就不可忽略。如果设法除去语音信号中的声道响应信息，对类噪激励和噪声加以适当抑制，倒谱基音检测算法的检测结果将有所改善，特别对过渡语音的检测结果将有明显改善。

在语音信号的线性预测编码（LPC）分析中，语音信号 $s(n)$ 可以表示为：

$$s(n) = -\sum_{i=1}^{p} a_i s(n-i) + Ge(n) \tag{5-8}$$

式中 a_i 为预测系数，p 为预测阶数，$e(n)$ 为激励信号，G 为幅度因子。如果对输入语音进行 LP 分析获得预测系数 a_i，并由此构成逆滤波器 $A(z)$：

$$A(z) = \sum_{i=0}^{p} a_i z^{-i}, \quad a_0 = 1 \tag{5-9}$$

再将原始语音通过逆滤波器 $A(z)$ 进行逆滤波，则可获得预测余量信号 $\varepsilon(n)$，理想情况下 $\varepsilon(n) = Ge(n)$。理论上讲，预测余量信号 $\varepsilon(n)$ 中已不包含声道响应信息，但却包含完整的激励信息。对预测余量信号 $\varepsilon(n)$ 进行倒谱分析，将可获得更为清晰精确的基音信息。

此外，抑制噪声干扰可进一步改善倒谱检测结果。由于语音基音频率一般来说低于 500Hz，一个最直观的方法就是对原始语音或预测余量信号进行低通滤波处理。不过这里可以采用一个更为简便的方法，就是在倒谱分析中，直接将傅里叶反变换（IFT）之前的频域信号（由原始信号作 FT 变换再取对数后得到）的高频分量置零。这样即可实现类似于低通滤波的处理，滤去噪声和激励源中的高频分量，减少了噪声干扰。

基于此，图 5-5 是一种改进的倒谱基音检测算法：在对输入语音分帧加窗后，首先对分帧语音进行 LPC 分析，得到预测系数 a_i 并由此构成逆滤波器 $A(z)$；然后将原分帧语音通过逆滤波器滤波，获得预测余量信号 $\varepsilon(n)$；再对预测余量信号做 DFT、取对数后，将所得信号的高频分量置零；将此信号做 IDFT，得到原信号的倒谱。最终根据所得倒谱中的基音信息检测出基音周期。图 5-6 所示是一帧过渡音的倒谱，图 5-7 所示是一帧加噪语音在不同信噪比下的倒谱。

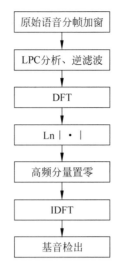

图 5-5 由 LPC 预测余量做倒谱基音检测的算法框图

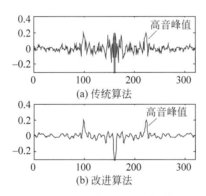

图 5-6 一帧过渡音的倒谱

　　在由倒谱检测基音周期时,可以直接在倒谱域中根据倒谱的基音峰进行检测;也可以采用倒滤波的方法分离出激励信息,并用逆特征系统将其变换回时域中再进行检测。倒谱域中直接检测的方法算法简单,而逆变换到时域中的方法概念更直观,且在少部分情况下基音峰会变得突出一些。此外,在实际的基音检测算法中,有些情况下需要在检测前做低通滤波等预处理,并且在基音周期初估以后都要进行基音轨迹平滑的后处理。平滑方法可以采用中值滤波平滑、"低通"滤波线性平滑等,也可以采用更为有效的动态规划等平滑处理方法。

　　近年来,也有一些基于倒谱的改进算法被提了出来。如:①统计检测的思想方法。对倒谱峰值作适当加权后,以其统计中值为检测阈值判断清/浊音,并检测出基音周期。②非线性声道系统模型的思想。认为语音产生模型为 $s(n) = \prod_{k=0}^{N-1} e(n)^{v(n-k)}$,对上式取对数后再求其倒谱。③倒谱与单边 ACF 相结合的方法。先求得信号的单边自相关函数,再求单边自相关函数的倒谱。

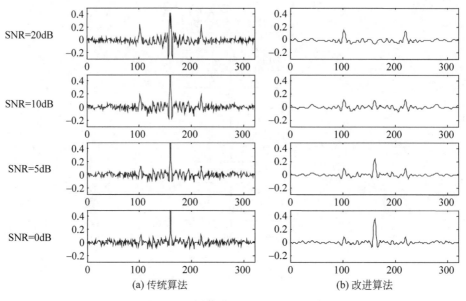

图 5-7　不同信噪比含噪语音的倒谱

5.2.5　基于简化的逆滤波跟踪(SIFT)的基音周期估计

简化的逆滤波跟踪(SIFT)算法是相关处理法进行基音提取的一种现代化的版本。该方法的基本思想是：先对语音信号进行 LPC 分析和逆滤波,获得语音信号的预测残差,然后将残差信号通过自相关滤波器滤波,再做峰值检测,进而获得基音周期。语音信号通过线性预测逆滤波器后达到频谱的平坦化,因为逆滤波器是一个使频谱平坦化的滤波器,所以它提供了一个简化的(亦即廉价的)频谱平滑器。预测误差是自相关器的输入,通过与门限的比较可以确定浊音,通过辅助信息可以减少误差。

简化逆滤波器的原理框图如图 5-8 所示。其工作过程为：①语音信号经过 10kHz 取样后,通过 0～900Hz 的数字低通滤波器,其目的是滤除声道谱中声道响应部分的影响,使峰值检测更加容易。然后降低取样率 5 倍(因为激励序列的宽度小于 1kHz,所以用 2kHz 取样就足够了)；当然,后面要进行内插。②提取降低取样率后的信号模型参数(LPC 参数),检测出峰值及其位置就得到基音周期值。③最后进行有/无声判决。此处与倒谱法类似,有一个无声检测器,以减少运算量。

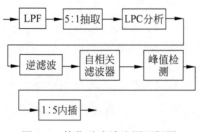

图 5-8　简化逆滤波法原理框图

在基音提取中,广泛采用语音波形或误差信号波形的低通滤波,因为这种低通滤波对提高基音提取精度有良好的效果。低通滤波在除去高阶共振峰影响的同时,还可以补充自相关函数的时间分辨率的不足。特别是在使用了线性预测误差的自相关函数的基音提取中,误差信号波形的低通滤波处理尤其重要。

5.2.6 基于小波变换的基音周期估计

一个信号的小波变换具有这样的性质：信号小波变换的极值点对应于信号的锐变点或不连续点。语音的产生过程实际上是气流通过声门再经声道响应后变成声音。对于浊音语音，它是由气流冲击声门，使声门发生周期性的开启或闭合，这种周期性的气流经声道响应就形成了浊音语音。声门的这种开启与闭合，在语音信号中引起一个锐变。对语音信号做小波变换，则其极值点对应于声门的开启或闭合点，相邻极值点之距离就对应着基音周期。因而，采用语音信号的小波变换可以检测基音周期。

在基音检测中应用的小波变换一般采用二进小波变换（DyWT），图 5-9 是一帧语音的多级小波分解。小波函数通常采用正交或双正交小波函数。不过，由于在这种应用中只涉及信号的小波分解，并不需要进行小波重构，因而小波函数选择的限制就比较小，甚至可以选择 Gaussian 函数作为小波函数。

基于小波变换的基频检测算法较好地适应了信号的时变特性，该算法利用了清音信号的频谱成分要远远高于基频这一特点，选择适当的尺度以滤掉清音。通过寻找在两个尺度下都存在的局部极大值点，然后计算两个相邻局部极大值点的间隔来获取基音周期。基于小波变换的基频检测算法的精度要高于自相关法和倒谱法，具有一定的鲁棒性。缺点是受大尺度平滑作用和噪声的影响，基音定位容易产生偏差和漏报。

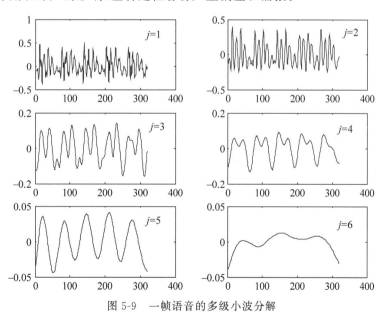

图 5-9 一帧语音的多级小波分解

将基于小波变换的基音检测法与传统的自相关法及倒谱法进行比较，有以下结论：

（1）从准确性来看，小波变换的准确性最高。

（2）从计算复杂性来看，小波变换法的计算复杂性高于自相关法，但低于倒谱法。

（3）从语音片段的长度来看，倒谱法和自相关法均是估计信号片段的平均基音周期，因此，在进行处理的片段内，它们至少需要两个基音周期，若语音片段太短，则此算法不能准确估计基音周期。若语音片段太长，这些算法又不能检测出周期与周期间的非平稳变化。而小波变换法是基于时间的检测法,它检测声门闭合的瞬间,语音片段的长度对它无太大影响,即语音片段的长度选择会大大影响自相关法与倒谱法的结果,但是对小波变换无太大影响。

(4) 小波变换法不是建立在语音信号短时平稳性的基础上的,所以它能提取出精确反映基音周期变化的动态基频包络,其他的短时分析的基音检测方法,由于都是基于短时平稳假设的基础上的,所以实际上求出的是基音周期在某一段时间的平均值。而小波变换法恰恰改正了这一固有的弱点,它能动态地随语音信号的周期性变化而变化,不会因为语音的准周期性或某一段无周期性而影响提取效果。所以,利用小波变换进行基音检测,可以随说话人的不同、语音段的不同精确地检测出基音周期,从而构成了真正反映基音周期变化的基频包络。

5.2.7　基于倒谱和希尔伯特-黄变换的基音周期估计

语音信号的倒谱里包含声道冲激响应信息和激励源信息,声道冲激响应相对于声门激励属于高频成分,倒谱法只是将两个由乘性变成加性,但是没有进行分离。在原来倒谱法的基础上,对倒谱进行经验模式分解,将声道冲激响应信息和激励源信息分离,然后根据分离出的激励源获得准确的对应于基音周期的位置。该方法依然属于基于帧的基音周期估计。算法具体流程如图 5-10 所示。

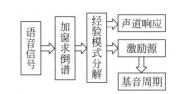

图 5-10　基于倒谱和希尔伯特-黄变换的基音周期估计流程图

对一个简单的带声调的汉语单音节"啊"(á)进行分析。先对语音信号进行加窗,接着对各帧语音信号计算倒谱。经过经验模式分解后的内禀模式函数分量 IMF_1、IMF_2 等如图 5-11 所示,其中 x 是其中一帧语音信号的倒谱。

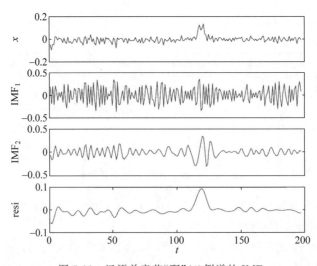

图 5-11　汉语单音节"啊"(á)倒谱的 IMF

从图 5-11 可以看出,该语音信号的倒谱成分较为复杂,出现两个明显的峰。因为声道冲激响应表征为快变振荡,当它叠加在代表慢变振荡的声门激励信号上时,就出现了两个峰。即声道冲激响应的影响对实际尖峰产生位置偏移。因此,直接找出的基音周期的位置是有误差的。但是经过经验模式分解之后,IMF$_1$ 和 IMF$_2$ 是高频成分,对于语音信号的倒谱,即代表声道冲激响应信息。而去除 IMF$_1$ 和 IMF$_2$ 后的余量信号表现为相对平坦的单一脉冲信号,即声门激励,该脉冲对应于实际基音周期的位置。从这个例子可以看出,倒谱解卷积法将周期性声门激励与声道冲激响应之间的卷积关系转变成加性关系,但在后续处理中并不能将这两个成分完全分离开,因此不能准确地定位基音周期的位置。而倒谱法和经验模式分解结合后的新的基频检测方法可以有效地将这两个成分区分开,从而降低声道冲激响应对声门激励的影响,进而准确定位基音周期,并画出基音周期包络,如图 5-12 所示。

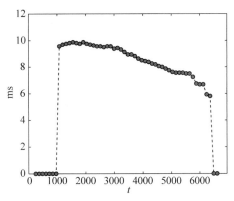

图 5-12　汉语单音节"啊"(á)的基音周期包络,其中空心点
表示各帧语音信号计算的基音周期

5.2.8　基于系综经验模式分解的动态基音周期估计

汉语是声调语言,声调对汉语尤为重要。例如"汤、糖、躺、烫"4 个字的声母都是[t],韵母都是[ang],只是因为声调不同,意义就不一样,在语言里分别代表 4 个不同的语素,在书面上写成 4 个不同的字。而声调信息主要由基音周期表征。

对于传统基于帧的基音周期分析工具如线性预测、自相关法和倒谱法,通常假设短时(如 20ms)内基音周期保持不变,然后在每个短时帧内计算出一个时间值来代替帧内所有采样点的基音周期。由于汉语四声中,第一、二和四声都是单调变化的,通常这些传统分析方法在分析这些声调的汉语语音时,也能勾勒出基音周期的大致轮廓。但是在处理第三声这种非单调变化的声调时,就很难捕捉到准确的基音周期变化包络。前面介绍的基于倒谱和希尔伯特-黄变换的基音周期估计方法依然属于基于帧的范畴。尽管应用了新的时频分析工具——HHT 变换,但是其所起的作用只是将一帧信号内的声道冲击响应和激励源分离,还是通过计算一段语音信号的平均周期来确定基音周期的。因此有必要提出一种基于 HHT 的新的基音周期估计方法,目标是检测汉语的瞬时基音周期,也称为动态基音周期估计。基于系综经验模式分解的动态基音周期估计具体过程如图 5-13 所示。

(1) 对语音信号 $s(t)$ 进行声韵分割,目的是去除 $s(t)$ 中那些被确定为无声的或清音的部分,采用短时能量法来实现声韵分割。

(2) 经过声韵分割后的语音信号 $\bar{s}(t)$ 进行 EEMD 分解,产生一系列 IMF。其中 EEMD 的两个重要参数,系综合成数和所加噪声的标准偏差分别设为 100 和 0.01。

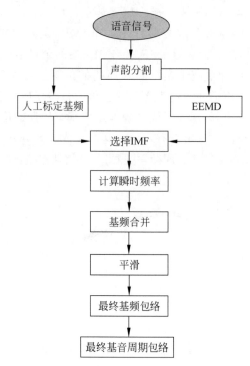

图 5-13 基于系综经验模式分解的动态基音周期估计算法流程图

（3）以采样频率为 16kHz 的信号为例，各个 IMF 的理论频带范围如表 5-1 所示。从表 5-1 中可以发现，基音频率主要存在于 IMF_6 和 IMF_7，少数存在于 IMF_5 和 IMF_8。但是并不知道基频具体存在于哪一个或哪几个 IMF，因此需要一些先验的条件来加以确定。这里采用人工标定法来确定初始的基频包络。

表 5-1　各个 IMF 的理论频带范围

IMF_i	频带/Hz	IMF_i	频带/Hz
IMF_1	4000～8000	IMF_5	250～500
IMF_2	2000～4000	IMF_6	125～250
IMF_3	1000～2000	IMF_7	62～125
IMF_4	500～1000	IMF_8	31～62

（4）表 5-1 中的频带范围属于理论上的，实际频带范围由于白噪声的影响而略有改变。经过大量实验结果总结，实际频带范围如表 5-2 所示。结合人工标定确定的初始基频包络和表 5-2 中各个 IMF 的频带范围，挑选出包含基频信息的 IMF。

表 5-2　主要 IMF 的实际频带范围

IMF_i	频带/Hz	IMF_i	频带/Hz
IMF_6	140～300	IMF_7	80～140
IMF_8	45～80		

（5）利用希尔伯特-黄变换计算包含基频信息的 IMF 的瞬时频率 $\widetilde{F}_i(t)$。

（6）如果只有一个 IMF 包含基频信息，则跳过这一步。否则，需要将几个 IMF 里的基频合并起来。利用人工标定的初始基频包络和表 5-2 中各 IMF 的频带范围，给出几个 IMF 的合并点，最终得到一个完整的瞬时频率包络。

（7）利用加窗平均对 $\widetilde{f}(t)$ 进行平滑，得

$$f(t) = \frac{1}{\pi} \int_{-T/2}^{+T/2} \widetilde{f}(\tau) W(\tau - t) \mathrm{d}\tau \tag{5-10}$$

其中 $W(t)$ 是长度为 T，幅度是 1 的矩形窗，T 设为瞬时频率包络 $\widetilde{f}(t)$ 中主要振动周期的四倍。

（8）对 $\widetilde{f}(t)$ 取倒数，获得基音周期包络。

首先对一个简单的带声调的汉语单音节"啊"（á）进行分析。语音信号波形和人工标定的初始基频包络如图 5-14 所示。语音信号经过 EEMD 分解后的 IMF，其中 $\mathrm{IMF}_5 \sim \mathrm{IMF}_8$ 如图 5-15 所示。

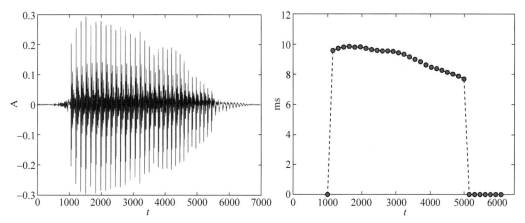

图 5-14　左图是汉语单音节"啊"（á）的波形；右图表示人工标定的初始基音周期包络，
其中空心点表示各帧语音信号计算的基音周期

如图 5-14 所示，人工标定的初始基频在 100 Hz 至 131 Hz 的范围内变化。根据表 5-2，可以判定 IMF_7 反映基频。本节方法计算出的基音周期包络如图 5-15 所示。

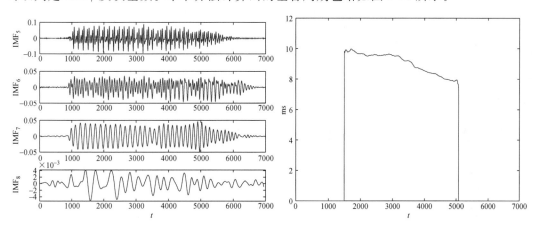

图 5-15　左图是汉语单音节"啊"（á）的部分 IMF，右图是本节方法提取的最终基音周期包络

接着分析一个基频存在于两个 IMF 中的语音信号,还是汉语单音节"啊"(á)(不同人的发音)。图 5-16 表示原始信号波形和人工标定的初始基音周期包络。语音信号经过 EEMD 分解后的 IMF,其中 $IMF_5 \sim IMF_8$ 如图 5-17 所示。

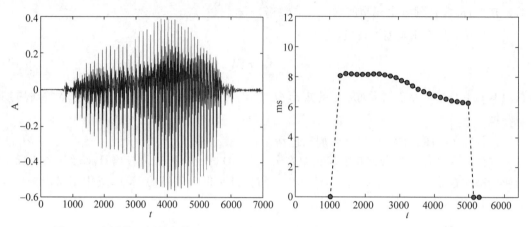

图 5-16　左图是汉语单音节"啊"(á)的波形;右图表示人工标定的初始基音周期包络,
其中空心点表示各帧语音信号计算的基音周期

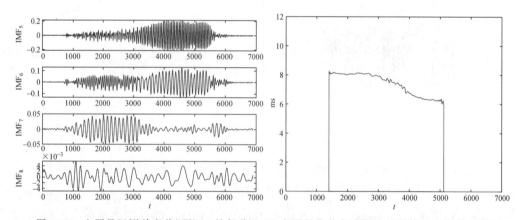

图 5-17　左图是汉语单音节"啊"(á)的部分 IMF,右图是本节方法提取的最终基音周期包络

如图 5-16 所示,人工标定的初始基频在 120Hz 至 161Hz 的范围内变化。根据表 5-2,不仅可以判定基频存在于 IMF_6 和 IMF_7 中,而且能够找出 IMF_6 和 IMF_7 的合并点位于第 3520 个采样点处。本节方法计算出的基音周期包络如图 5-17 右图所示。与前面人工标定的初始基音周期包络相比,可以发现本节方法的计算结果与初始包络相吻合,同时极大地提高了基音周期的分辨率,是倒谱法的 320 倍。

5.2.9　基于系综经验模式分解和倒谱法的基音周期估计

前面介绍的基于系综经验模式分解(EEMD)的基音周期估计,应用了新的时频分析工具——HHT 变换,将语音信号中的激励源分解到一个或若干个内禀模式函数中,进而从内禀模式函数中获得准确的基音周期。但依赖于人工标定的初始基音周期包络以及多个

IMF 的基音周期拼接时合并点的选择会存在误差,所以提出改进的基于系综经验模式分解和倒谱法的基音周期估计。算法如图 5-18 所示。

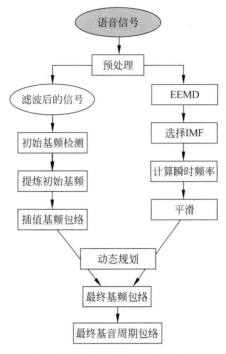

图 5-18 基于系综经验模式分解和倒谱法的基音周期估计流程图

根据图 5-18,可以将新算法分成如下 5 步。

1. 预处理

对语音信号 $s(t)$ 进行声韵分割,目的是去除 $s(t)$ 中那些被确定为无声的或清音的部分,这里结合系综经验模式分解和传统分割方法如短时能量法、过零率来实现声韵分割。算法如图 5-19 所示。

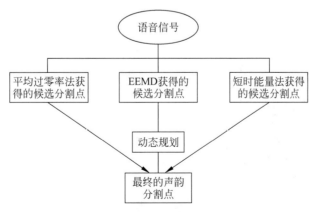

图 5-19 声韵分割算法流程图

2. 利用倒谱法构造参考基频包络

预处理过的语音信号 $s(t)$ 首先进行平方,这样可以加强周期成分,然后通过 $50\text{Hz}\sim$ 1500Hz 的带通滤波器来减少直流成分的影响。接下来,利用传统倒谱法来处理滤波后的语音信号,产生一些基频点 $F_p(p=1,2,\cdots,K)$,其中不包含零频率点。接着,根据汉语发音的一般规律,对这些基频点进行进一步的提炼,保留在如下范围内的点:

$$|F_P - \overline{F}_P| < 40\text{Hz} \tag{5-11}$$

其中 $\overline{F}_P = K^{-1}\sum_p F_P$ 表示平均基频。

但剩下的基频点的频率分辨率很低,不能作为有效的参考。因此,利用三次样条函数对 $F_p(p=1,2,\cdots)$ 进行插值,获得一个参考基频包络 $F_r(t)$,对基频包络取倒数,获得参考基音周期包络。

3. 利用系综经验模式分解处理语音信号并且计算各 IMF 的瞬时频率

在倒谱法构造参考基频包络的同时,利用系综经验模式分解处理预处理过的语音信号 $s(t)$,产生一系列内禀模式函数,$\text{IMF}_n(n=1,2,\cdots)$。挑选出平均频率最靠近参考平均基频 $\overline{F}_P$ 的三个内禀模式函数,同时利用希尔伯特-黄变换计算出三个内禀模式函数的瞬时频率 $f_i(t)(i=1,2,3)$。为了消除由于噪声和计算误差导致的随机起伏,利用加窗平均对 $f_i(t)$ $(i=1,2,3)$ 进行平滑,得

$$f_i(t) = \frac{1}{\pi}\int_{-T/2}^{+T/2}\hat{f}_i(\tau)W(\tau-t)\mathrm{d}\tau \quad (i=1,2,3) \tag{5-12}$$

其中 $W(t)$ 是长度为 T,幅度是 1 的矩形窗,T 设为瞬时频率包络 $\hat{f}_i(t)(i=1,2,3)$ 中主要振动周期的四倍。

4. 获取最终基频包络

基于参考基频包络 $F_r(t)$ 和三个内禀模式函数的瞬时频率 $f_i(t)$,最终基频包络可以根据如下关系获得:

$$F_0(t) = \{f_i(t), \min_{i=1,2,3}|f_i(t) - F_r(t)|\} \tag{5-13}$$

最靠近 $F_r(t)$ 的 $f_i(t)(i=1,2,3)$ 被作为最终的基频点。

5. 获取最终的基音周期包络

对基频包络取倒数,获得基音周期包络。

对一个简单的带声调的汉语单音节"咬"(yǎo)进行分析,为了方便比较,同时给出人工标定的基音周期。本节方法的计算结果如图 5-20 所示。其中单音节"咬"的时域波形如图 5-20(a)所示。图 5-20(b)中实线代表参考基频包络 F_r,三条虚线分别表示 IMF_6、IMF_7 和 IMF_8 的瞬时频率 $f_1(t)$、$f_2(t)$ 和 $f_3(t)$。图 5-20(c)则表示由参考基频包络 F_r 和 $f_i(t)$ 产生的基频包络。当 $t < 0.38\text{s}$ 时,f_2 更接近于 F_r,因而只有 IMF_7 中包含基频信息,进而

认定 $F_0(t) = f_2(t)$。当 $t > 0.38s$ 时，f_1 更接近于 F_r，因而只有 IMF_6 中包含基频信息。为了方便比较，图 5-20(c)中同时给出人工标定的基音周期(红色叉)。本节方法检测的基音周期包络与人工标定的基音周期相一致。

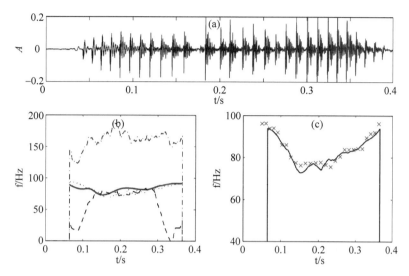

图 5-20　(a) 汉语单音节"咬"/yǎo/的时域波形；(b) 参考基频包络 $F_r(t)$ 和三个 IMFs 的瞬时频率 $f_i(t)$；(c) 最终基音周期包络，×代表人工标定的基音周期

接下来给出四个汉语第三声单音节的例子来证明本节方法在检测基音周期动态包络的有效性，分别如图 5-21 中(a)(b)(c)和(d)所示。为了方便比较，同时给出自相关法的计算结果和人工标定的基音周期。传统基音周期估计算法在处理第三声这种非单调变化的声调时，很难捕捉到准确的基音周期变化包络。而本节方法则很好地解决了这个问题。

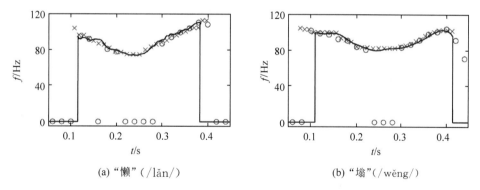

(a) "懒"(/lǎn/)　　　　　　　　(b) "塕"(/wěng/)

图 5-21　四个汉语第三声单音节的基音周期检测结果
其中实线代表本节方法的计算结果，空心点表示自相关法计算的基音周期，"×"代表人工标定的基音周期

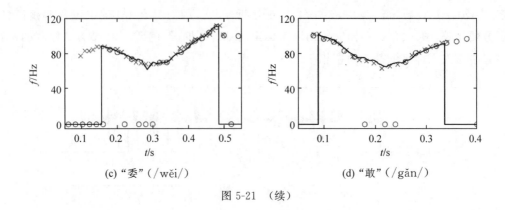

(c) "委" (/wěi/)　　　　　(d) "敢" (/gǎn/)

图 5-21　（续）

5.2.10　基音周期估计的后处理

无论采用哪一种基音检测算法都可能产生基音检测错误,使求得的基音周期轨迹中有一个或几个基音周期估值偏离了正常轨迹(通常是偏离到正常值的 2 倍或 1/2),此情况如图 5-22 所示。并称这种偏离点为基音轨迹的"野点"。

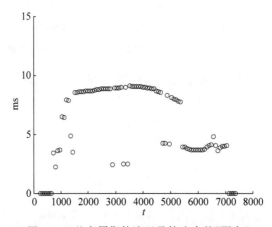

图 5-22　基音周期轨迹以及轨迹中的"野点"

为了去除这些野点,可以采用各种平滑算法,其中最常用的是中值平滑算法和线性平滑算法。

1. 中值平滑处理

中值平滑处理的基本原理是:设 $x(n)$ 为输入信号,$y(n)$ 为中值滤波器的输出,采用一滑动窗,则 n_0 处的输出值 $y(n_0)$ 就是将窗的中心移到 n_0 处时窗内输入样点的中值。即在 n_0 点的左右各取 L 个样点。连同被平滑点共同构成一组信号采样值(共 $2L+1$ 个样值),然后将这$(2L+1)$个样值按大小次序排成一队,取此队列中的中间者作为平滑器的输出。L 值一般取为 1 或 2,即中值平滑的"窗口"一般套住 3 或 5 个样值,称为 3 点或 5 点中值平滑。中值平滑的优点是既可以有效地去除少量的野点,又不会破坏基音周期轨迹中两个平滑段之间的阶跃性变化。

2. 线性平滑处理

线性平滑是用滑动窗进行线性滤波处理,即:

$$y(n) = \sum_{m=-L}^{L} x(n-m) \cdot w(m) \tag{5-14}$$

其中 $\{w(m), m = -L, -L+1, \cdots, 0, 1, 2, \cdots, L\}$ 为 $2L+1$ 点平滑窗,满足:

$$\sum_{m=-L}^{L} w(m) = 1 \tag{5-15}$$

例如 3 点窗的权值可取为 $\{0.25, 0.5, 0.25\}$。线性平滑在纠正输入信号中不平滑处样点值的同时,也使附近各样点的值做了修改。所以窗的长度加大虽然可以增强平滑的效果,但是也可能导致两个平滑段之间阶跃的模糊程度加重。以上两种平滑技术可以结合起来使用。

3. 组合平滑处理

为了改善平滑的效果可以将两个中值平滑串接,图 5-23(a)所示是将一个 5 点中值平滑和一个 3 点中值平滑串接。另一种方法是将中值平滑和线性平滑组合,如图 5-23(b)所示。为了使平滑的基音轨迹更贴近,还可以采用二次平滑的算法。设所要平滑信号为 $T_P(n)$,经过一次组合得到的信号为 $\tau_P(n)$。那么首先应求出两者的差值信号 $\Delta T_P(n) = T_P(n) - \tau_P(n)$,再对 $\Delta T_P(n)$ 进行组合平滑,得到 $\Delta \tau_P(n)$,令输出等于 $\tau_P(n) + \Delta \tau_P(n)$,就可以得到更好的基音周期估计轨迹。全部算法的框图如图 5-23(c)所示。由于中值平滑和线性平滑都会引入延时,所以在实现上述方案时应考虑到它的影响。图 5-23(d)是一个采用补偿延时的可实现二次平滑方案。其中的延时大小可由中值平滑的点数和线性平滑的点数来决定。例如,一个 5 点中值平滑将引入 2 点延时,一个 3 点平滑将引入 1 点延时,那么采用此两者完成组合平滑时,补偿延时的点数应等于 3。

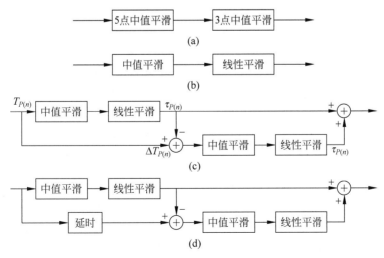

图 5-23　各种组合平滑算法的框图

5.3 共振峰估计

在语音学中,元音是指在发音过程中,对声腔气流无明显阻塞而发出的音段,如[a]、[i]或[u]。从声学原理上讲,发元音时,声带周期振动,口腔内舌头高低前后位置变化,开闭鼻腔通道,再加上用力的大小、持续时间的长短,形成不同的元音。按照元音发音期间舌位和声腔形状是否变化,可以把元音分为单元音和复元音。单元音发音时,舌位和声腔形状基本不变;复元音发音时,舌位和声腔形状发生连续变化。元音的声源具有一个基频和一系列谐波。这些谐波基本上都是基频的整数倍,它们的能量随着频率的递增而递减。通常而言,谐波分量的谱包络(由声门波的单周期波形决定)的滚降速率平均为 -12dB/octave(倍频程)。当然这一数值会随着发音气流的固有特点而改变,也会因人而异,比如用力的说话方式就可能使声门关闭得更为猛烈,导致谱包络的滚降速率平均为 -9dB/octave。这一系列基频和谐波通过声腔时,由于声腔变化所造成的不同共振特性称为声腔的自然频率。这些谐波被调制,其中某些频率被加强,另一些频率被抑制,从而构成形式不同的频谱。其中被加强的一组谐波群就称为共振峰。通常,共振峰定义为声道脉冲响应的衰减正弦分量,在经典的语音信号模型中,共振峰等效为声道传输函数的复数极点对。根据语音信号合成的研究表明,表示浊音信号最主要的是前三个共振峰。一个语音信号的共振峰模型,只用前三个时变共振峰频率就可以得到可懂度很好的合成浊音。

语音信号的重要特征表现在它的"短时频谱"(简称为"短时谱")上。共振峰信息包含在语音信号的频谱包络中,谱包络的峰值基本上对应于共振峰频率。如果从语音流中利用加窗的方法取出其中的一个短段,再对其进行傅里叶变换,就可以得到该段语音的短时谱。浊音的短时频谱的包络中有几个明显的凸起点,称为"共振峰"(Formant),凸起点处的频率称为共振峰频率。共振峰频率由低到高排列,分别为第一共振峰、第二共振峰、第三共振峰……,相应的频率用 $F1$、$F2$、$F3$……表示。一般浊音中可以分辨的共振峰有 5 个左右,其中前 3 个对于区分不同的元音具有很大的作用。清音的短时频谱则没有这两个特点,它十分类似于一段随机噪声的频谱。

众所周知,汉语普通话中每一个音节都包含一个元音,或称为韵母。韵母总共有 38 个,其中 8 个是单韵母,14 个是复韵母,16 个是鼻韵母。8 个单韵母是[a],[i],[u],[ü],[ʅ],[ɿ],[e],[o],其中前 6 个是稳定元音,也就是说,在单独发这些音时发声器官的状态基本不变,因而这些音的语谱图中共振峰的位置是基本保持不变的,后两个则有些变化。在表 5-3中列出了 8 个单韵母的发音特点和前 3 个共振峰的典型值(成年男性)。对于女性而言,各共振峰值大约较男性高 25%,而小孩大约高 35%。复韵母包括 10 个二合元音[ai],[ei],[au],[ou],[ia],[ie],[ua],[uo],[üe],[er];4 个三合元音[iao],[iou],[uai],[uei]。从语谱图看,复韵母的共振峰不像单韵母那样稳定,而呈现连续变化的动态特性。鼻韵母是以[n]或[ng]收尾的韵母,鼻韵母的重要特点是主元音既受介音较大影响又受鼻尾较大影响,后者称为元音鼻化。而元音鼻化主要表现在两个方面:第一,在原来的元音频谱中增加了多对新的"极-零点",其中一对出现在低频(极点为 250Hz 左右,零点为 300Hz 左右),

这就在 250Hz 附近造成了一个很强的鼻音共振峰;第二,主元音各共振峰的宽度和强度都有较大变化。由此可见,准确检测出汉语共振峰的特性对汉语信号分析及识别具有重要意义。

表 5-3　8 个单韵母的发音及前 3 个共振峰的典型值

韵　　母	典 型 字	收 紧 点	开 口 度	$F1$	$F2$	$F3$
[a]	巴	后	大	850	1300	2500
[i]	一	前	小	300	2300	3000
[u]	乌	后	小	350	650	2500
[ü]	玉	前	小	300	1900	2500
[ɿ]	兹	前	小	400	1300	2700
[ʅ]	知	前	小	400	1600	2000
[e]	特	中	中	500	1200	2400
[o]	迫	中	中	570	840	2400

5.3.1　传统的共振峰估计方法

传统提取共振峰的方法主要有 DFT 法、带通滤波器组法、倒谱法、线性预测编码(LPC)法。

DFT 是频谱分析的有效手段,谱包络的峰值基本上对应于共振峰频率。DFT 谱受基频谐波的影响,最大值只能出现在谐波频率上,因而共振峰测定误差较大。

带通滤波器组法:这种方法将语音输入一组并联的带通滤波器中,根据带通滤波器组的响应情况来确定共振峰频率。滤波器组中心频率的分布可以是线性的,也可以是仿照人耳感知特点的非线性分布。

倒谱法:因为倒谱运用对数运算和二次变换将基音谐波和声道的频谱包络分离开来。倒谱法估计共振峰参数的效果好,但其运算量太大。

LPC 法:是传统方法中最有效的一种共振峰参数估计方法。在语音序列 $s(n)$ 中任取一个时刻 n,假设 n 以前的 p 个样值 $s(n-1),s(n-2),\cdots,s(n-p)$ 已知,则可由它们的线性组合预测当前时刻的样值 $s(n)$,得

$$\hat{s}(n) = \sum_{i=1}^{p} a_i s(n-i) \tag{5-16}$$

信号真实值与预测值之间的误差称为线性误差,用 $e(n)$ 表示:

$$e(n) = s(n) - \hat{s}(n) = s(n) - \sum_{i=1}^{p} a_i s(n-i) \tag{5-17}$$

线性预测的基本问题是通过语音信号直接计算出一组预测器系数 a_i,使得 $e(n)$ 在某个准则下达到最小,一般选取最小均方误差。$e(n)$ 是一个随机序列,可用其均方值 $\sigma_e^2 = E[e^2(n)]$ 来衡量线性预测的质量。显然,σ_e^2 越接近于零,预测的准确度在均方意义上越佳。线性预测的过程本质上来说就是找到一组预测系数使得 σ_e^2 最小。由于语音信号的时变特性,预测器的估值必须在一段短时间信号中进行。

语音在最小二乘意义下，令 $E_n = \sum\limits_n e^2(n)$ 并对系数 a_i 求导使之为零。这样，可以得到线性预测的标准方程：

$$\sum_n s(n)s(n-j) = \sum_{i=1}^{p} a_i \sum_n s(n-i)s(n-j) \tag{5-18}$$

令 $r(j) = E(s(n)s(n-j))$ 是 $s(n)$ 的自相关序列，式(5-18)即简化为，

$$r(j) - \sum_{i=1}^{p} a_i r(j-i) = 0, \quad 1 \leqslant j \leqslant p \tag{5-19}$$

可进一步改写成如下矩阵形式(Yule-Walker 方程)：

$$\boldsymbol{r} - \boldsymbol{RA} = \boldsymbol{0} \tag{5-20}$$

其中，$\boldsymbol{r}$、$\boldsymbol{R}$ 和 $\boldsymbol{A}$ 分别代表自相关矢量、自相关矩阵和预测系数矢量。p 个预测器系数 a_i 可通过求解 Yule-Walker 方程得到。

对于语音信号中的浊音段，用线性预测分析估计共振峰有两种方法，最直接的方法是对语音的全极点模型 $H(z)$ 的分母(一个具有 $p+1$ 项的多项式)进行因式分解，找到这个多项式的复根，即得到了共振峰的性质和频率补偿因式。但是这个求解过程需要大量的运算。另一种方法是峰值检测法，通常情况下峰值代表共振峰，峰值检测法首先需要求出由 LPC 参数所表征的声道系统函数，并由该函数求出其频谱，根据频谱值，用峰值检测法求出共振峰频率和带宽。接下来，按照这一方法对共振峰进行分析。

回忆基本的语音产生模型，其中在浊音段与周期性声门波相结合的声道系统函数被假定为全极点形式，并由下式给出：

$$H(z) = \frac{G}{1 - \sum_{k=1}^{p} a_k z^{-k}} \tag{5-21}$$

语音源设为输入脉冲，增益为 G，z^{-1} 是信号一次采样时间 T 的延迟算子，用复频率 $s = \mathrm{j}\omega$，将其记述为，

$$z^{-1} = \exp^{\frac{-\mathrm{j}\pi f}{f_{\max}}} \tag{5-22}$$

声道的功率传递函数可表述为，

$$|H(z)|^2 = \frac{G}{\left|1 - \sum_{k=1}^{p} a_k \exp^{-\mathrm{j}\pi f / f_{\max}}\right|^2} \tag{5-23}$$

对于任意频率，都可求得它的功率频谱值。利用式(5-23)计算功率谱时，可用 FFT 的方法，来取得快速求功率谱的算法。在取得语音信号频谱的情况下，通过对该频谱进行峰值检测，并根据峰值二次式的内插法，可近似分析出共振峰频率带宽和峰值。把用某个频率间隔求得的频谱值，与前一个频谱值相比较，求得局部峰值频率为 mf。用二次多项式 $a\lambda^2 + b\lambda + c$ 来近似，并求出正确的中心频率 F_i 和带宽 B_i。

$$F_i = \lambda_p + mf = \left(\frac{-b}{2a} + m\right)f \tag{5-24}$$

$$B_i = \frac{\sqrt{b^2 - 4a(c - 0.5P_p)}}{f} \tag{5-25}$$

其中，$P_P = \dfrac{b^2}{4a} + c$。

这种方法首先由 LPC 模型估计声道函数包络，并在此基础上由峰值搜索或求根的方法估计共振峰的频率。因 LPC 模型以全极点模型来近似声道函数，因此估计的声道谱包络不可避免地与真正的声道谱之间存在误差。当在鼻音（此时声道谱中存在零点）或基频较高的情况下，这种误差尤其明显。此外，峰值搜索的方法还有可能漏掉离单位圆较远的极点，或将两个相邻的极点合并。

近年来，提出了许多新的共振峰参数提取技术与方法，如基于逆滤波器的共振峰提取方法，将语音信号分解为调制成分并采用频域线性预测算法的共振峰估计方法，以及利用贝叶斯滤波或隐马尔可夫模型的共振峰提取方法，这些算法的许多参数需要根据人的主观经验确定，会造成人为的不确定误差和数据的不稳定性，同时计算量较大。

5.3.2 基于希尔伯特-黄变换的汉语共振峰估计

本节中提出一种基于希尔伯特-黄变换（HHT）的汉语共振峰检测算法。该算法利用时频分析工具 HHT 将各个共振峰分解到不同模式中，进而利用传统 LPC 谱提取各共振峰的中心频率。算法如图 5-24 所示，根据图 5-24，可以将新算法分成如下 4 步。

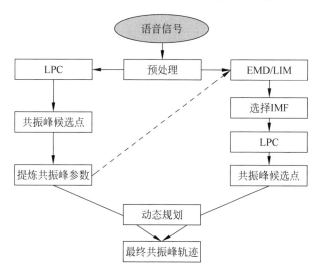

图 5-24 基于希尔伯特-黄变换的共振峰检测算法流程图

（1）预处理。由于受口鼻辐射等的影响，语音信号在处理前需做预加重处理，以提升语音信号的高频部分，达到对共振峰频率分量的加重效果。接下来对语音信号 $s(t)$ 进行声韵分割，目的是去除 $s(t)$ 中那些被确定为无声的或清音的部分，这里结合系综经验模式分解和传统分割方法如短时能量法、过零率来实现声韵分割。

（2）利用 LPC 法构造参考共振峰轨迹。利用传统 LPC 法来处理经过预处理后的语音信号，其中帧长 200 点，帧移 100 点，重复点数 100 点，LPC 模型的阶数为 16。进而得到采用 LPC 法对语音信号前 3 个共振峰的估计结果。汉语发音时第一共振峰中心频率一般小于 1000 Hz，第二共振峰的中心频率处于 [1000 Hz, 2000 Hz] 范围之内，第三共振峰的中心频率一般在 2000Hz 之上,对这些估计结果进行进一步的提炼,保留符合上述规律的点。从而构造出 3 条参考共振峰轨迹 $F_{r_n}(t)(n=1,2,3)$。

(3) 利用 EMD 或 LIM 法处理语音信号并且提取共振峰。在 LPC 法构造参考共振峰的同时,利用 EMD 或 LIM 处理预处理过的语音信号 $s(t)$,产生一系列内禀模式函数 IMF_n $(n=1,2,\cdots)$。现有 EMD 算法不能分解一个倍频内的振动模式,当两个共振峰的中心频率处于一个倍频内则无法分离。这种情况下,需要采用频率分辨率更高的 LIM 算法进行分解。因此,通过前 3 个参考共振峰之间的频率关系,选择不同的算法进行处理。如此可将前 3 个共振峰信息分解到不同内禀模式函数中。通常 IMF_1 中包含频率最高的第三共振峰;IMF_2 中包含频率次之的第二共振峰;而 IMF_3 则包含频率最低的第一共振峰。接着对前 3 个内禀模式函数分别加窗进行 LPC 谱计算,然后通过峰值计算出各自共振峰的中心频率。其中帧长 200 点,帧移 100 点,重复点数 100 点,LPC 模型的阶数为 16。从而找出 3 条共振峰轨迹 $F_{c_n}(t)(n=1,2,3)$。

(4) 获取最终共振峰轨迹。基于参考共振峰包络 $F_{r_n}(t)$ 和利用 EMD 或 LIM 法计算出的共振峰轨迹 $F_{c_n}(t)$,最终共振峰轨迹可以根据如下关系获得:

$$F_n(t) = (\mid F_{r_n}(t) - F_{c_n}(t) \mid < 200\text{Hz}) F_{c_n}(t) : F_{r_n}(t), \quad n=1,2,3 \tag{5-26}$$

对一个带声调的汉语单音节"稳"(wěn)进行分析。语音信号波形和传统 Praat 法计算出的前 3 个共振峰轨迹如图 5-25 所示。

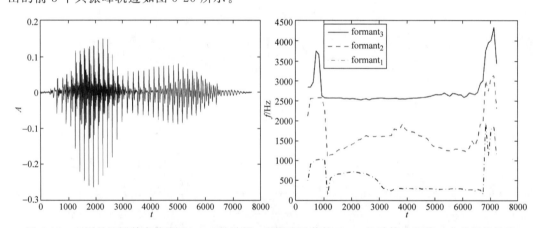

图 5-25 左图是汉语单音节"稳"(wěn)的波形;右图表示传统 Praat 法计算出的前 3 个共振峰轨迹

接着,利用 EMD 分解语音信号,并对前 3 个内禀模式函数分别加窗进行 LPC 谱计算,图 5-26 中左图表示其中一帧语音信号及其 $\text{IMF}_n(n=1,2,3)$ 的 LPC 谱。如该图所示,原始语音信号的 LPC 谱有 3 个明显的尖峰,分别代表前 3 个共振峰;而经过 EMD 分解后的单个 $\text{IMF}_n(n=1,2,3)$ 的 LPC 谱都只有一个明显的尖峰,且与原始语音信号的 LPC 谱峰一一对应。由此可见,通过 EMD 分解可将前 3 个共振峰信息分解到不同内禀模式函数中。对前 3 个内禀模式函数分别加窗进行 LPC 谱计算,然后通过峰值计算出各自共振峰的中心频率。本节方法的计算结果如图 5-26 中右图所示。本节方法的检测结果与传统 Praat 法计算结果相比,具有更高时间分辨率。

基于希尔伯特-黄变换(HHT)的汉语非线性动态共振峰检测算法存在如下优点:

(1) 将共振峰分离到不同模式中,避免受虚假峰值、共振峰合并的影响。LPC 算法由于

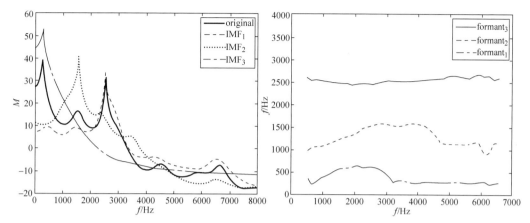

图 5-26　左图表示其中一帧语音信号及其 $\text{IMF}_n(n=1,2,3)$ 的 LPC 谱,其中蓝色实线、红色虚线、
　　　　绿色点线和黑色点画线分别代表原始语音信号、IMF1、IMF2 和 IMF3 的 LPC 谱;
　　　　右图表示本节方法提取的前 3 个共振峰轨迹

存在极点交叉问题导致提取共振峰时会存在虚假峰值、共振峰合并的问题,这是由于求解线性预测(LP)多项式造成的,即由于数学运算导致的错误,而基于希尔伯特-黄变换(HHT)的汉语共振峰检测算法则避免了虚假峰值、共振峰合并的影响。

　　(2)声韵分割算法提高共振峰的检测精度高。基于希尔伯特-黄变换(HHT)的汉语动态共振峰检测算法在预处理中引入声韵分割算法,能够有效去除语音信号中那些被确定为无声的或清音的部分,使得共振峰的检测结果更加准确。

　　(3)抗噪声能力强。经验模式分解方法类似一个二进滤波器(dyadic filter),所以噪声对共振峰的影响被大大降低。因此基于经验模式分解的共振峰检测算法与传统算法相比,抗噪声性能大大提高。

　　(4)时频分辨率高。基于希尔伯特-黄变换(HHT)的汉语动态共振峰检测算法求得的共振峰频率的帧移可以随意改变,能够更准确地观察共振峰的变化情况。同时当汉语语音共振峰中心频率比较靠近,同属于一个倍频之内时,采用频率分辨率更高的 LIM 算法进行处理,能够将一个倍频内的共振峰有效区分开。

　　(5)自适应性。希尔伯特-黄变换(HHT)是一种自适应的信号处理方法,每个内禀模式函数的中心频率和带宽是由信号本身的特性所决定的,所以无须预先估计各个共振峰频率和带宽,就可以把各个共振峰准确地分离开。

5.4　梅尔频率倒谱系数

　　梅尔频率倒谱系数(MFCC)的分析是基于人的听觉机理,即依据人的听觉实验结果来分析语音的频谱,期望能获得好的语音特性。MFCC 分析依据的听觉机理有两个。

　　第一,人的主观感知频域的划定并不是线性的,根据 Stevens 和 Volkman(1940)的工作,有下面的公式:

$$F_{\text{mel}} = 1125\ln(1 + f/700) \tag{5-27}$$

式(5-27)中，F_{mel} 是以梅尔(Mel)为单位的感知频率；f 是以 Hz 为单位的实际频率。

F_{mel} 与 f 的关系曲线如图 5-27 所示。若将语音信号的频谱变换到感知频域中，能更好地模拟听觉过程的处理。

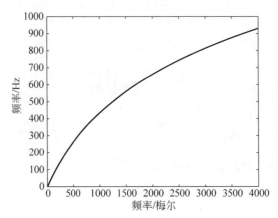

图 5-27　感知频率和实际频率的关系曲线

第二，临界带。频率群相应于人耳基底膜分成许多很小的部分，每一部分对应一个频率群，对应于同一频率群的那些频率的声音，在大脑中是叠加在一起进行评价的。按临界带的划分，将语音在频域上划分成一系列的频率群组成了滤波器组，即梅尔滤波器组。

5.4.1　梅尔滤波器组

在语音的频谱范围内设置若干带通滤波器 $H_m(k)(0 \leqslant m < M)$，$M$ 为滤波器的个数。每个滤波器具有三角形滤波特性，其中心频率为 $f(m)$，在梅尔频率范围内，这些滤波器是等带宽的。每个带通滤波器的传递函数为：

$$H_m(k) = \begin{cases} 0, & k < f(m-1) \\ \dfrac{k - f(m-1)}{f(m) - f(m-1)}, & f(m-1) \leqslant k \leqslant f(m) \\ \dfrac{f(m+1) - k}{f(m+1) - f(m)}, & f(m) < k \leqslant f(m+1) \\ 0, & k > f(m+1) \end{cases}, \quad 0 \leqslant m \leqslant M \quad (5\text{-}28)$$

$f(m)$ 可以用下面的方法加以定义：

$$f(m) = \left(\frac{N}{f_s}\right) F_{mel}^{-1}\left(F_{mel}(f_l) + m\, \frac{F_{mel}(f_h) - F_{mel}(f_l)}{M+1}\right) \quad (5\text{-}29)$$

式(5-29)中，f_l 为滤波器频率范围的最低频率，f_h 为滤波器频率范围的最高频率，N 为 DFT(或 FFT)时的长度，f_s 为采样频率，F_{mel} 的逆函数 F_{mel}^{-1} 为：

$$F_{mel}^{-1}(b) = 700(e^{b/1125} - 1) \quad (5\text{-}30)$$

例如，信号采样频率为 8000 Hz，每帧长 256，设置为 24 个梅尔滤波器组，则用三角窗取得的滤波器组的频率响应曲线如图 5-28 所示。

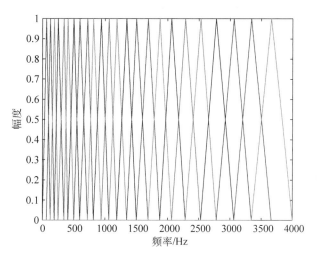

图 5-28 梅尔滤波器组频率响应曲线

5.4.2 MFCC 特征参数提取

MFCC 特征参数提取原理框图如图 5-29 所示。

图 5-29 MFCC 特征参数提取原理框图

1. 预处理

预处理包括预加重、分帧、加窗。语音信号 $x(n)$ 经预处理后为 $x_i(m)$,其中下标 i 表示分帧后的第 i 帧。

2. 快速傅里叶变换

对每一帧信号进行 FFT 变换,从时域数据转变为频域数据:

$$X(i,k) = \text{FFT}\left[x_i(m)\right] \tag{5-31}$$

3. 计算谱线能量

对每一帧 FFT 后的数据计算谱线的能量:

$$E(i,k) = \left[X(i,k)\right]^2 \tag{5-32}$$

4. 计算通过梅尔滤波器的能量

5.4.1 节已介绍了梅尔滤波器的设计,把求出的每帧谱线能量谱通过梅尔滤波器,并计算在该梅尔滤波器中的能量。在频域中相当于把每帧的能量谱 $E(i,k)$(其中 i 表示第 i 帧,k 表示频域中的第 k 条谱线)与梅尔滤波器的频域响应 $H_m(k)$ 相乘并相加:

$$S(i,m) = \sum_{k=0}^{N-1} E(i,k) H_m(k), \quad 0 \leqslant m < M \tag{5-33}$$

5. 计算 DCT 倒谱

第 4 章中已介绍过序列 $x(n)$ 的 FFT 倒谱 $\hat{x}(n)$ 为：

$$\hat{x}(n) = \text{FT}^{-1}\left[\hat{X}(k)\right] \tag{5-34}$$

式(5-34)中，$\hat{X}(k) = \ln\{\text{FT}[x(n)]\} = \ln\{X(k)\}$，FT 和 FT^{-1} 表示傅里叶变换和傅里叶逆变换。

序列 $x(n)$ 的 DCT 为：

$$X(k) = \sqrt{\frac{2}{N}} \sum_{n=0}^{N-1} C(k) x(n) \cos\left[\frac{\pi(2n+1)k}{2N}\right], \quad k = 0, 1, \cdots, N-1 \tag{5-35}$$

式(5-35)中，参数 N 是序列 $x(n)$ 的长度；$C(k)$ 是正交因子，可表示为：

$$C(k) = \begin{cases} \sqrt{2}/2, & k = 0 \\ 1, & k = 1, 2, \cdots, N-1 \end{cases} \tag{5-36}$$

在式(5-34)中求取 FFT 的倒谱是把 $X(k)$ 取对数后计算 FFT 的逆变换。而这里求 DCT 的倒谱和求 FFT 的倒谱相类似，把梅尔滤波器的能量取对数后计算 DCT：

$$\text{mfcc}(i, n) = \sqrt{\frac{2}{M}} \sum_{m=0}^{M-1} \log[S(i, m)] \cos\left(\frac{\pi n(2m-1)}{2M}\right) \tag{5-37}$$

式(5-37)中，$S(i, m)$ 是由式(5-33)求出的梅尔滤波器能量，m 是指第 m 个梅尔滤波器(共有 M 个)，i 是指第 i 帧，n 是 DCT 后的谱线。这样就计算出了 MFCC 参数。

5.5　小结

基音周期的估计可以分为基于帧的检测和基于事件的检测。基于帧的基音周期估计又分为时域、频域、时频域三类。在实际应用中，语音信号不可避免受到外界环境的影响，加之自身的多变性和不规则性等因素，导致这些算法都有自己的适用领域。时域算法是最早也是最容易实现的一种，该算法是建立在信号时域波形的基础上的，例如自相关法和平均幅度差函数法，算法简单，计算量小，但其抗噪性能和对外界的快速变化时所做的反应性能不是很好。频域算法比时域算法计算复杂度要高些，但频域算法的准确性比较好。时域和频域都是建立在信号短时平稳基础上的，检测的都是一帧信号内的平均基音周期，所以在分析的时候，无法检测帧内的一些瞬态变化。而时频混合算法良好的局部特性，能够跟踪帧内变化，将微小的瞬态变化检测出来，因此其检测精度高，只是计算量稍微有点大。但自相关法、倒谱法等都假设语音在短期内是平稳的，根本不能完全适用于非平稳非线性的语音信号。基于事件的小波变换基音周期估计，它可以比较好地提取时变信号的特征。但小波变换本质是建立在傅里叶变换基础上的，是一种窗口面积不变、长宽可调的傅里叶变换，但是没有从根本上摆脱傅里叶变换的限制，仍受 Heisenberg 不确定原理的约束，时频分辨率受到限制。而 HHT 算法彻底摆脱了傅里叶变换，由于不受 Heisenberg 不确定原理的制约，可以同时获取较高的时间分辨率和频率分辨率。而且该算法基函数是自适应的，它可以根据信号本身的特性自适应地对信号进行分解，不需要对信号做短时平稳假设。此外，针对 HHT 的基音周期估计方法，又进行了改进，使用效果更好的 EEMD 代替 EMD，以及和倒谱法相结合进一步优化。

共振峰是反映声道谐振特性的重要特征,它代表了发音信息的最直接的来源。介绍了传统提取共振峰的方法,例如 DFT 法、带通滤波器组法、倒谱法、线性预测编码(LPC)法。然后提出一种基于希尔伯特-黄变换(HHT)的汉语共振峰检测算法,将共振峰分离到不同模式中,避免了 LPC 算法的极点交叉问题导致提取共振峰时会存在虚假峰值、共振峰合并的问题,具有精度高、抗噪性能好、时频分辨率高、自适应强等优点。

梅尔频率倒谱系数(MFCC)就是组成梅尔频率倒谱的系数。它衍生自声音信号片段的倒频谱。倒谱和梅尔频率倒谱的区别在于,梅尔频率倒谱的频带划分是在梅尔刻度上等距划分的,它比用于正常的对数倒频谱中的线性间隔的频带更能近似人类的听觉系统。这样的非线性表示,可以在多个领域中使声音信号有更好的表示。

复习思考题

5.1 什么是基音和声调?它们对汉语语音处理有何重要意义?

5.2 基音周期估计方法有哪些分类?各有哪些方法?

5.3 叙述基音周期估计自相关法和 AMDF 法的工作原理和框图。

5.4 倒谱法进行基音周期估计的思路是什么?

5.5 系综经验模式分解是如何进行动态基音周期检测的?

5.6 基于系综经验模式分解和倒谱法的基音周期估计方法的一般步骤是什么?

5.7 为什么要进行基音检测的后处理?在后处理中常用哪几种基音轨迹平滑方法?

5.8 为什么共振峰检测有重要意义?常用的共振峰检测方法有哪些?叙述它们的工作原理。

5.9 基于希尔伯特-黄变换(HHT)的汉语共振峰检测方法的一般步骤是什么?

5.10 梅尔频率的物理意义是什么?与复倒谱相比有何优势?如何求解 MFCC?

第 6 章

语音编码

6.1 概述

数字传输方式使得语音的传输变得多样化,追求低成本变得可能,保密的要求得到满足,同时频率利用率更高。但是,如果对语音信号直接采用模/数变换技术进行编码,则传输或存储语音的数据量太大。因此,为了降低传输或存储的费用,就必须对其进行压缩。各种编码技术的目的就是为了减少传输码率或存储量,以提高传输或存储的效率。这里,传输码率是指传输每秒钟语音信号所需要的比特数,也称为数码率。经过这样的降低数据量的编码之后,同样的信道容量能传输更多路的信号,如果是用于存储则只需要较小容量的存储器,因而这类编码又称为压缩编码。实际上,压缩编码需要在保持可懂度和音质、降低数码率、降低编码过程的计算代价这三方面进行折衷。

语音编码的研究起源较早,主要是由于窄带电话线语音信号传送系统的发展需要。早期的声码器基于对语音信号基音周期和频谱的分析,通过周期脉冲或随机噪声激励 10 个带通滤波器(表示声道模型)合成语音信号,主要包括通道声码器、共振峰声码器和模式匹配声码器。20 世纪 50 年代后期语音编码研究着重于线性语音源系统的生成模型。这种模型包括一个线性慢时变系统(声道模型)和周期脉冲激励序列(浊音信号)以及随机激励(清音信号)。源系统为一自回归时序模型,声道是全极点滤波器,参数通过线性预测分析得到。除了线性预测模型之外,同态分析也可分离出卷积的信号。同态语音分析最大的优点就是可以从倒谱中得到基音信息。1960—1970 年,由于 VLSI 技术的出现和数字信号处理理论的发展,为语音编码中的问题提供了新的解决方案。语音的分析合成采用了短时傅里叶变换(STFT)、变换编码(TC)和子带编码(SBC)。

语音编码已取得了迅速的发展,从最早的标准化语音编码系统即速率为 64kbps 的 PCM 波形编码器,到 20 世纪 90 年代中期,速率为 4～8kbps 的波形与参数混合编码器,在语音质量上已接近前者的水平,且已达到实用化阶段。

最初的 CDMA 系统(IS-95)的语音编码器(IS-96B 标准)是基于码本激励的线性预测(CELP)、最高速率为 8kbps 的变速率语音编码器。但随着用户对语音质量要求的提高,美国电信工业协会(TIA)提出了数据速率为 13kbps 的 QCELP 语音编码器。据测试,它的语音质量已达到有线电话的标准。但另一方面,在相同条件下,相对于 8kbps 的语音编码器,它却意味着系统容量的降低。

近年来,随着 IP 网络迅速发展,多媒体业务日益增长,而现有语音编码器提供的语音质量,已经无法满足用户的要求。3GPP 为了保持其无线通信语音业务的高水平和与 Skype 等网络电话系统的竞争力,需要有自己的新一代的语音编码器。EVS(Enhanced Voice Services)编码器是新一代的语音编码器,是 3GPP 迄今为止性能和质量最好的语音编码器,它是全频段(8kHz 到 48kHz),可以在 5.9kbps 至 128kbps 的码率范围内工作,不仅对于语音和音乐信号都能够提供非常高的音频质量,而且还具有很强的抗丢帧和抗延时抖动的能力,可以为用户带来全新的体验。

6.2 语音信号压缩编码的原理

6.2.1 语音编码分类

信息的本质是要求交流和传播,否则,不能称之为信息。于是需要将信息从"这里"传输到"那里",即典型的"通信"概念;或者将信息从"现在"传输到"将来",即所谓的"存储"问题。这两个物理过程,均可用如图 6-1 所示的数字传输系统模型来概括。

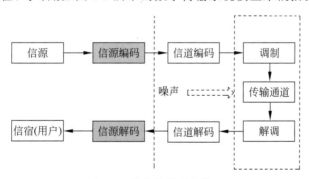

图 6-1 数字传输系统模型

图 6-1 中的信源编码和信源解码即为本书所要研究的内容,统称为信源编码(点画线以左部分);而信道编码和信道解码也统称为信道编码。信源编码和信道编码都是信息科学的重要分支。其中,信源编码主要解决有效性问题。通过对信源的压缩、扰乱、加密等一系列处理,力求用最少的数码率传递最大的信息量,使信号更适宜传输和存储。信道编码主要解决可靠性问题。即尽量使处理过的信号在传输的过程中不出错或者少出错,即使出了错也要能自动检错和尽量纠错。因此,从信息论的角度看,信源编码的一个主要目的是解决数据压缩的问题,就是以最少的数码表示信源所发的信号,减少容纳给定信息集合或数据采样集合的信号空间。因而在今天,"数据压缩"与"信源编码"已是两个具有相同含义的术语了。而本章所讨论的语音编码属于信源编码的范畴。

语音编码通常分为三类:波形编码(Waveform Coder)、参数编码(Parametric Coder)与混合编码。波形编码与参数编码的主要区别在于重建的语音时域信号是否在波形上尽量与原始信号一致。波形编码力图使重建后的语音时域信号的波形与原语音信号波形保持一致,它具有适应能力强、语音质量好等优点,但需要用到的编码速率高。这类编码的主要代表就是自适应差分脉冲编码调制(ADPCM);参数编码一般称作"声码器技术"。它根据对声音形成机理的分析,在以重建语音信号具有足够的可懂性的原则上,通过建立语音信号的产生模型,提取代表语音信号特征的参数来编码,而不一定在波形上与原始信号匹配。在频域上这一模型就对应为具有一定零极点分布的数字滤波器,编码器需要发送的就是滤波器参数和一些相关的特征值。由于语音是短时平稳的,即短时间内可以认为声音模型的特征是近似不变的,所以以模型特征参数更新的频度较低,这就有效地降低了编码比特率。参数编码的优点是编码速率低,可以低到 2.4kbps 甚至以下。其主要问题是合成语音质量差,特别是自然度较低;另外对说话环境的噪声较敏感,需要较安静的环境才能给出较高的可懂度。共振峰声码器和线性预测声码器都是典型的参数声码器。自从 20 世纪 30 年代末提出脉冲编码调制(PCM)原理以及声码器(Vocoder)的概念后,语音信号编码曾一直沿着这两个方向发展。表 6-1 所示为 3 种编码方法的特点比较。在此基础上发展起来的结合两类编码方法优点的混合编码(Hybrid Coding)是上述两类方法的有机结合,由于突破了波形编码和参数编码的界限,得到了更广泛的应用。与参数编码相同的是,它也是基于语音产生模型的假定并采用了分析合成技术,但同时它又利用了语音的时间波形信息,增强了重建语音的自然度,使得语音质量有明显的提高,代价是编码速率相应上升,一般在 16~24kbps 之间。如多脉冲激励线性预测编码(MPLPC)、规则脉冲激励线性预测编码(RPE-LPC)、码本激励线性预测编码(CELP)等都属于混合编码。

表 6-1 3 种编码方式的比较

	波 形 编 码	参 数 编 码	混 合 编 码
编码信息	波形	模型参数	综合
比特率	9.6~64kbps	2.4~9.6kbps	16~24kbps
优点	适应能力强 语音质量好	有效降低了编码比特率	语音质量明显提高
缺点	随着量化粗糙,语音质量下降	合成语音质量较低,处理复杂度高	编码速率明显上升
典型代表	自适应差分编码调制(ADPCM)	LPC-10,LPC-10E	多脉冲激励线性预测编码(MPLPC), 规则脉冲激励线性预测编码(RPE-LPC)

6.2.2 语音压缩的基本原理

将语音信号编码为二进制数字序列,最简单的方法是对其直接进行模/数变换。只要取样率足够高,量化每个样本的比特数足够多,就可以保证解码恢复的语音信号有很好的音质,不会丢失有用信息。然而对语音信号直接数字化所需的数码率太高。例如,普通的电话通信中采用 8kHz 取样率,如用 12bit 进行量化,则数码率为 96kbps。这样大的数码率即使对很大容量的传输信道也是难以承受的,因而必须对语音信号进行压缩编码。

对语音信号进行压缩编码的基本依据是语音信号的冗余度和人的听觉感知机理。根据统计分析,语音信号中存在着多种冗余度,可以分别从时域或频域来描述。

1．时域冗余度

(1)幅度非均匀分布。语音中的小幅度样本出现的概率高。又由于通话中自然会有间隙,更出现了大量的低电平样本。而实际通话的信号功率电平一般也比较低。

(2)语音信号样本间的相关性很强。语音波形取样数据的最大相关性存在于邻近的样本之间:当取样频率为8kHz时,相邻样值之间的相关系数大于0.85;甚至在相距10个样本之间,还可能有0.3左右的数量级。如果采样率提高,样本间的相关性将更强。因而可以利用这种较强的一维相关性进行N阶预测编码。

(3)浊音语音段具有准周期性。浊音波形不仅显示出周期之间的信息冗余度,而且还显示了对应于音调间隔周期的长期重复图形。因此,对语音浊音部分编码的最有效的方法之一是对一个音调间隔波形来编码,并以其作为同样声音中其他基音段的模板。

(4)声道的形状及其变化比较缓慢。上述样本间、周期间的一些相关性,都是在10～30ms时间间隔内进行统计的所谓短时自相关。如果在较长的时间间隔(比如几十秒)进行统计,便得到长时(Long-Time)自相关函数。对长时自相关函数统计表明,8kHz取样语音的相邻样本间,平均相关系数高达0.9。

(5)静止系数(语音间隙)。两个人之间打电话,平均每人的讲话时间各为通话总时间的一半,另一半听对方讲。听的时候一般不讲话,而即使在讲的时候,也会出现字、词、句之间的停顿。通话分析表明,话音间隙使得全双工话路的典型效率约为通话时间的40%(或静止系数为0.6)。显然,话音间隙本身就是一种冗余,若能正确监测(或预测)出该静止段,便可"插空"传输更多的信息。

2．频域冗余度

(1)非均匀的长时功率谱密度。在相当长的时段内统计平均,可得到长时功率谱密度,典型曲线如图6-2(a)所示。不难看出,其功率谱密度呈现强烈的非平坦性。从统计的观点看,这意味着没有充分利用给定的频段,或者说存在着固定的冗余度。特别如图6-2(a)所示,功率谱的高频能量较低,这恰好对应于时域上相邻样本间的相关性。此外,再次可以看到,直流分量的能量并非最大。

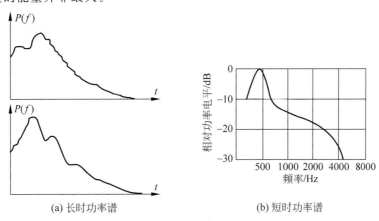

(a) 长时功率谱　　　　(b) 短时功率谱

图 6-2　语音信号的功率谱密度函数

（2）语音特有的短时功率谱密度。语音信号的短时功率谱，在某些频率上出现峰值，在另一些频率上出现谷值。而这些峰值频率，也就是能量较大的频率，通常称为共振峰（Formant）频率。此频率不止一个，最主要的是前三个，由它们决定了不同的语音特征。另外，整个谱也是随着频率增加而递减。更重要的是，整个功率谱的细节以基音频率为基础，形成高次谐波结构。

语音编码的第二个依据是利用人类听觉的某些特点，即人的听觉感知机理。人的听觉生理和心理特性对于语音感知的影响主要表现在：

（1）人类听觉系统（HAS）具有掩蔽效应（Masking Effect）。HAS 特性曲线随不同声压、不同频率声音的影响而变化的所谓掩蔽曲线（或称掩蔽阈），大致是一个单音的声级越高，对其周围频率声音的掩蔽作用越强。利用这一性质可抑制与信号同时存在的量化噪声。

（2）人耳对不同频段声音的敏感程度不同。听觉特性曲线即人耳可听到的最低声压级与声音频率的关系曲线（声压低于该曲线的声音人耳便听不到，因此又称之为"可闻阈"或"听觉阈"）是非平坦的，大致在 1kHz 左右音频的可闻阈最低，而 40Hz 以下的低频和 16kHz 以上的高频可闻阈最高。人的听觉对低频端比较敏感（因为浊音的周期和共振峰集中在这里），而对高频端不太敏感。即强的低频音能妨碍同时存在的高频音。

（3）人耳对语音信号的相位变化不敏感。人耳能做短时的频率分析，对信号的周期性即音调很敏感但对信号相位感知却不敏感。人耳听不到或感知很不灵敏的声音分量都不妨视为冗余信号。

由于语音信号的冗余度和人的听觉感知机理，使语音压缩编码成为可能。那么，语音信号压缩编码的潜力究竟有多大？其极限码速为多少？从信息论角度来估计，语音中最基本的元素可以认为是音素，语音的音素大约有 128～256 个，如果按通常的说话速度，每秒平均发出 10 个音素，则此时的信息率为：

$$I = \log_2 (256)^{10} = 80\text{bps} \tag{6-1}$$

如果从另一角度来估值，把发音看成是以语音速率来发报文，对英语来讲，每一个字母为 7 位，即 7bit，每分钟 125 个英语单词可以认为达到了通信语音速率。如果单词平均由 7 个字母组成，则信息率为：

$$I = 7 \times 7 \times \frac{125}{60} \approx 100\text{bps} \tag{6-2}$$

所以，可以认为语音压缩编码的极限速率为 80～100bps。当然，这时只能传送句子内容，至于讲话者的音质、音调等重要信息已全部丢失。但是，从标准编码速率（64kbps）到极限速率（80～100bps）之间存在着很大的跨距（约 640 倍），这对于理论研究和实践制作有着极大的吸引力。

6.3　语音编码的关键技术

6.3.1　线性预测

线性预测分析（LPC）是在语音信号处理中较常用的一种技术。它在语音识别、语音合成、语音编码、说话人识别等方面得到了成功的应用。线性预测编码的出发点在于跟踪波形的产生过程,而不是波形本身,它传送的是反映整个过程变化的参数。线性预测法是基于全极点模型假设,采用时域均方误差最小准则来估计模型参数的。它们能够较准确地表征语音信号的频谱幅度和声道特性,而运算量又不需要太大。应用这组模型参数能够有效地降低语音信号编码的比特率。

语音信号中存在两种类型的相关性,即在样点之间的短时相关性和相邻基音周期之间的长时相关性。利用线性预测对语音进行这两种相关性的去相关处理后,得到的是预测余量信号。

图 6-3 是含有上述相关性的语音生成模型示意图。如果用预测余量信号作为激励信号源,输入长时预测滤波器 $1/P(z)$,再将其输出作为短时预测滤波器 $1/A(z)$ 的输入,即可在输出端得到合成语音信号。

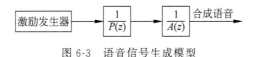

图 6-3 语音信号生成模型

语音信号的短时相关性(谱包络)可以用一个全极点模型来描述,它的传输函数 $H(z)$ 为:

$$H(z) = \frac{1}{A(z)} = \frac{1}{1 - \sum_{i=1}^{P} a_i Z^{-i}} \tag{6-3}$$

式中 a_i 是语音信号的短时预测系数,P 是滤波器的阶数。

滤波器 $1/P(z)$ 是表示语音信号长时相关性(谱的精细结构)的模型。它的一般形式为:

$$\frac{1}{P(z)} = \frac{1}{1 - \sum_{i=-q}^{r} b_i Z^{-(D+i)}} \tag{6-4}$$

式(6-4)中延时参数 D 即等于基音周期,b_i 是语音信号的长时预测系数。通常来说,长时预测系数的个数取在 $1(q=r=0)$ 到 $3(q=r=1)$ 之间。系数的更新周期约为 $50 \sim 200$ 次/秒。

简单地来看,长时滤波就是把短时余量中的脉冲的周期、相位以及增益估算出来并以式(6-4)中的参数记录,然后去除这些脉冲,得到了长时滤波余量。最后再对此余量进行编码,形成激励信号。

6.3.2 合成分析法(Analysis-By-Synthesis)

近年来人们在 LPC 算法的基础上,对 16kbps 以下的高质量语音编码进行了广泛深入的研究。在此速率下,能用于对余量信号进行编码的比特数是较少的,但若对余量信号进行直接的量化,并且使余量信号与它的量化值之间的误差达到最小,并不能使得原始语音信号和重建语音信号间的误差最小。在这种情况下,就引入了合成分析法 A-B-S。只有采用合成分析法来求得余量信号的编码量化值,才能使得重建语音与原始语音的误差最小。

合成分析法即是将综合器引入编码器,使之与分析器相结合,在编码器中生成和译码器端完全一致的语音。将此合成语音与原始语音相比较,根据一定的误差原则,来调整计算各个参数使得两者之间的误差最小。例如，可以在编码器中将激励信号输入综合滤波器，令其产生的合成语音和原始语音相比，从而求得使两者均方差最小的激励源。由于该方法把系统输出引入编码端以调整编码参数，所以也称作闭环法，与此相对应，不将输出引入编码端的方法称作开环法。

6.3.3 感觉加权滤波器

低码率语音编码中一个主要问题是合成语音与原始语音的匹配问题。由于人耳对不同频率的信号具有不同的敏感度和人耳的掩蔽效应，使得直接用最小均方误差（MMSE）准则来评定合成语音质量并非为最优。感觉加权滤波器（PWF）是根据人耳的掩蔽效应来设计的。由人耳响度等高线可知，不同频率信号要达到人耳所感受到的同一响度需不同强度，其中 $1\sim5\mathrm{kHz}$ 的区域内听觉最灵敏。掩蔽效应即某一频率上的信号掩蔽相邻频带上的信号。实验表明，掩蔽效应不仅和频率有关也与掩蔽信号的强度有关。掩蔽信号为不同分贝（dB）值时其掩蔽范围也不一样。尤其在低码率语音编码中，由于每个样值量化所用的比特数不到 1，合成语音不会像中、高码率如 16kbps 编码器那样能在波形上与原始语音接近。故在低码率语音编码中，进行合成语音与原始语音匹配时更需要利用人耳感知特性。Atal 等提出了感知加权最小均方误差准则，即在语音频谱中，因为能量较高的频段即共振峰处的噪声相对于能量较低处的频段的噪声不易被感觉，所以在度量原始语音和合成语音之间的误差时可以考虑进这个因素，在高能量段允许误差大一些。则由此引入一个频域的感觉加权滤波器 $W(z)$ 来衡量语音之间的误差：

$$e = \int_0^{f_s} |S(f) - \hat{S}(f)|^2 W(f) \mathrm{d}f \qquad (6-5)$$

式中，f_s 是抽样频率，$S(f)$ 和 $\hat{S}(f)$ 分别是原始语音和重建语音的傅里叶变换。这样，只要在高能量频段的 $W(f)$ 较小，而低能量频段的 $W(f)$ 较大，就可以抬高前者误差的能量而降低后者误差的能量。由此，感觉加权滤波器的传递函数为：

$$W(z) = \frac{A(z)}{A(z/\theta)} = \frac{1 - \sum_{i=1}^{p} a_i z^{-i}}{1 - \sum_{i=1}^{p} a_i \theta^i z^{-i}} \qquad (6-6)$$

它的特性由预测系数 a_i 和加权因子 θ 共同确定。θ 取值为 $0\sim1$，由它控制共振峰区域的误差增加。实际上，$W(z)$ 的作用就是使实际误差信号的谱不再平坦，而是有着与语音信号谱相似的包络形状。这就使误差度量的优化过程与感觉上的共振峰对误差的掩蔽效应相吻合，产生较好的主观听觉效果。在式（6-6）中，当 $\theta=1$ 时，$W(z)=1$，则没进行加权；当 $\theta=0$ 时，$W(z)=A(z)$，它就等于语音的 p 阶全极点模型的倒数，由此得到的噪声频谱能量分布和语音频谱的能量分布相同。虽然当 $\theta=0$ 时，两者的包络一致，但从听音结果来看，听音效果并不好，其原因在于人耳对语音信号中的共振峰更敏感，要求共振峰处的信噪比更高一些。经实验表明，在 $8\mathrm{kHz}$ 的采样频率下，θ 取 0.8 左右较为适宜。如果将感觉加权滤波器 $W(z)$ 和 LPC 滤波器 $H(z)$ 级联，即可得到加权综合滤波器：

$$H(z/\theta)=H(z)W(z)=\frac{1}{1-\sum\limits_{i=1}^{p}a_{i}z^{-i}}\cdot\frac{1-\sum\limits_{i=1}^{p}a_{i}z^{-i}}{1-\sum\limits_{i=1}^{p}a_{i}\theta^{i}z^{-i}}=\frac{1}{1-\sum\limits_{i=1}^{p}a_{i}\theta^{i}z^{-i}} \tag{6-7}$$

6.4 语音编码的性能指标和评测方法

语音编码研究的主要问题是如何在给定的编码速率下获得尽可能好的高质量语音,同时减小编码的延时及算法的复杂度。即编码压缩系统的性能可从编码速率、重建语音质量、算法的复杂度、编码延迟、算法对信道误码和干扰的鲁棒性等方面来找到一个较优的方案。因此,衡量一种语音压缩编码算法的主要指标包括:编码速率、语音质量、顽健性、计算复杂度和算法的可扩展性等。在语音通信系统中,其指标还包括编解码时延和误码容限等。

总的来说,一个理想的语音编码器应该是低速率、高语音质量、低延时、高误码容限、低复杂度并具有良好的顽健性和算法可扩展性。由于这些指标之间存在着相互制约的关系,实际的编码器都是这些要求的折衷。事实上,也正是由于这些相互矛盾的要求,推动了语音编码技术的发展。目前,随着高速数字处理器件性能价格比的不断提高,关于计算复杂度的矛盾不再突出,而编码算法的顽健性、误码容限、音频转接能力和合成语音音质等,是现今低速率语音编码技术研究的主要矛盾。

语音质量的评价是语音信号处理领域中的一个重要课题。它不仅可对各种语音编码技术进行评价,而且能够帮助开发语音处理算法。通常,语音质量的评价标准可以被分为两大类:客观测量(Objective Measures)和主观测量(Subjective Measures)。前者主要基于一些客观的物理量,如信噪比等;而后者则是建立在人的主观感受上的。

6.4.1 主观评价

语音主观评价方法种类很多,其中又分为清晰度或可懂度(Intelligibility)评价和音质(Quality)评价两类。清晰度或可懂度的概念都是指输出的语音是否容易听清楚。清晰度一般是针对音节以下(如音素,声母、韵母)语音测试单元,可懂度则是针对音节以上(如词、句)语音测试单元的;音质这个概念则是指语音听起来有多自然。前者是衡量语音中的字、单词和句的可懂程度,而后者则是对讲话人的辨识水平。这两种不是完全独立的两个概念。

1. 可懂度评价(Diagnostic Rhyme Test,DRT)

DRT 是衡量通信系统可懂度的 ANSI 标准之一。它主要用于低速率语音编码的质量测试。这种测试方法使用若干对(通常 96 对)同韵母单字或单音节词进行测试,例如中文的"为"和"费",英文的 veal 和 feel 等。测试中让评听人每次听一对韵字中的某个音,然后让他判断所听到的音是哪个字,全体评听人判断正确的百分比就是 DRT 得分。通常认为DRT 为 95% 以上时清晰度为优,85%～94% 为良,75%～84% 为中,65%～75% 为差,而65% 以下为不可接受。在实际通信中,清晰度为 50% 时,整句的可懂度大约为 80%,这是因为整句中具有较高的冗余度,即使个别字听不清楚,人们也能理解整句话的意思。当清晰度为 90% 时,整句话的可懂度已经接近 100%。

2. 音质评价

1) 平均意见得分(Mean Opinion Score,MOS)

MOS 得分法是从绝对等级评价法发展而来的,用于对语音整体满意度或语音通信系统质量的评价。它一般采用 5 级评分标准。在数字通信系统中,通常认为 MOS 得分在 4.0~4.5 分为高质量数字化语音,达到长途电话网的质量要求,接近于透明信道编码。MOS 得分在 3.5 左右称作中等通信质量,这是感到重建话音质量下降,但不妨碍正常通话,可以满足语音系统使用要求。MOS 得分在 3.0 以下常称合成语音质量,它一般具有足够的可懂度,但自然度和讲话人的确认等方面不够好。表 6-2 表示 MOS 分制的评分标准。图 6-4 给出了三类语音编码方法的比特率与 MOS 分值的曲线。

表 6-2 MOS 分制的评分标准

得　　分	质量级别(MOS)	失真级别(DMOS)
5	优(excellent)	不察觉
4	良(good)	刚有察觉
3	中(fair)	有察觉且稍觉可厌
2	差(poor)	明显察觉且可厌但可忍受
1	劣(bad)	不可忍受

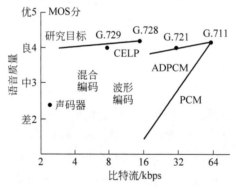

图 6-4　三类语音编码方法的 MOS 分比较

2) 判断满意度测量(Diagnostic Acceptability Measure,DAM)

DAM 方法是由 Dynastat 公司推出的一种评价语音通信系统和通信连接的主观语音质量和满意度的评测方法。DAM 方法要求评听人分别对语音样本本身、背景和其他因素进行评价。一个评听人可将评价过程划分为 21 个等级,其中 10 级是考虑信号的感觉质量,8 级考虑背景情况,另外 3 级是可懂度、清晰度和总体满意度。

所需要强调的是,无论哪种主观测试:第一,要保证足够的说话者,要求他(她)们的声音特征非常丰富,能够代表实际用户中的绝大部分。第二,要求有足够多的数据。第三,对于大部分编码器来说,清晰度测试和品质测试都应该做,但有时,很悦耳的质量较好的语音也可以不做清晰度测试。

6.4.2 客观评价

针对主观评价方法的不足,基于客观测度的语音客观评价方法相继被提出。一般地,一种客观测度的优劣取决于它与主观评价结果的统计意义上的相关程度。目前所用的客观测度分为时域测度、频域测度和在两者基础上发展起来的其他测度。

时域测度定义为被测系统的输入语音与输出语音在时域波形比较上的失真度。信噪比(SNR)是一种最简单的时域客观评价失真测度。通常有合成语音信噪比、加权信噪比、平均分段信噪比等。例如,一个较常用的客观评价的信噪比为:

$$
\mathrm{SNR} = 10 \times \log \left\{ \frac{\sum\limits_{n=0}^{M} s(n)^2}{\sum\limits_{n=0}^{M} (s(n) - \hat{s}(n))^2} \right\} \tag{6-8}
$$

其中 $s(n)$ 为原始语音信号,$\hat{s}(n)$ 为编码后的信号。SNR 是对长时语音重建准确性的一个度量,因此它掩盖了瞬时重建噪声,特别是对于低能量信号而言。所以瞬时性能的变化可用短时信噪比(Short-Time Signal-Noise Ratio,STSNR)来检测,一般情况下使用分块信噪比,例如分成 L 块,每块 M 帧:

$$
\mathrm{STSNR} = \frac{10}{L} \times \sum_{i=0}^{L-1} \log \left\{ \frac{\sum\limits_{n=0}^{M} s(i \times M + n)^2}{\sum\limits_{n=0}^{M} (s(i \times M + n) - \hat{s}(i \times M + n))^2} \right\} \tag{6-9}
$$

频域测度就是谱失真测度,如对数谱距离测度、LPC 倒谱距离测度、巴克谱测度等都是经常用于语音质量客观评价的几种重要方法。在这类测度中,若测度计算结果取值越小,说明失真语音与原始语音越接近,即语音质量越好。

客观评定方法的特点是计算简单,缺点是客观参数对增益和延迟都比较敏感,而且最重要的是,客观参数没有考虑人耳的听觉特性,因此客观评定方法主要适用于速率较高的波形编码类型的算法。而对于低于 16kbps 的语音编码质量的评价通常采用主观评定的方法,因为主观评定方法符合人类听话时对语音质量的感觉,因此主观评估参数就显得非常重要,特别是许多低码率算法的设计都是基于人耳的感知标准,故而应用较广。总结起来,语音主观评价和客观评价各有其优缺点。通常这两种方法应该结合起来使用。一般的原则是,客观评价用于系统的设计阶段,以提供参数调整方面的信息,主观评价用于实际听觉效果的检验。

6.5 语音信号的波形编码

最早的语音编码系统采用波形编码方法,如脉冲编码调制(PCM)等,这是一种基于语音信号波形的编码方式,也叫非参数编码,其目的是力图使重建的语音波形保持原语音信号的形状。这种编码器是把语音信号当成一般的波形信号来处理,它的优点是具有较强的适应能力,有较好的合成语音质量,虽然编码速率高,然而编码效率低。脉冲编码调制(PCM)、自适应增量调制(ADM)、自适应差分脉冲编码调制(ADPCM)、子带编码(SBC)、变换域编码(TC)等都属于波形编码,当编码速率为 64~16kbps 时,波形编码方法有较高的编码质量,但当编码速率再下降时,其合成语音质量会下降得很快。

6.5.1　脉冲编码调制(PCM)

1. 均匀 PCM

波形编码方式最简单的形式是均匀 PCM。不论信号幅度的大小,它都采用同等的量化阶距进行量化,即采用均匀量化。均匀 PCM 作为一种语音信号的模/数变换(A/D 变换)技术与通常的 A/D 变换是完全相同的。这种方式完全没有利用语音的性质,所以信号没有得到压缩。

对于均匀量化,假设量化误差 $e(k)$ 在各个量化间隔 Δ 的区间里均匀分布,则信号对量化噪声的信噪比可近似写为:

$$\text{SNR(dB)} = 6.02B - 7.2 \tag{6-10}$$

其中 B 为量化器字长。由式(6-10)知,信噪比取决于量化字长。当要求 60dB 的 SNR 时,B 至少应取 11。此时,对于带宽为 4kHz 的电话语音信号,若采样率为 8kHz,则 PCM 要求的速率为 8k×11bps=88kbps。这样高的比特率是无法承受的,因而必须采用具有更高性能的编码方法。

2. 非均匀 PCM

均匀量化的缺点就是不论语音信号的幅度大小而量化阶距保持不变。这样在信号动态范围较大而方差较小时,其信噪比将下降。而根据观测到的语音信号概率密度可知,语音信号是大量集中在低幅度上的。这样,就可以设想利用非均匀量化来弥补均匀量化的缺点。这种量化在输入为低电平时量化阶距小,而高电平时量化阶距大。即信号概率密度大的区间,量化间隔应该小些;反之,信号概率密度小的区间,量化间隔应该大些。因此,非均匀量化的基本思想是对大幅度的样本使用大的 Δ,对小幅度的样本使用小的 Δ,在接收端按此还原。图 6-5 给出了几种均匀和非均匀量化器输入输出特性比较。

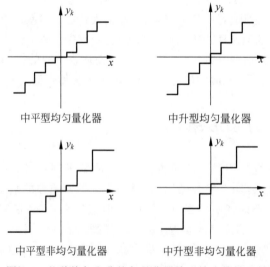

图 6-5　几种均匀和非均匀量化器输入输出特性比较

通常电话系统采用的 PCM,利用语音信号幅度的统计特性,对幅度按对数变换压缩,将压缩后的信号做 PCM,因此称为对数 PCM。当然在译码时,需要按指数进行扩展。因为语音信号的幅度近似为指数分布,因此进行对数变换之后,在各量化间隔内出现的概率相同。这样可以得到最大的信噪比,这种技术也称为压缩-扩张技术。图 6-6 给出了采用非线性压缩-扩张的非均匀量化器框图,图 6-7 给出了非线性压缩示意图。

图 6-6 采用非线性压缩-扩张的非均匀量化器

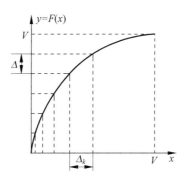

图 6-7 非线性压缩示意图

现在非均匀 PCM 一般采用两种压缩扩张非均匀量化方法:A 律和 μ 律压缩扩张技术。设 $x(n)$ 为语音波形的取样值,则 μ 律压缩的定义为:

$$F[x(n)] = X_{\max} \frac{\ln\left[1 + \mu \dfrac{|x(n)|}{X_{\max}}\right]}{\ln(1+\mu)} \operatorname{sgn}[x(n)] \tag{6-11}$$

式中,$X_{\max}$ 是 $x(n)$ 的最大幅度,μ 是表示压缩程度的参量,$\mu=0$ 表示没有压缩,μ 越大压缩率越高,故称之为 μ 律压缩。通常 μ 在 100~500 取值。取 $\mu=255$,可以对电话质量语音进行编码,其音质与 12 位均匀量化的音质相当。

我国则采用 A 律压缩,其压缩公式为:

$$F[x(n)] = \begin{cases} \dfrac{A\,|x(n)|\,/X_{\max}}{1+\ln A} \operatorname{sgn}[x(n)], & 0 \leqslant \dfrac{|x(n)|}{X_{\max}} < \dfrac{1}{A} \\[4mm] X_{\max} \dfrac{1+\ln[A\,|x(n)|\,/X_{\max}]}{1+\ln A} \operatorname{sgn}[x(n)], & \dfrac{1}{A} \leqslant \dfrac{|x(n)|}{X_{\max}} \leqslant 1 \end{cases} \tag{6-12}$$

目前有标准的 A 律 PCM 编码芯片,如 2911。

3. 自适应 PCM(APCM)

PCM 在量化间隔上存在着矛盾:为适应大的幅值要用大的量化间隔 Δ,但为了提高信噪比又希望用小的量化间隔 Δ。前面介绍的均匀 PCM 和非均匀 PCM,都有一个共同的特点,就是量化器一旦确定以后,量化间隔就固定下来,不随输入语音信号的幅度变化而变化。而自适应 PCM(APCM),它使量化器的特性自适应于输入信号的幅值变化,也就是量化间

隔 Δ 匹配于输入信号的方差值,或使量化器的增益 G 随着幅值而变化,从而使量化前信号的能量为恒定值。图 6-8 给出了这两种自适应方法的原理图。

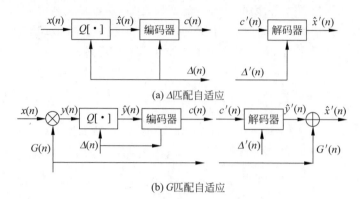

(a) Δ匹配自适应

(b) G匹配自适应

图 6-8　两种自适应方法的原理图

　　如果按自适应参数 $\Delta(n)$ 或 $G(n)$ 的来源划分,自适应量化又分为前馈自适应和反馈自适应两种。前馈自适应是指 $\Delta(n)$ 或 $G(n)$ 是通过对输入信号估计而得到的,而反馈自适应是由估计量化器的输出 $\hat{x}(n)$ 或编码器的输出 $c(n)$ 而得到的。图 6-9 以 $\Delta(n)$ 为例给出了这两种系统框图。

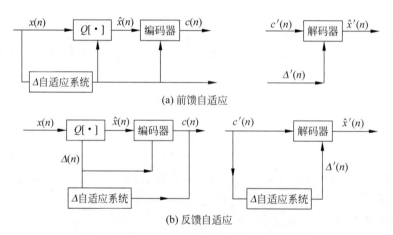

(a) 前馈自适应

(b) 反馈自适应

图 6-9　Δ 匹配的前馈和反馈自适应系统框图

　　前馈自适应是计算信号有效值并决定最合适的量化间隔,用此量化间隔控制量化器 $Q[\cdot]$,并将量化间隔信息发送给接收端;而反馈自适应是由编码器输出 $c(n)$ 来决定量化间隔 $\Delta(n)$,而在接收端由量化传输来的幅度信息自动生成量化间隔。显然,反馈与前馈相比的优点是无须将 Δ 传送到信道中去,但对误差的灵敏度较高。通常,采用了自适应技术之后可得到约 $4 \sim 6\mathrm{dB}$ 的编码增益。

　　不论前馈自适应还是反馈自适应,其参数 $\Delta(n)$ 或 $G(n)$ 均由下式产生:

$$\Delta(n) = \Delta_0 \times \sigma(n)$$
$$G(n) = G_0 / \sigma(n)$$

(6-13)

即 $\Delta(n)$ 正比于方差 $\sigma(n)$,而 $G(n)$ 反比于 $\sigma(n)$。同时,$\sigma(n)$ 正比于信号的短时能量,即:

$$\sigma^2(n) = \sum_{m=-\infty}^{\infty} x^2(m)h(n-m) \tag{6-14}$$

或

$$\sigma^2(n) = \sum_{m=-\infty}^{\infty} c^2(m)h(n-m) \tag{6-15}$$

式中,$h(n)$就是短时能量定义中的低通滤波器的单位函数响应。

6.5.2 自适应预测编码(APC)

利用线性预测可以改进编码中的量化器性能。因为预测误差$e(n)$的动态范围和平均能量均比输入信号$x(n)$小,如果对$e(n)$进行量化和编码,则量化比特数将减少。在接收端,只要使用与发送端相同的预测器,就可恢复原信号$x(n)$。基于这种原理的编码方式称为预测编码(PC);当预测系数自适应随语音信号变化时,又称为自适应预测编码(APC)。图 6-10 给出了一个基本的 APC 系统。

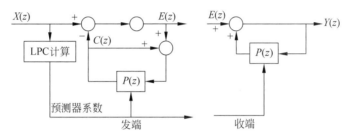

图 6-10 一个基本的 APC 系统

语音数据流一般分为 10~20ms 相继的帧,而预测器系数(或其等效参数)则与预测误差一起传输。在接收端,用由预测器系数控制的逆滤波器再现语音。采用自适应技术后,预测器 $P(z)$ 要自适应变化,以便与信号匹配。

下面说明预测编码能够改善信噪比的原因。根据信号量化噪声比的定义有:

$$\text{SNR} = \frac{E\left[s^2(n)\right]}{E\left[q^2(n)\right]} = \frac{E\left[s^2(n)\right]}{E\left[e^2(n)\right]} \times \frac{E\left[e^2(n)\right]}{E\left[q^2(n)\right]} \tag{6-16}$$

其中,$E\left[s^2(n)\right]$、$E\left[e^2(n)\right]$ 和 $E\left[q^2(n)\right]$ 分别为信号、预测误差和量化噪声的平均能量。很明显,式(6-16)中的 $E\left[s^2(n)\right]/E\left[q^2(n)\right]$ 是由量化器决定的信噪比,而 $G_p = E\left[s^2(n)\right]/E\left[e^2(n)\right]$ 反映了线性预测带来的增益,称为预测增益。由式(6-16)可知,由于引入了线性预测,SNR 将得到改善。

正如在前面介绍的那样,语音信号中存在两种类型的相关性,即在样点之间的短时相关性和相邻基音周期之间的长时相关性。因为浊音信号具有准周期性,所以相邻周期的样本之间具有很大的相关性。因而在进行相邻样本之间的预测之后,预测误差序列仍然保持这种准周期性,为此,可以通过再次预测的方法来压缩比特率,即根据前面预测误差中的脉冲消除基音的周期性;将这种预测称为基于基音周期的预测。相邻样本之间的预测利用了比较相邻的样本值,所以称为"短时预测",它实际上是频谱包络的预测;而为了区别于短时预测,将基于基音周期的预测称为"长时预测",它实际上是基于频谱细微结构的预测。

利用线性预测对语音进行这两种相关性的去相关处理后,得到的是预测余量信号。如果用预测余量信号作为激励信号源,输入长时预测滤波器,再将其输出作为短时预测滤波器的输入,即可在输出端得到解码后的合成语音信号。

预测编码系统中,输出和输入语音之间存在误差,这种误差是由量化引起的,所以也被称为量化噪声。量化噪声的谱一般是平坦的。预测器预测系数是按均方误差最小准则来确定的,但均方误差最小并不等于人耳感觉到的噪声最小。由于听觉的掩蔽效应,对噪声主观上的感觉,还取决于噪声的频谱包络形状。我们可以对噪声频谱整形使其变得不易被察觉,如果能使噪声谱随语音频谱的包络变化,则语音共振峰的频率成分就必然会掩盖量化噪声。

虽然由于加上了进行线性预测、自适应量化和噪声抑制等手段,使系统稍微变得复杂,然而,实验表明 APC 系统在 16kbps 时可得到与 7bit 的对数 PCM 同等的语音质量(35dB 信噪比)。

6.5.3 自适应增量调制(ADM)

1. 增量调制

增量调制(DM)是对一个语音信号的信息用最低限度的一位来表示的方法。在这种调制方式中,首先判别下一个语音信号值比当前的信号值是高还是低,如果高则给定编码 1;如果低给定为 0,这样来进行语音信号的编码。

DM 的基本方案如图 6-11 所示,如果差值为正,即下个语音信号值比当前的信号值高,则量化器输出为 1;如果差值为负,即下一个语音信号值比现在的信号值低,则量化器输出为 0。在接收端,用接收的脉冲串控制,信号就可以用上升下降的阶梯波形来逼近。

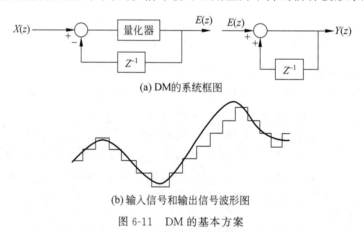

(a) DM的系统框图

(b) 输入信号和输出信号波形图

图 6-11　DM 的基本方案

在 DM 中,与量化阶梯 Δ 相比,当语音波形幅度发生急剧变化时,译码波形不能充分跟踪这种急剧的变化而必然产生失真,这称为斜率过载。相反地,在没有输入语音的无声状态时,或者是信号幅度为固定值时,量化输出都将呈现 0、1 交替的序列,而译码后的波形只是 Δ 的重复增减。这种噪声称为颗粒噪声,它给人以粗糙的噪声感觉。图 6-12 给出了这两种噪声的形式。

在 DM 中,对于电话频带的语音波形,为了确保高质量,取样率要求在 200kHz 以上。同时,由于使用固定的增量单元 Δ,不能适应信号的快慢变化,大约只有 6dB 的增益。

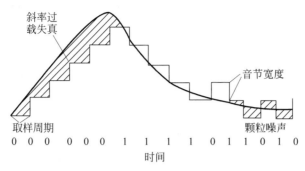

图 6-12　两种噪声的形式

2．自适应增量调制

一般情况下，人感觉不到过载噪声，而粒状噪声在整个频谱上都产生影响，所以对音质影响比较大。为此有必要将 Δ 的幅值与实际的语音信号比较，使其取得足够小。但是由于步进幅值 Δ 取得小，所以过载噪声增大，这时必须增加采样频率，以减小各个采样值之间的语音信号变化。然而，如果提高采样频率，那么信息压缩的效果就会降低，因此，必须谨慎地选择采样频率和 Δ 幅值。兼顾两方面要求，需按均方量化误差为最小（即使两种失真均减至最小）来选择 Δ。即采用随输入波形自适应地改变 Δ 大小的自适应编码方式，使 Δ 值随信号平均斜率而变化：斜率大时，Δ 自动增大；反之则减小。这就是自适应增量调制（ADM）。

6.5.4　自适应差分脉冲编码调制（ADPCM）

对两个采样之间的差分信号利用多位量化进行编码，这样就可以有效地进行编码分配，这种编码称为差分脉冲编码调制（DPCM）。这个方式的构成是将 DM 方式中的一位量化改为多位量化。因为，在相邻的语音样本之间存在着明显的相关性，因此，对相邻样本间的差信号（差分）进行编码，便可谋求信息量的压缩，因为差分信号比原语音信号的动态范围和平均能量都小。而且，仅对两者之差进行编码和传送，这样就大大降低了信道负载。

DPCM 实质上是预测编码 APC 的一种特殊情况，是最简单的一阶线性预测，即：

$$A(z) = 1 - a_1 z^{-1} \tag{6-17}$$

当 $a_1 = 1$ 时，被量化的编码是 $d(n) = x(n) - x(n-1)$。DPCM 的结构框图如图 6-13 所示。

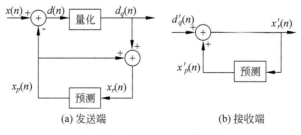

(a) 发送端　　　　　　　　(b) 接收端

图 6-13　DPCM 的工作原理

图中 $x(n)$ 是输入语音信号，$x_r(n)$ 是重建的语音信号，$x_p(n)$ 是预测信号，$d(n)$ 是预测误差信号，或称作余量信号。接收端中相应的信号都用带撇的符号表示。这里的预测器是固定预测器，其预测系数是根据长时统计参数求出的，尽管总的预测增益大于 1，但同语音短时段不匹配，使得一些段的预测增益比较小，甚至小于 1。并且，由于 a_1 是固定的，显然它不可能对所有讲话者和所有语音内容都是最佳的，如果采用高阶（$p>1$）的固定预测，改善效果并不明显。

比较好的方法是采用高阶自适应预测。采用自适应量化及高阶自适应预测的 DPCM 称为自适应差分脉冲编码调制（ADPCM）。ADPCM 本质上也是一种 APC。但通常 APC 指包括短时预测、长时预测及噪声谱整形的系统，而 ADPCM 是只包括短时预测的编码系统。实践表明，DPCM 可获得约 10dB 的信噪比增益，而 ADPCM 可获得更好的效果（大约 14dB）。

因为自适应预测器随着语音特性变化而不断更新预测系数，因此能够获得更高的预测增益。通常使用的是后向自适应预测（APB），它的编码结构框图见图 6-14。一般 APB 采用 Widrow 提出的序贯随机梯度算法[3]，对于 N 阶全极点预测器，其（$n+1$）时刻的预测系数由下式计算：

$$a_i(n+1) = a_i(n) + \Delta_i(n)e_q(n)x_r(n-i), \quad i = 1, 2, \cdots, N \tag{6-18}$$

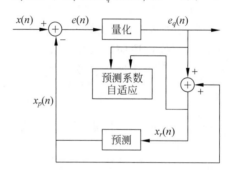

图 6-14　后向自适应预测

式中 $\Delta_i(n)>0$ 称为梯度调整步长，它决定系数自适应速度。$\Delta_i(n)>0$ 足够小时算法稳定，但又不能太小，以便有足够的驱动能力使 a_i 由初值收敛到最佳值。$x_r(n)$ 为重建的语音信号。在实际应用中，为了简化硬件，经常采用符号梯度法。另外为了减小传输误码的影响，可加入衰减因子 β_i，这样式（6-18）就变成：

$$a_i(n+1) = \beta_i a_i(n) + \Delta_i \text{sgn}[e_q(n)]\text{sgn}[x_r(n-i)], \quad i = 1, 2, \cdots, N \tag{6-19}$$

式中 sgn[ ] 是符号函数，对于语音信号而言，β_i 与 Δ_i 一般取为：

$$\begin{aligned} \beta_i &= 1 - 2^{-K_i} \\ \Delta_i &= 2^{-L_i} \end{aligned} \tag{6-20}$$

K_i 与 L_i 通常在 5～8 的范围内，以便与语音短时变化速度相匹配。

CCITT 在 1984 年提出的 32kbps 编码器建议（G.721 标准），就是采用 ADPCM 作为长途传输中的一种新的国际通用语音编码方案，这种 ADPCM 可达到标准 64kbps 的 PCM 的语音传输质量，并具有很好的抗误码性能。其基本框图见图 6-15。

该算法中使用了一个自适应量化器和一个自适应零极点预测器。从图 6-15 中可以看出，解码部分是嵌套在编码部分里面的。零极点预测器（2 极点，6 零点）对输入信号进行预

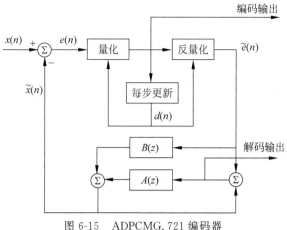

图 6-15　ADPCMG.721 编码器

测,目的是减小残差信号 $e(n)$ 的方差。量化器把残差信号 $e(n)$ 量化为每项 4 比特的序列。预测系数则由序贯随机梯度算法求得。

6.5.5　子带编码(SBC)

　　子带编码(SBC)也称为频带分割编码,相对于上面介绍的 ADPCM 等时域编码,它属于频域编码。SBC 首先使用带通滤波器组将语音信号分割成若干个频带,也称为子带,然后用调制的方法对滤波后的信号即子带信号进行频谱平移变成低通信号(即基带信号),以利于降低取样率进行抽取;再利用奈奎斯特速率对其进行取样,最后再分别进行编码处理。而信号的恢复按与上面完全相反的过程进行。

　　子带编码的优点是:①将信号分带后可以去除各带信号之间的相关性,类似于时域预测的效果,即频域分带与时域预测能获得同样的效果;②对不同子带合理地分配比特数,可以使重建信号的量化误差谱适应人耳听觉特性,获得更好的主观听音质量。由于语音的基音和共振峰主要集中在低频段,所以可以给低频段的子带分配较多的比特数;③各子带内的量化噪声相互独立,这样就避免了输入电平较低的子带信号被其他子带的量化噪声所淹没。典型的子带编码器工作原理图见图 6-16。首先用一组带通滤波器将输入信号分成若干个子带信号,进行频谱平移、取样以及各子带分别进行量化编码,再将各子带的编码值合路变成一个总的编码传送给接收端。在接收端,把总的编码分成各子带的编码值,分别解码,再经频谱平移,带通滤波,最后相加得到重建信号。

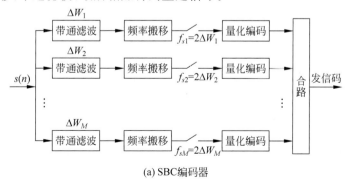

(a) SBC编码器

图 6-16　子带编码原理

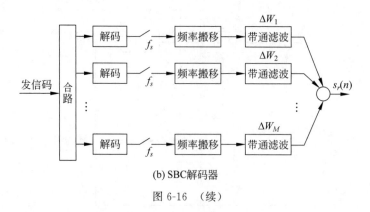

(b) SBC解码器

图 6-16 （续）

子带编码中各带通滤波器的宽度可以相同,也可以不同。等带宽子带编码虽然易于用硬件实现,但因为没有考虑人耳的听觉效果难以获得很好的语音质量。一般情况下都采用不等带宽子带编码,而且按照对主观听觉贡献相等的原则来分配各子带的带宽。同时为了易于实现频谱平移,实际使用时往往采用"整数带"采样方法。所谓整数带,是指子带最低频率为子带带宽的整数倍,这样平移频谱成分时,可以不用调制器而直接实现,如图 6-17 所示。

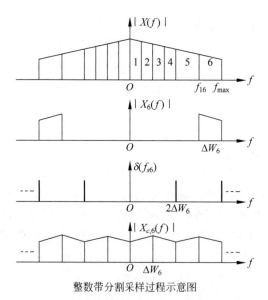

整数带分割采样过程示意图

图 6-17　整数带分割采样过程示意图

子带编码中,重构信号的质量受带通滤波器组的性能影响很大。理想情况下,各子带之和可以覆盖全部信号带宽,而不重叠。但实际上,数字滤波器的阻带和通带总存在波动,难以得到这种理想情况。如果子带滤波后的各频带重叠太多,将会需要更大的数码率;原来各独立子带的误差也会影响相邻的子带,造成混叠现象。早期的解决方法是让相邻子带间留有间隙,尽管如此,这些间隙仍会引起输出结果的回声现象。现在多采用正交镜像滤波器(QMF)技术来解决这一问题。QMF 允许编码器分解滤波中的混叠现象,而在解码端通过重构滤波器可以准确无误地消除混叠。

ITU-T 制定的 G.722 标准就是基于 SBC 的编码器算法,它采用 ADPCM 技术对抽取后信号进行编码,该算法将采样频率提高到 16kHz,以适应高质量语音应用的场合,例如电话会议、视频会议等。它利用正交镜像滤波器将语音频带分成两个子带,高端子带采用 16kbps 的 ADPCM 进行编码,低端采用 48/40/32kbps 的 ADPCM 编码。因此,G.722 可提供 3 种不同的数码率:64kbps、56kbps 和 48kbps。

6.5.6　自适应变换编码(ATC)

自适应变换编码(ATC)利用正交变换可起去相关作用的特点,通过正交变换,把信号从时域变换到另一个域,使变换域系数集中在一个较小的范围内,降低了信号相邻样本间的冗余度。这样,对此变换域系数进行量化编码,就可以达到压缩数码率的目的。具体方法简单来说就是,先按短时平稳的原则把要变换的语音信号进行分帧,每帧语音信号由正交矩阵 A 进行变换,并对变换值进行编码和传输。在接收端由反变换 A^{-1} 来恢复原来语音。这就是变换编码。如果同时使变换域系数的量化字长自适应于每帧语音信号的短时统计特性,这就是自适应变换编码。

设一帧语音信号 $s(n)$,$0 \leqslant n \leqslant N-1$,帧长为 N,可以形成一个矢量:

$$X = [s(0), s(1), \cdots s(N-1)]^{\mathrm{T}} \tag{6-21}$$

这里 T 表示转置。该矢量通过一个正交变换矩阵 A,作一个线性变换:

$$Y = AX \tag{6-22}$$

式中,正交矩阵 A 满足 $A^{-1} = A^{\mathrm{T}}$。Y 中的元素就是变换域系数,它们被量化后形成矢量 $\hat{Y}$,在接收端通过逆变换重构出信号矢量 $\hat{X}$:

$$\hat{X} = A^{-1}\hat{Y} = A^{\mathrm{T}}\hat{Y} \tag{6-23}$$

自适应变换编码的任务是设计一个最佳量化器去量化 Y 中的各个元素,使得重构的语音失真最小;或者说,使信号量化信噪比最大。可以证明,ATC 的增益是变换域系数方差的算数平均与其几何平均之比:

$$I_{\mathrm{ATC}} = \left[\frac{1}{N} \sum_{i=0}^{N-1} \sigma_i^2 \bigg/ \left[\prod_{i=0}^{N-1} \sigma_i^2 \right]^{\frac{1}{N}} \right] \tag{6-24}$$

这个值反映了变换域系数的能量集中程度,当变换域系数方差均相等,即能量均匀分布时,$I_{\mathrm{ATC}} = 1$,即相对与 PCM 没有信噪比增益。一般说来,合适的正交变换使变换域系数能量集中分布,所以其几何平均值总是小于算数平均值,即 I_{ATC} 总是大于 1 的。因此变换编码必须选择一种合适的正交变换。主要选择对象有 DFT、沃尔什-哈达马变换、离散余弦变换(DCT)、KLT 变换(Karhunen-Loeve Transform)。目前,自适应变换编码的正交变换都采用 DCT,并往往将这种方式称为 ΛTC。其原因是 DTC 有以下特点:

(1) DTC 与 KLT 相比,频域变换明确,且与人的听觉频率分析机理相对应,因此容易控制量化噪声的频率范围。

(2) DTC 提供的性能一般在 KLT 的 1～2dB 之内,其他变换则相当差。而 KLT 的计算量太大。

(3) 由于 DCT 只需在每帧采用 FFT 运算即可,因此运算量、数据量少,也不需要传输特征矢量。

（4）由于 DCT 统计近似于长时间最佳正交变换和特征矢量，所以 DCT 与 DFT 相比，变换效率高。

（5）DCT 与 DFT 相比，在端点取出波形的影响较小，在频域区的畸变小。

图 6-18 是 ATC 系统的原理框图。变换域编码通常是按照各变换分量对语音质量贡献的程度来分配量化字长。在非自适应的情况下，码位分配和量化间隔均根据语音信号长时间统计特性来确定，是固定不变的。而自适应情况下，需要估计每帧变换谱的包络，使用估计的谱值代替方差，再计算出码位的分配。将表征估计谱的参数作为边信息传送到解码端，由解码端使用与编码端相同的步骤计算比特分配，解码变换域参数。

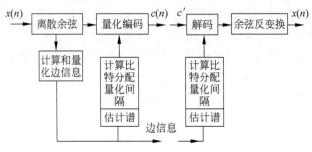

图 6-18　ATC 系统的原理框图

ATC 的优势取决于自适应的效果，也就是估计谱对语音信号短时谱的逼近程度，所以估计谱应能正确反映变换域系数的能量分布。但是估计谱要作为边带信息传送，它所占的比特数要受到限制，可见边带信息的提取和处理也是 ATC 的重要问题之一。现在，利用人类听觉的感知特性，合理分配变换域系数的量化字长的方法已经被提出并取得了很好的效果。

ATC 与 SBC 一样，也是在频域上分割信号的编码方式，但它比 SBC 增加了相当大的自由度。据报道，ATC 在 16～32kbps 的范围内，与对数 PCM 相比，SNR 可得到 17～23dB 的改善。

6.6　语音信号的参数编码

由于参数编码是针对语音信号的特征参数来编码，所以与波形编码不同，它只适用于语音信号，对其他信号编码时质量会下降很多。参数编码在提取语音特征参数时，往往会利用某种语音生成模型在幅度谱上逼近原语音，以使重建语音信号有尽可能高的可懂度，即力图保持语音的原意，但重建语音的波形与原语音信号的波形却有相当大的区别。利用参数编码实现语音通信的设备通常称为声码器（Vocoder），例如通道声码器、共振峰声码器、同态声码器以及广泛应用的线性预测声码器等都是典型的语音参数编码器。其中，比较有实用价值的是线性预测声码器，这是因为它较好地解决了编码速率和编码语音质量的问题。下面，简单介绍线性预测声码器的原理和实例。

6.6.1　线性预测声码器

LPC 编码器是应用最成功的低速率参数语音编码器。它基于全极点声道模型的假定，采用线性预测分析合成原理，对模型参数和激励参数进行编码传输，因而可以按很低的比特率(2.4kbps 以下)传输可懂的语音。图 6-19 给出了典型的 LPC 声码器的框图。与利用线性预测的波形编码不同的是它的接收端不再利用残差,即不具体恢复输入语音的波形,而是直接利用预测系数等参数合成传输语音。LPC 有作为预测器和作为模型的双重作用。波形编码器的主要作用是用作预测器,而声码器的主要作用是建立模型。

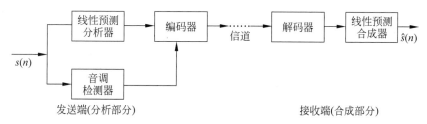

图 6-19 LPC 声码器框图

有关 LPC 的基本原理在第 3 章"传统语音信号分析方法"中已经有了详细的讨论,这里不再重复。由于声码器的主要目的是用低数码率来编码传输语音,因此这里主要讨论 LPC 声码器参数的编码和传输问题,解码合成出语音的问题将在第 10 章"语音合成"中介绍。

1. LPC 参数的变换和量化

LPC 声码器中,必须传输的参数是 p 个预测器系数、基音周期、清浊音信息和增益参数。直接对预测系数 a_i 量化后再传输是不合适的,因为系数 a_i 的很小变化将导致合成滤波器极点位置的较大变化,甚至造成不稳定的现象。这表明需要用较多的比特去量化每个预测器系数。为此,可将预测器系数变换成其他更适合于编码和传输的参数形式。归纳起来,有以下几种:

(1) 反射系数 k_i。k_i 在 LPC 算法中可以直接递推得到,它广泛应用于线性预测编码中。对反射系数的研究表明,各反射系数幅度值的分布是不相同的:k_1 和 k_2 的分布是非对称的,对于多数浊音信号,k_1 接近于 -1,k_2 则接近于 $+1$;而较高阶次的反射系数 k_3、k_4 等趋向于均值为 0 的高斯分布。此外,反射系数的谱灵敏度也是非均匀的,其值越接近于 1 时,谱的灵敏度越高,即此时反射系数很小的变化将导致信号频谱的较大偏移。

上面的分析表明,对反射系数的值在 $[-1,+1]$ 区间作线性量化是低效的,一般都是进行非线性量化。比特数也不应均匀分配,k_1、k_2 量化的比特数应该多些,通常用 $5\sim6$bit;而 k_3、k_4 等量化的比特数逐渐减小。

(2) 对数面积比。根据 k_i 系数的特点,在大量研究的基础上发现,最有效的编码是针对对数面积比:

$$g_i = \ln\left[\frac{1-k_i}{1+k_i}\right] = \ln\left[\frac{A_{i+1}}{A_i}\right] \quad (1 \leqslant i \leqslant p) \tag{6-25}$$

式(6-25)中,A_i 是用无损声管表示声道时的面积函数。上式将域 $-1 \leqslant k_i \leqslant +1$ 映射到 $-\infty \leqslant g_i \leqslant +\infty$,这一变换的结果使 g_i 呈现相当均匀的幅度分布,可以采用均匀量化。此外,参数之间的相关性很低,经过内插产生的滤波器必定是稳定的,所以对数面积比也很适合于数字编码和传输。每个对数面积比参数平均只需 $5\sim6$bit 量化,就可使参数量化的影响完全忽略。

（3）测多项式的根。对预测多项式进行分解，有：

$$A(z) = 1 - \sum_{i=1}^{p} a_i z^{-i} = \prod_{i=1}^{p} (1 - z_i z^{-i}) \tag{6-26}$$

这里，参数 $z_i (i=1,2,\cdots,p)$ 是 $A(z)$ 的一种等效表示，对预测多项式的根进行量化，很容易保证合成滤波器的稳定性，因为只要确信根在单位圆内即可。平均来说，每个根用 5bit 量化就能精确表示 $A(z)$ 中包含的频谱信息。然而，求根将使运算量增加，所以采用这种参数不如采用第 1、2 种参数效率高。

通常，一帧典型的 LPC 参数包括 1bit 清浊音信息、大约 5bit 增益常数、6bit 基音周期、平均 5～6bit 量化每个反射系数或对数面积比（共有 8～12 个），所以每帧约需 60bit。如果一帧 25ms，则声码器的数码率为 2.4kbit/s 左右。

2. 变帧率 LPC 声码器

虽然进一步降低 LPC 声码器的速率是可能的，但必须以再降低语音质量为代价。尽管如此，在这方面还是进行了一些尝试。变帧率 LPC 声码器就是其中一种。它充分利用了语音信号在时间域上的冗余度，尤其是元音和擦音在发音过程中都有缓变的区间，描述这部分区间的语音不必像一些快变语音那样用很多比特的信息量。语音信号是非平稳的时变信号，波形变化随时间而不同。例如，清音至浊音的过渡段，语音特性的变化剧烈，理论上应用较短的分析帧，要求 LPC 声码器至少每隔 10ms 就发送一帧新的 LPC 参数；而对于浊音部分，在发音过程中有缓变的区间，语音信号的频谱特性变化很小，分析帧就可以取长些；在语音活动停顿情况下更是如此。因而可以采用变帧速率的编码技术（Variable Frame Rate，VFR）来降低声码器的平均传输码率。

实际上，帧长可保持恒定，只是勿需将每一帧 LPC 参数都去编码和传送，这时合成部分所需的参数可以通过重复使用其前帧参数或内插的方法获得，这样每秒传输的帧数是在变化的，平均的传输码率将大大降低。如果采用 LPC 方式存储信号，变帧速率编码将起减小存储容量的作用。

在这种声码器中，关键问题是如何确定其一帧 LPC 参数是否需要传送，因而需要一种度量方法以确定当前帧参数和上一次发出的那帧参数间的差异（即距离）。如果距离超过了某一门限，表明发生了足够大的变化，此时必须传送新的一帧 LPC 参数。

如果分别用 P_n、P_l 表示第 n 帧和第 l 帧 LPC 参数构成的列矢量，那么度量这两帧参数变化的最简单的方法是求欧氏距离 $(P_n - P_l)^{\mathrm{T}} (P_n - P_l)$，或者更一般的欧氏距离 $(P_n - P_l)^{\mathrm{T}} W^{-1} (P_n - P_l)$。其中 W^{-1} 是一个正定加权矩阵 W 的逆矩阵，W 的引入使得起主要作用的参数给予较重的权。阵 W 应由语音信号的统计特性决定，而且对于不同的语音段和讲话人都应该有不同的选择。

变帧速率编码技术，它在某些语音通信系统中，如信道复用、语音插空、数据和语音复用等场合都有一定的应用价值。变帧速率 LPC 声码器的传输数码率一般能降低 50% 而不产生明显的音质变坏，其代价是编码和解码变得复杂以及出现某些时延。

6.6.2 LPC-10 编码器

20 世纪 70 年代后期，美国确定用线性预测编码器标准 LPC-10 作为在 2.4kbps 速率上的推荐编码方式。1981 年这个算法被官方接受，作为联邦标准 1015 号文件。1982 年

Thomas E. Tremain 发表了这个算法,即"政府标准线性预测编码算法 LPC-10"。利用这个算法可以合成清晰、可懂的语音,但是抗噪声的能力和自然度尚有欠缺。

图 6-20 是 LPC-10 编码器发端的原理框图。在 LPC-10 的发端,原始语音经过锐截止的低通滤波器之后,输入 A/D 变换器,以 8kHz 速率采样得到数字化语音。然后每 180 个采样分为一帧(22.5ms),以帧为处理单元,提取语音特征参数并加以编码传送。A/D 变换后输出的数字化语音,经过低通滤波、2 阶逆滤波后,再用平均幅度差函数(AMDF)计算基音周期。经过平滑、校正得到该帧的基音周期(Pitch)。与此同时,对低通滤波后输出的数字语音进行清/浊音检测,经过平滑、校正得到该帧的清/浊音标志 V/UV。

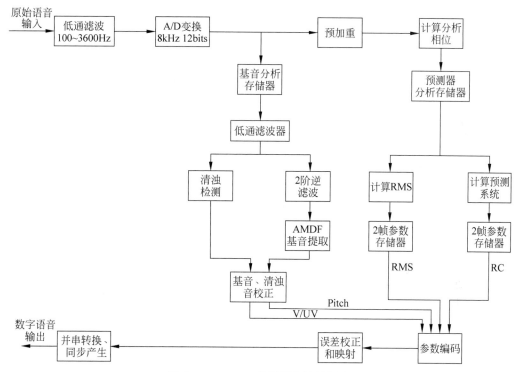

图 6-20   LPC-10 编码器发端的框图

在提取声道参数之前要先进行预加重处理。预加重滤波器的传输函数 $H_{pw}(z)$ 为:

$$H_{pw}(z) = 1 - 0.9375Z^{-1} \tag{6-27}$$

在实施 LP 分析前进行预加重的目的是加强语音谱中的高频共振峰,使语音端频谱以及线性预测分析的余数频谱变得更为平坦,从而提高了谱参数估值的精确性。声道滤波器参数 RC,增益 RMS 采用准基音同步相位的方法计算。由于滤波器参数 RC 预测系数不适于直接量化,所以采用在数学上与之完全等价的 P 个反射系数(RC)$\{k_i\}$ 代替预测系数进行量化编码。LPC 分析采用"半基音同步"算法。即浊音帧的分析帧长取为 130 个采样以内的基音周期整数倍值,用这个分析帧来计算 RC 和增益 RMS。这样每一个基音周期都可以单独用一组系数处理。在收端恢复语音时也是如此处理。清音帧则是取长度为 22.5ms 的整帧中点为中心的 130 个样点形成分析帧来计算 RC 和 RMS。用如下公式计算增益 RMS。

$$\text{RMS} = \sqrt{\frac{1}{M} \sum_{i=1}^{m} S_i^2} \qquad (6\text{-}28)$$

式中 S_i 为经过预加重的数字语音，M 是分析帧的长度。

输入数字语音经过一个四阶 Butterworth 低通滤波器滤波，此滤波器的 3dB 截止频率为 800Hz。滤波后的信号再经过二阶逆滤波，并把采样频率降低至原来的 1/4，再计算延迟时间为 20～156 个样点的 AMDF，由 AMDF 的最小值即可确定基音周期。计算 AMDF 的公式为：

$$\text{AMDF}(\tau) = \sum_{m=1}^{130} | S_m - S_{m+\tau} | \qquad (6\text{-}29)$$

其中 τ 的取值可以为 20,21,22,23,24,25,26,27,28,29,30,31,32,33,34,35,36,37, 38,39,40,42,44,46,48,50,52,54,56,58,60,62,64,66,68,70,74,76,78,80,84,88,92,96, 100,104,108,112,118,120,124,128,132,136,140,144,148,152,156。

这相当于在 50～400Hz 范围内计算 60 个 AMDF 值；清/浊音判决是利用模式匹配技术，基于低带能量、AMDF 函数最大值与最小值之比、过零率做出的。最后对基音值、清/浊音判决结果用动态规划算法，在三帧范围内进行平滑和错误校正，从而给出当前帧的基音周期基音、清/浊音判决参数 V/U。每帧清/浊音判决结果用两位码表示四种状态，这四种状态为：① 00——稳定的清音；② 01——清音向浊音转换；③ 10——浊音向清音转移；④ 11——稳定的浊音。

在 LPC-10 的传输数据流中，将 10 个反射系数 $k_1 \sim k_{10}$、增益 RMS、基音周期、基音、清/浊音 V/U、同步信号 Sync 总共编码成每帧为 54bits。由于每秒传输 44.4 帧，因此总传输速率为 2.4kbps。同步信号采用相邻帧 1、0 码交替的模式。表 6-3 是浊音帧和清音帧的比特分配。

表 6-3　LPC-10 浊音帧和清音帧的比特分配

	浊　音	清　音
基音	7	7
RMS	5	5
Sync	1	1
K1	5	5
K2	5	5
K3	5	5
K4	5	5
K5	4	
K6	4	
K7	4	
K8	4	
K9	3	
K10	2	
误差校正	0	20
总计	54	53

反射系数的分布极不均匀，要对这些参数进行变换，以便按一种合理的方式最佳地配置固定数量的比特。如果用谱灵敏度的测度准则，采用对数面积比方法编码（Log-Area-

Ratio-Encoded)最为适宜。对数面积比公式如式(6-25)所示。即在 LPC 中,一般先将 k_i 参数变换成 g_i,然后再进行查表量化。

RMS 参数用查表法进行编码、解码。此码表是对于数值在 2～512 的 RMS 值用步长为 0.773dB 的对数码表,进行编码和解码。

60 个基音值用 Hamming 权重 3 或 4 的 7bits Gray 码进行编码。这里 Hamming 权重是指在信道编码中,码组中非零码元的数目。例如 010 码组的 Hamming 权重为 1,011 码组的 Hamming 权重为 2。清音帧用 7bits 的全零矢量表示,过渡帧用 7bits 的全 1 矢量表示,其他基音值用权重 3 或 4 的 7bits 矢量表示。

图 6-21 是 LPC-10 的收端译码器框图。在收端首先利用直接查表法,对数码流进行检错、纠错。经过纠错译码后即可得到基音周期、清/浊音标志、增益以及反射系数的数值。译码结果延时一帧输出,这样输出数据就可以在过去的一帧、现在的一帧、将来的一帧三帧内进行平滑。由于每帧语音只传输一组参数,考虑一帧之内可能有不止一个基音周期,因此要对接收数值进行由帧块到基音块的转换和插值。参数插值原则为:①对数面积比参数值每帧插值两次;②RMS 参数值在对数域进行基音同步插值;③基音参数值用基音同步的线性插值;④在浊音向清音过渡时对数面积比不插值。

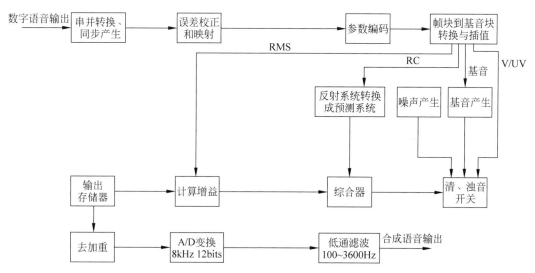

图 6-21　LPC-10 编码器收端的框图

预测系数、增益、基音周期、清/浊音等参数值每个基音周期更新一次。基音块的转换在插值中完成。根据基音周期和清/浊音标志来决定要采用的激励信号源。如果是清音帧,则以随机数作为清音帧的激励源;如果是浊音帧,则让一周期性冲激序列通过一个全通滤波器来生成浊音激励源,这个措施改善了合成语音的尖峰性质。语音合成滤波器输入激励的幅度保持恒定不变,而输出幅度受 RMS 参数加权。

用 Levinson 递推算法可将反射系数 $\{k_i\},i=1,\cdots,p$ 变换为预测系数 $\{a_i\},i=1,\cdots,p$。收端的综合器应用了直接型递归滤波器 $H(z)=\dfrac{1}{1-\sum\limits_{i=1}^{p}a_i Z^{-i}}$ 来合成语音。对其输出还要进行幅度校正、去加重并变换为模拟信号。最后经过一个 3600Hz 的低通滤波器后输出模拟语音。

LPC-10 采用简单的二元激励来取代余量信号,即浊音段用间隔为基音周期的脉冲系列,清音段用白噪声系列来作为激励信号源。虽然可在 2.4kbps 的速率上得到清晰可懂的合成语音,但自然度不够理想,即使提高码率,也无济于事,尤其在有噪声的环境中,LPC-10很难提取准确的基音周期及正确地判断清/浊音。这给语音质量带来了严重的影响。经过十几年的研究,人们已经认识到,导致单脉冲 LPC 声码器性能差的主要原因不在于声道模型本身,而在于激励信号的选取。单脉冲 LPC 方法中的激励信号是二元形式的,或为白噪声,或为准周期性的脉冲串。这种激励形式对于能否准确获得基音周期估值和能否作出正确的清/浊音判决十分敏感,也容不得较强的背景噪声和其他干扰。

对 LPC 声码器的改进方法就是采用混合激励模型,以便能够更加充分地描述丰富的语音特性。混合激励由一个多带混合模型来实现,对于浊音激励源,多带混合激励吸取了多带激励(MBE)语音产生模型的特点,将整个频段分成固定的几个频带,分别控制各频带的脉冲和噪声谱的混合比例,以更好地逼近残差谱。而对于清音谱,仍采用平坦的白噪声谱作为激励源。这样,混合激励比较细致地合成了浊音谱形状,使合成语音变得较为自然。

MELPC 声码器抗环境噪声能力强,计算复杂度低,有着广阔的应用前景,美国国防部在 1996 年选定它作为新的 2.4kbps 语音编码的联邦标准,以取代 LPC-10。MELPC 主要用于军事、保密系统的通信,在民用系统中也有一定的应用,如无线通信、互联网语音函件等。

6.7　语音信号的混合编码

波形编码能保持较高的语音音质,抗干扰性较好,硬件上也容易实现,但比特速率较高,而且时延较大。参数编码的比特速率大大降低,最大可压缩到 2kbps 左右,但自然度差,语音质量难以提高。1980 年代后期,综合上述两种方式的混合编码技术被广泛使用。混合编码同声源编码一样也假定了一个语音产生模型,但同时又使用与波形编码相匹配的技术将模型参数编码。它吸收了两者的优点,其中最为典型的就是 CELP 模型。它在比特率为4～16kbps 时已经可以得到比其他算法更高的重建语音质量。而且以 CELP 为基础的多种算法已成为国际标准,如 G.728 建议的 LD-CELP 和 G.729 建议的 CS-ACELP 算法等。

得到最广泛研究的语音编码算法是基于线性预测技术的分析——合成编码方法(LPAS)。此类编码算法通过线性预测确定系统参数,并通过闭环或分析——合成方法来确定激励序列,它的原理框图见图 6-22。系统中,一个短时预测器 $A(z)$ 分析语音信号的共振峰结构(谱包络);一个长时预测器 $A_L(z)$ 分析语音信号的基音结构(精细结构);一个感知加权滤波器 $W(z)$ 使得量化误差能被高能量的共振峰所掩盖,最后激励信号的选择可根据最小均方误差(MSE)准则来确定。

三种最常见的分析——合成线性预测编码算法分别是:由 Atal 和 Remede 提出的多脉冲线性预测编码(MP-LPC);由 Kroon 等提出的规则脉冲激励线性预测编码(RPE-LPC);以及由 Atal 和 Schro 提出的码激励线性预测编码(CELP)。其中 CELP 具有较高质量的合成语音和良好的抗噪性和多次复接能力,所以在近几年里,有许多声码器是以该模型为基础的。

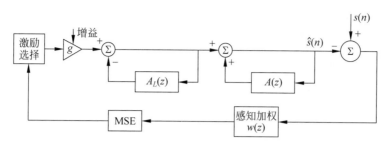

图 6-22 典型的分析——合成线性预测编码器结构

语音生成模型把语音的生成看成是一些激励信号激励一个模拟声道的滤波器得到的响应。由 LPC 分析得到声道模型参数后,需要选择适当的激励模型来产生合成语音。传统的 LPC 声码器采用的是二元激励,它将激励源分为浊音和清音,在浊音的情况下,激励信号由一个周期脉冲发生器产生,周期 N 取决于基音频率 F_0 和采样频率 f_s,$N = f_s/F_0$;在清音的情况下,激励信号由一个随机噪声发生器产生。而 CELP 的主要改进是采用矢量量化技术对激励信号编码,将事先经过训练得到的一组码矢量组成一个码本,然后对每一帧语音信号从这组码本中选出一个在感知加权误差最小意义上的最佳码矢量作为激励源。它在编码时只需传送最佳码矢量的下标,由此占用的比特数得到最大程度的降低,不过这样做就需要在编码端和解码端都存放码本。码激励模型示意图见图 6-23,其中使用一个自适应码本(Adaptive Codebook)中的码矢量来逼近语音的长时周期性(基音)结构;用一个固定的随机码本中的码矢量来逼近语音经过短时、长时预测后的余量信号。从两个码本中搜索出来的最佳码矢量,乘以各自的最佳增益后相加,其和即为 CELP 激励信号源。

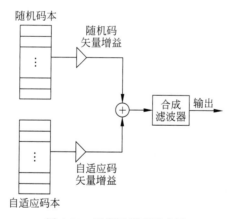

图 6-23 码激励模型示意图

图 6-24 表示一个典型的 CELP 模型编码的基本原理。CELP 模型仍然是基于语音的短时特性,以 20~30ms 为一帧,主要采用 LPAS 和矢量量化。图 6-23 中,它首先由输入语音根据线性预测计算一组预测系数 $\{a_i\}$。将语音信号通过线性预测误差滤波器 $A(z) = \sum\limits_{i=1}^{p} a_i z^{-i}$,在时域上,$A(z)$ 的作用是用前 p 点的样本值预测当前点的值,即 $\hat{s}(n) = \sum\limits_{i=1}^{p} a_i s(n-i)$。经过这个预测后的残差信号 $e(n) = s(n) - \hat{s}(n)$ 中的短时分量已经被基本滤除。长时相关性通过 $P(z)$ 来形成,$P(z) = \lambda z^{-d}$,d 为基音周期,λ 为增益控制,在时域上,这个滤

波器输入与输出的关系为 $y(n)=\lambda x(n-d)$，即对输入信号作一个长度为 d 的延时，然后乘上增益因子 λ，形成输出信号。

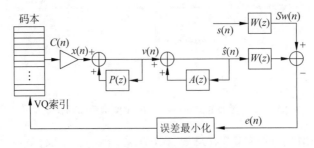

图 6-24　CELP 编码器原理图

在 CELP 中，初始的激励从有限长度的码本中选取，这个码本序列 $c(n)$ 通过增益控制生成 $x(n)$，通过长时滤波器 $\dfrac{1}{1+P(z)}$ 后生成 $v(n)$，$v(n)=x(n)+\lambda v(n-d)$，式中 $v(n-d)$ 就代表了语音的长时特性，在不改变音调预测激励 $c(n)$ 的情况下，改变不同的延时值 d，生成许多不同的综合语音。最优延时 d 和增益 λ 即是通过最优化这个过程得到的。

这个过程也可以从波形匹配的角度来解释。编码算法以每一子帧为基础，选择过去的 LPC 激励信号中的一段，与当前子帧的 LPC 残差信号相匹配，再经过增益控制，然后把它作为对当前子帧 LPC 激励信号的主要分量。这个过程一般采用自适应码本来表示。$v(n)$ 再通过短时滤波器 $\dfrac{1}{1-A(z)}$，就形成合成的语音 $\hat{s}(n)$。

码本序列 $c(n)$ 的选取是采用了闭环估计（Closed-Loop Estimation）的合成分析法：将码本中的每一条激励序列依次通过长时滤波器和短时滤波器，合成对应的 $\hat{s}(n)$，选择在感知加权原则下重建语音 $\hat{s}(n)$ 与原始语音 $s(n)$ 最接近的激励。图 6-24 中 $W(z)$ 为感知加权滤波器。

在编码类型上，CELP 一方面运用了类似声源模型的语音合成方法，有参数编码的特征，另一方面在感知加权均方误差最小化时，实际上是做了波形的最佳匹配，有波形编码的特征。所以 CELP 又被称为混合编码。

CELP 模型中的最大问题在于用闭环的方式来搜寻最佳码本和增益。这将带来很大的计算量，并将影响到语音的合成质量。所以，如何设计一个合理而高效的码本结构，一直是 CELP 模型研究的一个重要方面。

6.8　现代通信中的语音信号编码方法

随着通信技术的发展和人们对通信需求的不断变化，目前以 TDMA 或窄带 CDMA 为核心技术的第二代数字蜂窝系统由于容量小和业务种类有限，已不能满足飞速发展的移动通信业务量的需要。因此第三代移动通信 3G 系统的主要目标是为用户提供最高数据速率为 2Mbps 的无线接入多媒体应用业务。在 3G 中语音服务仍将是主要业务之一。

通常语音质量和系统容量是矛盾的，为了更加充分利用有限的无线频带资源，无线通信系统都采用了语音编码技术来减少在空中接口中传送的比特数。因此当前语音编码的研究主要致力于如何在较低数据速率的条件下提高声码器的语音质量使之尽量接近有线语音质量。

最初的 CDMA 系统(IS-95)的语音编码器(IS-96B 标准),是基于码本激励的线性预测(CELP),最高速率为 8kbps 的变速率语音编码器。但随着用户对语音质量要求的提高,美国电信工业协会(TIA)提出了数据速率为 13kbps 的 QCELP 语音编码器。据测试,它的语音质量已达到有线电话的标准。但另一方面,在相同条件下,相对于 8kbps 的语音编码器,它却意味着系统容量的降低。

1995 年,就在 13kbps 的 CDMA 语音编码器正式推出之际,TIA 就开始着手为第三代移动通信系统的语音编码器作准备。他们希望新的语音编码器在保持 8kbps 的基础,能够达到 13kbps 的语音质量。于是,增强型变速率语音编码器(EVRC)就被选作新标准的核心算法,并在 1996 年 7 月,作为 IS-127 标准正式推出,成为了 IS-95 的可选语音服务标准(Service Option 3)和第三代无线通信系统 CDMA 2000 的语音编解码标准。

近年来,随着 IP 网络迅速发展,多媒体业务日益增长,而现有语音编码器提供的语音频质量,已经无法满足用户的要求。3GPP 为了保持其无线通信语音业务的高水平和与 Skype 等网络电话系统的竞争力,需要有自己的新语音频编码器。EVS(Enhanced Voice Services)编码器是新一代的语音频编码器,它的开发是 3GPP 在 Release12 期间非常重要的工作,也是语音频编码国际标准化方面的一个重点项目。3GPP 在 2014 年 9 月把 EVS 编解码器标准化,由 3GPP R12 版本定义,主要适用于 VoLTE,但也同时适用于 VoWiFi 和固定网络电话 VoIP。EVS 编解码器由运营商、终端设备、基础设施和芯片提供商以及语音与音频编码方面的专家联合开发,其中包括爱立信、Fraunhofer 集成电路研究所、华为技术有限公司、诺基亚公司、日本电信电话公司(NTT)、日本 NTT DOCOMO 公司、法国电信(ORANGE)、日本松下公司、高通公司、三星电子公司、VoiceAge 公司及中兴通讯股份有限公司等。EVS 编码器是 3GPP 迄今为止性能和质量最好的语音频编码器,它是全频段(8~48kHz),可以在 5.9~128kbps 的码率范围内工作,不仅对于语音和音乐信号都能够提供非常高的音频质量,而且还具有很强的抗丢帧和抗延时抖动的能力,可以为用户带来全新的体验。

6.8.1 EVS 编码器概述

3GPP EVS 编码器标准化工作启动于 2008 年初,2014 年 12 月完成标准发布。在 2010 年 1 月召开的 3 GPP SA4 第 57 次会议上,完成了 3 GPP EVS 编码器的技术报告 Study of Use Cases and Requirements for Enhanced Voice Codecs in the Evolved Packet System (EPS)(3GPP Technical Report 22.813)制定工作。EVS 编码器旨在为移动电话提供显著增强的语音质量;此外,改善传输效率和优化在 IP 环境下的工作情况将是进一步的目标。EVS 编码器也将能够增强非语音信号的质量,如:音乐信号和混合内容(包括电影和电视节目的预告片、新闻、广告等)。图 6-25 是 EVS 编码器应用于 MSI(Multimedia Telephony Service for IMS)的例子。

从图 6-25 可以看出,EVS 编码器并非取代现有的 3GPP 语音频编码器(如 AMR 和 AMR-WB 等),而是除了提供更高的音频带宽(至超宽带以及全带)外,还将进一步增强现有的语音业务的质量,其中包括一种与 AMR-WB 比特反向兼容的工作模式。

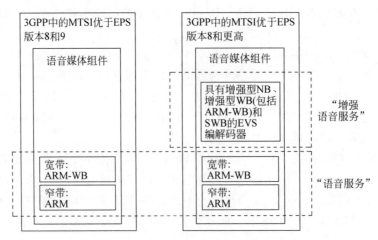

图 6-25   EVS 编码器应用于 MTSI

EVS 编码器的主要应用场景是 VoLTE,也可以用于 CS(3G UMTS)网络以及其他移动和无线(WiFi)网络。EVS 编码器能够为用户提供 Being-there 的质量体验,适用的通信业务种类包括:

(1) 传统的电话通信。

(2) 高质量的多方电话会议。

(3) Music on hold,ring-back tones。

(4) 网真(Telepresence)。

(5) Downloading 和 Streaming。

6.8.2   EVS 编码器设计指标

1. 信号采样率和音频带宽

EVS 编码器支持 8/16/32/48kHz 的采样率。对于一个给定的采样率,编码器要支持选择编码频率带宽。

(1) 窄带(NB):100~3500Hz,采样率为 8/16/32/48kHz;

(2) 宽带(WB):50~7000Hz,采样率为 16/32/48kHz;

(3) 超宽带(SWB):50~14 000Hz,采样率为 32/48kHz;

(4) 全带(FB):20~20 000Hz,采样率为 48kHz。

在上述所有带宽模式下,解码器要支持全部 4 种要求的输出采样率。

2. 声道数

编码器要支持单声道输入和输出编码。

编码器可以支持双声道立体声输入和输出编码。如果支持,则解码器要能从接收到的立体声信号中回放降混的单声道信号。

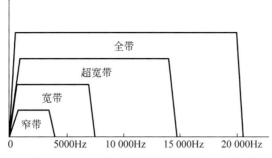

图 6-26　EVS 编码器的音频带宽定义示意图

3. 比特率

总比特率定义为：源编码比特率(Pay load)+0.4kbps 的倍数(Header)。

非 AMR-WB 兼容模式的固定码率编码的比特率为：7.2kbps、8kbps、9.6kbps、13.2kbps、16.4kbps、24.4kbps(总比特率)和 32kbps、48kbps、64kbps、96kbps、128kbps(源编码比特率)。

非 AMR-WB 兼容模式的可变码率编码的平均总比特率为：59kbps 非 AMR-WB 兼容模式 SID(Silence Insertion Descriptor,无声插入描述符)。

帧的总比特率为：≤56 比特/帧。

AMR-WB 兼容模式的编码的比特率为：AMR-WB 的全部 9 种模式的比特率。

AMR-WB 兼容模式 SID 帧的源信息比特率为：40 比特/帧。

码率和带宽的对应关系见表 6-4。

表 6-4　码率和带宽的对应关系

EVS 编码器码率模式/kbps	支持的音频信号带宽
5,9(VBR)	窄带、宽带
7.2	窄带、宽带
8.0	窄带、宽带
9.6	窄带、宽带、超宽带
13.2	窄带、宽带、超宽带
13.2(channel aware)	宽带、超宽带
16.4	窄带、宽带、超宽带、全带
24.4	窄带、宽带、超宽带、全带
32	宽带、超宽带、全带
48	宽带、超宽带、全带
64	宽带、超宽带、全带
96	宽带、超宽带、全带
128	宽带、超宽带、全带

4. 算法时延

单声道模式：≤32ms。

双声道立体声模式：≤50ms。

5. 算法复杂度（不含 Jitter Buffer Management 部分）

（1）单声道模式：≤88 WMOPS。

（2）立体声模式：≤135 WMOPS（Weighted Million Operators Per Second）。

6. 帧长

帧长为 20ms。

7. Jitter Buffer Management（JBM）

EVS 编码器要有一个符合 3 GPP TS26.114 要求的 JBM 解决方案。

8. VAD/DTX/CNG

总比特率小于或等于 24.4kbps 的所有模式都要求支持 DTX1。

比特率大于 24.4kbps 的所有模式可以支持 DTX。

SID 调整帧的发送间隔不得小于 8 帧。

AMR-WB 兼容模式：维持原有的 DTX 参数。

9. 存储复杂度（不含 Jitter Buffer Management 部分）

单声道模式：

（1）RAM：≤100 k Words。

（2）Data ROM：100 k Words。

（3）Program ROM：≤10 倍 AMR-WB 所用的 Program ROM（即 54.26 k Words）。

立体声模式：

（1）RAM：≤200 k Words。

（2）Data ROM：200 k Words。

（3）Program ROM：≤10 倍 AMR-WB 所用的 Program ROM（即 54.26 k Words）。

10. 与 AMR-WB 编码器的反向兼容性

EVS 编码器支持用于 3GPP 电话业务中的全部 AMR-WB 编码器格式，且与现有的 AMR-WB 编码器保持比特兼容，支持 AMR-WB 所有 9 种码率：6.6kbps、8.85kbps、12.65kbps、14.25kbps、15.85kbps、18.25kbps、19.85kbps、23.05kbps、23.85kbps。

6.8.3　EVS 编码涉及的关键技术

1. EVS 编码器技术框架

EVS 编码器采用基于 ACELP 的线性预测编码技术、变换编码技术（TC）的混合编码方案。前者主要用于低比特率语音编码，后者则多用于中高比特率音频编码。对于非激活音频信号还使用了 VAD/DTX/CNG 方法，如图 6-27 所示。

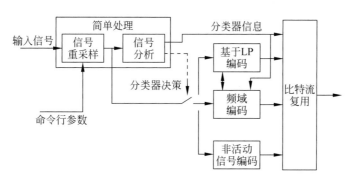

图 6-27 EVS 编码器框架

2. 信号采样

输入信号：EVS 编码器接收 NB、WB、SWB、FB 带宽的音频信号。采样率：8kbps、16kbps、32kbps、48kbps。帧长 20ms。

3. 信号分析和分类

信号分析（signal analysis）和闭环判决（closed loop decision），用于确定使用哪一种编码方法来编码输入的每一帧音频信号：LP-based Coding（LBC）、Frequency Domain Coding 或 Inactive Signal Coding（ISC）。每帧音频信号采用的编码方法都是独立的，可以在 3 种编码方法中自由切换。为了保证无缝切换的效果，在编码方法切换的时候，两帧之间的编码参数也需要进行交换。同样地，对于信用带宽切换、码率切换的情况下，也要考虑切换帧之间参数交换。

4. 线性预测技术

在预测编码方面，代数码激励线性预测（ACELP）是低比特率语音编码中的一项"革命性"技术，已成为大多数低比特率语音编码器的算法核心，它可以在大约 8kbps 的比特率下提供所谓 Toll-quality 的高质量话音。ACELP 已经广泛地用于各种语音编码的国际标准，例如：ITU-T 的 G.729、G.723.1、G 718 系列；3GPP 的 AMR、AMR-WB、AMR-WB＋；MPEG 的 USAC 等。EVS 编码器的线性预测技术就是基于 ACELP 并作了扩展和优化。

如图 6-28 所示，输入信号被分为低频带信号和高频带信号分别进行处理。线性预测系数估计按照 20ms 帧长进行处理。对于低频带信号，根据不同码率和最佳插值方法，每一帧信号设置若干插值点。线性预测残差根据残差的特性进行进步分析和量化。对于高频信号进行参数化，采用不同参数来描述，如谱包络、能量等。为了能和 AMR-WB 后向兼容，EVS 线性预测的核心算法：线性系数估计、高频参数描述（Parametric HF Representation）和残差量化，和 AMR-WB 是相似的，可以配置为 AMR-WB 相同的码本。

5. 频域编码

EVS 的频域编码技术主要基于 MDCT（改进的离散余弦变换）的变换编码技术。MDCT 已为当前的绝大部分音频编码器所采用。这种编码技术，在中高比特率时可以提供

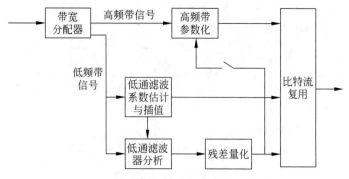

图 6-28 线性预测框架

非常好的音乐和语音质量,在大约 128kbps 时,甚至可以提供所谓"透明"质量的音频信号。从图 6-29 来看,频域编码方法分为控制层和信号处理层。控制层主要执行信号分析并为信号处理层提供配置参数。

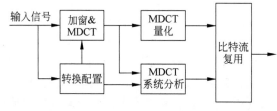

图 6-29 频域编码框架

6. 非激活音频编码

当编码器设置为 DTX 模式,对于输入的背景噪声信号,每 8 帧处理一次,并用频谱包络、能量等参数来描述信号。这些参数传递到解码端后,解码器根据这些参数在解码端生成舒适噪声(CNG)。

6.8.4 EVS 编码器评价

EVS 是目前涵盖窄带、宽带、超宽带以及全带的最先进的语音频编码器,要求其中的各个单项技术都必须是现有最优秀的技术。EVS 编码器的关键指标领先于 AMR、AMR WB、G722.1C 等现有语音频编码器标准,与现有语音频编码标准相比具有如下优势:

(1) 扩展了音频带宽(超宽带,全带)。

(2) 改善了窄带和宽带语音的质量。例如:EVS 编码器 96kbps 码率窄带模式的语音音质要明显地好于 AMR 的 122kbps 码率模式(英语 4.4vs.39,普通话 4.2vs.3.8,5 分为满分);EVS 编码器的 16.4kbps 码率宽带模式的语音音质要明显地好于 AMR-WB 的 19.85kbps 码率模式的语音音质(英语 4.5 vs 4.1,斯洛伐克语 4.6 vs 4.3,5 分为满分)。

(3) 改善了 EVS 编码器对传输错误的抗干扰性。例如:EVS 编码器超宽带 48kbps 码率、3% 丢包率模式下的音乐音质要明显地好于 G.719 相同模式下的音乐音质(4.4 vs 4.0,5 分为满分)。

（4）降低了 EVS 编码器的平均传输码率，同时提高了编码音质。例如：EVS 编码器宽带 244kbps 码率、采用ＶAD 模式下的语音音质要明显地好于 AMR-WB 相同模式下的语音音质（4.7 vs 3.7，5 分为满分）。

（5）在所有的工作带宽提供更好的音乐/混合内容质量。例如：EVS 编码器的 16.4kbps 码率模式音乐音质要明显地好于 AMR-WB 的 23.05kbps 码率模式的音乐音质（4.5 vs 3.4，5 分为满分）。

（6）与 AMR-WB 编码器完全兼容。

6.9 小结

语音信号数字化传输一直是通信发展的主要方向之一，语音的数字通信与模拟通信相比具有更好的效率与性能。最简单的数字化方法就是直接对语音信号进行模数转换，在满足一定采样率和量化要求情况下可以得到高质量的数字语音，但是此时的数据量仍然非常大，因此在进行传输与存储之前需要对其进行压缩处理，减少其传输码率与存储量，也就是压缩编码。

本章对语音信号编码做了具体介绍，首先介绍了语音编码的分类与语音压缩的原理，随后介绍了语音编码的关键技术与性能指标。本章介绍了三种编码方法：波形编码、参数编码与混合编码。波形编码根据语音信号的波形导出相应的数字编码形式，尽量在保持波形不变的情况下使接收端能够再现原始语音，具有抗噪性强、语音质量好等优点，但是需要较高的数码率。参数编码通过对语音信号进行分析，提取参数来对参数进行编码。在接收端能够用解码后的参数重构语音信号，主要在听觉感知的角度注重语音的重现，对数码率的要求比波形编码低很多。混合编码是上述两种方法的有机结合，同时从两方面构造语音编码，既增加了语音的自然度，提高了语音质量又实现了较低的数码率指标。在本章的最后以 EVS 编码器为例介绍了现代通信中的语音信号编码方法，EVS 编码器对传统语音编码技术进行进一步演进，不仅对于语音和音乐信号都能够提供非常高的音频质量，而且还具有很强的抗丢帧和抗延时抖动的能力。

复习思考题

6.1 什么叫作量化、编码、解码？它们是如何实现的？为什么说在取样率受限于信号带宽时传输数码率取决于语音信号的概率分布？常用的语音信号的概率函数是什么？

6.2 什么是信源编码？信源编码主要解决什么问题？什么是信道编码？信道编码主要解决什么问题？

6.3 语音编码通常分为哪几类？波形编码、参数编码与混合编码各有什么优点和缺点？

6.4 什么叫作 PCM 的均匀量化和非均匀量化？后者比前者有什么优点？常用的有哪几种非均匀量化方式？我国采用哪种方式？你知道我国的语音质量的清晰度测试方法吗？

6.5　在语音编码中,如何使用自适应技术? 有哪些参数可以被"自适应"? 什么叫作前馈自适应和反馈自适应? 你能画出它们的系统框图么?

6.6　什么叫作自适应变换编码? 在语音通信中,常用的这种变换是什么变换? ATC中的"边信息"指的是哪些信息? ATC 中是如何实现比特分配的自适应的?

6.7　子带编码的基本思想是什么? 它比一般的 PCM 有什么优点? 在各子带内,SBC用的是什么编码方式? 什么叫作整数带取样法? 它能解决什么问题? 什么叫作二次镜像滤波法? 它又能得到什么好处? 请画出 SBC-QMF 的系统框图。

6.8　什么叫作声码器? 其传输数码率可低达多少? 目前已研究出哪几种类型声码器?其中最常用的是哪一种? 为什么?

6.9　请画出线性预测声码器的原理框图。在 LPC 声码器中,最好的量化参数是什么?为什么? 在 LPC 声码器中如何使用矢量量化技术来进一步降低数码率? 除书中介绍方法之外,还有什么方法吗? 什么叫作变帧率 LPC 声码器?

6.10　码激励线性预测编码(CELP)的原理是什么? 你能画出它的系统框图吗?CELP 有什么优缺点?

第 **7** 章

语 音 增 强

7.1　概述

　　直接利用语音信号进行的人机对话方式,作为一种自然的、方便的控制和通信手段,已经广泛应用到各个实用领域,并已证明了它的有效性。同时,语音信号作为信息的最普遍、最直接的表达方式,在许多领域也一样具有广泛的应用前景。然而在实际环境下应用语音信号处理的关键是抗噪声技术,因为噪声的消减对语音识别、低码率符号化等的实用化是必要的。

　　现实生活中的语音不可避免地要受到周围环境的影响,很强的背景噪声例如机械噪声、其他说话者的语音等均会严重影响语音信号的质量;此外传输系统本身也会产生各种噪声,因此在接收端的信号为带噪语音信号。混叠在语音信号中的噪声按类别可分为环境噪声等的加法性噪声与残响及电器线路干扰等的乘法性噪声;按性质可分为平稳噪声和非平稳噪声,除此之外,噪声环境下说话人的发音变化也是实际环境下语音信号处理研究的重要课题。因为在噪声环境下,话者的情绪会发生变化,从而引起声带的变化,这就是所谓的LomBard现象。但一般认为,LomBard现象对语音处理系统的影响相对较小。

　　有关抗噪声技术的研究以及实际环境下的语音信号处理系统的开发,是国内外语音信号处理非常重要的研究课题,已经作了大量的研究工作,取得了丰富的研究成果。目前国内外的研究成果大体分为三类解决方法。一类是采用语音增强算法等,提高语音识别系统前端预处理的抗噪声能力,提高输入信号的信噪比。第二类方法是寻找稳健的耐噪声的语音特征参数。例如,Mansour 和 Juang 提出了短时修正的相干系数(SMC)作为语音特征参数,该参数是基于自相关函数序列的线性预测技术,实验证明,该参数对宽带语音具有较好的抗噪性;Atal 提出了倒谱系数零均值算法,该算法在消除麦克风和信道失真方面取得了较好的效果;Carlson 基于加性噪声只影响倒谱系数的模而方向不受噪声影响的特性,提出了基于子空间投影的特征参数。另外还有基于频率规整的单边自相关序列线性预测倒谱系数(OSA-WLPC)参数,实验证明,该参数在不增加计算量的情况下,既能模仿人耳的听觉特性提高识别性能,又具有较强的抗噪能力。第三类方法是基于模型参数适应化的噪声补偿算法,例如,针对加法性噪声的 HMM 合成法、Parallel Model Combination 法和针对乘法性噪声的 Stochastic Matching 法以及两方面都考虑的方法等。这类方法可以引入语音和噪声的统计知识,提出具有一定环境稳健性的处理算法,并且在应用中基本与语音模型的短时平稳的假设一致,所以成为目前研究的热点。但是,目前的补偿算法通常只考虑到噪声环境是平稳的,在低信噪比语音以及非平稳噪声环境中的效果并不理想。解决噪声问题的根本方法是实现噪声和语音的自动分离,尽管人们很早就有这种愿望,但由于技术的难度,这方面的研究进展很慢。近年来,随着声场景分析技术和盲源分离技术的研究发展,利用在这些领域的研究成果进行语音和噪声分离的研究取得了一些进展。

实际环境下语音信号处理技术是一个庞大的涉及面很广的研究课题,本章只介绍有关语音增强方面的内容。语音增强是解决噪声污染的有效方法,它的首要目标就是在接收端尽可能从带噪语音信号中提取纯净的语音信号,改善其质量。语音增强不仅涉及信号检测,波形估计等传统信号处理理论,而且与语音特性,人耳感知特性密切相关;再则,实际应用中噪声的来源及种类各不相同,从而造成处理方法的多样性。因此,要结合语音特性、人耳感知特性及噪声特性,根据实际情况选用合适的语音增强方法。

7.2　语音特性、人耳感知特性

7.2.1　语音特性

语音信号是一种非平稳的随机信号。语音的生成过程与发音器官的运动过程密切相关,考虑到人类发声器官在发声过程中的变化速度具有一定的限度而且远小于语音信号的变化速度,因此可以假定语音信号是短时平稳的,即在 $10\sim30\text{ms}$ 的时间段内其某些物理特性和频谱特性可以近似地看作是不变的,从而可以应用平稳随机过程的分析方法来处理语音信号,并可以在语音增强中利用短时频谱的平稳特性。

任何语言的语音都有元音和辅音两种音素。根据发声的机理不同,辅音又分为清辅音和浊辅音。从时域波形上可以看出浊音(包括元音)具有明显的准周期性和较强的振幅,它们的周期所对应的频率就是基音频率;清辅音的波形类似于白噪声并具有较弱的振幅。在语音增强中可以利用浊音具有的明显的准周期性来区别和抑制非语音噪声,而清辅音的特性则使其和宽带噪声区分困难。

语音信号作为非平稳、非遍历随机过程的样本函数,其短时谱的统计特性在语音增强中有着举足轻重的作用。根据中心极限定理,语音的短时谱的统计特性服从高斯分布,当然实际应用时只能将其看作是在有限帧长下的近似描述。

7.2.2　人耳感知特性

人耳对于声波频率高低的感觉与实际频率的高低不呈线性关系,而近似为对数关系;人耳对声强的感觉很灵敏且有很大的动态范围,人耳对于频率的分辨能力受声强的影响,过强或者太弱的声音都会导致对频率的分辨力降低;人耳对语音信号的幅度谱较为敏感,对相位不敏感。这一点对语音信号的恢复很有帮助。共振峰对语音感知很重要,特别是前三个共振峰更为重要。

人耳具有掩蔽效应,即一个声音由于另外一个声音的出现而导致该声音能被感知的阈值提高的现象。

人耳除了可以感受声音的强度、音调、音色和空间方位外,还可以在两人以上的讲话环境中分辨出所需要的声音,这种分辨能力是人体内部语音理解机制具有的一种感知能力。人类的这种分离语音的能力与人的双耳输入效应有关,称为"鸡尾酒会效应"。

语音增强的最终效果度量是人耳的主观感觉,所以在语音增强中可以利用人耳感知特性来减少运算代价。

通过语音增强技术来改善语音质量的过程如图 7-1 所示。下文将介绍几种语音增强方法,包括:基于模型的语音增强技术、基于听觉掩蔽的语音增强技术和基于时域处理的语音增强技术。

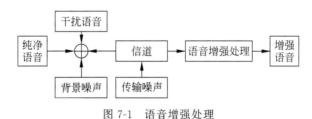

图 7-1 语音增强处理

7.3 传统语音增强技术

7.3.1 基于滤波法的语音增强技术

1. 陷波器法

在上面已经提及,对于周期噪声采用陷波器是较为简便和有效的方法,其基本思路和要求是设计的陷波器的幅频曲线的凹处对应于周期噪声的基频和各次谐波,如图 7-2 所示,并通过合理设计使这些频率处的陷波宽度足够窄。

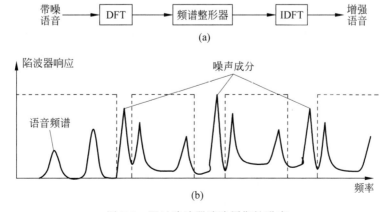

图 7-2 通过陷波器消除周期性噪声

显然,简单的数字陷波器的传递函数如下:

$$H(z) = 1 - z^{-T} \tag{7-1}$$

由 $H(e^{j\omega}) = 1 - e^{-j\omega T}$ 可以看出 $f = N/T(N$ 为整数)的频率将被滤除。根据数字信号处理的基本知识可以知道,数字滤波器的极零点接近时,信号频谱变化较为缓慢,而在陷波频率处急剧衰减,故引入反馈:

$$H(z) = \frac{1 - z^{-T}}{1 - bz^{-T}} \tag{7-2}$$

当 b 越接近 1 时,分母在零点附近处有抵消作用,梳齿带宽变得越窄,通带较为平坦,陷波效果越好。其模拟框图如图 7-3 所示。

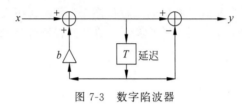

图 7-3 数字陷波器

2. 自适应滤波器

1) 基本型

自适应滤波器最重要的特性是能有效地在未知环境中跟踪时变的输入信号,使输出信号达到最优,因此可以用来构成自适应的噪声消除器,其基本原理框图如图 7-4 所示。

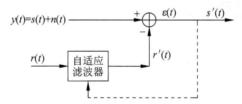

图 7-4 基本型自适应滤波器

图 7-4 中 $s(t)$ 为语音信号,$n(t)$ 为未知噪声信号,$y(t)$ 为带噪语音信号,$r(t)$ 为参考噪声输入,$r(t)$ 与 $s(t)$ 无关,而与 $n(t)$ 相关。该滤波器的实质在于实现带噪信号中的噪声估计,并用原始信号 $y(t)$ 减去估计值 $r'(t)$ 以达到语音增强的目的。

图 7-4 中将输出 $s'(t)$ 看作是 $r(t)$ 估计 $y(t)$ 而得到的误差,根据最小均方准则,当 $E\{|y(t) - r'(t)|^2\}$ 为最小时的误差 $\varepsilon(t)$ 也就是降噪后的 $s'(t)$。这里采用 LMS 递推算法简要说明横向滤波器系数的求法。设横向滤波器的加权向量记为 W,误差信号 $\varepsilon(k)$,则有:

$$\varepsilon(k) = y(k) - r'(k) = y(k) - \boldsymbol{W}^{\mathrm{T}}(k)R(k) \tag{7-3}$$

其中 $R(k)$ 为噪声 $r(t)$ 的输入向量。设代价函数为:

$$J = E\{|y(k) - \boldsymbol{W}^{\mathrm{T}}(k)R(k)|^2\} \tag{7-4}$$

令:

$$R_{rr} = E\{R(k)\boldsymbol{R}^{\mathrm{T}}(k)\} \tag{7-5}$$

$$R_{ry} = E\{R(k)y(k)\} \tag{7-6}$$

通过对式(7-6)求导,可以得到最小均方意义下的最佳系数向量为:

$$W_{\text{opt}} = R_{rr}^{-1} R_{ry} \tag{7-7}$$

下面不加证明地给出 Widrow-Hoff 的 LMS 算法加权系数递推公式:

$$W(k) = W(k-1) + \mu \varepsilon(k) R(k) \left(\mu < \frac{1}{\text{总输入功率}} \right) \tag{7-8}$$

这样在理论上通过自适应滤波可得到均方意义下语音信号的最佳估计值 $s'(t)$。关于自适应滤波设计的详细讨论请参考数字信号处理相关教材,兹不赘述。

2) 对称自适应去相关的改进型

利用图 7-4 所示的自适应噪声对消器进行语音增强,要求参考信号 $r(t)$ 与噪声信号 $n(t)$ 相关,而与语音信号 $s(t)$ 不相关。而在有些实际应用中,参考输入 $r(t)$ 除包含与噪声相关的参考噪声外,还可能含有低电平的信号分量。无疑这些泄漏到参考输入中的语音信号分量将会对消原始输入中的语音信号成分,进而导致输出信号中原始语音信号的损失。图 7-5 给出了原始语音信号 $s(t)$ 通过一个传输函数为 $J(z)$ 的信道泄漏到参考输入中的情形。

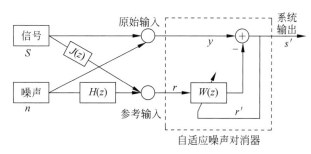

图 7-5　信号分量泄漏到参考输入的自适应噪声对消器

可以证明,如果原始输入和参考输入中的噪声相关,则对消器输出端的信噪谱密度比为参考输入端信噪谱密度比之倒数。这种自适应过程被称为"功率取逆"。

当参考输入端的信噪谱密度比 $\rho_{ref}(z)$ 为零,即原始信号没有泄漏到参考输入时,则对消器输出的信噪谱密度比 $\rho_{out}(z)$ 将趋于无穷大,这表明输出噪声被完全抵消。而当参考输入端的信噪谱密度比 $\rho_{ref}(z)$ 不为零,即有原始信号泄漏到参考输入时,则对消器输出的信噪谱密度比 $\rho_{out}(z) = 1/\rho_{ref}(z)$。可见,信号分量的泄漏不仅导致输出信号中原始信号的损失,同时还导致噪声对消器性能的恶化。

为了解决信号分量的泄漏导致系统性能恶化这一问题,D. Van Compernolle 提出了对称自适应去相关(SAD)算法,其基本原理如图 7-6 所示。

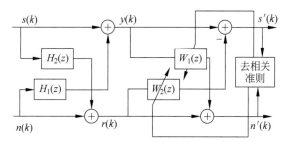

图 7-6　对称的自适应去相关算法的基本原理

SAD 算法的基本思想是用去相关准则来代替最小均方误差准则,不难证明去相关准则和最小均方误差准则是一致的。严格来说,SAD 算法不是一个噪声抵消算法,而是一个信号分离算法。实际上,这种对称自适应去相关信号分离系统是 LMS 自适应噪声抵消器的扩展。关于 SAD 算法的详细讨论,可参考有关文献。

3) 用延迟的改进型

从图 7-4 和图 7-6 中可以看出,自适应滤波器需要有与 $n(t)$ 相关的参考噪声 $r(t)$ 输入,这在实际应用中往往比较困难,如果噪声相关性较弱时(例如白噪声),有如图 7-7 所示的改进型。

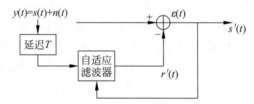

图 7-7 用延迟的改进型自适应滤波器

带噪语音信号延迟一个周期,得到参考信号 $r(t)=s(t-T)+N(t-T)$。由于 $s(t)$ 一般相关性较强,所以 $s(t)$ 与 $s(t-T)$ 相关性大,$n(t)$ 与 $n(t-T)$ 相关性小。该自适应滤波器的设计思想同上,即稳定时使 $E\{\varepsilon^2(k)\}$ 最小,而要达到这一点必须保证加法器的两个输入端有较多的相关成分,即 $s(t)$、$n(t)$ 的相关成分。考虑到噪声相关性较弱,因此稳定时 $s'(t)$ 就是降噪后的 $s(t)$ 的估计值。

7.3.2 基于减谱法的语音增强技术

1. 基本原理

减谱法是处理宽带噪声较为传统和有效的方法,其基本思想是在假定加性噪声与短时平稳的语音信号相互独立的条件下,从带噪语音的功率谱中减去噪声功率谱,从而得到较为纯净的语音频谱。

如果设 $s(t)$ 为纯净语音信号,$n(t)$ 为噪声信号,$y(t)$ 为带噪语音信号,则有:

$$y(t) = s(t) + n(t) \tag{7-9}$$

用 $Y(\omega)$、$S(\omega)$、$N(\omega)$ 分别表示 $y(t)$、$s(t)$、$n(t)$ 的傅里叶变换,则可得下式:

$$Y(\omega) = S(\omega) + N(\omega) \tag{7-10}$$

由于假定语音信号与加性噪声是相互独立的,因此有:

$$|Y(\omega)|^2 = |S(\omega)|^2 + |N(\omega)|^2 \tag{7-11}$$

因此,如果用 $P_y(\omega)$、$P_s(\omega)$、$P_n(\omega)$ 分别表示 $y(t)$、$s(t)$ 和 $n(t)$ 的功率谱,则有:

$$P_y(\omega) = P_s(\omega) + P_n(\omega) \tag{7-12}$$

而由于平稳噪声的功率谱在发声前和发声期间基本没有变化,这样可以通过发声前的所谓"寂静段"(认为在这一段里没有语音只有噪声)来估计噪声的功率谱 $P_n(\omega)$,从而有:

$$P_s(\omega) = P_y(\omega) - P_n(\omega) \tag{7-13}$$

这样减出来的功率谱即可认为是较为纯净的语音功率谱,然后,从这个功率谱可以恢复降噪后的语音时域信号。

在具体运算时，为防止出现负功率谱的情况，减谱时当 $P_y(\omega)<P_n(\omega)$ 时，令 $P_s(\omega)=0$，即完整的减谱运算公式如下：

$$P_s(\omega)=\begin{cases}P_y(\omega)-P_n(\omega) & P_y(\omega)\geqslant P_n(\omega)\\ 0 & P_y(\omega)<P_n(\omega)\end{cases} \qquad (7\text{-}14)$$

减谱法语音增强技术的基本原理图如图 7-8 所示。图中频域处理过程中只考虑了功率谱的变换，而最后 IFFT 变换中需要借助相位谱来恢复降噪后的语音时域信号。依据人耳对相位变化不敏感这一特点，这时可用原带噪语音信号 $y(t)$ 的相位谱来代替估计之后的语音信号的相位谱来恢复降噪后的语音时域信号。

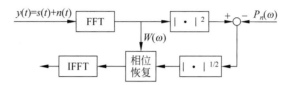

图 7-8　减谱法语音增强技术的基本原理

2. 基本减谱法的改进

1）被减项加权值处理

如式(7-14)的基本减谱法对于整个语音段采用减去相同噪声功率谱 $P_n(\omega)$ 办法，这样，实际处理效果不是很理想，原因是：语音的能量往往集中在某些频段内，在这些频段内的幅度相对较高，尤其是共振峰处的幅度一般远大于噪声，因此，不应用同一标准处理。此外，由于随机噪声，如随机白噪声的能量统计特性服从正态分布，因此噪声帧功率谱 $P_n(\omega)$ 也会随机变化，其最大、最小值之比往往达到几个数量级，而最大值与平均值之比也可达 $6\sim8$ 倍，只有对它作长期的平均才能得到较平坦的谱。因此，有时减谱后仍然会有较大的残余噪声。而如果某些较大功率分量的噪声未被去除，仍然保留在语音谱中则很容易产生纯音噪声（若将其反变换到时间信号，在时域上它类似于纯音的波形）。

因此，改进的方法是在幅度较高的时帧处减去 $aP_n(\omega)(a>1)$ 这样可以更好地突出语音谱，抑制纯音噪声，改善降噪性能；其次，在语音谱中保留少量的宽带噪声，在听觉上可以起到一定的掩蔽纯音噪声的作用。考虑这两个方面，改进后的减谱法公式如下：

$$P_s(\omega)=\begin{cases}P_y(\omega)-aP_n(\omega) & P_y(\omega)\geqslant aP_n(\omega)\\ bP_n(\omega) & P_y(\omega)<aP_n(\omega)\end{cases} \qquad (\text{其中}\ a>1,b<<1)\quad(7\text{-}15)$$

实验表明 a 在辅音帧中取为 3，在元音帧中取 $4\sim5$，b 取 $0.01\sim0.5$ 可以取得较好的降噪及抑制纯音噪声的效果。同时对于应用改进后的方法，需要粗略地辨别语音帧是辅音帧还是元音帧，以确定 a 的取值。

2）功率谱修正处理

将图 7-8 中的功率谱计算 $|\cdot|^2$ 和 $(\cdot)^{1/2}$ 改进为 $|\cdot|^k$ 和 $(\cdot)^{1/k}(k>0)$ 可以得到新的更具一般性的减谱法形式。这种方法称为功率谱修正处理，它可以增加灵活性，修正后的功率谱为：

$$|Y(\omega)|^k=|S(\omega)|^k+|N(\omega)|^k \qquad (7\text{-}16)$$

令 $P_y(\omega)=|Y(\omega)|^k$、$P_s(\omega)=|S(\omega)|^k$、$P_n(\omega)=|N(\omega)|^k$ 代入式(7-14)式(7-15)即得减谱法的改进形式。适当调节式(7-15)中的 a、b、k 取值可以取得更佳的增强效果,其灵活性也是不言而喻的。

3) 具有输入幅值谱自适应的减谱法

由于传统的减谱法考虑噪声为平稳噪声,所以对于整个语音段,噪声功率以及权系数 a 一般取相同的值(虽然可以通过粗略的辨别语音帧是辅音帧还是元音帧,以确定 a 的取值,但不一定准确)。而实际环境下的噪声,例如展览会中的展示隔间内的噪声是非平稳噪声,所以用相同的噪声功率值是不确切的。同样,采用相同的权值 a,有可能发生减除过度或过少的问题,使得有的区段要么噪声消除不够,要么减除过多产生 $\hat{P}_s(\omega)$ 失真。为此,应该对传统的减谱法进行如下修改。首先,对于噪声功率估计,采用如下式(7-17),在整个区域用语音以外的当前输入帧功率 $|X_t(\omega)|^2$,对噪声功率进行逐帧逐次更新:

$$|N_t(\omega)|^2=(1-\beta)|N_{t-1}(\omega)|^2+\beta|X_t(\omega)|^2 \quad (0<\beta<1) \tag{7-17}$$

其次,让权值 a 和输入语音功率相适应,即按如下式(7-18)随输入语音功率谱值改变,以避免产生减除过多或过少的问题。式中 θ_1 和 θ_2 为门限阈值,C_1 和 C_2 为常数,它们可由实验确定。

$$a(t)=\begin{cases} C_1 & |Y_t(\omega)|^2<\theta_1 \\ \dfrac{C_2-C_1}{\theta_2-\theta_1}|Y_t(\omega)|^2+C_1 & \theta_1<|Y_t(\omega)|^2<\theta_2 \\ C_2 & |Y_t(\omega)|^2>\theta_2 \end{cases} \tag{7-18}$$

对噪声功率进行逐帧逐次更新时,噪声功率估计采用语音段开始的前几帧来估计,可以采用带噪语音处理前后能量比来确定语音段与寂静段:

$$D(t)=\frac{\dfrac{1}{N}\sum_{i=1}^{N}y_t^2(i)}{\dfrac{1}{N}\sum_{i=1}^{N}s_t^2(i)} \tag{7-19}$$

$s_t(i)$(帧长是 N)是第 t 帧处理后的值,$y_t(i)$ 为处理前的值。对于寂静段,处理前后平均能量变化较大,故 $D(t)$ 较大;同理,语音段 $D(t)$ 较小。若为寂静段,则处理前的值可以作为下一帧的噪声参加运算。但由于语音段与寂静段在低信噪比情况下有时也不易区分,而且时变的影响有时也会造成较大的误差。

以上介绍了减谱法语音增强以及它的几种改进形式。在减谱法语音增强的实际应用中还需要注意:减谱法假定语音信号是短时平稳的,因此需要对输入语音信号加窗后再予以处理。这样式(7-11)就应写成 $|Y_t(\omega)|^2=|S_t(\omega)|^2+|N_t(\omega)|^2$,其下标 t 表示加窗分帧后的第 t 帧。

7.3.3　基于 Weiner 滤波法的语音增强技术

本小节主要讨论在最小均方准则下用 Weiner 滤波器实现对语音信号的估计,即对于带噪语音信号 $y(t)=s(t)+n(t)$(其中 $s(t)$ 为纯净语音信号,$n(t)$ 为噪声信号),确定滤波器的冲激响应 $h(t)$,使得带噪语音信号经过该滤波器的输出 $s'(t)$ 能够满足 $E[|s'(t)-s(t)|^2]$ 最小($s'(t)$ 为滤波器输出)。

1. 基本原理

假定 $s(t)$ 和 $n(t)$ 都是短时平稳随机过程,则由 Winer-Hopf 积分方程为:

$$R_{sy}(\tau) = \int_{-\infty}^{+\infty} h(\alpha) R_{yy}(\tau - \alpha) d\alpha \tag{7-20}$$

两边取傅里叶变换有:

$$P_{sy}(\omega) = H(\omega) P_{yy}(\omega) \tag{7-21}$$

从而得到:

$$H(\omega) = \frac{P_{sy}(\omega)}{P_{yy}(\omega)} \tag{7-22}$$

再由于:

$$P_{sy}(\omega) = P_s(\omega) \tag{7-23}$$

并且考虑到由于 $s(t)$ 和 $n(t)$ 相互独立,所以有:

$$P_{yy}(\omega) = P_s(\omega) + P_n(\omega) \tag{7-24}$$

将式(7-23)和式(7-24)代入式(7-22),则有下式成立:

$$H(\omega) = \frac{P_s(\omega)}{P_s(\omega) + P_n(\omega)} \tag{7-25}$$

可以看到,以上的推导过程是在短时平稳的前提条件下进行的,所以语音信号必须是加窗后的短时帧信号。$P_n(\omega)$ 可由类似于减谱法中讨论过的方法得到;$P_s(\omega)$($E\{|S(\omega)|^2\}$)可以用带噪语音功率谱减去噪声功率谱得到,具体方法有先对数帧带噪语音 $Y(\omega)$ 作平均($E\{|Y(\omega)|^2\}$)再减去噪声功率谱,也可以用数帧平滑 $|Y(\omega)|^2$ 来估计 $E\{|Y(\omega)|^2\}$ 再减去噪声功率谱。显然,每帧语音信号的功率谱为:

$$S_O(\omega) = H(\omega) \cdot Y(\omega) \tag{7-26}$$

$S_O(\omega)$ 的相位谱用 $Y(\omega)$ 的相位谱来近似代替,由傅里叶反变换可以得到降噪以后的语音信号的时域表示形式。

2. Weiner 滤波的改进形式

类似于减谱法的改进形式,也可以对 Weiner 滤波予以改进,令:

$$H(\omega) = \left[\frac{P_S(\omega)}{P_S(\omega) + \alpha \cdot P_n(\omega)}\right]^{\beta} = \left[\frac{E[|S_\omega(\omega)|^2]}{E[|S_\omega(\omega)|^2] + \alpha \cdot E[|N_\omega(\omega)|^2]}\right]^{\beta} \tag{7-27}$$

α, β 取值不同,$H(\omega)$ 也将呈现不同的特性。式(7-25)只是 $\alpha = \beta = 1$ 的情况。当 $\alpha = 1$, $\beta = 1/2$ 时,式(7-27)相当于功率谱滤波,即可以使降噪后带噪语音信号功率谱与语音信号功率谱接近。

还有其他的一些 Weiner 滤波器的形式,如有理分式结构的 Weiner 滤波器、隐含维纳滤波器等。采用 Weiner 滤波最大的好处是增强后的残留噪声类似于白色噪声,而不是有节奏起伏的音乐噪声,实验证实了这一点。

7.3.4 基于模型的语音增强技术

到目前为止,本章所提到的对加性噪声的抑制方法都不依赖于语音模型。此外,可以利用语音模型的参数估计来设计噪声抑制滤波器。例如,可以通过估计基于全极点声道传函的目标功率谱来构建维纳滤波器。然而这种设计参数滤波器的方法存在问题,即这些估计方法对于干净语音是有效的,而对于带噪语音的性能则会有所下降。因此,对于加性噪声采用更为有效的基于统计理论的估计方法,例如最大似然(ML),最大后验概率(MAP)和最小均方误差(MMSE)估计。

Lm 和 Oppenheim 采用了 MAP 准则来估计全极点参数,在给定含噪语音矢量 $\underline{y}$(对应于各个语音帧)的条件下,最大化线性预测系数 $\underline{a}$(矢量形式)的后验概率密度,即关于 $\underline{a}$ 求 $p_{\underline{A}|\underline{Y}}(\underline{a}|\underline{y})$ 的最大值。对于噪声中的语音信号,解决 MAP 问题需要求解一系列非线性方程。然而,通过对 MAP 问题的重新规整,可以推导出一种迭代的求解方法,而且每次迭代只需求解线性方程,从而避免了非线性方程问题。(为方便起见,从现在起,去掉下标 $\underline{A}|\underline{Y}$。)具体而言,要最大化 $p(\underline{a},\underline{s}|\underline{y})$,其中 $\underline{s}$ 代表干净语音,因此需要同时对全极点参数和干净语音信号进行估计。这种迭代算法被称作线性最大后验概率法(LMAP),它首先要初始化参数 $\hat{a}^0$,并估计语音的条件均值 $E[\underline{s}|\hat{a}^0,\underline{y}]$(这是个线性问题)。然后,基于估计的语音,使用线性预测的自相关方法估计出新的参数矢量 $\hat{a}^1$,通过重复上面的步骤可以得到一系列的参数估计 $\hat{a}^i$,而每一次迭代都会增大概率 $P(\underline{a},\underline{s}|\underline{y})$。理论上,对于平稳的语音随机过程,当信号长度是无限长时,可以证明对干净语音的估计 $E[\underline{s}|\hat{a}^i,\underline{y}]$(在第 i 次迭代)相当于应用了一个零相位的维纳滤波器,它的频率响应是:

$$H^i(\omega)=\frac{\hat{P}_n^i(\omega)}{\hat{P}_s^i(\omega)+\hat{P}_n(\omega)} \tag{7-28}$$

而第 i 次迭代得到的语音功率谱估计为:

$$\hat{P}_s^i(\omega)=\frac{A^2}{\left|1-\sum_{k=1}^{p}\hat{a}_k^i\,\mathrm{e}^{-j\omega k}\right|^2} \tag{7-29}$$

其中 $a_k^i,k=1,2,\cdots,p$ 是通过自相关法估计出的预测系数,A 是线性预测增益。LAMP 算法的流程表示在图 7-9 中,需要强调的是这种算法不仅估计出全极点模型的参数矢量,而且每一次迭代都能给出经过维纳滤波估计的干净语音信号。

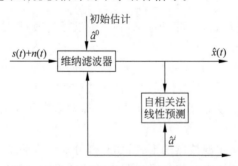

图 7-9 LMAP 算法流程,用于估计含噪语音的全极点模型参数和干净语音

Hansen 和 Clements 对 LMAP 算法的一些不足进行了改进。这些不足包括:随着迭代次数的增加共振峰的带宽将会变小;平稳区域的相邻帧的极点存在抖动;在迭代中缺乏明确的收敛准则。为了克服这些缺点,Hansen 和 Clements 在 LMAP 算法的迭代过程中加入了一些频谱限制条件。具体而言,这些频谱条件对相邻时间和(同一帧内)相邻迭代过程

中的全极点模型参数做出了限制,使得这些极点不至于太靠近单位圆,这样就可以防止共振峰的带宽过窄,同时也可使得相邻帧的极点不会出现较大的抖动。

最后,简单介绍在噪声中伴随声道参数估计的另一个问题:语音的激励源估计,即估计基音及清浊音。这一问题的研究不仅具有重要意义,而且它对于那些通过模型合成语音的噪声抑制方法也十分重要。因此,可靠的激励源估计有助于改善噪声环境下基于模型以及合成的语音信号处理,诸如各种语音编码器和修正技术。尽管有些估计器能够显示出对噪声干扰的不敏感性,但是在讨论这些算法时,并没有清晰地给出加性噪声是如何干扰基音和浊音模型的,对这些算法又造成了怎样的影响。许多语音研究者将统计决策理论引入这一问题。McAulay 首先将最优语音归类算法应用到激励源估计当中,这一算法是基于决策理论的,其中把浊/清音假设正式地用于浊音估计。后来 McAulay 以及 Wise、Caprio 和 Parks 采用了最大似然法来估计含噪语音信号的基音。然而在恶劣环境下进行激励源估计有着很多种可能的方法,以上所提到的这些工作仅代表了这一研究领域中的一小部分。

7.3.5 基于听觉掩蔽的语音增强技术

本书 2.2.3 节对掩蔽效应做了简单的介绍,本节将在听觉隐蔽的基础上详细介绍语音增强的方法。所谓听觉掩蔽现象是指一种声音成分由于另一种声音成分的存在而不被人所感知。我们研究了加性噪声被信号的快变成分所掩蔽的特性,噪声和信号变化同时存在于某个特定的时刻。上述这种心理声学现象分为频域掩蔽(frequency masking)和时域掩蔽(temporal masking)。心理声学实验也表明,人们难以听到在频率或时间上位于强信号附近的弱信号(当然也包括那些同时在频域和时域被掩蔽的弱信号)。总之,一个强度较小的频率成分可能被邻近的一个较强的频率成分所掩蔽。类似地,两个时间上很接近的信号也可能产生掩蔽现象。本节将利用掩蔽原理在频域消除噪声。虽然邻近声音的时域掩蔽已被证明很有用处(特别是对于宽带音频编码),但是由于很难对它进行定量分析,所以到目前为止时域掩蔽在语音处理领域的应用还不够广泛。

本节首先基于临界带(critical band)的概念对频域掩蔽现象进行分析;然后,利用临界带原理给出一种针对复杂信号(例如语音)计算掩蔽门限(masking threshold)的方法。语音的掩蔽门限就是根据语音频谱计算出来的一个频谱幅度,低于该掩蔽门限的非语音信号成分将在频率上被语音成分所掩蔽;最后,举例说明掩蔽门限在两个不同的降噪系统中的应用,这些系统都是基于普遍意义下的谱减技术。

1. 频域掩蔽原理

位于人的听觉系统前端的基底膜可以用大约一万个相互交叠的带通滤波器来建模,其中每一个滤波器都调谐于某特定的频率点(特征频率),而且这些滤波器的带宽随着特征频率的增加而大致地呈对数增大。这样,这些生理上的滤波器就对传至耳鼓处的声压级进行了频谱分析。同时,还存在着一组基于心理声学的滤波器,它们体现了人对声音频谱的感知分解能力。这些滤波器的通带就是临界带,它们在本质上与基于生理的滤波器相同。研究人员已经通过感知掩蔽对人耳的频率分析能力进行了研究。在实验中,我们给出一个具有一定强度的纯音,这是人耳试图去感知的音,称为"被掩蔽音"(masked);又给出另一个纯音,它的频率与第一个相近并试图将第一个纯音掩蔽,称为"掩蔽音"(masker)。目的就是要发现在"掩蔽音"存在时,"被掩蔽音"的强度(相对于绝对听阈)到什么程度就会不能被感知,而这个强度就被称为该"被掩蔽音"的掩蔽门限(masking threshold)。Wegel 和 Lane 首先建立了具有一定声压级(SPL)的"掩蔽音"位于频率 Ω_0 时的掩蔽曲线(masking curve)的大概形状,如图 7-10 所示。如果相邻纯音的声压级低于图中的曲线,那么将由于频点 Ω_0 处存在掩蔽音而不能被人耳所听到。我们还可以看到掩蔽音会在一个频率范围内对声音的可感知度产生影响。

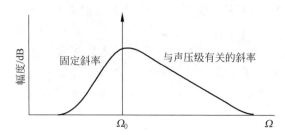

图 7-10   位于频点 Ω_0 的"掩蔽音"的掩蔽门限曲线的大致形状,那些强度在
掩蔽门限曲线以下的纯音将被"掩蔽音"所掩蔽(即不能被人耳听到)

在图 7-10 中,我们可以看到高于掩蔽频率的声音比低于掩蔽频率的声音更容易被掩蔽,因此掩蔽门限是非对称的,对于高于 Ω_0 的频率,掩蔽曲线有一个较缓的下降斜率。而且,高频区域斜率的陡峭程度还与频率处的"掩蔽音"的声压级有关,该斜率会随着"掩蔽音"声压级的增大而越来越缓。此外,对于低于掩蔽频率的频率,掩蔽曲线通常用固定的斜率来建模。

掩蔽曲线的另一个重要特点是曲线的带宽随着掩蔽频率的增长而呈对数性增大。换句话说,随着掩蔽频率的增大,"掩蔽音"所影响的频率范围也在增大。Fletcher 通过一种不同的实验定量地给出了"掩蔽音"和"被掩蔽音"相互影响的频率范围。在他的实验中,Fletcher 将一个纯音("被掩蔽音")用一个通带噪声来掩蔽,而该通带噪声的中心频率为"被掩蔽音"的频率。他先将纯音的声压级调整到能被宽带白噪声掩蔽的程度,然后逐渐减小噪声的带宽直到"被掩蔽音"刚刚能被听到为止。他在各个不同的频率上进行这一实验,从而可得到一组通带,Fletcher 将它们称为临界带(critical bands)。临界带也与图 7-10 中通常的掩蔽曲线的有效带宽有着一定关系。在一定频率范围内的两个语音成分并非独立存在、互不相关,实际上,它们在人的声音感知中是相互影响的,因此,临界带也反映出我们对一个信号频率成分的感知分辨能力。

考虑到临界带滤波器的带宽呈对数增长,那么大约 24 个临界带滤波器就能够覆盖人的听觉感知频率范围(15000Hz),通常采用 bark 刻度来实现将线性频率映射到人的听觉感知域。在这种映射中,一个 bark 对应一个临界带,频率 f 与 bark z 的函数关系是:

$$z = 13\arctan(0.76f) + 3.5\arctan(f/7500) \tag{7-30}$$

在 bark 刻度的低端(< 1000Hz),临界带滤波器的带宽大约为 100Hz,而在高频区,带宽最高可以达到 3000Hz。还有一种用于表现人的听觉感知的映射方法是 Mel 刻度。Mel 刻度在 1000Hz 以下近似采用线性划分,而在 1000Hz 以上呈对数映射:

$$m = 2595\log_{10}(1 + f/700) \tag{7-31}$$

尽管式(7-31)给出了从线性频率到 bark 刻度的连续映射,但是大多基于感知的语音处理算法都使用经量化的 bark 编号$(1,2,3,\cdots,24)$,每个编号依次近似地对应着 24 个临界带之一的截止上限。尽管这些 bark 频率覆盖了人的听觉范围,但是从生理学的角度,在基底膜上依然存在着 10 000 个相互交叠的耳蜗滤波器。然而,这些缩减的 bark 频标表达方式(以及量化的 Mel 刻度)使得有可能在语音信号处理中,以可接受的计算量来利用人耳的听觉掩蔽特性,并且提供了一种基于感知的特征提取框架。

2. 掩蔽门限的计算

对于像语音这样的复杂信号,各个频率成分的掩蔽效果具有叠加的关系,某个特定频率成分受到其他频率成分的掩蔽,其效果是其他频率中各个成分的掩蔽效果的总和,因此只需给出一个单独的掩蔽门限。通过掩蔽门限就知道频谱上的各种成分能否被感知。对于存在于语音信号("掩蔽音")中的背景噪声("被掩蔽音"),想要根据语音频谱决定掩蔽门限曲线,凡是低于掩蔽门限的背景噪声将不被感知。然而,在语音门限的计算问题上,必须注意到语音信号中的纯音与噪声成分(对背景噪声)的掩蔽能力是不同的。

基于上面的掩蔽特性,Johnston 提出了一种在各语音帧中计算背景噪声掩蔽门限的一般方法,记为 $T(pL,\omega)$。这个方法建立在临界带分析的基础上,它近似地估计出掩蔽门限,其计算量小于基于线性频率的估计方法。该方法可以表述为以下 4 个步骤:

第一步:掩蔽门限是从干净语音的各个分析帧得到的。首先需要(通过累加离散 STFT 的平方幅度值)计算各个临界带内的能量,记为 E_k,k 代表 24 个 bark 临界带中的一个编号,而且已知临界带截止频率的间隔呈对数增长。这一步近似地将掩蔽曲线的频率选择性与 bark 临界带中的单音联系起来,近似认为第 k 个 bark 临界带中的单音能量为 E_k。由于实际中只能得到含噪的语音信号,因此需要通过谱减处理来对干净语音的频谱做出近似估计。

第二步:为了计入相近的临界带存在的掩蔽效应,从第一步得到的临界带能量 E_k 需要与一个扩展函数"做卷积"。这个"扩展函数"有着不对称的形状(与图 7-10 类似),不同的是它具有固定的斜率,并且作用范围大约是 15 个 bark 刻度。如果将"扩展函数"表示为 h_k,那么掩蔽门限曲线可以从下式计算:$T_k = E_k * h_k$。

第三步:根据"掩蔽音"具有的类似噪声或纯音的特性,从式(7-31)计算的掩蔽门限中减去一个偏差。Sinha 和 Tewfik 提出了一种确定这种偏差的方法,其依据是语音信号通常在低频段类似纯音,而在高频段类似噪声。

第四步:将从第三步得到的 bark 刻度下的掩蔽门限 T 变换回线性频率刻度,从而得到 $T(pL,\omega)$,其中 ω 就是 DFT 中被采样的频率。

图 7-11 示出了干净语音和含噪语音的掩蔽门限,采用了 8000 Hz 带宽内的一段浊音。基于以上临界带方法估计出的掩蔽门限呈现出阶梯状,这是将 bark 刻度映射到线性频率的结果。通过干净语音和带噪语音(经谱减增强)计算出的掩蔽门限曲线显示出略微的不同。

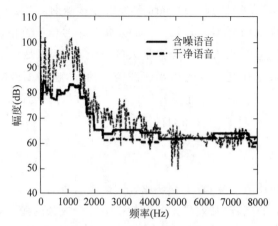

图 7-11 分别根据干净语音和含噪语音计算出的听觉掩蔽门限曲线，
浅色虚线是以 dB 表示的 STFT 幅度

3．利用频率掩蔽进行噪声抑制

应用频率掩蔽时，一个基本的方法是将令人难受的背景残存噪声控制在听觉掩蔽门限以下，这些噪声通常是由某种增强处理引入的，而听觉掩蔽门限是根据语音的谱估计得到的。在掩蔽这些残存噪声（通常是音乐噪声）的同时，要最大限度地抑制噪声，并且带来最小程度的语音失真。有许多基于心理声学的语音增强算法都试图达到这一目的，它们使用了类似于谱减和维纳滤波中的噪声抑制滤波器。每一种算法都建立起不同的优化准则，在噪声消除、背景残存（音乐）噪声抑制和减小语音失真三者之间寻找一种最优平衡。本节将介绍两种具体的抑制算法，它们以不同的方式利用了掩蔽效应。第一个方法是由 Virag 提出的，其原则是当噪声能够被听觉系统高度掩蔽时，就只对噪声做轻微的抑制，从而确保了十分有限的语音失真。第二个方法是由 Gustafsson、Jax 和 Vary 提出的，其原则是寻找与衰减后的输入噪声等效的残存噪声，而没有明确地考虑语音失真在 Virag 的方法中，掩蔽门限曲线被用来修正消噪滤波器的各个参数，而这种消噪滤波器是种泛化的谱减技术。该方法中的消噪滤波器最早是由 Berouti、Schwartz 和 Makhoul 提出的，可表示为：

$$H_s(pL,\omega) = \begin{cases} \left[1 - \alpha Q(pL,\omega)^{\gamma_1}\right]^{\gamma_2} & Q(pL,\omega)^{\gamma_1} < \dfrac{1}{\alpha+\beta} \\ \left[\beta Q(pL,\omega)^n\right]^{\gamma_2} & \text{其他} \end{cases} \tag{7-32}$$

其中 $Q(pL,\omega)$ 是背景噪声的功率谱估计与语音实测 STFT 幅度谱的比值：

$$Q(pL,\omega) = \left[\frac{\hat{P}_n(\omega)}{|Y(pL,\omega)|^2}\right]^{1/2} \tag{7-33}$$

这种消噪滤波器相对于传统谱减技术的优势是它可以在噪声抑制和语音及背景残余失真之间做出平衡。在 Virag 的算法中，泛化的谱减滤波器的参数可以根据各帧的掩蔽门限曲线进行自适应调整。因子 α 控制噪声抑制的程度。通常而言，当 $\alpha>1$ 时，噪声抑制是以语音失真为代价的。而另一个因子 β 给出了最小的噪声底限，它通过增加背景噪声来掩蔽可感知的残存（音乐）噪声，但是很明显它是以增加了背景噪声为代价的。指数因子 $\gamma_1 =$

$1/\gamma_2$ 控制着 $H_s(pL,\omega)$ 对应的抑制曲线中过渡段的陡峭程度。

Virag 的噪声抑制算法可以描述为以下几步：

第一步：通过平均非语音帧的能量得出背景噪声的功率谱估计，供谱减滤波器使用。

第二步：使用前一节中介绍的 Johnston 的方法，从短时语音谱中计算每一帧的掩蔽门限曲线，记为 $T(pL,\omega)$。

第三步：根据掩蔽曲线 $T(pL,\omega)$，对谱减滤波器的参数 α 和 β 进行自适应。理想的情况是，将残存（音乐）噪声限制到掩蔽门限曲线以下，从而使得残存噪声不被感知。当掩蔽门限很高时，背景噪声已经被掩蔽，因此不必抑制噪声，从而可以避免语音失真。当掩蔽门限很低时，减小残存噪声使它不高于掩蔽门限。可以定义出 α 和 β 的最大值和最小值，其中，$\alpha_{\min}$ 和 $\beta_{\min}$ 对应 $T(pL,\omega)_{\max}$，意味着对噪声进行最小程度的抑制；$\alpha_{\max}$ 和 $\beta_{\max}$ 对应 $T(pL,\omega)_{\min}$，意味着对噪声进行最大程度的抑制。对于这两个极端之间的取值，可以采用插值处理。

第四步：利用第三步得到的谱减滤波器进行噪声抑制，最后使用 OLA 方法合成出语音信号。

另一种基于听觉掩蔽的噪声抑制算法是由 Gustafsson、Jax 和 Vary 提出的，这种算法并不是通过掩蔽门限曲线来修正谱减滤波器的参数，而是利用掩蔽门限推出一种新的噪声抑制滤波器，由这种滤波器得到的感知噪声是衰减后的原始背景噪声。假设输入的含噪语音信号为 $y(t)=s(t)+n(t)$，那么在该算法中希望得到的输出信号是 $d(t)=s(t)+\alpha n(t)$，其中 α 是控制噪声抑制程度的因子。用 $h_s(t)$ 表示这种抑制滤波器的冲激响应，那么噪声误差 $\alpha n(t)-h_s(t)*n(t)$ 的短时功率谱估计可以写为：

$$\hat{P}_e(pL,\omega)=\mid H_s(pL,\omega)-\alpha\mid^2\hat{P}_n(\omega) \tag{7-34}$$

其中 $H_s(pL,\omega)$ 是 $h_s(t)$ 在第 p 帧的频率响应，$\hat{P}_n(\omega)$ 是背景噪声功率谱的估计。如果这个误差低于掩蔽门限，那么只有衰减了的背景噪声可以被感知。这样可以得到约束条件：

$$\mid H_s(pL,\omega)-\alpha\mid^2\hat{P}_n(\omega)<T(pL,\omega) \tag{7-35}$$

因此，

$$\alpha-\sqrt{\frac{T(pL,\omega)}{\hat{P}_n(\omega)}}<H_s(pL,\omega)<\alpha+\sqrt{\frac{T(pL,\omega)}{\hat{P}_n(\omega)}} \tag{7-36}$$

这个公式给出了 $H_s(pL,\omega)$ 取值的变化范围，在这个范围内输出的噪声是衰减的原始噪声信号，在残余噪声中不存在音乐噪声。当选择上限时（同时要求 $H_s(pL,\omega)\leqslant1$），可以得到对语音信号的最小衰减和语音失真。如所预期的那样，这一算法输出的噪声在感知上是输入噪声的衰减值，而没有引入音乐噪声，然而它造成的语音失真类似于传统的谱减技术。适当地设置 α 值可以平衡噪声衰减程度和语音失真。为了减小语音失真，Govindasamy 对这种抑制算法做了进一步改进。他的方法是利用频域的掩蔽效应来同时隐藏语音失真（语音失真被定义为 $\beta s(t)-h_s(t)*s(t)$，β 是一个尺度因子）和噪声误差 $\alpha n(t)-h_s(t)*n(t)$。

7.3.6　基于时域处理的语音增强技术

本节已经介绍了一些语音增强方式,主要是将各种形式的谱减和滤波技术应用于短时语音段上,它们都有一个共同的特点,即在 STFT 中保持时间不变。接下来将采用一种不同的思路,保持频率不变,而沿着 STFT 滤波器组输出的时间轨迹进行滤波。

1. 问题描述

将 STFT 解释为滤波器组:

$$S(n,\omega) = \sum_{m=-\infty}^{\infty} w[n-m]s[m]\mathrm{e}^{-\mathrm{j}\omega m} = \mathrm{e}^{-\mathrm{j}\omega n}(s[n] * w[n]\mathrm{e}^{\mathrm{j}\omega n}) \tag{7-37}$$

其中 $w[n]$ 是分析窗,也可以称作分析滤波器(Analysis Filter)。将每一个滤波器的解调输出称作频率 ω 处的时间轨迹(Time-trajectory)。为了简便起见,在本节中,假设在 STFT 的帧间隔 L 内没有进行时间抽样。

假设将时刻 n 开始的短时语音段标记为 $s_n[m]=w[n-m]s[m]$,这是一个有关时间变量 m 和 n 的二维函数 $f[n-m]$,那么对应的短时傅里叶变换可以表示成:

$$S(n,\omega) = \sum_{m=-\infty}^{\infty} s[m]\mathrm{e}^{-\mathrm{j}\omega m} \tag{7-38}$$

将 $S(n,\omega)$ 沿着时间轴做傅里叶变换,可得

$$\widetilde{S}(\theta,\omega) = \sum_{n=-\infty}^{\infty} S(n,\omega)\mathrm{e}^{-\mathrm{j}\theta n} = \sum_{n=-\infty}^{\infty}\sum_{m=-\infty}^{\infty} s[m]\mathrm{e}^{-\mathrm{j}(\theta n+\omega m)} \tag{7-39}$$

这就是二维序列的傅里叶变换。这个二维变换 $\widetilde{S}(\theta,\omega)$ 可以解释为对滤波器组的输出进行频率分析,而且把每个通道输出的时间轨迹的频率成分称为调制谱(Modulation Spectrum),它以调制频率(Modulation Frequency)θ 为变量。

2. 时域滤波

对时间轨迹的滤波处理能够去除出现在序列 $s[n]$ 中的失真成分。将时域滤波描述为与因子 $\widetilde{P}(\theta,\omega)$ 的相乘:

$$\widetilde{Y}(\theta,\omega) = \widetilde{P}(\theta,\omega)\widetilde{S}(\theta,\omega) \tag{7-40}$$

这也可以写成对时间变量 n 的滤波处理,也就是说,对每个频率 ω,将 $\widetilde{Y}(\theta,\omega)$ 对变量 θ 进行反变换得到:

$$Y(n,\omega) = \sum_{m=-\infty}^{\infty} P(n-m,\omega)S(m,\omega) = P(n,\omega) * S(n,\omega) \tag{7-41}$$

其中 $P(n,\omega)$ 代表在频率 ω 上的时间轨迹滤波器。STFT 在时间轴上做卷积,而在频率轴上则对应相乘运算。

现在考虑如何从修正的二维函数 $Y(n,\omega)$ 中提取出需要的序列。在实际中,将连续频率 ω 替换为离散取值 $\omega_k=\dfrac{2\pi}{N}k$,它们对应着离散 STFT 中均匀分布的 N 个滤波器,于是将二维函数表示成 $Y(n,k)$。对于修正的离散 STFT(m,k),由 FBS 方法得到:

$$y[n] = \frac{1}{Nw[0]} \sum_{k=0}^{N-1} Y(n,k) e^{j\frac{2\pi}{N}kn} \tag{7-42}$$

如果不做任何修正,这种方法可以唯一地恢复原始序列 $s[n]$,前提条件是 STFT 的带通滤波器之和为一个常数(或者更严格地说,$w[n]$ 的长度小于 N)。而另一方面,由于采用了时间轨迹滤波器 $P\left(n, \frac{2\pi}{N}k\right)$ 进行修正(意味着均匀分布的频率 $\frac{2\pi}{N}k$ 上各有个不同的滤波器),因此将得到

$$y[n] = s[n] * \left[\frac{1}{Nw[0]} \sum_{k=0}^{N-1} \left\{ w[n] * P\left(n, \frac{2\pi}{N}k\right) \right\} e^{j\frac{2\pi}{N}kn} \right] \tag{7-43}$$

通过这个公式,可以看到沿着离散 STFT 的 N 条时间轨迹进行的滤波(每个通道的滤波器可能不同),相当于对原始的时间序列 $s[n]$ 进行了一个单个的线性时不变滤波操作。

3. 时间轨迹的非线性变换

一些非线性处理的例子对 STFT 做了对数运算和开平方根运算。尽管最终的同态滤波被应用到经过非线性变换的 STFT 谱片断上,而且它并不是沿着 STFT 滤波器组输出的时间轨迹进行操作的,但是这其中的概念促成了本节中的时域处理。

仅对幅度处理——从仅对幅度进行处理开始,对序列 $s[n]$ 的 STFT 幅度沿着时间轨迹进行处理,得到新的 STFT 幅度:

$$|Y(n,\omega)| = \sum_{m=-\infty}^{\infty} P(n-m,\omega) |S(m,\omega)| \tag{7-44}$$

其中,假设滤波器 $P(n,\omega)$ 可以确保 $|Y(n,\omega)|$ 成为一个正值的二维函数。同本章中其他的仅对 STFT 幅度进行处理的方法一样,将原始信号 STFT 的相位直接赋给处理过的 STFT 幅度,从而得到以下修正的二维函数形式:

$$Y(n,\omega) = |Y(n,\omega)| e^{j\phi(n,\omega)} \tag{7-45}$$

其中 $\phi(n,\omega)$ 代表 $S(n,\omega)$ 的相位。接下来,对于修正的离散 STFT $Y(n,k)$,采用 FBS 合成法恢复出序列。可以证明,这种非线性处理相当于一个时间滤波器,这一时变滤波器实际上是一组对应离散频率的时变带通滤波器的组合:

$$y[n] = \sum_{m=-\infty}^{\infty} s[n-m] \left[\sum_{k=-\infty}^{\infty} g_k[n,m] e^{j\omega_k n} \right] \tag{7-46}$$

其中 $\omega_k = \frac{2\pi}{N}k$,并且这些时变滤波器是:

$$g_k[n,m] = \sum_{r=-\infty}^{\infty} p_k[n,r] w[m-r] \tag{7-47}$$

并且,

$$p_k[n,r] = P(r,\omega_k) e^{j[\phi(n,\omega_k) - \phi(n-r,\omega_k)]} \tag{7-48}$$

将滤波器组合 $\sum_{k=-\infty}^{\infty} g_k[n,m] e^{j\omega_k n}$ 用 $q[n,m]$ 表示。其中 $q[n,m]$ 是一个时变滤波器在时刻 n 对 m 个样点之前的单位样点做出的冲激响应。和时变滤波器[根据时域处理 $S(n,\omega)$ 推导而来]不一样,这里的滤波器非常复杂,是非线性的,而且是与信号相关的(signal-dependent)——即它需要 $s[n]$ 的 STFT 的相位信息。

事实上,在对时间轨迹进行时域滤波之前对 STFT 所做的非线性处理中,幅度函数仅仅是其中的一例。更一般的有:

$$Y(n,\omega) = O^{-1}\Big\{ \sum_{m=-\infty}^{\infty} P(n-m,\omega) O[S(m,\omega)] \Big\} \tag{7-49}$$

其中 O 代表非线性操作,而且在恢复信号中使用了它的逆操作 O^{-1}。下面将看到另外两种非线性时域处理的方法,它们的处理并不存在等价的线性时域滤波器(甚至也不存在时变的、信号相关的等价滤波器),这两种方法在对付卷积性和加性干扰中得到了很好的应用。在这些应用中,并不总是需要将信号恢复出来,而是需要将修正的 STFT 替换成其他的特征集合。

RASTA 处理——对 CMS 方法进行推广,可以得到对时间轨迹的 RASTA 处理。RASTA 方法是由 Hermansky 和 Morgan 提出的,它主要是为了解决缓慢时变的线性信道 $g[n,m]$ 带来的失真问题(即卷积性失真),而 CMS 则用于去除时不变的信道干扰。RASTA 的本质是一个倒滤波器(lifter),它消除了较低和较高的调制频率成分,而不像 CMS 那样仅仅消除直流成分。

RASTA 方法除了受到推广 CMS 的启示以外,同时它还是基于某种听觉原理的。这里的听觉原理在一定程度上有些类似于自适应维纳滤波所考虑的听觉特性:听觉系统信号中的变化尤其敏感。然而,有明显的证据表明,听觉通道对 4Hz 左右的调制频率最为敏感。这一调制频率有时也被称作音节速率(syllabic rate),因为它大致对应了我们正常说话时音节出现的速率。RASTA 处理正是利用了听觉上对这一调制频率的敏感性。由于人耳对于很低的调制频率成分不敏感,所以对于慢变信道(这比固定信道更复杂)引起的失真,RASTA 对每一个通道都采用了一个滤波器,用于滤除通道中的直流和邻近直流的频率成分。此外,RASTA 滤波器也对较高的调制频率进行了抑制,以此来突出人耳对以 4Hz 频率变化的信号的敏感。

在 RASTA 处理中,非线性操作 O 实际上是对信号幅度做对数运算。RASTA 就 STFT 幅度对数值的时间轨迹做滤波处理,消除了其中慢变和快变的成分。在式(7-1)的框架下,我们将 RASTA 增强后的修正 STFT 幅度表示为:

$$|\hat{S}(n,\omega)| = \exp\Big\{ \sum_{m=-\infty}^{\infty} p[n-m]\log|Y(m,\omega)| \Big\} \tag{7-50}$$

其中同一个滤波器 $p[n]$ 被应用于每一个时间轨迹中,$|Y(n,\omega)|$ 代表受到卷积干扰的序列 $s[n]$ 的 STFT。RASTA 处理中采用的离散时间滤波器是一个 IIR 滤波器:

$$P(z) = \frac{2 + z^{-1} - z^{-3} - 2z^{-4}}{1 - 0.98z^{-1}} \tag{7-51}$$

其中,分母代表的是低通滤波,而分子相当于高通滤波。这个 RASTA 滤波器的采样频率是 100Hz,也就是说帧间隔 L 等于 10ms。

式(7-51)得到的 RASTA 带通滤波器的频率响应如图 7-12 所示。从该图中可以看出 RASTA 频响的峰值大约在 4Hz。同 CMS 一样,RASTA 去除了慢变的信号成分,而且它还抑制了 16Hz 以上的调制频率成分。图 7-13 显示了采用 RASTA 时域处理进行盲解卷的完整流程图。在图 7-13 中,可以看到,慢变的失真成分 $\log|G(n,\omega)|$(对应着卷积性失真 $g[n]$)被叠加在快变的语音信号成分 $\log|S(n,\omega)|$ 上,而这种失真被 RASTA 滤波器 $p[n]$

所抑制。

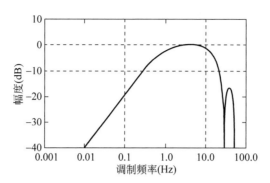

图 7-12 RASTA 带通滤波器的频率响应

尽管将 RASTA 描述为作用在 STFT 上,但是在 RASTA 的主要应用领域(语音识别和说话人识别)中,RASTA 滤波往往被用在临界带能量(它在这些应用领域作为声学特征)的时间轨迹上。事实上,图 7-12 给出的 RASTA 滤波器特性是使某个语音识别系统达到最优性能而得到的结果,而该语音识别实验是针对恶劣的时变电话信道环境进行的。

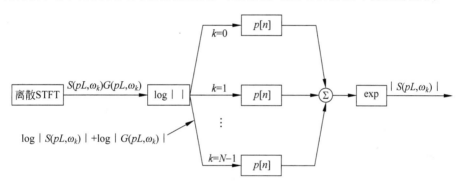

图 7-13 采用 RASTA 处理进行盲解卷的完整流程图。经过非线性处理的 STFT 时间轨迹
包含了快变的目标成分 $\log|S(pL,\omega)|$ 和慢变的时间成分 $\log|G(pL,\omega)|$,
其中 $\omega_k=\dfrac{2\pi}{N}k$,而每个时间轨迹都经过了线性滤波器 $p[n]$ 的处理

类似 RASTA 处理的加性噪声抑制——除了用于消除卷积性失真以外,RASTA 也可以用来去除加性噪声。对 STFT 的幅度进行时域处理,而对每一个时间轨迹上的原始(含噪)相位不做处理。在对含噪的 STFT 时间轨迹进行噪声抑制时,假设背景噪声的变化速率要比语音慢而语音变化速率主要集中在 1~16Hz 的频率范围。

然而,非线性操作(例如取对数)并不能起到保留加性噪声的作用,因此严格地说,对时间轨迹进行线性滤波就显得不太合适。尽管这样,对 STFT 进行取立方根的非线性操作,然后对时间轨迹做 RASTA 滤波确实可以减少加性噪声,其效果类似于谱减,而且也会残存一些音乐噪声。

Avendano 提出了另一种方法,他设计了一个类似维纳滤波的最优滤波器,对每个时间轨迹的目标信号给出了最好的估计,Avendano 对幅度轨迹进行了幂律修正:

$$|\hat{S}(n,\omega)|=\Big\{\sum_{m=-\infty}^{\infty}P(n-m,\omega)\,|Y(m,\omega)|^{1/\gamma}\Big\}^{\gamma} \tag{7-52}$$

此处,$Y(m,\omega)$是受加性噪声污染的序列 $s[n]$ 的 STFT。结合原始信号的相位信息,可以使用 FBS 合成法恢复增强的语音信号。之所以使用幂律操作(以及前面提到的三次方根)是因为人的听觉系统往往对轨迹的包络做这样的非线性处理。对于 FBS 合成中用到的各个离散频率 $\omega_k=\dfrac{2\pi}{N}k$,该方法的目标是为每一个时间轨迹找到一个最优滤波器 $p_k[n]=P(n,\omega_k)$,当用这个滤波器处理含噪的时间轨迹序列 $y_k[n]=|Y(n,\omega_k)|^{\frac{1}{\gamma}}$ 时,可以得到尽可能接近干净语音 $d_k[n]$ 的增强轨迹。设计这个滤波器时采用了最小平方误差准则,即要使下式取最小值:

$$E_k = \sum_{n=-\infty}^{\infty} (y_k[n] \times p_k[n] - d_k[n])^2 \qquad (7\text{-}53)$$

在构造误差 E_k 时,需要从干净的参考语音信号中得到轨迹 $d_k[n]$。假设非因果滤波器 $p_k[n]$ 在区间 $[-L/2,L/2]$ 上非零(假设 L 为偶数),接着,Avendano 求解这个最小均方误差的优化问题,得到 $p_k[n]$ 的 $2L+1$ 个未知值,而且他分析发现所得的滤波器有着与图 7-12 类似的频率响应,只是滚降变得较为缓和。这些滤波器还有与维纳滤波器类似的性质,即在高信噪比区域保留调制频谱的信息,而在低信噪比区域对调制谱做抑制。有趣的是,所得的非因果滤波器的冲激响应几乎是对称的,因此是接近零相位的。采用这种滤波器的设计中,通过非正式的测听试验发现 $\gamma=1.5$ 能够得到最好的语音感知质量。

在各种噪声条件下,类似 RASTA 的最优滤波相对于传统的谱减和维纳滤波能够减少临界带能量的均方误差。然而,这种误差的减少是以残存更多的烦人的"幅度振荡"为代价的。尽管如此,与其他方法的比较,这种方法的一个重要特点是非线性的幂操作导致不存在等价的时域滤波处理,而不像传统方法(短时谱减和维纳滤波)那样使用单一的时域滤波。尽管这种滤波操作受到残存振荡的影响,但是它还没有利用如维纳滤波中采用的对时间片进行自适应平滑的任何技术,而且,结合听觉模型进行的处理有望得到更好的结果。

7.4　现代语音增强技术

7.3 节介绍了几种传统的语音增强技术,本节将介绍现代语音增强技术,也就是基于机器学习的语音增强技术。基于机器学习的语音增强方法算是奇巧之技,不同于传统的数字信号处理方法,它借鉴机器学习的思路,通过有监督的训练实现语音增强。该领域的算法算是刚刚起步,满打满算也没有 20 年的历史,但是"存在即合理",它之所以能够在语音增强领域占有一席之地,也有其优势所在,例如,在数字信号处理领域的一些比较棘手的问题,比如瞬时噪声的消除,这类方法另辟蹊径,可以较容易地将其解决,因此,这类算法也许会成为未来人工智能时代的语音增强主流方向。如今,运用机器学习的语音增强方法大致可以分成以下几类:基于隐马尔可夫模型的语音增强、基于非负矩阵分解(NMF)的语音增强、基于浅层神经网络的语音增强和基于深度神经网络(DNN)的语音增强。其中,基于深度神经网络的语音增强方法,也就是深度学习语音增强,利用深度神经网络结构强大的非线性映射能力,通过大量数据的训练,训练出一个非线性模型进行语音增强,取得了十分不错的效果。

本节以基于非负矩阵分解的语音增强和基于 DNN 频谱映射的语音增强技术为例对现代语音增强技术进行介绍。

7.4.1　基于非负矩阵分解的语音增强技术

总体来说,基于非负矩阵分解的语音增强方法可分为训练部分和增强部分两个部分,首先通过线下分别训练纯净语音和噪声信号的数据集进而分别得到纯净语音和噪声的基矩阵,保存其作为线上增强阶段的先验信息,然后在线上增强阶段对带噪语音进行非负矩阵分解,从而得到带噪语音的基矩阵和编码矩阵,联合先验信息,通过相应的迭代计算得到语音的基矩阵与编码矩阵,通过基矩阵与编码矩阵构建维纳滤波器,最后得到重构的语音信号。

1．非负矩阵分解方法概述

非负矩阵分解方法是目前国际上提出的一种新型的矩阵分解方法,该算法采用简单的乘法迭代公式,在矩阵中元素均为非负的条件下进行分解。与其他传统的矩阵分解算法相比,非负矩阵分解方法具有实现简单、收敛速度快、节约存储空间、节省计算资源等众多的优势,因此被广泛应用在各个领域,其中,在语音增强领域中应用极为广泛。为了让读者更好理解所提语音增强方法的概念,首先介绍一下非负矩阵分解方法的基本原理。

2．非负矩阵分解方法原理

1）基本思想

简单来说,非负矩阵分解方法的主要思想是:对于任意给定的一个非负矩阵 V 可以分解为两个非负矩阵 W 和 H,使得 W 和 H 的乘积近似接近于 V,即

$$V \approx WH \tag{7-54}$$

式中 V 是 $i \times j$ 型矩阵,W 是 $i \times r$ 型矩阵,H 是 $r \times j$ 型矩。其中,r 满足 $(i+j)r < ij$。通常将非负矩阵 W 称为基矩阵,非负矩阵 H 称为编码矩阵。由于在矩阵分解前,原矩阵是非负的,在分解后,得到的两个矩阵的元素也是非负的,这样可以把高维矩阵分解为低维矩阵,实现高维矩阵的降维,处理速度也将得到提升。

2）目标代价函数

非负矩阵分解算法的目的就是为了寻找一系列基矩阵 W 和编码矩阵 H,使得它们的乘积逼近于原始矩阵 V。因此,需要定义一个目标代价函数,来使得分解得到的结果更加准确。其中,熟悉的目标代价函数有两种,它们分别是:基于欧氏距离的目标代价函数与基于 KL(Kullback-Leibler)散度的目标代价函数。下面分别对其进行详细地介绍。

（1）基于欧氏距离的目标代价函数:

$$E(W, H) = V - WH^2 = \sum_{i,j} (V_{ij} - (WH)_{ij})^2 \tag{7-55}$$

当且仅当 $V = WH$ 时,式(7-55)中的函数值最小为 0,从而便可以得到近似分解的最优值。

（2）基于 KL 散度的目标代价函数:

$$D(V, WH) = \sum_{i,j} \left(V_{ij} \log \frac{V_{ij}}{(WH)_{ij}} - V_{ij} + (WH)_{ij} \right)^2 \tag{7-56}$$

与上述描述一样，当且仅当 $V=WH$ 时，式(7-56)中的函数值最小。

　　3）迭代规则

　　一般来说，非负矩阵分解算法的过程是已知原始的非负矩 V 来求解非负矩 W 和 H。若同时求解非负矩 W 和 H，这本身是一个很难的问题，并且呈现非凸性，因为欧氏距离和 KL 散度均不是凸函数，所以无法使用凸优化方法求解。所以，通过非负矩阵分解方法对非负矩阵 W 和 H 交替进行处理，通过凸优化方法得到最优解。下面分别介绍两种基本的迭代规则：基于欧氏距离的迭代规则和基于 KL 散度距离的的迭代规则。

　　（1）基于欧氏距离的迭代规则：

$$W_{ij} \leftarrow W_{ij} \frac{(VH^{\mathrm{T}})_{ij}}{(WHH^{\mathrm{T}})_{ij}} \tag{7-57}$$

$$H_{ij} \leftarrow H_{ij} \frac{(W^{\mathrm{T}}V)_{ij}}{(W^{\mathrm{T}}WH)_{ij}} \tag{7-58}$$

上述的基于欧氏距离的目标代价函数是单调非增的，当且仅当 W 和 H 处于距离平衡时，其欧氏距离目标函数值不变。

　　（2）基于 KL 散度的迭代规则：

$$W_{ia} \leftarrow W_{ia} \frac{\sum_{\mu} H_{a\mu} \dfrac{V_{i\mu}}{(WH)_{i\mu}}}{\sum_{v} H_{av}} \tag{7-59}$$

$$H_{a\mu} \leftarrow W_{a\mu} \frac{\sum_{i} H_{ia} \dfrac{V_{i\mu}}{(WH)_{i\mu}}}{\sum_{k} H_{ka}} \tag{7-60}$$

与上述（1）类似，以 KL 散度为目标代价函数是单调非增的，当且仅当 W 和 H 处于稳定点时，基于 KL 散度为目标代价的函数值是不变的。

3. 语音增强方法

　　本节详细介绍基于非负矩阵分解的语音增强方法，假设语音信号与噪声信号均为加性信号，所以带噪语音信号 $y(t)$ 可以表示为：

$$y(t)=s(t)+n(t) \tag{7-61}$$

式(7-61)中，$y(t)$ 为含噪声语音样本，$s(t)$ 为纯净语音样本，$n(t)$ 为噪声。基于非负矩阵分解的语音增强算法如图 7-14 所示，包括训练阶段和增强阶段。

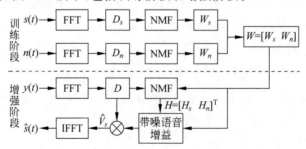

图 7-14　基于非负矩阵分解的语音增强算法

$s(t)$与$n(t)$两者互相独立,对其进行傅里叶变换可以得到:

$$Y_{k,\tau} = S_{k,\tau} + N_{k,\tau} \tag{7-62}$$

式中,k代表频点索引,τ代表帧索引。首先在线下训练阶段,将纯净语音和噪声信号由时域转换到频域,得到纯净语音和噪声信号的幅度谱,进而通过非负矩阵分解方法分别对纯净语音幅度谱和噪声幅度谱进行分解,其分解公式如下所示:

$$(\boldsymbol{W}_s, \boldsymbol{H}_s) = \arg\min_{W,H} D_{KL}(D_s W_{all} H) \tag{7-63}$$

$$(\boldsymbol{W}_n, \boldsymbol{H}_n) = \arg\min_{W,H} D_{KL}(D_n W_{all} H) \tag{7-64}$$

式(7-64)中,D_s和D_n分别代表训练语音和训练噪声集的幅度谱,W_s和W_n分别代表通过非负矩阵分解方法得到的纯净语音基矩阵和噪声基矩阵,H_s和H_n分别代表纯净语音编码矩阵和噪声编码矩阵,W_{all}是由W_s和W_n连接获得的,保存其作为线上增强阶段的先验信息,其公式如下:

$$\boldsymbol{W}_{\mathrm{all}} = (\boldsymbol{W}_s, \boldsymbol{W}_n) \tag{7-65}$$

在非负矩阵分解过程中,采用的是基于KL散度的目标代价函数。接下来在线上增强阶段,对带噪语音进行傅里叶变换,得到带噪语音幅度谱,联合先验信息,通过非负矩阵分解方法得到带噪语音的编码矩阵,公式如下:

$$H_{.\tau} = \arg\min_z D_{KL}(D_{.\tau} W_{all} z) \tag{7-66}$$

式中,$D_{.\tau}$代表带噪语音幅度谱的第τ帧,接下来可以得到:

$$D_{.\tau} \approx W_{all} H_{.\tau} = [W_s \; W_n] \begin{bmatrix} H_{.\tau}^s \\ H_{.\tau}^n \end{bmatrix} \tag{7-67}$$

然后把得到的语音和噪声的基矩阵和编码矩阵构建维纳滤波器,可以得到:

$$H_{k,\tau} = \frac{V_{.\tau}^s(k)}{V_{.\tau}^s(k) + V_{.\tau}^n(k)} \tag{7-68}$$

式(7-68)中,定义$V_{.\tau}^s(k) = W_s H_{.\tau}^s(k)$,$V_{.\tau}^n(k) = W_n H_{.\tau}^n(k)$。通过含噪语音幅度谱乘以维纳滤波器就可以得到增强的语音幅度谱,公式如下:

$$\widetilde{S}_{k,\tau} = H_{k,\tau} \otimes Y_{k,\tau} \tag{7-69}$$

最后,通过逆傅里叶变换以及叠接相加便可以得到最终的增强语音信号。

4. 实例

1) 语音增强效果的评价指标与参数

在语音增强问题的研究中,为了比较输出语音的质量进而评价算法优劣,研究者们设计了若干评价指标,来对输出语音质量进行评分。从评价指标设计思路上来进行分类,语音质量评价指标分为参考人主观听感后进行评分的主观评价指标和对信号进行特征提取的客观评价指标两种。

主观方法需要听众的参与,并且在每次评估单个刺激时可以使用绝对评分,如果在两个或更多个信号之间进行比较则可以使用偏好评分。主观方法虽然是获得真实的语音质量和可懂度的唯一方法,但在时间和资源上都是昂贵的。相比之下,客观测量不需要任何外部评估,并通过对信号的某种分析来估计可理解性或质量,从而为评估提供了一种有效的方法。

用于评估语音质量的客观评价指标有信噪比(SNR)、短时客观可懂度(STOI)、语音感知质量评价算法(PESQ)等几种。

首先介绍频率加权分段语音信噪比(SNR_{fw}),具体来说,SNR_{fw} 是语音可懂度指标,用于计算每个关键频段的信噪估计:

$$\mathrm{SNR}_{fw} = \frac{10}{M} \sum_{m=1}^{M} \frac{\sum_{k=1}^{K} W(k) \log_{10} \dfrac{|S(m,k)|^2}{|S(m,k) - \hat{S}(m,k)|}}{\sum_{k=1}^{K} W(k)} \tag{7-70}$$

其中 $W(k)$ 是第 k 个频带的权重,K 是频带数,M 是信号中帧的总数,$S(m,k)$ 是纯净信号的临界频带大小,其中在第 m 帧的第 k 个频带,$\hat{S}(m,k)$ 是相同频带中处理信号的相应频谱幅度。

评价语音可懂度的另一个指标为短时客观可懂度(STOI),它计算短时间段中纯净语音和已处理语音的时间包络之间的相关性,范围从 0 到 1。STOI 已显示与人类听众的语音可懂度高度相关。

另外,使用语音质量感知评估(PESQ)评估语音质量,该算法使用认知建模作为语音质量得分来计算纯净语音和处理后的语音之间的干扰。PESQ 得分的范围是 -0.5 至 4.5。分数越低表明增强语音的质量越差,与原始输入语音相差越大。

2) 具体实例

为了验证 NMF 算法的效果,选取 IEEE 语音库中的语句 S01,分别在不同信噪比条件下,采用 NMF 算法对带噪语音进行数据增强,以 $-5\mathrm{dB}$ 的 F16 噪声为例,经过 NMF 所得的时域波形图如图 7-15 所示。

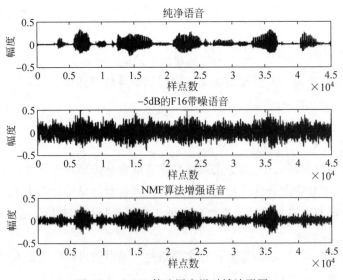

图 7-15   NMF 算法语音增时域波形图

实验所得的实验的 Seg SNR、PESQ 以及 STOI 结果如表 7-1 所示。

表 7-1 NMF 算法性能结果

噪声类型	信噪比/dB	SegSNR		PESQ		STOI	
		Noisy	NMF	Noisy	NMF	Noisy	NMF
F16	5	-1.7767	4.6204	2.0006	2.7485	0.8075	0.8813
	0	-6.7769	0.1257	1.6951	2.4255	0.7011	0.8021
	-5	-11.7774	-4.7113	1.4730	2.0463	0.5848	0.6758
White	5	-1.9354	5.5452	1.6394	2.6948	0.7480	0.8373
	0	-6.9354	1.1777	1.4114	2.3427	0.6497	0.7499
	-5	-11.9356	-3.5263	1.2767	1.9756	0.5606	0.6316

虽然,基于非负矩阵分解的语音增强方法具有物理意义较强、实现简便,占用存储空间较小等优点,且作为有监督算法之一,通过对纯净语音和噪声进行预先训练,得到先验信息并应用到增强阶段,可以提高可懂度,在非平稳噪声环境下优势较为明显。但是,也存在一些缺点,基于非负矩阵分解的语音增强技术由于在线下训练阶段对于纯净语音和噪声的估计并不准确,因此还会存在噪声残留较多的问题。

7.4.2 基于 DNN 频谱映射的语音增强技术

1. 深度神经网络结构介绍

深度神经网络(DNN)是模仿人类感知系统的层次结构的分层模型。它与众所周知的多层感知器(MLP)具有相同的生物学动机。主要的区别在于模型的深度以及如何优化这些层。早期的 MLP 由于计算能力有限以及优化太多层的模型的困难,一般仅适用一个或两个隐藏层。2006 年,Hinton 提出一种基于受限玻尔兹曼机的逐层学习方案,它提供了构建深层神经网络的实用方法,并引发了对深度模型学习的极大兴趣。DNN 中的每一层都将其输入表示非线性地转换为更高级别、更抽象的表示,从而更好地模拟数据的潜在因素。通过多层非线性变换,学习了不同层次的表示。DNN 较低层的数据通常捕获原始观察空间中更详细的特征变化;那些来自更高层次的数据更多地反映了结构和抽象概念,这些概念能够更好地区分不同层的观察结果。

从结构上看,深度神经网络可以看成是一个有很多(超过两个)隐层的传统多层感知机。图 7-16 绘制了一个共 5 层的 DNN,包括输入层、隐层和输出层。DNN 的输入层没有计算能力,因为它只是将观察结果附加到网络上。DNN 的每个隐藏层都接受下层的激活,并为上层计算一组新的非线性激活。输出层使用来自最后隐层的激活生成回归值或分类中的后验向量。因此,DNN 可以进一步被视为许多更简单的非线性计算层的级联。

假设 DNN 有 $L+1$ 层,其中第 0 层为输入层,第 1 到第 $L-1$ 层为隐藏层,第 L 层为输出层。对于任意的第 l 层,有:

$$v^l = f(z^l) = f(W^l v^{l-1} + b^l), \quad 0 < l < L \tag{7-71}$$

式中,$z^l = W^l v^{l-1} + b^l \in R^{N_l \times 1}$,$z^l$ 是第 l 层的输入值;$v^l \in R^{N_l \times 1}$,v^l 是第 l 层的输出值,$W^l \in R^{N_l \times N_{l-1}}$,$W^l$ 是第 $l-1$ 层与第 l 层之间的权值,$b^l \in R^{N_l \times 1}$,b^l 是第 l 层的偏置,$N^l \in R$,

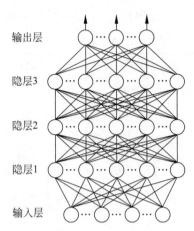

图 7-16　深度神经网络结构图

N^l 是 l 层的节点数。$f(\cdot)$ 为激活函数。

不同层可以采用不同形式的激活函数。常用的激活函数包括 Sigmoid 函数和整流线性单元(RELU),其表达式如下:

$$\text{Sigmoid}(x) = \frac{1}{1 + e^{(-x)}} \tag{7-72}$$

$$\text{ReLU}(x) = \max(0, x) \tag{7-73}$$

Sigmoid 函数的输出范围是$(0,1)$,可以使得数据表达更加稀疏化,但是会得到不对称的激活值。与 Sigmoid 函数不同,ReLU 函数的输出可以取为 0,强制了具有稀疏属性的激活值,并且具有简单导数。

输出层的激活函数根据任务选择,语音增强中使用线性层来生成输出向量 v^L,其计算公式如下:

$$v^L = z^L = W^L v^{L-1} + b^L \tag{7-74}$$

给定一个输入特征向量 z,用公式(7-71)计算从第 1 层到第 $l-1$ 层的激活向量,然后使用公式(7-74)计算 DNN 的输出值,这个过程往往被称为前向计算。模型参数 $\{W, b\} = \{W^L, b^L \mid 0 < l \leqslant L\}$ 决定了 DNN 的输出。

2. 基于 DNN 频谱映射的语音增强

在实际环境中,到达耳朵的声音包括原始声源(直接声音)及其从各种表面反射的声音。原始声音的这些衰减的、延时的反射相结合以形成混响信号。在混响环境中,听力受损的听众的语音清晰度会大大降低,而在混响很严重的情况下,普通听力的听众会降低语音清晰度。另外,当房间混响与背景噪声结合在一起时,对于语音感知尤其具有破坏性。

混响对应于直接声音与房间脉冲响应(RIR)的卷积,这会在时域和频域中扭曲语音频谱。因此,去混响可以被视为逆滤波。在不同的混响条件下,尤其是在同一房间内,回声信号与其混响形式之间的幅度关系相对一致。即使在混响语音与背景噪声混合的情况下,由于语音的结构性很高,仍然可以在混合信号中一定程度上恢复原始语音。这些特性促使我们利用监督学习对混响和混合处理(mixing process)进行建模。从损坏的语音(corrupted speech)到无回声的预混合信号存在一种映射。对这种映射进行训练,其中输入是代表损坏的语音的频谱,而希望的输出是代表无回声的干净语音的频谱。

DNN 具有很强的学习能力。堆叠式去噪自动编码器(SDA)是一种深度学习方法,可以对其进行训练以从嘈杂的数据中重构原始的干净数据,其中隐藏层激活被用作学习的特征。尽管提出了以 SDA 来提高通用性,但是 SDA 背后的主要思想促使我们利用 DNN 来学习从损坏数据到纯净数据的映射。可以使用 DNN 对每个时频单位中的声学特征进行降噪以达到语音分离的目的。此外,方法还可以处理带有混响和噪声的语音,并且映射直接应用于帧级频谱特征。

1) 特征提取

首先提取特征以进行频谱映射。给定一个时域输入信号 $s(t)$,使用短时傅里叶变换(STFT)提取特征。将输入信号以帧长为 20ms 和帧移为 10ms 进行分帧,然后应用快速傅里叶变换(FFT)计算每个时间帧中的频谱幅度。对于 16kHz 信号,使用 320 点 FFT,因此频率点为 161 个。将第 k 个频率点和第 m 帧的频谱幅度表示为 $X(m,k)$。为了得到时间动态的信息,将相邻帧的光谱特征添加到特征向量中。因此,DNN 特征映射的输入特征向量为:

$$\tilde{\boldsymbol{x}}(m) = [\boldsymbol{x}(m-d), \cdots, \boldsymbol{x}(m), \cdots, \boldsymbol{x}(m+d)]^{\mathrm{T}} \tag{7-75}$$

其中 d 表示每侧相邻帧的数量,在本例中设置为 5。因此,输入的维数为 $161 \times 11 = 1771$。

神经网络的期望输出是当前第 m 帧中纯净语音的频谱图,由 161 维特征向量 $\boldsymbol{y}(m)$ 表示,其元素对应于第 m 帧每个频率点中的幅度。

2) 基于 DNN 的频谱映射

训练一个深度神经网络,以学习从带有混响或噪声的信号到纯净信号的频谱映射。

DNN 包括三个隐藏层,如图 7-17 所示。每个训练样本的输入是当前帧和相邻帧中的幅度谱图,输入单元的数量与特征向量的维数相同。输出是当前帧中的幅度谱图,对应于 161 个输出单位。每个隐藏层包括 1600 个隐藏单元。隐藏层和隐藏单元的数量是从开发集中选择的。

优化的目标函数基于均方误差。下式是每个训练样本的成本:

$$\mathcal{L}(\boldsymbol{y}, \boldsymbol{x}; \boldsymbol{\Theta}) = \sum_{c=1}^{C} (y_c - f_c(\boldsymbol{x}))^2 \tag{7-76}$$

其中 $C = 161$ 对应于最高频率点的索引,$\boldsymbol{y} = (y_1, \ldots, y_C)^{\mathrm{T}}$ 是所需的输出矢量,而 $f_c(\cdot)$ 是输出层中第 c 个神经元的实际输出。$\boldsymbol{\Theta}$ 表示需要学习的参数。为了训练神经网络,将输入标准化为零均值和单位方差,将输出标准化为 $[0,1]$ 的范围。隐藏层中的激活函数是整流线性函数,而输出层使用 S 型函数:

$$f(x) = \max(0, x) \tag{7-77}$$

$$f(x) = \frac{1}{1 + \mathrm{e}^{-x}} \tag{7-78}$$

DNN 的权重在没有预训练的情况下随机初始化。使用带有小批量随机梯度下降的反向传播训练 DNN 模型,并且根据多个训练样本的总和计算每个小批量的实际成本。优化

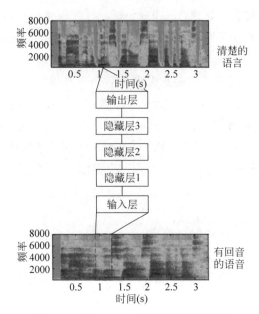

图 7-17　基于 DNN 的频谱映射的结构

技术使用自适应梯度下降和动量项。

　　DNN 的输出是干净语音的估计对数幅度频谱图。借助学习内部表示的能力，DNN 有望能够对从损坏的语音到纯净语音的频谱转换进行编码，并有助于恢复纯净语音的幅度谱图。

　　3）后处理

　　DNN 生成幅度谱图估计后，需要使用逆 FFT 重新合成时域信号。

　　重构时域信号的一种直接方法是使用 DNN 生成的幅度和未处理时域信号的相位直接应用短时傅里叶逆变换（ISTFT）。但是，无噪声语音的原始阶段已损坏，并且该损坏通常会引入感知干扰并导致对音质的负面影响。另外，通过将信号的重叠帧的傅里叶变换级联来计算 STFT，因此 STFT 是时域信号的冗余表示。对于时频域中的类似频谱图的矩阵，不能保证存在一个 STFT 等于该矩阵的时域信号。换句话说，重新合成的时域信号的幅度谱图可能与由其重新合成信号的谱图不同。对于合成或修改后的频谱图，例如 DNN 生成的幅度，应考虑这种不一致。

　　为了最大程度地减少相位和幅度之间的不相干性（要从中重构信号），可使用迭代程序来重构时域信号，如表 7-2 所示。

表 7-2　迭代信号重建

迭代信号重建算法
输入：目标幅值 Y^0，噪声相位 ϕ^0 和迭代次数 N
输出：时域信号 s
1：　$Y \leftarrow Y^0, \phi \leftarrow \phi^0, n \leftarrow 1$
2：while $n \leqslant N$ do
3：　　$s^n \leftarrow \text{iSTFT}(Y, \phi)$

续表

迭代信号重建算法
4： $(Y^n, \phi^n) \leftarrow \text{STFT}(s^n)$
5： $Y \leftarrow Y^n$
6： $n \leftarrow \phi^n k$
7： $n \leftarrow n+1$
8：end while
9： $s \leftarrow s^N$

在研究中,$N=20$。该算法通过用其逆 STFT 的 STFT 的相位替换相位来逐步更新相位 ϕ,而目标幅度 Y^0 是 DNN 生成的输出,该输出始终是固定的。迭代旨在找到与给定幅度谱图最接近的可实现幅度谱图。

使用上述后处理来将时域信号重构为系统的波形输出。

图 7-18 显示了一个女声句子"一个穿着蓝色毛衣的男人坐在办公桌前"的光谱映射示例。图 7-18(a)和(b)显示了 T60＝0.6s 时干净语音和混响语音的对数幅度频谱图。相应的 DNN 输出如图 7-18(c)所示。如图 7-18(c)所示,混响引起的拖尾能量被大大消除或衰减,有声帧和无声帧之间的边界被大大恢复,表明 DNN 可以很好地估计纯净声音的谱图。图 7-18(d)是从图 7-18(c)中的幅度和混响相位重新合成的时域信号的幅度谱图。比较图 7-18 中的(c)和(d),由于使用了混响相位和 STFT 的不一致性,图 7-18(d)中的频谱图不如图 7-18(c)中的 DNN 输出清晰。图 7-18(e)是使用后处理的时域信号的频谱图,其中频谱图通过迭代信号重建得到改善。

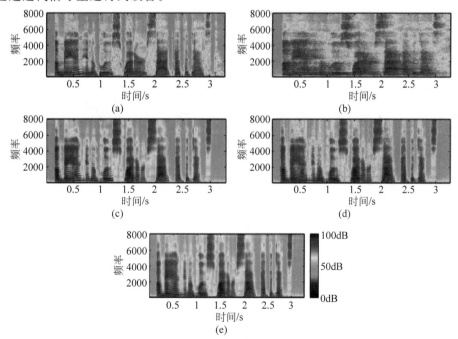

图 7-18　DNN 去混响结果：(a)干净语音的对数幅度频谱图；(b)T60＝0.6s 的混响
语音的对数幅度频谱图；(c)DNN 输出；(d)重新合成信号的对数幅度谱图；
(e)具有后处理的重新合成信号的对数幅度谱图

3. 实例

针对基于 DNN 频谱映射的语音增强方法,从去混响和去噪两个角度对此方法进行评价,具体实例如下。

首先评估混响效果。为了模拟房间的声音,我们生成了一个对应于特定 T60 的模拟房间,并在此 T60 条件下随机创建了一组 RIR。为了训练系统,我们使用 3 个混响时间 0.3s、0.6s 和 0.9s,并且对于每个 T60,生成 2 个不同的 RIR。使用来自 IEEE 语料库的 200 种回声来形成训练集。因此,训练集中有 $200 \times 3 \times 2 = 1200$ 个混响句。测试集包括 60 个混响语句,分别对应 20 种语音,3 个 T60 和 1 个 RIR。语音和 RIR 均未在训练集中使用。

将提出的方法与两种去混响算法进行比较。Hazrati 等人提出了一种最新的去混响方法,它利用了混响信号的基于方差的特征,并将其值与自适应阈值进行比较,以计算用于混响的二进制掩码。Wu 和 Wang 使用逆滤波器和谱减法分别减小前期混响和后期混响。

图 7-19 显示了根据频率加权 SNR,STOI 和 PESQ 以及比较系统得出的评估结果。对于图 7-19(a)所示的 SNR_{fw} 结果,基于 DNN 的方法将 SNR_{fw} 相对于未处理的混响语音平均提高了 4dB。后处理将 SNR_{fw} 进一步提高了约 1dB。与 Hazrati,以及 Wu 和 Wang 相比,基于 DNN 的方法获得了最高 SNR_{fw} 分数。图 7-19(b)表明,所提出的方法在每个混响时间下均产生较高的 STOI 得分,比未处理的方法和其他两种方法高 0.25 以上。如图 7-19(c)所示,在 $\text{T60} \leqslant 0.6\text{s}$ 的条件下,所提出的方法不会提高 PESQ 分数,部分原因是轻微的混响不会导致明显的音质下降。当混响时间较长时,该方法会提高 PESQ 得分,如 $\text{T60} = 0.9\text{s}$ 的条件所示。

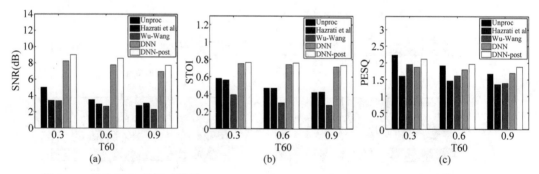

图 7-19　基于 DNN 的混响结果:(a)SNR_{fw},(b)STOI,(c)PESQ。Unproc 表示未处理的混响语音的结果。Hazrati et all 和 Wu-Wang 表示所描述的两个基准。DNN 表示没有后处理的建议频谱映射方法。DNN-post 表示所提出的具有迭代信号重构处理的频谱映射方法

由于该方法是一种有监督的学习方法,因此评估其可推广性很重要。我们生成另一组 RIR,其 T60 为 0.2 到 1.0s,增量为 0.1s。请注意,该实验中的 RIR 是从不同房间创建的,因此在训练集中看不到它们。将未经处理的信号与基于 DNN 的方法进行比较,而无须进行后处理。图 7-20 显示了不同 T60 的 SNR_{fw} 的推广结果。与未处理的混响语音相比,该方法极大地提高了每个 T60 的 SNR_{fw},并且随着 T60 的增加其优势变得越来越大,这表明

该方法可以广泛适用于新的混响环境。图 7-20 还显示了 DNN 处理后的结果无声语音,对应于图中的 T60＝0s。

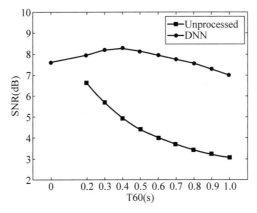

图 7-20　不同 T60 的泛化结果。DNN 表示不进行后处理的基于 DNN 的
频谱映射方法,而 Unprocessed 则是原始混响语音的结果

尽管轻度至中度的混响不会对正常听力的听众产生明显的影响,但是当混响严重时会产生不利影响。当 T60s 大于 1.0s 时,我们针对强混响条件进行了去混响实验。与上述实验类似,使用相同的发音来生成 T60 设置为 1.2s、1.5s 和 1.8s 的混响语句。训练和测试集使用不同的发音和不同的 RIR。实验结果如图 7-21 所示。与未处理的句子相比,基于 DNN 的方法显著提高了 SNR_{fw} 和 STOI 分数。PESQ 分数在每个混响时间内都会提高,如图 7-21(c)所示。在这种情况下,后处理可以为每个指标始终提供更好的性能。

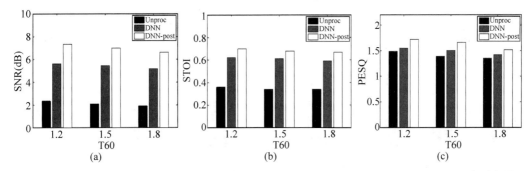

图 7-21　强混响条件下基于 DNN 的混响结果:(a)SNR_{fw},(b)STOI,(c)PESQ。Unproc 表示未处理的混响语音的结果。DNN 表示没有后处理的建议频谱映射方法。DNN-post 表示所提出的具有迭代信号重构处理的频谱映射方法

该方法不仅可以处理混响,还可以处理背景噪声。我们可以使用相同的监督方法同时执行混响和去噪。在这种情况下,神经网络的输入是混响和嘈杂语音的幅度频谱图,输出是无回声的纯净语音的对数幅度频谱图。

生成对应于特定 T60 的模拟房间,并随机创建一组,$\{r_T, r_I, r_M\}$,分别代表目标位置,干扰和麦克风在房间内的位置。从这些位置,通过以下方式构造混响混合物 $r(t)$:

$$r(t) = h_T(t) * s(t) + \alpha h_I(t) * n(t) \tag{7-79}$$

其中，$h_T(t)$ 和 $h_I(t)$ 分别是目标的 RIR 和麦克风位置的干扰。" $*$ "表示卷积。我们使用 α 作为控制混合物的 SNR 的系数。

我们模拟了三个不同大小的声学房间，它们的 T60 分别为 0.3s、0.6s 和 0.9s。训练集包含混响混音，包括 600 种混响句子和 3 种噪声类型：SNR 值为 0dB 时的语音形噪声，工厂噪声和杂散噪声。在此，SNR 被计算为无回响混响信号的能量与仅有混响回响信号的能量之比。为了测试系统，在每个 T60 下使用不同的 RIR，将 60 种新的混响声音与 3 种训练噪声和 3 种新噪声，白噪声、鸡尾酒会噪声和人群噪声混合在一起。

图 7-22 和图 7-23 分别显示了可见噪声和新噪声的 SNR_{fw} 结果。基于 DNN 的方法针对可见噪声将 SNR_{fw} 提高了 4.5dB，而后处理则进一步提高了 0.5dB。所提出的方法还对新噪声实现了显著改善，平均提高约为 3dB。

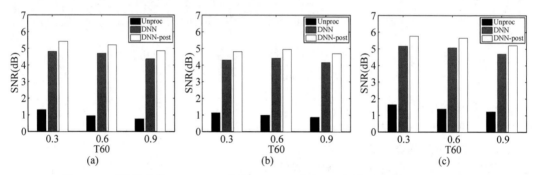

图 7-22　可见噪声的SNR_{fw}：(a)杂音，(b)工厂噪声，(c)语音形噪声。Unproc 表示
未处理的混响语音的结果。DNN 表示没有后处理的建议频谱映射方。
DNN-post 表示所提出的具有迭代信号重构处理的频谱映射方法

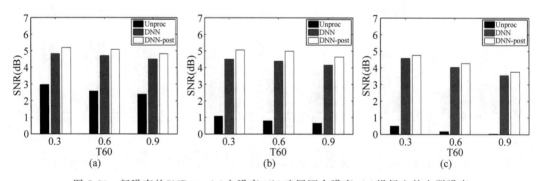

图 7-23　新噪声的SNR_{fw}：(a)白噪声，(b)鸡尾酒会噪声，(c)操场上的人群噪声

STOI 分数显示在图 7-24 和图 7-25 中，带有后处理的 DNN 和 DNN 具有相似的性能。平均而言，对于可见噪声而言，两者的 STOI 得分均提高 0.15 左右，对于新噪声而言，两者均使 STOI 得分提高 0.13 左右。

如图 7-26 和图 7-27 所示，对于可见噪声和新噪声，通过提出的方法可以改善 PESQ 结果。对于可见噪声，带有后处理语句的未处理，DNN 和 DNN 的平均 PESQ 分数分别为 1.06、1.31 和 1.45。对于看不见的噪声，它们分别为 1.13、1.14 和 1.21。这些结果表明，当语音被噪声和混响破坏时，该方法可以提高语音质量。

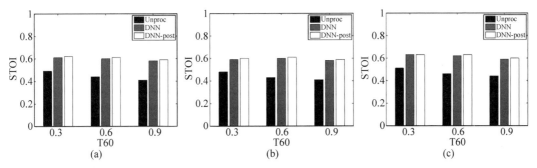

图 7-24 可见噪声的 STOI 得分：(a)杂音,(b)工厂噪声,(c)语音形噪声

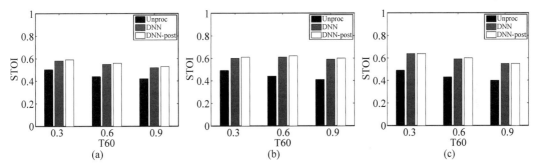

图 7-25 新噪声的 STOI 得分：(a)白噪声,(b)鸡尾酒会噪声,(c)操场上的人群噪声

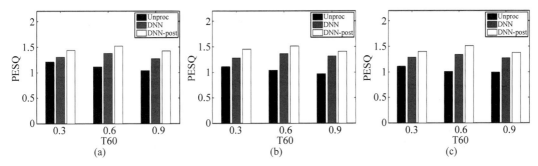

图 7-26 可见噪声的 PESQ 分数：(a)杂音,(b)工厂噪声,(c)语音形噪声

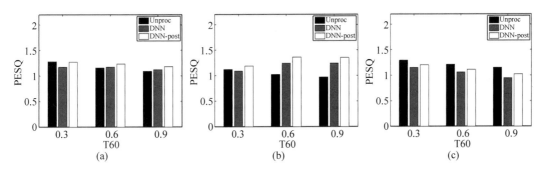

图 7-27 看不见的噪声的 PESQ 得分：(a)白噪声,(b)鸡尾酒会噪声,(c)操场上的人群噪声

7.5　小结

本章主要介绍语音增强的内容,语音增强是解决噪声污染的有效方法,它的首要目标就是在接收端尽可能从带噪语音信号中提取纯净的语音信号,改善其质量。本章首先介绍了语音特性和人耳感知特性,在此基础上根据实际情况选用合适的语音增强方法。接着分别介绍了传统的语音增强技术与现代语音增强技术。对于传统的语音增强的方法,介绍了基于滤波法、基于减谱法、基于 Weiner 滤波法、基于模型、基于听觉隐蔽和基于时域处理的语音增强技术。而对于现代语音增强技术则从机器学习的角度出发,介绍了基于非负矩阵分解的语音增强技术和基于深度神经网络的语音增强技术,分别介绍其流程并用实例展示了语音增强的结果。

复习思考题

7.1　什么是语音增强抗噪声技术？利用语音增强解决噪声污染的问题,主要是从哪个角度来提高语音处理系统的抗噪声能力的？

7.2　什么是 LomBard 现象？它是怎样引起的？LomBard 现象对语音处理系统有什么影响？

7.3　什么是人耳的掩蔽效应？怎样可以把人耳的掩蔽效应应用到语音系统的抗噪声处理中？什么叫"鸡尾酒会效应"？人耳的自动分离语音和噪声的能力与什么有关？能否把这种原理应用到语音系统的抗噪声处理中？

7.4　请叙述自适应噪声对消器的工作原理。当有语音信号分量泄漏到参考信号中时,应该怎样改进自适应噪声对消器？

7.5　利用减谱法语音增强技术解决噪声污染的问题时,在最后通过 IFFT 恢复时域语音信号时,对相位谱信息是怎么处理的？为什么可以这样处理？

7.6　利用减谱法语音增强技术处理非平稳噪声时,应怎样更新噪声功率值？如果减除过度或过少时,将会产生什么后果？

7.7　什么是 Weiner 滤波？怎样利用 Weiner 滤波法进行语音增强？

7.8　简述基于模型的语音增强原理。

7.9　简述基于神经网络的语音增强原理。

第 **8** 章

语音合成

8.1 概述

语音合成技术的研究早在 19 世纪就已经开始了,最开始人们通过橡皮声管来模拟声道发音。随着人们对生活便利性和生产效能性要求的不断提高,人机语音交互功能越来越受到各行各业的青睐。实现人与计算机的语音交互功能,首要解决的是如何让机器像人那样说话的问题,其中语音合成技术的研究是必不可少的。

由人工制作出的语音称为语音合成(Speech Synthesis)。语音合成技术的研究在两百多年前就已经开始了,经过研究者们的不断研究发展,取得了丰富的研究成果。语音合成技术大体上可以分为参数合成法、波形拼接法、统计参数法。参数合成法中主流使用的是共振峰参数合成器,该方法语音合成过程需要分析调整大量的参数,实用性差;基于波形拼接的合成技术需要从事先录制的音库中提取声学单元,按照拼接准则合成语音,这种技术合成的语音容易出现语音不连续性的问题;统计参数法中比较完善的是基于隐马尔可夫(HMM)的统计参数语音合成,它利用统计参数建模,合成连续可懂度高的语音,但语音自然度较低。近年来,随着深度学习在各个研究领域大放异彩,基于神经网络的语音合成技术在传统合成方法的各个方向都取得了显著的进步,并且在语音合成领域得到了非常广泛的应用。

本章首先介绍一些语音合成的方法,包括共振峰合成法、线性预测合成法、基于深度学习的语音合成方法等;然后介绍一些语音合成中专用硬件的情况,以及在波形合成技术中对合成语音韵律进行修改的一种算法,即基音同步叠加技术;最后介绍文语转换系统的框架结构,以及每个模块的功能方法。

8.2 共振峰合成法

参数合成方法简单地说就是将语音分析得到的一系列参数按照时间顺序连续地输入到参数合成网络中,最后选用合适的合成算法即可得到合成语音。这里只介绍三种主要形式的参数合成方法,即共振峰合成、LPC 合成和基于神经网络合成。其中 LPC 合成方法只是对语音参数的解码和重组过程,非常简单明了。而共振峰合成法较为复杂,它的合成过程需要众多参数进行调整,其结构也相对复杂,但是共振峰合成法合成的语音具有较高的质量。神经网络合成法则在声学建模方面具有突出的表现。本节介绍共振峰合成方法。

共振峰是反映声道谐振特性的重要特征,已经被广泛地用作语音识别和编码传输的主要特征信息。共振峰语音合成器模型是把声道视为一个谐振腔,利用腔体的谐振特性,如共振峰频率及带宽,以此为参数构成一个共振峰滤波器。将多个共振峰滤波器组合起来模拟声道的传输特性,即为模拟激励信号的频率响应,然后对激励声源发生的信号进行调制,经过辐射即可得到合成语音。这便是共振峰语音合成器的构成原理。由于音色各异的语音具有不同的共振峰模式,所以共振峰滤波器的参数随着输入的每一帧语音参数而改变,但是,共振峰滤波器的个数和组合形式是固定的。

图 8-1 描述了共振峰合成器的系统模型。从该图中首先可以看出激励信号一方面经过冲激发生器和声门波,然后加上一定的噪声信号输入给级联型调制器,另一方面通过基音调制输入给并联型调制器,最后信号叠加通过辐射效应便可输出合成语音。由于发声时器官是运动的,所以上面模型的参数应该是随时间变化的。一般要求共振峰合成器的参数逐帧修正。

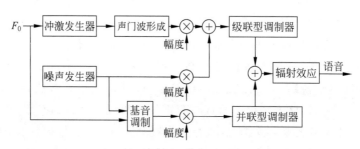

图 8-1 共振峰合成器的系统模型

由于发浊擦音的时候,声带产生的音波中夹杂着湍流,所以不能简单地将激励分为浊音和清音。激励源为了适应不同的发音情况应该具有可变性,这样才能得到高质量的合成语音。图 8-1 中激励源有三种类型:周期冲激序列、伪随机序列和周期冲激调制噪声等,其分别对应情况为合成浊音语音、合成清音语音和合成浊擦音。自然度的高低将取决于激励源的选择。激励源的脉冲形状对合成高质量的语音是非常重要的,例如发浊音时,合成系统采用多项式波或滤波成形波作为激励源脉冲,比采用最简单的三角波脉冲更加精确。

白噪声作为合成清音时的激励源,实际实现时用伪随机数发生器来产生。这里会产生一个问题,伪随机数发生器生成的序列幅度服从均匀分布,而实际需要的幅度分布为高斯分布。根据中心极限定理,互相独立具有相同分布的随机变量之和服从高斯分布。因此,若想得到近似高斯分布的激励源,则可以将若干个(例如典型值为 14～18)随机数叠加起来。

对于声道模型,声学原理表明,声道形状直接影响语音的谱振特性(对应声道传输函数中的极点);而在发大多数辅音(如摩擦音)和鼻音(包括鼻化元音)时,会出现反谐振特性(对应于声道传输函数的零点)。因此对于鼻音和大多数的辅音,应采用极零模型。所以在图 8-1 中,出现了二阶数字谐振器的级联和并联两种形式。级联型结构可模拟声道谐振特性,声道被认为是一组串联的二阶谐振器,该结构能很好地逼近元音的频谱特性,它可用于绝大部分元音的合成。而合成辅音则使用并联型结构。

对于平均长度为 17cm 的声道(男性),在 3kHz 范围内大致包含三个或四个共振峰,而在 5kHz 范围内包含四个或五个共振峰。高于 5kHz 的语音能量很小。语音合成的研究表明:合成可懂度很好的浊音,只需要前三个时变共振峰的频率就可以完成。所以对于声道模型参数的逐帧修正,不同的应用场合要求也不同,高级的共振峰合成器要求前四个共振峰频率以及前三个共振峰带宽都随时间变化,更高频率的共振峰参数变化可以忽略。而一般的共振峰合成器只要求改变前三个共振峰的频率,而带宽保持不变。根据不同的浊音,调整 F_1、F_2、F_3 以改变三个共振峰频率。但在合成鼻音时共振峰带宽的固定对合成语音的质量影响是尤为突出的。

高级共振峰合成器通过逐帧修正技术去调整所需的一系列参数,如带宽、幅度、共振频率等,这样才能合成和自然语音非常相似的语音。

共振峰合成中的基本单元是音素,共振峰合成器利用音素参数之间的联系,通过内插获取控制参数的轨迹。但是实验表明,通过该方式生成的语音在自然度和可懂度方面的效果均不理想。

理想的方法是从自然语音样本出发,通过调整共振峰合成参数,使合成出的语音和自然语音样本在频谱的共振峰特性上最佳匹配,即误差最小,此时的参数作为控制参数,这就是合成分析法。实验表明,如果想要合成语音高度近似自然语音,那么一方面需要保证它们的频谱峰值差别保持在几个分贝之间,另一方面也需要它们的基音和声强的变化曲线达到高度的一致,这样合成的语音与自然语音几乎没有任何区别。

根据语音产生的声学模型,激励源信息的精确获取对提取自然语音样本的共振峰参数起到重要作用。假定浊音激励源的频谱以 -12dB/倍频程变化,那么经过预加重的自然语音波形的谱特性就与声道的谱特性相当。虽然这时过分简化了激励源,但这种方法仍然是最常用和最有效的。

8.3 线性预测合成法

线性预测合成(LPC)方法以其低数据率、低复杂度、低成本的特点受到了重视,它也是目前比较简单和实用的一种语音合成方法。LPC 分析方法在 20 世纪 60 年代发展起来,它能够有效地估计如基音、共振峰、声道面积函数等,可以对语音的基本模型给出精确的估计,而且计算速度较快。因此,LPC 语音合成器利用 LPC 语音分析方法,通过对自然语音样本的分析,计算出 LPC 系数,就可以建立信号产生模型,从而合成出语音。线性预测合成模型是一种"源-滤波器"模型,由白噪声序列和周期脉冲序列构成的激励信号,经过选通、放大并通过时变数字滤波器(由语音参数控制的声道模型),就可以再获得原语音信号。这种参数编码的语音合成器的框图如图 8-2 所示。

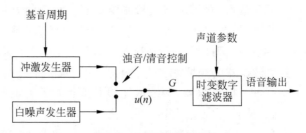

图 8-2　LPC 语音合成器

图 8-2 所示的线性预测合成的形式有两种:一种是直接用预测器系数 a_i 构成的递归型合成滤波器,其结构如图 8-3 所示,这种方法是通过定期地改变激励参数 $u(n)$ 和预测系数 a_i 来合成出语音。从图 8-3 可以看出,其结构既简单又直观,为了合成一个语音样本,需要进行 p 次乘法和 p 次加法。它合成的语音样本由下式决定:

$$s(n) = \sum_{i=1}^{p} a_i s(n-1) + Gu(n) \tag{8-1}$$

其中,a_i 为预测器系数,G 为模型增益,$u(n)$ 为激励,合成语音样本为 $s(n)$;p 为预测器阶数。

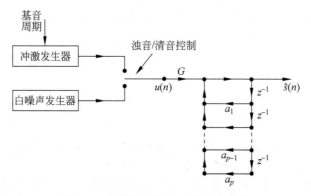

图 8-3　直接递归型 LPC 语音合成器

直接形式的预测系数滤波器的优点是结构简单,缺点是计算精度要求较高。由于这种递归结构对系数的变化很敏感,容易造成滤波器的不稳定。所以预测系数 a_i 的量化就会造成计算精度下降,从而导致合成信号出现震荡,并且预测系数个数 p 的改变也会导致系数值的改变,这是一种难以克服的困难。

另一种合成的形式是采用反射系数 k_i 构成的格型合成滤波器。它的合成语音样本由下式决定:

$$s(n) = Gu(n) + \sum_{i=1}^{p} k_i b_{i-1}(n-1) \tag{8-2}$$

其中,G 为模型增益,$u(n)$ 为激励,k_i 为反射系数,$b_i(n)$ 为后向预测误差,p 为预测器阶数。

由式(8-2)可看出,只要反射系数 k_i,激励位置(即基音周期)和模型增益 G 已知,就可以由后向误差序列迭代计算出合成语音。一个语音样本的合成过程需要 $(2p-1)$ 次乘法和 $(2p-1)$ 次加法。采用反射系数 k_i 的格型合成滤波器结构,其运算量比直接型结构更大,但这种滤波器形式的优点是:其反射系数 k_i 具有 $|k_i|<1$ 的性质,因而滤波器是稳定的;同时与直接结构形式相比,它对有限字长引起的量化效应灵敏度较低。此外,为了得到每个基音周期起始处的值,基音同步合成需要对控制参数进行线性内插。需要注意的是,内插仅仅是对部分相关系数进行,而且还要根据原来的参数是否稳定而定,若原来参数是不变的,则线性内插的结果也是不会改变的。无论选用哪一种滤波器结构形式,LPC 合成模型中所有的控制参数都必须随时间不断修正。

对于基音周期的检测,在共振峰的影响之后消除最后一级残差信号 $e_n^{(p)}$(前向预测误差)的自相关函数的方式是有效的。这个残差信号的自相关函数也叫变形自相关函数 $r_e(n)$,它不仅可以用来检测基音周期,还可以用来区别浊音/清音等。在 $r_e(0)$ 之后找出 $r_e(n)$ 取峰值时的 T,即从 $n=0$ 开始,搜索基音周期可能存在的 $3\sim15$ms 的区间,从而求出这个周期,如图 8-4 所示。

同样地,也可以采用误差信号 $r_e(n)$ 判别浊音/清音。利用 $r_e(T)/r_e(0)$ 这个比值,如果是浊音的话,$r_e(T)$ 则相当于 $r_e(n)$ 的一个极值。因此可以设定 $r_e(T)/r_e(0)$ 的比值小于 0.18 为清音,大于 0.25 为浊音,比值介于 0.18 和 0.25 之间就引入了浊音度 V 和清音度 U 的概念,且 $U+V=1$。

当确定 U 和 V 的时候,要满足 $U+V=1$,即如图 8-5 所示。在 $U=1$ 时为无声,只用白噪声作为音源。在 $V=1$ 时,为有声,使用与音调周期 T 同步的脉冲序列作为音源。在 $0.18\leqslant r_e(T)/r_e(0)\leqslant0.25$ 时,常常把对应于 $\sqrt{U}$ 和 $\sqrt{V}$ 的白噪声和脉冲序列的和信号作为音源。

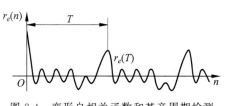

图 8-4 变形自相关函数和基音周期检测

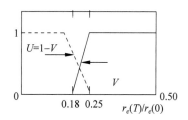

图 8-5 音源参数的设定法

对于音源强度,可以直接使用相当于残差信号能量的 $r_e(0)$,即采用 $\sqrt{r_e(0)}$ 值。用这种方法构成 PARCOR 分析合成滤波器的整个结构如图 8-6 所示。

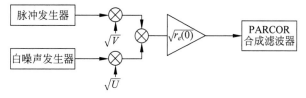

图 8-6 利用 k_i 参数的语音合成器

设求得的残差为 $e(n)$,残差信号的自相关函数为 $r_e(n)$,则其中 U 和 V 的计算方法为:

$$\begin{cases} U=1,V=0 & r_e(T)/r_e(0) > 0.25 \\ U=0,V=1 & r_e(T)/r_e(0) < 0.18 \\ U=r_e(T)/r_e(0)-0.18,V=1-U & \text{其他} \end{cases} \quad (8\text{-}3)$$

合成时,先读出每一帧的浊音度和清音度参数,然后根据 U 和 V 的值来产生激励源,如果 $U=1$,则根据 T 的值来产生周期脉冲,如果 $V=1$,则产生随机噪声,否则,令周期脉冲与 U 的乘积加上随机噪声与 V 的乘积作为语音激励源。

使用与分析相反的过程来实现使用从 PARCOR 分析获得的反射系数来恢复语音的合成算法。合成时采用逐次递推的方法,设语音激励源序列为前向预测误差 $y_i(n)$,由 $y_i(n)$ 逐次求 $y_{i-1}(n)$,最后得到的 $y_0(n)$ 即为恢复后的原来的语音信号。所以,下面将介绍由 $y_i(n)$ 求 $y_{i-1}(n)$ 这一级的语音合成滤波器的构成。

预测次数为 i 次与 $(i-1)$ 次的关系由下面的递推式表示:

$$\begin{cases} y_i(n)=y_{i-1}(n)-k_i b_{i-1}(n) \\ b_i(n)=b_{i-1}(n-1)-k_i y_{i-1}(n-1) \end{cases} \quad (8\text{-}4)$$

由式(8-4)表示的递推式,可以得到下式:

$$\begin{cases} y_{i-1}(n)=y_i(n)+k_i b_{i-1}(n) \\ b_i(n)=b_{i-1}(n-1)-k_i y_{i-1}(n-1) \end{cases} \quad (8\text{-}5)$$

将式(8-5)下方的式子的右边向前进一个采样间隔,然后通过延迟算子 z^{-1},可以得到下式:

$$b_i(n)=z^{-1}(b_{i-1}(n)-k_i y_{i-1}(n)) \quad (8\text{-}6)$$

由式(8-5)和式(8-6),可以得到如图 8-7 所示的 k_i 参数合成滤波器中的一级。

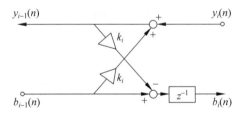

图 8-7　k_i 参数合成滤波器的构成(一级)

在该系统中只需调节结构体中 T 的值就可以改变基音的值。

格型滤波器用于语音分析和合成的参量有:①浊音、清音标志;②音高;③总体振幅水平;④反射系数。①、②、③是关于激励源的,其中②是相关于格型滤波器的,而③是误差信号的平均振幅即总增益,④也是关于格型滤波器的。因为系数的量化需求内存空间比较大,每对系数需要 8～10bit 进行量化,所以线性预测系数不适合量化。而 k_i 适于进行量化,每一系数需要 5～6bit。而进行存储的反射系数的个数等于线性预测的阶数。通常 15 阶就可以获取高质量的语音。

8.4　神经网络语音合成法

随着深度学习的迅速发展,研究者们在各个领域尝试结合深度学习进行研究,并且取得了不错的成果。由于深度学习在建模方面相比于传统的建模方法具有显著的优势,在统计参数语音合成领域受到了广泛的关注。基于深度学习的建模方法在统计参数语音合成方法中的应用大致表现在几个方面,例如声学建模、波形建模、频谱特征等,本节仅介绍一下神经网络在统计参数声学建模方面的应用。

本节首先介绍统计参数语音合成系统的基本框架构造,然后重点介绍目前基于神经网络的两种主流声学建模方法。

1. 统计参数语音合成框架

近些年来,由于统计参数语音合成方法的灵活性,在语音合成领域得到了广泛的应用。语音合成系统主要分为前端和后端两部分,前端主要工作为输入文本信息进行文本分析,后端主要工作为从语音信号处理角度进行韵律建模和声学建模,从而通过声学预测合成语音。

统计参数语音合成系统框架主要分为训练和合成阶段,训练以音库语音提取的声学特征参数和相应的文本特征作为输入,然后进行声学建模训练模型,常用基于 HMM 的统计参数方法来训练建立声学模型。合成阶段,主要依据训练的声学模型生成语音特征参数,然后结合上下文本特征进行特征预测,最后通过声码器转化生成合成语音。统计参数语音合成系统框架如图 8-8 所示。

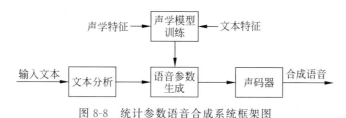

图 8-8　统计参数语音合成系统框架图

2. 基于神经网络的声学建模方法

声学建模在统计参数语音合成系统中起到非常关键作用。基于 HMM 的声学建模方法容易造成合成语音的过平滑问题,语音质量受损。近年来,基于神经网络的建模方法相比于传统的建模方法表现出显著的优势,特别是在统计参数语音合成领域,随着计算机计算能力的提高和深度学习的发展,基于神经网络的声学建模方法正在逐渐成为统计参数语音合成建模方法的主流方法。基于神经网络的声学建模方法框架图如图 8-9 所示。

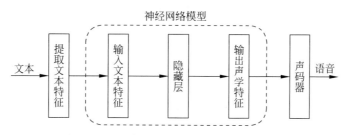

图 8-9　基于神经网络的声学建模方法框架图

声学建模是统计建模语音合成系统的重要组成部分,下面介绍两种常用的基于神经网络的声学建模方法。

1）基于 DNN 的声学建模方法

基于 DNN 的统计参数语音合成系统中需要使用离散数值或连续数值来描述输入文本，其中包括二值分类特征和实数值特征。输出特征包括清浊参数、基频参数等，其中基频参数的获取需要在建模前通过插值操作才能得到基频的连续路径。

基于 DNN 的统计参数语音合成系统与传统意义上的统计参数语音合成系统框架基本相同，分为训练阶段和合成阶段。基于 DNN 的声学建模训练过程通常采用最小均方误差（MMSE）准则进行训练，均方误差损失函数即为预测值 $\hat{y}$ 和样本值 y 之间的不一致程度，常用 L 表示。

$$L = \frac{1}{2N} \sum \parallel \hat{y} - y \parallel^2 \tag{8-7}$$

其中 N 为训练样本总数。为了使得预测得到的声学参数尽可能逼近自然语音声学参数，更新模型参数时通常采用随机梯度下降算法（SGD）。在合成阶段，结合合成文本特征信息和 DNN 声学模型预测得出的语音声学参数，最后通过声码器合成语音信号。

需要注意的是，在基于 DNN 的统计参数语音合成系统中，帧独立可能造成输出声学特征在时间上的不连续性，通常的解决办法是对动态和静态的声学参数建模，预测出对应的动态和静态的声学参数，并且使用最大似然函数算法生成连续的特征参数，从而保证参数的不间断性。

2）基于 RNN 的声学建模方法

基于 RNN 的声学建模可以看作是基于 DNN 的延伸模型。基于 DNN 声学建模的输入特征序列是静态的，而基于 RNN 的声学建模是动态的序列，所以相对于 DNN 的神经网络模型，RNN 在隐藏层中增加了一定数量的时序连接。输入为 x，输出为 y，其中一个隐藏层用 z 表示，时刻为 t，则 RNN 的隐藏层为：

$$z_t = g(w_{xz}x_t + w_{zz}x_{t-1} + b_z) \tag{8-8}$$

输出层为：

$$y_t = w_{zy}h_t + b_y \tag{8-9}$$

其中 w 为神经网络各层间的连接权重系数，b 为偏置项，$g(x)$ 为激活函数。

从式（8-8）可以看出，RNN 只能看到前一时刻的信息。Schuster 在 1997 年提出来双向循环神经网络（Bi-RNN）则可以同时看到节点前后时刻的信息，Bi-RNN 结构示意图如图 8-10 所示。

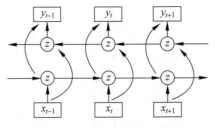

图 8-10　Bi-RNN 结构示意图

Bi-RNN 的隐藏层是由前向隐藏层和反向隐藏层组成，分别对应接受前一时刻与后一时刻的信息作为输入。隐藏层和输出层的更新计算公式为：

$$\vec{z}_t = g(w_{x\vec{z}}x_t + w_{\vec{z}\vec{z}}x_{t-1} + b_{\vec{z}})$$
$$\overleftarrow{z}_t = g(w_{x\overleftarrow{z}}x_t + w_{\overleftarrow{z}\overleftarrow{z}}x_{t-1} + b_{\overleftarrow{z}})$$
$$y_t = w_{\vec{z}y}\vec{z}_t + w_{\overleftarrow{z}y}\overleftarrow{z}_t + b_y$$

$$(8\text{-}10)$$

其中$\vec{z}$为前向的隐藏层,$\overleftarrow{z}$为反向的隐藏层,w为权重系数,b为偏置项,$g(x)$为激活函数。在语音信号处理领域,Bi-RNN更加擅长处理长时语音序列信号,分析前后词汇关系并且建立模型具有显著优势,在声学建模方面应用更为广泛。

RNN中通常使用TanH函数作为激活函数,但是容易出现梯度消失问题,对长时间序列的相关性建立模型比较困难。为了解决这一问题,通常结合使用长短时记忆单元(LSTM)作为RNN的隐藏节点,用来增加RNN对长时相关性和短时相关性的建模能力。实际应用中,通过RNN和Bi-RNN的累加来增加隐藏层的数量,从而搭建更深层的网络,若是对序列的长时相关性建模则可以通过结合Bi-RNN和LSTM实现。

8.5 语音合成专用硬件简介

目前,随着国内智能电子市场需求的增加,大规模集成电路工艺技术得到蓬勃发展,与国外先进半导体集成技术的差距在不断缩小。语音集成电路的应用越来越广,在智能移动终端、智能机器人、人机交互类产品等方面应用了大量的语音合成芯片。

线性预测合成法是语音参数合成法的一种,LPC语音合成法具有低数据率、低成本、易于实现等特点,使其在语音合成研究领域一直很受重视。下面介绍专用的语音合成芯片,以加强读者对于语音合成内容的理解。这里介绍一个语音合成器硬件的设计方案。这个语音合成器的总体结构图如图8-11所示。

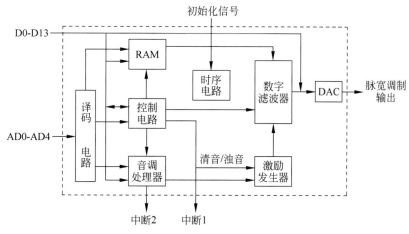

图 8-11 LPC 语音合成器功能块示意图

合成器的各部分功能块作用如下。

1. 时序电路

首先CPU对信号进行一系列初始化设置,然后产生内部的初始化信号促使电路启动,片内时钟频率为4.8MHz,该电路产生片内工作时序。

2. RAM

共 16 个单元,暂存 CPU 送入的能量(E)、$k_i(i=1\sim12)$ 及低通参数(C_1、C_2)。通过数据总线($D_0\sim D_{13}$)与外部相连,通过译码器按地址 $AD_0\sim AD_4$ 选通 RAM,并写入数据。然后,在合成时序控制下,RAM 的 00～0F 存储单元轮流选通并适时向数字滤波器提供数据。

3. 数字滤波器及其工作原理

数字滤波器的系统可划分为无限长单位脉冲响应(IIR)滤波系统和有限长单位脉冲响应(FIR)滤波系统两种。滤波系统的实现有各种结构形式,其中格型滤波结构由规则的模块构成,具有很好的实现特性。

图 8-12 为格型滤波器原理图。滤波器的阶数决定规则模块的个数,例如 n 阶数字格型滤波器就需要 n 个模块。从原理图可看到,12 级格型滤波器进行的运算量是非常大的,这里采用了波茨编码原理设计的 14 位高精度"乘加器",实时地实现 $14\times12\text{bit}$ 的乘法运算和加法运算,完成 12 级的格型滤波和二级数字低通滤波运算,简化了硬件结构。要实现畅通的流水线式操作运算,通常使用移位寄存器进行寄存运算,在合成当前采样点信号时,要用到前一采样点的后向预测误差信号 $b_{12}(n-1),\cdots,b_1(n-1)$ 及前面合成样点的值。上述数据则存储在 14×14 位的移位寄存器中,从而满足流水线的运算操作;而前向预测误差则不需要移位寄存器,它在从高阶向低阶的推算方向和格型滤波方向一致,所以使用暂存寄存器即可实现。这样就能实现流水线式工作的数字滤波器了。

一个采样点合成过程如下:

(1) 第一步取激励(R)。

(2) 第二步实现 E 与 R 相乘。

(3) 第三步进行音调运算,产生下一个样点激励地址,并进行第 12 阶格型滤波的计算:

$$y_{12}(n)=E\times R-K_{12}\times b_{12}(n-1) \tag{8-11}$$

(4) 第四步完成其余 11 阶格型滤波,从原理图可知其滤波方程为:

$$\begin{cases} y_i(n)=y_{i+1}(n)-k_ib_i(n-1) \\ b_{i+1}(n)=b_i(n-1)+k_iy_i(n) \end{cases} \tag{8-12}$$

(5) 第五步实现二极点的低通滤波运算。

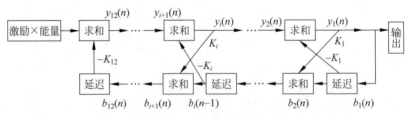

图 8-12　12 阶格型滤波原理图

语音合成过程如下:首先,来自 CPU 的 INIT 信号初始化合成器,然后在 CPU 控制下分离译码语音参数,并进行插值参数运算,将它送入合成器的 RAM 内,当这些参数准备好后,CPU 通过接口电路又分别向控制电路和音调处理器送数,控制电路启动格型滤波器工作,格型滤波器按一定时序从 RAM 中读出能量,k_i 及 C_1、C_2 等参数,从激励发生器中取激励,运算后产生的采样信号进入 D/A 转换器(DAC)。最后,DAC 输出信号是脉宽调制信号,在片外经滤波平滑为语音信号。同时,控制电路产生 INT1 信号向 CPU 申请换帧,CPU接受此信号后即调用换帧子程序进入下一帧信号处理,参数插值申请信号 INT2 由音调处理器产生。

这个语音合成器的设计,模型参数有浊音/清音判决,浊音的音调周期及滤波器参数 k_i 等。合成器采用 12 阶的数字格型滤波结构,该结构是线性预测误差滤波结构的一种,采用格型滤波器实现语音合成与传统的横向滤波器相比具有许多优越性,格型滤波器的收敛率更优、良好的正交数学特性等,不仅保证系统的稳定性,而且易于 VLSI 的实现。

LPC 语音合成器采用简化模型,可以大大减小激励信号的存储量,但与严格的分析过程是不一致的。因而,近年来有许多提高音质的方法,但计算复杂,码率高,因此,可以在降低数据率,简化硬件系统与提高音质之间采用折衷处理。

另外,线性预测阶数的选择,可根据阿塔尔(ATAL)的经验公式阶数 $P = f_s + r(r = 2 \sim 5)$($f_s$ 为采样率,单位为 kHz),如选为 12 等。

一个完整的语音合成系统应包括 CPU、语音库 ROM、RAM 及语音合成器。LPC 语音合成器应当实现以下功能:①激励信号的产生;②参数的分离与译码;③合成过程的参数插值;④格型滤波器的递推运算及结果输出;⑤合成信号的去加重处理。上面介绍的硬件设计的 LPC 语音合成器完成上述功能的①、④、⑤三部分,而可由一般通用微处理器来实现功能中②、③两部分。

8.6 PSOLA 算法合成语音

早期的波形编辑技术功能相对简单,只能编辑播放来自音库中的信息,然而在实际的语言环境中,音库中的语言单元极有可能发生变化。20 世纪 80 年代末,F. Charpentier 和 E. Moulines 等提出了基音同步叠加(PSOLA)技术,PSOLA 不仅能够保持原始语音的主要音段特征,而且还可以在音节拼接的时候灵活调整其基音、能量和音长等韵律特征,这与早期的波形编辑有原则性的差别。因此,基音同步叠加技术很适合于汉语语音和规则合成。同时由于汉语语言系统是一个极其复杂多变的系统,例如它的声调、词调和句调等模式都存在多种变化情况,所以若是用音节作为合成语音的基元时,单音节参数的调整都要按照一定的规则进行。

PSOLA 是一种韵律修改算法,通常使用在波形编辑合成语音技术中。音长、音强、音高等参数是决定语音波形韵律的主要时域特征。在音长调节方面,若是比较稳定的波形段,仅使用加减操作即可,但是由于音节本身比较复杂,实际应用时往往会使用特定的时长缩放方法;在音强调节上,只需改变信号波形,它的强度就会发生改变,需要注意的是包含有重音变化的音节,幅度包络可能也是需要改变的;在音高的调节方面上,它的大小与波形的基音周期相对应。对于大多数通用语言,音高只表示语气的不同及话者的更替。但汉语的音高曲线构成声调,声调有辨义作用,因此汉语的音高修改比较复杂。图 8-13 是利用 PSOLA 算法的语音合成系统的基本结构。

从本质上说,PSOLA 算法是利用短时傅里叶变换重构信号的叠结相加法。信号 $x(n)$ 的短时傅里叶变换为:

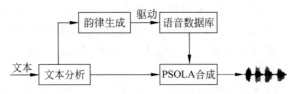

图 8-13　利用 PSOLA 算法的语音合成系统

$$X_n(e^{j\omega}) = \sum_{m=-\infty}^{\infty} x(m)\omega(n-m)e^{-j\omega m} \quad n \in \mathbf{Z} \tag{8-13}$$

由于语音信号是一个短时平稳信号,因此在时域每隔若干个(例如 R 个)样本取一个频谱函数就可以重构信号 $x(n)$,即,可令:

$$Y_r(e^{j\omega}) = X_n(e^{j\omega}) \mid_{n=rR} \quad r, n \in \mathbf{Z} \tag{8-14}$$

其傅里叶逆变换为:

$$y_r(m) = \frac{1}{2\pi} \int_{-\infty}^{\infty} Y_r(e^{j\omega}) e^{j\omega m} d\omega \quad m \in \mathbf{Z} \tag{8-15}$$

然后就可以通过叠加 $y_r(m)$ 得到原信号,即:

$$y(m) = \sum_{r=-\infty}^{\infty} y_r(m) \tag{8-16}$$

基音同步叠加技术一般有三种实现方式,即时域基音同步叠加(TD-PSOLA)、线性预测基音同步叠加(LPC-PSOLA)、频域基音同步叠加(FD-PSOLA)。这里,仅对广泛应用的时域基音同步叠加法进行讨论。

概括起来说,时域基音同步叠加技术用 PSOLA 法实现语音合成时主要有三个步骤。分别为基音同步分析、基音同步修改和基音同步合成。下面详细介绍这三个步骤。

1. 基音同步分析

同步标记是标记各个浊音段基音周期起始位置的一系列位置点。同步分析的功能主要是对语音合成单元进行同步标记设置。在 PSOLA 技术中,通常使用基音同步分析来对短时信号的分析。对于浊音段有基音周期,而清音段信号则属于白噪声,所以这两种类型需要区别对待。在对浊音信号进行基因标注的同时,可以使清音的基音周期为一个常数,以确保算法的一致性。以语音合成单元的同步标记为中心,选择适当长度(一般取两倍的基音周期)的时窗对合成单元做加窗处理,获得一组短时信号 $x_m(n)$:

$$x_m(n) = h_m(t_m - n)x(n) \tag{8-17}$$

其中, t_m 为基音标注点, $h_m(n)$ 一般取 Hamming 窗,为了避免出现窗间波形混叠的现象,窗长一般取为原始信号的基音周期的 2~4 倍。

2. 基音同步修改

同步修改在合成规则的指导下,调整同步标记,产生新的基音同步标记。具体地说,就是通过插入、删除合成单元同步标记改变合成语音的时长;通过改变标记的间隔来改变合成语音的基音频率。从而达到修改后的短时序列标记和新加入的信号基音标记具有一致性的目的。在 TD-PSOLA 方法中,短时合成信号是由相应的短时分析信号直接复制而来。

若短时分析信号为 $x(t_s(s),n)$，短时合成信号为 $x(t_s(s),n)$，则有：

$$x(t_s(s),n)=x(t_a(s),n) \tag{8-18}$$

式中 $t_a(s)$ 为分析基音标记，$t_s(s)$ 为合成基音标记。

3. 基音同步合成

基音同步合成是利用短时合成信号进行叠加合成。通过增加或减少叠加信号的数量，就可以改变合成信号的时长；通过将符合要求的短时合成信号进行合成，就可以改变基频。

基音同步叠加合成的方法有很多，下面使用最小平方叠加法合成法（Least-Square Overlap-Added Scheme）合成信号，这种信号的原始信号谱和合成信号谱的差异最小。最终合成信号为：

$$\bar{x}(n)=\sum_q a_q \bar{x}_q(n)\bar{h}_q(\bar{t}_q-n)\Big/\sum_q \bar{h}_q^2(\bar{t}_q-n) \tag{8-19}$$

其中，分母是时变单位化因子，是窗之间时变叠加的能量补偿，这里 $\bar{h}_q(n)$ 为合成窗序列，a_q 为相加归一化因子，是为了补偿音高修改时能量的损失而设的，式（8-19）可简化为：

$$\bar{x}(n)=\sum_q a_q \bar{x}_q(n)\Big/\sum_q \bar{h}_q(\bar{t}_q-n) \tag{8-20}$$

式（8-20）中的分母是一个时变的单位化因子：补偿相邻窗口叠加部分的能量损失。该因子在窄带条件下接近于常数，在宽带条件下，当合成窗长为合成基音周期的两倍时该因子亦为常数。此时，若设 $a_q=1$，则有

$$\bar{x}(n)=\sum_q \bar{x}_q(n) \tag{8-21}$$

利用上面的两个公式（8-20）和（8-21），可以通过伸长和压缩原始语音的基音同步标志 t_m 间的相对距离，灵活提升和降低合成语音的基音，同样还通过对音节中的基因同步标志的插入和删除来实现对合成语音音长的改变，最终得到一个新的合成语音的基音同步标志 t_q，并且可以通过对公式（8-20）中能量因子 a_q 的变化来调整语流中不同部位的合成语音的输出能量。图 8-14 所示即为同步叠加算法改变语音基音和时长的示意图。

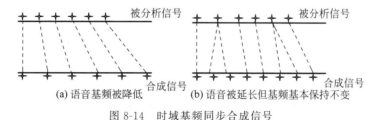

(a) 语音基频被降低　　　　(b) 语音被延长但基频基本保持不变

图 8-14　时域基频同步合成信号

8.7　文语转换系统(TTS)

文语转换很多时候也可以理解为语音合成，简单来说就是人类通过使用一系列的现代技术手段把文本信息转换为语音信息输出，同时保证合成的语音与人类自然语音在韵律上具有较高相似度。目前 TTS 语音已经在智能人机交互和控制方面大量应用，如家庭智能音箱的人机对话、智能家居的语音遥控、情感机器人和汽车领域等。由于目前的语音通信通过

语音信号传输,占用频带很宽,这将阻碍语音通信的高速发展,如果将语音信号替代为文字信号进行传输,则可以节省通信系统大量的频带资源,其传输速度也将进一步提升,这样只需在终端通过一个文语转换系统即可,因而极具应用价值。自 1990 年代以来,随着计算机和多媒体技术的飞速发展,智能语音控制给人类生活带来了极大的便利,语音成为无屏化操作的入口。文语转换系统已逐渐显示了其巨大的应用前景和广泛的应用领域,因而也逐渐成为一个活跃的研究课题。

8.7.1 文语转换系统的组成

语言是人类最自然的交流方式,成功的 TTS 输出的语音应该具备语言准确、韵律自然等人类语言特征。为了使合成语音可以像人类说话一样富有感情变换,尽可能避免出现乏味单调的机械音,所以必将要求文语转换系统模块中的语音合成模块具备极佳的语音合成性能。语音的自然度受发音声调的影响,在连续语流中,一个字的发音不仅受自身的影响,而且相邻字的发音对其也是有一定影响的。所以在文语转换系统中,文本分析也是非常重要的步骤,通过文本分析可以得出每个字发音的声调应如何变化,然后用这些声调变化参数去控制语音的合成。因此,文语转换系统还应当具有文本分析和韵律控制功能的模块。文本分析、韵律控制和语音合成这三个模块是文语转换系统的三个核心部分。其结构如图 8-15 所示。

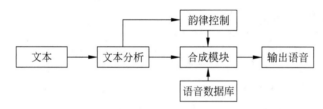

图 8-15　TTS 系统基本框图

1. 文本分析

文本分析的主要功能是将原始文本信息转换为计算机可以识别并处理的结构化的信息,通过建立数学模型和算法分析让计算机知道文本中哪些是词、短语、句子,以及到哪里停顿和停顿时间,同时还要让计算机理解文本在上下文的关系,进而判断发音的标准和方式。文本分析的工作过程可以分为三个主要步骤:①将输入文本中出现的拼写错误或者不正确的字符剔除;②分析文本中的词或短语的边界,确定文字的读音,同时在这个过程中分析文本中出现的数字、姓氏、特殊字符以及各种多音字的读音方式;③根据文本的结构、组成和不同位置出现的标点符号,来确定发音时语气的变换以及不同音的轻重方式。最终,文本分析模块将生成一系列参数信息,并将其输送到其他模块作进一步处理。

传统的文本分析,主要是基于规则(Rule-Based)的实现方法。比较具有代表性的有:最大匹配法、反向最大匹配法、逐词遍历法、最佳匹配法、二次扫描法、双向扫描法等。随着统计学和深度学习技术的发展进步,两者在计算机数据挖掘领域取得了许多显著的成果,形成了一系列基于数据驱动(Data-Driven)的文本分析方法。具有代表性的有:二元文法法(Di-Grammar Method)、三元文法法(Tri-Grammar Method)、隐马尔可夫模型法(HMM Method)和神经网络法(Neural Network Method)等。

2. 韵律控制

韵律是人类自然语言的典型特点,在人类的语言交流中可以更好地表现出说话者的语气、感情色彩、态度和说话节奏等。任何人说话都有韵律特征,具体表现在声调、语气、停顿方式和发音长短等。而韵律参数则包括了能影响这些特征的声学参数,如:基频、音长、音强等。

最终合成系统通过韵律控制模块生成的具体韵律参数来进行语音信号的合成。韵律控制的方法同文本分析方法一样分为基于规则的方法和基于数据驱动的方法。近年来,通过神经网络和统计模型的成功应用,合成语音的音质在自然度和可懂度方面显著提高。

3. 语音合成

文语转换系统的合成语音模块一般采用波形拼接来合成语音的方法,其中最具代表性的是基音同步叠加法(PSOLA),这种方法的优点是既不损失音段的主要特征,又能保持对韵律特征参数的灵活调整。简单地概括就是,直接运用 PSOLA 算法对音库中的语音片段进行拼接合成出完整的语音。与传统的简单拼接不同,系统拼接过程中使用神经网络技术或者统计学技术对音库进行选音,最后拼接的时候使用 PSOLA 算法修改合成语音的韵律参数,从而使合成语音更加接近人类的自然语音。然而,基于波形拼接方法的系统最大的缺陷是它的音库需要大量的储存空间,不利于推广应用于小型终端设备。另外,由于相邻声音单元在拼接过程中出现的谱间断性,最终导致输出的语音质量偏低。目前,解决这些问题较好的途径是基于神经网络强大的建模能力而诞生的一些新模型,如基于 RNN 的声学建模、基于 DBN 的频谱表征提取方法、基于 SWWAE(Stacked What Where Auto-Encoder)的频谱表征方法等,实验表明深度学习强大的计算和建模能力对合成高质量语音拥有着独特的优势。

8.7.2　连读语音的韵律特性

文语转换系统实际上是一个人工智能系统。它首先将输入的文本信息按照一定的格式进行规范化,然后根据提前设定好的语言学规则将每个字的发音基元序列和基元组合时的韵律特性(如音长、重音、声调、语调等)合成整个文本所需的代码序列(言语码),最后再用这些代码来控制机器去语音库中取出相应的语音参数进行合成运算,才得到语音输出。

选择不同的合成基元,系统的基元组合时的韵律特性以及相应的合成规则就不同。对于汉语语音来说,一般认为,采用声母和韵母为合成基元是恰当的。采用声母和韵母为合成基元,存储容量不大,所需的规则大体上只需:"辅音到元音和元音到元音的转换规则"和"多字词中各字的声调变调规则"就够用了。当然,如果是合成一个句子,甚至一篇文章,这时语气、句调的规则等也是重要的。

1. 转接与音渡规则

人的发音是一个动态的过程,发音器官的运动是连续的,声道形状的改变也是需要时间的,这些音素导致了连续语流之间的每个音素存在相互干扰的弊端。在汉语发音中,存在两种基本情况的过渡,一种是在声母和韵母的拼接过程中出现辅音与元音的过渡,称之为"转接"；另一种是复合韵母之间的拼接过程中出现元音与元音的过渡,称之为"音渡"。

所谓转接是指前面的辅音对其后的元音的共振峰的影响,它使其后的元音的共振峰位置产生漂移。不同元音与不同辅音彼此之间的影响是不同的,从共振峰特征的表现来看,同一元音受其前的不同辅音的影响,它的转接现象是不同的;相反,同一辅音对其后的不同元音的影响也是不同的。关于共振峰的转接现象,影响因素比较杂乱,难以总结出一条普遍性规律,研究者们也只是通过不断的实验,发现了一些基本规则。Delattre 在语音合成实验中发现,辅音感知受到共振峰转接的影响是非常严重的,特别是后接元音第二共振峰的转接走向与程度,对前面辅音的听辨起着决定性的作用。如果想要合成的辅音更加接近自然辅音的发音,那么这一段转接特征是必不可少的。他们分析了三个塞音[b,d,g]后接不同的元音[i,e,ɑ,o,u]时共振峰转接现象发现:尽管不同元音的转接的走向与程度是不同的,但同一个辅音造成的共振峰漂移的走向却往往趋于同一点,这一点被称为"音轨"。事实上,音轨是由观察到的共振峰转接频率轨迹向前外推大约 50Hz 得到的,它表征了"辅—元"转接中共振峰移动的起始频率。另外,[d]的音轨在 1800Hz 左右;[g]的情况则不同,它有两个音轨,一个在 3000Hz 左右,另一个在 1200Hz。因此可见,辅音的发音部位不同时,音轨也就不同,而元音舌位也会对音轨产生影响,后高元音[u]对辅音音轨影响最大。应该指出,音轨本身是从大量实践中得到的统计结果,目前还无法对它作定量分析,但它同下面讲述的元音目标值结合,则可以较好地反映"辅—元"转接规则。

对于元音之间的音渡问题,汉语中有 13 个复元音韵母,它们并不是一个个相对独立稳定的元音韵母,相反复元音的韵母是由两个以上的音素组成。习惯上常把复合韵母分为头音(韵头)、主元音(韵腹)和尾音(韵尾)三部分。复合韵母实际上是一大串飞速滑动过去的音素组合,这种滑动的过程就称作为音渡或者动程。在复合元音的发音过程中,发音器官的连续变化反映在复元音频谱上的共振峰也是连续变化的,所以很难准确划分各个元音之间的界限。但据观察分析复合元音中共振峰连续变化的动向,会看到在复合元音的滑动变化过程中出现几个极点(二合元音有两个极点、三合元音有三个极点)。这些极点就是所说的头音、主元音、尾音,也被称为元音滑动的目标值。知道了复合元音极点位置之后,就可以用内插的方法得到复合元音的近似共振峰动态轨迹。一般地说,前响二合元音的共振峰动态轨迹近似线性变化,后响二合元音的共振峰动态轨迹近似曲线,且起始弯曲厉害,后部比较平坦。三合元音的共振峰变化比较复杂,可近似看成两个二合元音。所以,极点个数和位置的改变可以在一定范围内影响复合元音的动程以及共振峰的频谱动态轨迹,那么汉语韵母内的音渡过程就可以运用极点值加内插参数的方法实现。因此,在汉语按规则文语合成系统中,每个韵母基元可以由一组"三极点"参数来表征。这种三目标值的方法所得到的简化共振峰动态模型基本上满足了汉语复合元音(韵母)合成的需要,且方法简单,易于实现。前已提醒,音轨至元音目标值的内插可以用来描述汉语声韵母的转接现象。因此,用以上规则建立起来的共振峰模型对汉语合成有着重要的意义。

汉语中还有 16 个复鼻音尾韵母,它们也都是由两个到三个音素组成。尾音是鼻韵尾[n]或[ng],它们和元音复合之后成为一个整体。因为在元音完全变成鼻音的发音状态滑动过程中,声带是一直保持振动状态,且鼻腔没有阻塞,所以在建立共振峰动态轨迹时可以近似把鼻韵尾[n]和[ng]当作元音一样处理。实验表明,这样近似是可行的,能够反映出鼻韵尾的效果。

2．变调规则

在连续语流中,字与字之间的发音存在着干扰现象的,并且每一个字单独发音与连续发音的声调也会有所不同。为了使合成语音具有较好的可懂度,更接近汉语发音的声调,避免合成语音只是将单个字的语音生硬连接,所以在合成连续语音流中应该具备连续语音流的声调变化。汉语普通话语句中的变调以二字词的连续变调最为重要,因为二字词在整个汉语词汇就占了约 74.3%。二字调指二字组合的连续变调。普通话中只要把两个字放在一起读出来,它的发音基本上都会变调。它的调型基本上是两个原调型的相连的序列,但受连读影响使前后两调或缩短、或变低而构成 16 种组合。又因为上声与上声相连时,前一个上声变为阳平,与阳平上声连读时相同。因此实际上只有 15 个双字调型。

二字连续的调型有两种,一类是,声带在发出前字元音之后仍然继续颤动,它发生在后一个音的声母为浊音母或零声母的情况下,因此前后音节的发音声调是连续的;另一类则是,非浊声母的情况,如[s]、[sh]、[c]、[ch]、[z]、[zh]、[t]、[d]、[b]、[g]等音,这时声门放开,同时发音器官的收紧点造成阻塞,因此两个音节的声调之间产生较大幅度的断裂,不过前后的趋势仍然是连贯的。二字调变化规律大致有下列几点:①上声字加阴平、阳平、去声、轻声字时,前面的上声字的声调变成半上声。因去掉了调值的上升部分所以叫作半上声。例如,"语音""满意""水平"等。②两个上声连读,前一个上声变得像阳平。例如,"五五""总理""古老"等。③两个去声字相连,前一个变成半去声。例如,"字调""论证""预报"等。④叠字形容词变调,二字重叠作形容词时,第二个字变读阴平。例如,"好好看""慢慢走"等,这是一条顺变规律,可算是变调规则中的一种特例。

三字组以上的连续变调,通常习惯性地说成具有双节的调型,而且在汉语结构上也可以认为是单字和双字彼此间的组合。因此,它们的调型基本上可以看作是单字和双字基本单元的组合。例如三字组在语法结构上可以有单双,如"老闺女""半成品";双单,如"游泳池""葡萄酒";单单单(并列),如"文工团""迪斯科"等三种格式,其变调与意群是关系密切的,值得注意的是在并列的情况下,因为个人发音情况不同,也会读成双单格的调型。四字组常常以双双结构的成语出现,所以四字组的变调非常相似于两个二字连续变调。五字以上的组合场合,可以视为短句,一般按语句变调规则变调。

3．音长规则

最后,简单介绍音长的问题。音长顾名思义就是发音的时长,它取决于声带振动的久暂,声带振动持续时间久,则音长就长,反之就短。音长也是语音的重要特征之一,它对语音的可懂度、自然度都有一定的影响。汉语中音长主要体现在韵母的调型段长度上,调长和调型是密切相关的,通常认为,上声音节最长,阴平、阳平次之,去声最短。在连续语流中调长的变化和声调一样,也要受到连读时上下文的牵连。在按规则汉语合成中,可将调长和调型一致起来,即:凡是平调、升调的调长适中,凡是降升调的调长较长,凡是降调的调长较短,轻声调长最短。声母的音长相对比较稳定。此外,根据经验所得,句子的最后一个音节的调长应比通常情况加长 20%左右。

8.7.3 文本分析方法

文本分析是通过对文本数据的挖掘以及特征信息的抽取将非结构化的文本信息转化成能够被计算机识别和处理的结构化信息。在本书中文本分析虽然没有作为重要内容进行讲解,但是要形成完整的文语转换系统的概念,了解文本分析的基本方法和思路是十分必要的。

1. 文本分析的任务

汉语文语转换系统中文本分析的任务是通过建立的数学模型生成计算机可以读懂的文本信息,然后对文本中的句子进行简单的解析,最后将分析出来的结果转换为控制参数,并输送给后边的模块进行处理。具体内容为:特殊符号转换、自动分词、多音字识别及其读音判定、特殊声调处理、停顿处理等。增强文本处理能力是改善汉语语音合成模块的语音输出质量的一个重要步骤。文本处理模块的系统原理框图如图 8-16 所示。

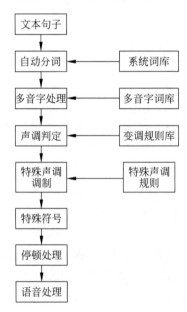

图 8-16　文本分析系统基本框图

1) 自动分词

分词指的是将连续汉字序列按照一定的分词方法切分成一个个单独的词,其中常见的中文分词方法有基于统计的分词方法、基于理解的分词方法、基于字符串匹配的分词方法。在汉语中的最小语义结构单元是词或词组,它的特点是形式一定并能独立运用。分词是理解汉语句子的第一步。另外,在自然语音中,词与词之间也有明显的停顿,所以使用词或者词组作为基本语音流单元将会非常有利于提升合成语音的整体质量。

2) 多音字处理

在日常生活中时常听到或者用到多音字,不管是标准话还是地方话,多音字的使用是非常广泛的。汉字的多音字有如下特点:①多音字的使用频率高。②多音字使用灵活,构词能力强,有些多音字本身可以构成一字词,也可构成二字词、三字词或多字词。有些多音字既可以组成词组,也可以作为姓氏等专用名词使用,如"曾"这个字,在作姓氏时和作单词"曾经"时发音不同。③多音字中,往往几个读音都是常读音。④多音字的某些读音是由变调等音变现象产生的,如"的",在发"目的""的确"时和作为语气词发"好的""是的"时不同。

3) 特殊声调处理

特殊声调处理包括轻声和重读两个方面,自然语音中的轻重音使汉语语音清亮柔和,抑扬顿挫,有明显的层次感,语义表达准确而丰富。

4) 停顿处理

在词与词之间、句子之间、段落之间以及遇到某些特殊符号时适当地插入停顿,可以提高合成语音输出的自然度与可懂度。

5) 特殊符号处理

主要处理常见的符号,如数学符号,标点符号,数字及英文字母等。

2. 汉语自动分词的方法

汉语自动分词,简单地说就是让计算机可以识别出汉语文本中的词,并且在词与词之间进行边界标识,它是汉语自然语言理解、机器翻译、自动校对等处理中的基础性工作。分词顾名思义就是将一句话、一篇文章乃至一部著作中的词逐个划分出来。实际操作过程中,中文词的划分是非常复杂的,汉语的词在不同情况下它的长短也是不一样的,最为复杂的是词的定义,由于每个地区文化风俗的不同,对词的定义也是不统一的,所以这就导致了词的切分的多样性。此外,中文中词本身的词、词素、词组也没有业界共同认定的标准,给它们的区分带来了极大的困难,往往研究者们都是根据前辈们的经验来进行划分,这样很难形成规范化的自动分词标准。根据统计,未登录词对于自动分词的准确性也造成了严重影响,比如新出现的普通词汇(盘他、给力、房奴等),网络热词,电影、书籍等文艺作品的名字,新出现的产品名字和专业研究领域的专业名词等一系列生词,这些生词在文本中与其他词或词组交集在一起往往会产生新的歧义词,更加造成了自动分词的难度。

常用的分词方法大体上有最大匹配法(MM)、逆向最大匹配法(RMM)、逐词遍历法、双向扫描法、二次扫描法、最佳匹配法(OM)、基于规则的分词法等,这些分词方法大部分是基于词表进行的。随着语言处理技术水平的整体提高,统计学应用模型、机器学习方法和大规模计算技术等方面在汉语自动分词系统中的深入应用,自动分词系统的性能得到显著提升。汉语分词已经有几十年的研究,取得的成果颇为丰硕,但是仍面临许多难题有待解决。

3. 文本分析的实现过程及算法描述

文本处理实际上是一个伴随着各种学科知识的不断补充并进行分析判断文本信息的改进过程,而且在文本处理的过程中都会有相应的知识库支持。整个文本处理过程以对词语的处理为主,其实现过程及算法描述如下:

1) 从文本中提取句子

句子的提取以语法知识和常识为依据。判断到了句子的右边界的情况有以下几种。①遇到数字;②遇到西文字母;③遇到特殊符号;④遇到标点符号。实际处理中利用指针的移动来获取相应的句子,并将句子暂时寄存在缓冲区,虽然这种做法与句子的语法规则不太相符,但是满足语音合成系统的处理要求。

2）自动分词

根据系统词库的模板提取的句子,使用最大匹配法进行分词,并记录分词的结果；接着再用反向最大匹配法进行分词,比较两次分词的结果,若不相同（即存在歧义字段）,比较歧义字段的频度大小,选取频度较大的为输出结果。如果分到两字以上的词,则需要系统从词库中提取这些两字以上词的控制参数。

3）多音字处理

对自动分词处理后句子中余下的字,首先查多音字表,若不是多音字,则检索标准字库,取得该字的读音和声调；若是多音字,则根据在多音字库中得到的信息从特征词库中读取相应的特征词条信息,根据特征词条的长度,适当选取该多音字在句子中的上下文,组成一个与特征词条长度相等的词组（该词组选取时应注意要考虑的多音字在两个词组中的位置对齐）,比较两个词组,若一致,则选取相应的读音和声调；否则,与下一个特征词条作类似的比较。若与所有的特征词条比较后均不一致,则选项取默认读音和声调。

4）声调调整

经过上述三个步骤,句子中的每个字都有了相应的读音和声调。对每个声调再应用变调规则库中的规则作一些调整。至此,句子中的每个汉字的读音和声调都已最后确定下来,在词与词之间加入适当的停顿信息。最后,将控制参数送入语音处理模块即可。

8.7.4 语音合成方法

文本分割也就是分词。系统首先对输入的待合成文本进行词法分析,规定出文本句子的边界以及短语和词的边界。由文本分析分割出字词以后,通过语音合成方法把这些字词的发音合成出来,然后把合成的发音串接起来,通过韵律调整,就可以得到语句的发音。这里介绍一种基于基音同步帧叠接法（PSFC）的语音合成方法。

由于音节是从听辨上最容易辨认语音的最小片段,所以往往将音节作为汉语发音结构的组成片段,而音节又是由因素组成,音节的结构可以表示为：音节＝声母＋韵母＋声调曲线,汉语普通话和地方话都具有这种特征。因此,可以按照这一机理进行语音合成,首先合成这个发音的声母,再合成它的韵母,然后将韵母的声调调整到所需的声调上,最后将声母和韵母连接起来得到最终合成的语音。声母和韵母可以采用参数合成法合成,也可以利用语音的时域波形进行合成。

下面介绍基于 PSFC 的语音合成方法,包括合成基元的选择处理、如何利用这些基元来合成语音、合成的步骤、用 PSFC 的方法所需的声母与韵母的特点及声调曲线的概念等。

1. 语音合成所需的基元

因为 PSFC 语音合成方法的合成基元取自自然语音的波形,所以提取基元的优劣决定了合成语音的音质,同时,基音曲线反映了语音基音周期的变化情况,决定了语音的声调,因此基音曲线计算的精确与否直接影响到合成语音的声调是否准确。

1）声母

声母是一种动态性很强的音,大多数声母发清音,发音时声道处于受阻状态,由于发声器官的状态变化较大,其短时频谱随时间推移有很大变化。受阻状态可分为阻塞和阻碍两种情况。阻塞,即声道中的受阻部位完全封闭,空气不能流通,这种情况下发的音称为塞音;阻碍,即声道中处于部分受阻的状态。实际发音情况下,声母的发音总是发生着变化,它的发音主要是受到后边韵母发音的影响,从具有相同声母和不同韵母的发音中截取的声母段听上去总是混有后面韵母的成分,在时域波形图上可以看到声母与其后边的韵母波线总是出现交织与融合,而且波形越往后边,它们的波形越相似。所以应该把一个声母与各韵母的不同组合的过渡段剪切下来作为该声母的发音,每一种组合只适用于某声母与某一特定韵母的搭配。

2)韵母

韵母均发浊音,所以韵母的频谱相对稳定。从波形上看可以把一个汉语的韵母分解为一个平稳段与若干非平稳段。语音的非平稳段包括声母到韵母的过渡段、韵母中鼻音以及一些很短的发音,如韵母[ua]中[u]的发音是一个过渡音,就属于非平稳段,非平稳段一般没有声调(鼻音除外)。平稳段的波形具有明显的周期性,一个周期的波形称为一个基音同步帧,一个韵母与另一个韵母不同的主要原因是:每个韵母都有不同的基音同步帧,也就是说,基音同步帧包含了一个韵母平稳段的语音特征。尽管韵母中的非平稳阶段很短,而且没有明显的周期性,但区分韵母的发音非常重要。因此应该将韵母中的非平稳段,包括过渡音和鼻音都作为一个整体保存下来。

由于第一声部的各基音同步帧的周期和波形轮廓相差不大,平稳段中部的波形最稳定而且受其前后的非平稳段的影响也较小,所以在提取基音同步帧的时候,应当尽可能获取发第一声的韵母的平稳段的中部,这一点对于合成平稳段的音质十分重要。过渡音和鼻音则可以作为一个整体保存下来,但是在截取过渡音时要使被截取的部分保持几帧与其相连的平稳段的部分,这样可以保证在叠接时非平稳段与平稳段能够平滑地过渡。为了避免在叠接处出现波形跳跃过大的情况,在截取这些基元时应当使这些基元波形的起止点都处于谷底处。图 8-17(a)显示了[a]的第一声的部分波形,图 8-17(b)为基音同步帧。

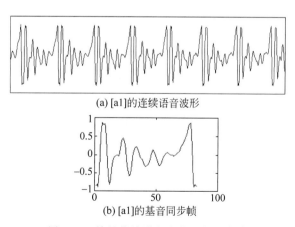

(a) [a1]的连续语音波形

(b) [a1]的基音同步帧

图 8-17　韵母的波形和它的基音同步帧

3)声调曲线

虽然韵母平稳段波形的形状比较稳定,呈现出周期性,但是它的基音同步帧的长度即基音周期却是在缓慢变化的,基音周期的变化趋势决定了语音的声调,测出平稳段中各基音同步帧的周期值,并按顺序排列以获得声调曲线。

声调曲线的计算是 PSFC 中最为关键的一个步骤。基音曲线是对语音声调变化即基音周期变化的描述,正确的声调曲线决定了合成语音的声调进而影响到合成语音的可懂度。

语音时长也是影响语音合成质量的重要因素,所以声调曲线不仅要表现出声调的变化,而且也要表现出时长的改变。一段语音的时长就是这段语音中各基音同步帧周期的和。为了尽可能地检测出每一个基音同步帧的周期,可以把语音段的最后一帧复制到该语音段的后面,这样使语音段末端的基音周期检测更为准确,同时,每次帧移的偏移量取上一次测得的基音周期,与固定帧移量相比,当基音周期较小的时候不至于漏掉某些周期,而当基音周期较长的时候又不至于使两帧之间有太多重叠,从而更为准确地反映基音周期的变化和语音段的时长。图 8-18 显示了[a]的第二声的声调曲线,横坐标为语音段的基音周期个数,纵坐标为基音周期值,单位 1/11 025 秒。

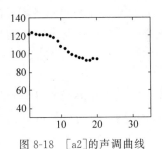

图 8-18　[a2]的声调曲线

因此,PSFC 合成方法所需的合成基元包括:①声母,即 22 个声母和 38 个韵母的特定组合。②韵母平稳段的一个基音同步帧。如果一个基音同步帧的平均长度在 120 字节左右,则 38 个韵母的基音同步帧只占 4KB 左右的空间,这也是 PSFC 方法的优点,合成单元所占用的存储空间小,且合成规则也较简单。③韵母中的非平稳段(过渡音、鼻音)。④声调曲线。如果按 38 个韵母每个韵母都有 5 个声调来计算则共有 190 条基音曲线。

这样整个数据库包括汉字拼音库、声母库、韵母库、合成基元库、声调曲线库和声调修正曲线库。

2. 合成步骤

如图 8-19 所示,语音合成的具体步骤可以分成以下 4 个过程:

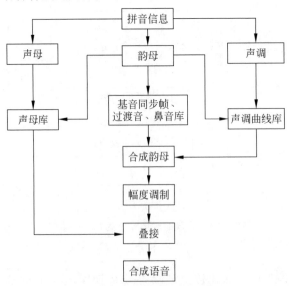

图 8-19　合成系统的原理框图

（1）根据 22 个声母和 38 个韵母的特定组合确定所需声母，根据韵母确定所需的基音同步帧以及韵母的非平稳段，根据韵母和声调确定所需的声调曲线；

（2）根据声调曲线上的周期值将原始基音同步帧的周期调整到所需的周期值上并保持基音同步帧的波形轮廓不变，然后将调整后的各基音同步帧按先后顺序叠接起来即得到韵母的平稳段，该平稳段具有所需的声调；

（3）如果韵母还包含非平稳部分，则再将非平稳部分叠接在平稳部分的前面或后面，然后对这一段合成的语音进行幅度调整，即得到要合成的韵母；

（4）将合成的韵母叠接到声母段的后面即得到所要合成的语音。

8.7.5　语音合成中的韵律控制

语音合成是文语转换系统的语音输出部分，它的合成效果对合成语音的质量具有非常重要的影响。一般人们在进行交流的过程中，说话人的语气、语调、连续变调等都会对表达者的情感和意向进行反应，从听觉角度来说，体现在音长、音强、音高、音色这四个语音听觉特征上，所以如果合成语音仅仅具有清晰度是不够的，还需要对合成语音的韵律进行控制与修正，使得合成语音像自然语音一样具有语气、语调、连续变调等现象，韵律控制直接关系到合成语音的可懂度与自然度。

1. 基音同步帧周期的调整

基音同步帧的调整是把原始的基音周期调整为指定的基音周期，调整后的基音同步帧要与原始基音同步帧的波形相似，幅度基本相等。调整时，先将原始基音同步帧与指定基音周期值的最小公倍数求出来，再把原始基音同步帧扩展为这个长度，这需要在原始基音同步帧相邻两数据点之间插值，以原始基音同步帧相邻两点数据的差与插值后这两点之间的间隔数的比值为基本增量单位。在原始基音同步帧相邻的两数据点间插值时，把一个原始数据点作为基点，每一个插值点的值等于它前一个点的值加上基本增量单位，原始基音同步帧中最后一个数据点后的所有插值点的值都取最后一个原始数据点的值。然后再等间隔抽取，就得到了调整后的基音同步帧。图 8-20 中，横坐标表示基音同步帧的点数，纵坐标表示采样数据点的振幅，(a)是一个长度为 85 点的基音同步帧，(b)是将这个基音同步帧调整到 74 点后的波形，可以看出，调整前后的两个波形的形状是相似的。

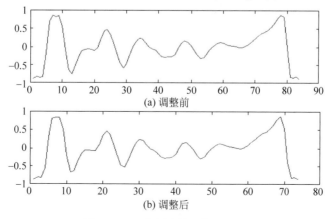

图 8-20　基音同步帧周期的调整

2. 合成语音幅度的调整

因为平稳段信号波形的特点,基音同步帧获取的波形幅度是非常大的,所以这里幅度调整主要是对首尾段进行衰减。由于语音的轮廓并不会对合成语音的音质和可懂度产生太大的影响,因此衰减的轮廓有多种形式,比如单段直线、多段直线和其他形状的曲线等。如果采用的是单段或多段直线,则衰减如下式所示:

$$Y(n) = y(n)\left(c - \frac{s}{L}m\right) \quad 0 \leqslant m \leqslant L \tag{8-22}$$

$y(n)$ 为未经幅度调整的合成语音段,$Y(n)$ 为经幅度调整的合成语音段,s 为衰减系数,L 为衰减段的长度,c 为起始衰减度。

3. 声调曲线的修正

音节的升降等不同变化方式表现为声调,学好声调有利于提高个人的节奏感。汉语普通话有四个声调,采用的是赵元任的五度标记法。汉语中声调在辨义方面有着举足轻重的作用,它是音节不可分割的一部分。然而在连续的发音过程中,字与字的连续发音将产生连续语音声调改变的现象,而且里面某些字的声调也会发生变化。应该采用修正曲线的方法来对单字语音的声调进行修正,具体做法是,首先将具有相同连读变调现象的二字词归为一类,然后分别测出每一个字在单独发音和连读时的声调曲线,将所得的声调曲线进行时间归整,都归整到相同的时间长度,归整的方法与进行基音同步帧调整和方法相同。对于每一种连读变调的情况,四字组连续变调采取的办法是将四字划分为前两字和后两字的组合,然后按照两字组的连续变调规则分别对前后两字进行变调,用变调后的声调曲线比变调前的声调曲线,即得到声调修正曲线,它反映的是在变调的过程中每个原始基音同步帧周期变化的情况。将四条声调修正曲线相加求算术平均以减小随机性。在进行合成时,根据输入文本的信息,得到一个二字词,确定这个词的两个单字的原始发音声调及其声调曲线;再由这两个字的声调搭配确定应属于何种连读变调现象,从而找到相应的声调修正曲线;然后将原始声调曲线归整到声调修正曲线的时间长度上,二者相乘即可得到修正后的声调曲线,再将这条曲线恢复到原始声调曲线的时长就得到最终的变调曲线。可以根据变调曲线合成变调后的语音。图 8-21 是"南京"一词的自然语音与合成语音。从这两幅图可以看出用 PSFC 方法合成的语音与自然语音在轮廓上是非常相似的。

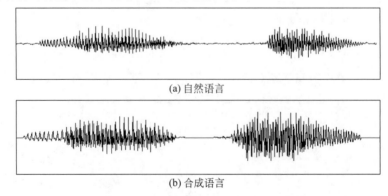

(a) 自然语言

(b) 合成语言

图 8-21　"南京"一词的自然语音与合成语音

4. 由文本信息获取合成与修正信息

假设输入的文本信息是经过文本分析的,已将二字词和单字切分开来,并且给出多音字的发音标记。当得到一个二字词信息时:

(1) 根据汉字的内码可以得到相应的区位码,由区位码得到相应的文件名,由这个文件可以得到该字的拼音及声调;

(2) 将拼音的前两个字母与声母库中的声母进行匹配,如匹配成功则得到声母,若未成功则将拼音的第一个字母与各声母进行匹配,即可得到声母;

(3) 除去声母和最后一个代表声调的字符,即得到韵母,与韵母库中的各韵母进行匹配可以确定该韵母属于哪一类,由韵母所属的类可以正确地将韵母的过渡音段和主音段分开;

(4) 由两个字的声调标记可确定该二字词的声调搭配,从而确定应符合何种变调情况。

根据以上得到的信息可以确定合成所需的声母、基音同步帧、声调曲线和声调修正曲线。具体过程如图 8-22 所示。

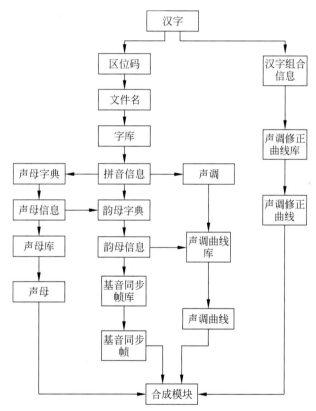

图 8-22 由文字信息获得合成基元原理框图

8.8 小结

语音合成是人机语音通信的一个重要组成部分,它解决的是如何让机器像人那样说话的问题。在本章介绍的语音合成技术中,共振峰合成法的优点是其合成的语音质量较高,缺点是合成过程需要烦琐的参数调整；而线性预测合成法以其低复杂度和低成本等优点得到广泛使用，但是其合成的整个语音流自然度较低，语音不够流畅；基于神经网络的语音合成声学建模方法相比于传统的 HMM 统计参数合成方法具有更强的建模能力，更好地改善合成语音的质量。PSOLA 算法不仅保持传统波形拼接的优点，简单直接，而且还能灵活调整其韵律特征，从而获得很高的自然度。智能应用市场的兴起，使得文语转换系统的研究成为热点，如何丰富文语转换系统的应用场景，使其更加便利人们的生活和生产活动，仍然需要研究者们不断探索和完善。

复习思考题

8.1 语音合成的目的是什么？它主要可分为哪几类？什么叫作波形合成法和参数合成法？其区别在哪里？试比较它们的优缺点。

8.2 波形编码合成中的波形拼接合成和规则合成法中的波形拼接有什么不同？

8.3 请叙述选择合成语音库的依据。你认为在西方语言和汉语情况下，各应选择什么作为合成基元？为什么？汉语在语音合成和语音识别与理解中，是否有其优越之处？为什么？如不同意这个看法，又为什么？

8.4 为什么说，用波形或参数来合成语音的原理，与语音通信的接收端的语音合成的工作原理是完全相同的？

8.5 对语音合成的激励函数有什么要求？在汉语中，对各种音段，应该使用什么样的激励函数较为合适？

8.6 为什么说，在有限词句的语音合成时，使用多脉冲激励原理，能使合成的语音质量会有所改进？请画出这种方法的语音库训练和语音合成的方框图。

8.7 什么是 PSOLA 合成算法？它有几种实现方式？利用时域基音同步叠加技术合成语音的实现步骤是什么？

8.8 什么是 TTS？它可以应用到些领域？TTS 系统一般是由哪几个部分组成的？

8.9 在汉语中，有多少种单字声调？当两个汉字连成一个词时是按什么规律进行变调的？有多少种双字声调？如果是二字以上的多字连接时，又是如何进行变调的？除了这些规则之外，还有哪些特殊的变调情况？

8.10 在 TTS 系统中，应如何考虑音长的规则？在汉语中，有哪些有关音长或调长的规律？应如何考虑一字多音多义问题？

8.11 在 TTS 系统中，应如何进行语音合成中的韵律控制？为什么韵律控制直接关系到合成语音的可懂度与自然度？

第**9**章

语音识别

9.1 概述

　　语音识别(Speech Recognition)主要指让机器听懂人说的话,即在各种情况下,准确地识别出语音的内容,从而根据其信息,执行人的各种意图。随着微机技术、人工智能、计算机技术、模式识别、信号处理技术及声学技术等相关技术的发展,使得能满足各种需求的语音识别系统的实现成为可能。语音识别的任务是准确"理解"所接收到的语音。

　　近些年,随着深度神经网络等相关技术的发展,在较复杂的语音环境中,语音识别系统具有更强的鲁棒性,语音识别已经不仅仅局限于实验室的研究,在工业、军事、交通、医学、民用等诸方面有着广泛的应用。①语音打字机:用口述的方式替代手动键盘输入的方式来实现向计算机输入文字和符号,这一应用给办公室自动化带来革命性的变化。②数据库检索:语音识别的实现可以免除大量操作人员的重复劳动,使用户通过语音直接向数据库检索或查询,既经济又方便。③特定的环境所需的语音命令:在很多场合由于手脚已被占用来进行其他动作或者在特定环境下人员无法涉足进行操作时,必须用语声发出操作指令。④智能语音助手:语音助手是一种智能型的应用,用户通过语音助手发出操作指令并与语音助手进行对话,能够快速解决生活类问题,在某种程度上也节约了人们的时间。语音识别技术已成为信息产业的标志性技术。

　　本章首先介绍了语音识别的原理,然后对在语音识别中常用的识别系统进行介绍和分析,并给出相关语音识别系统的性能测评。最后,简单介绍了深度学习模型在语音识别中的应用。

9.2 语音识别原理和识别系统的组成

　　语音识别的分类有语音内容识别和说话人识别。其中语音内容识别是指对说话人所说的内容的识别,不用去识别说话人是谁,从不同人的语音信号中找出相同因素,强调的是发音的共性；说话人识别是指对说话人的识别，不用去识别语音中所说话的内容，从语音信号中提取出说话人的特征，强调说话人的个性。

（1）语音识别系统按照不同的角度、不同的应用范围、不同的性能要求会有不同的系统设计和实现，也会有不同的分类。一般语音识别系统按不同的角度有下面几种分类方法。根据所识别的单位，可以将其分为：孤立词、连接词、连续语音识别系统以及语音理解和会话系统。根据所要识别的对象可以将其分为：孤立字（词）识别（即识别的字词之间有停顿的识别，比如音素识别和音节识别等）、连接词识别、连续语音识别与理解、会话语音识别等。近些年来，随着相关研究的发展，连续语音识别的技术也逐渐成熟，这个最自然的说话方式，将成为语音识别研究及实用系统的主流。不过，连续语音识别系统相对来说较为复杂，成本较高，因此，并不是所有的应用都会采取这种方式。语音理解基于语音识别通过语言学知识对语音含义进行推断，其不一定识别出语音中的所有内容，只需要理解该语音的含义，属于更高一级的语音识别。会话语音识别系统的识别对象是人们的会话语言，与书写语言不同的是，它可以出现省略、倒置等非语法现象。因此，会话语音识别的实现需要结合语法信息、谈话话题、上下文文脉等对话环境的有关信息。相对于会话语言识别，传统的语音识别又叫书写语言识别。

（2）根据识别的词汇量可以将语音识别分为：大词汇、中词汇和小词汇量语音识别系统。从理论上来讲，如果计算机听得懂"是"及"不是"的语音输入，那么它就可以通过语音进行操作。词汇量在语音识别的发展过程中也逐渐增加，随着词汇量的增加，对系统各方面的要求也越来越高，其成本也随之增加。一般来说，小词汇量系统是指能识别 1～20 个词汇的语音识别系统（如利用语音进行电话拨号的语音识别系统）、中等词汇量指 20～1000 个词汇（自动订车票、机票等的语音识别系统）、大词汇量指 1000 个以上的词汇（如把口述的报告转成文字的语音识别系统）。此外，还有某特定用途的中词汇量连接词识别和无限词汇连续语音的识别等。通常而言，想要识别越多的词汇量，所用识别基元应选得越小越少，才是可行的。

（3）特定人和非特定人语音识别系统。从讲话人的范围可以分为：单个特定讲话人识别系统、多讲话人（即有限的讲话人）语音识别和与讲话者无关（理论上是任何人的声音都能识别）的语音识别系统三种。特定讲话人的语音识别比较简单，能得到较高的识别率，不过这种语音识别系统在使用之前需要由特定人的用户输入大量的语音数据，然后再对其训练。多讲话人和与讲话者无关的语音识别为非特定说话人识别系统，这种识别系统通用性好、应用面广，但难度也较大，在应用时，不太能够得到较高的识别率。而对于与讲话者无关的识别系统的实用化对经济价值和社会意义都将会有很大的影响。语音信号的可变性很大，不同的人说话时，即使是同一个音节，如果对其进行仔细分析，会发现存在相当大的差异。如果一个语音系统要识别出非特定人的语音，那么次系统就要从大量的不同人的发音样本中学习到非特定人语音的特征，比如发音速度、语音强度、发音方式等基本特征，并且找出能归纳其相似性作为识别时的标准。由于系统的学习和训练过程比较复杂，需要对所用语音样本进行预先采集，因此，要在系统生成之前完成这一过程，然后将有关信息存入系统的数据库，以供真正识别时用。如果是一个机构的主管人员通信、做计划时使用的一个语音识别系统，那么该系统最好是以这个主管为特定人的识别系统，这样才能具有最高的识别率，即使这个特定人带有一点口音，识别系统也可以较准确地识别。

另外,根据识别的环境可以分为:隔音室、公共场合;根据传输系统可以分为:高质量话筒、电话以及近话筒等;根据说话人的类型可以分为:男声、女声、童声等。

语音识别系统可以根据语音识别所采用的方法进行分类。系统可以提取出声音特征集合,然后识别出这些特征所代表的相关信息。通常,将在语音信号中所提出的特征参数(比如 LPC 预测编码参数)作为识别系统的输入。模板匹配法、随机模型法和概率语法分析法是语音识别系统较常用的 3 种方法。虽然,这 3 种方法都可以说是建立在最大似然决策贝叶斯(Bayes)判决基础上的,但具体做法不同,详细介绍如下。

(1) 模板匹配法。早期的语音识别系统大多是按照简单的模板匹配的原理构造特定人、小词汇量、孤立词识别系统。将模板匹配法分为两个阶段,即:训练阶段和识别阶段。在训练阶段,用户依次说一遍词汇表中的每一个词,然后将其特征矢量作为模板(Template)存入模板库。在识别阶段,将输入语音的特征矢量序列,依次与模板库中的每个模板进行相似度比较,计算其距离,距离越小相似度越高,将相似度最高者作为识别结果输出。由于语音信号的随机性比较大,就算是同一个人说同一句话发同一个音,那么在不同时刻,该语音的时间长度也不可能完全相同,因此,需要对语音进行时间伸缩处理,通过对样本进行一定的缩放,使测试特征序列与训练序列在时间上相匹配,时间伸缩处理的准则是使匹配后的距离小于所有的距离。于是,为解决这一问题,日本学者板仓(Itakura)提出动态规划算法(DP)的概念,提出动态时间调整算法(DTW)。DTW 是一个典型的最优化问题,它用满足一定条件的时间归正函数描述待识别模式和参考模板的时间对应关系,求解两模板匹配是累积距离最小所对应的归正函数;所以 DTW 保证了两模板间存在的最大声学相似性。此外还有一种矢量量化方法(VQ),这种方法是基于信息论中信源编码技术的识别。VQ 法不需要进行时间伸缩处理,所以计算时间极大缩短了,但是由于不考虑时序特征,所以当语音识别时间较短的时候识别率一般。

孤立词语音识别应用动态规划方法获得了良好的性能,但是其不太适用非特定人、大词汇量、连续语音识别系统。对于连续语音识别系统来讲,如果将词、词组、短语甚至整个句子作为识别单位,为每个词条建立一个模板,那么随着系统用词量的增加,模板的数量将会越来越大。因此,对于非特定人、大词汇量、连续语音识别系统来讲,通常采用随机模型法及概率语法分析法。

(2) 随机模型法。当前,比较主流的研究方法就是随机模型法。其突出的代表是隐马尔可夫模型(HMM)。在语音识别领域,HMM 是一种概率统计模型,适合对有时空特性的信号建模。根据 HMM 的概率参数对似然函数进行估计与判决,进而对语音进行识别。将语音信号看作信号过程,那么在足够短的时间段上的信号特性可以看作是稳定的,而总的过程可看成是从相对稳定的某一特性依次过渡到另一特性。HMM 则用概率统计的方法来描述这样一种时变的过程,根据训练集数据计算得出参数后,测试集数据直序分别计算各模型的条件概率,取次概率最大者为识别结果。该模型中,马尔可夫链中状态是由该状态的转移概率(状态生成概率)决定的。由于状态转移过程在观察的角度看是隐含的,因此这是一个双重随机过程。

(3) 概率语法分析法。这种方法是用于大长度范围的连续语音识别,其参数调整也更为灵活。对不同的语音语谱及其变化的研究发现,相同的语音由不同的人说时,相应的语谱及其变化也会有不同,但是总有一些共同的特点足以使它们区分其他语音,这就是"区别性特征"。而另一方面,人类的语言受到词法、语法、语义等因素的约束,识别语音的过程,这些约束以及对话环境的有关信息得到了充分应用。于是,将"区别性特征"与来自构词、句法、语义等语用约束相互结合,形成"由底向上"或"自顶向下"的交互作用的知识系统,不同层次的知识可以用若干规则来描述。知识的获取、专家经验的总结、规则的形成和规则的调用等方面在研究时都极为重要。而由于语音是随机多变的,其语法规则不仅复杂,而且不完全确定,因此,识别过程也变得更加困难。

除了上面的三种语音识别方法外,还有许多其他的识别方法。其中最重要的是基于深度学习的语音识别方法。应用深度学习的语音识别过程主要是:语音信号预处理、特征提取、模式匹配、分类判决以及输出识别结果几个部分。应用深度学习的语音情感识别系统相比于传统的语音识别系统,识别的准确率得到了很大提升。

虽然语音识别技术在近几十年中迅猛发展,且取得很大的成就,也在实际中得到应用,但是目前的语音识别技术研究水平还很难达到自然的人机交互,这是一项极具市场价值和挑战性的工作,但是在实现过程中,存在不少问题和困难。在语音识别研究中存在的几个主要问题和困难如下:

(1)语音识别的一种重要应用是自然语言的识别和理解。这一工作要解决的问题首先是因为连续语音中音素、音节或单词之间的调音结合引起的音变,使得基元模型的边界变得不明确。其次是要建立一个理解语法和语义的规则或专家系统。

(2)语音信息的变化很大。语音模式不仅对不同的说话人是不同的,而且对于同一个说话人也是不同的。

(3)语音的模糊性。说话人在说话的时候,不同词语听起来可能是相似的。这一点在任何语言中都是常见的现象。

(4)语境也会影响到单个字母及词语发音时语音特性,使相同字母有不同的语音特性。单词的发音音量、音调、重音和发音速度可能是不同的,现象就是会导致模式和标准模型不匹配。

(5)影响语音识别比较严重的还有环境的噪声和干扰。通常而言,语音库中的语音模板是在没有噪声和干扰的环境中完成的。有时候环境中的噪声和干扰是很大的,这就会使语音识别时丢失掉语音中所包含的一些信息,从而使识别的效果大大降低。

目前在语音识别中,如何充分借鉴和利用人在完成语音识别和理解时所利用的方法和原理是一重要课题。

语音识别系统的建立是需要在一定的硬件平台和操作系统之上的一套应用软件系统。通常而言,一台个人机或者一个工作站作为硬件平台;操作系统可以选择 UNIX 或Windows 系列。可以将语音识别系统分为两部分,第一部分是处理音频流,以分割可能发生的阶段,并经它们转换成数字信号。第二部分是一个专用的搜索引擎,对第一部分的输出在一个发音模型、一个语言模型和一个词典中进行检索。发音模型指的是一种语言的发音声音,对其进行训练,识别某个特定用户的语音模式和发音环境的特征。语言模型指的是如何将一种语言的单词合并。词典列出语言的大量单词,以及关于每个单词如何发音的信息。语音识别的过程不仅要选取适当的语音识别单元,还要系统建模、模型训练特征参数提取,以及模式匹配以及测试等。一般将语音识别系统分为两个步骤。第一步是系统"学习"或"训练"阶段。在"学习"阶段,建立识别基本单元的声学模型以及进行文法分析的语言模型等。第二步是"识别"或"测试"阶段。在"识别"阶段,根据识别系统的类型选择能够满足要求的一种语音识别识系统,通过语音分析,分析出这种识别方法所要求的语音特征参数,然后再与系统模型进行比较,最后通过判决得出识别结果。

语音识别系统,不止包括核心的识别程序,语音输入手段、参数分析、标准声学模型、词典、文法语言模型等也是系统所必需的,另外还包括制作这些东西所需的工具。根据识别结果在实际环境下实现一定的应用,还必须要考虑对环境耐受的技术,用户接口输入和输出技术等。因此,一个完整的语音识别系统的应用,不仅要有语音识别技术,还要加上各种外围技术。从语音识别系统来看,可以将其分为语音信号的预处理部分、语音识别系统的核心算法部分以及语音识别系统的基本数据库等几个部分。一般语音识别系统的组成如图 9-1 所示。预处理主要是将输入的语音信号数字化采样、在语音检测部切出语音区间、经过语音分析部变换成特征向量;在语音识别部分,将语音特征向量时间序列和语音声学模型与单词字典和文法的约束进行匹配,将识别的结果输出;然后直接把识别出的单词或由单词列组成的句子输出给应用部分,或把识别结果转接成控制信号,控制应用部分的动作。

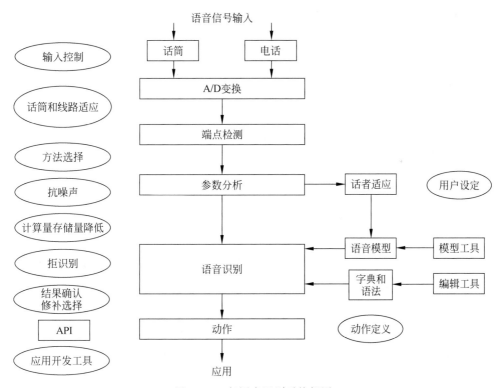

图 9-1 一般语音识别系统框图

对于非特定人语音识别系统,那么需要从大量的语音数据中训练出非特定人的语音模型。对于特定人语音识别系统,需要有用户登录的功能,以及使系统适应用户的学习功能等。另外为了应用开发的需要,单词字典的制作、文法的开发,以及包含语音识别的应用程序的开发工具软件等也是语音识别系统重要的组成部分。以下就各部分的实现方法以及应考虑的问题进行简单的说明。

9.2.1　预处理和参数分析

语音信号预处理部分包括：语音采集、预加重、加窗、端点检测等过程，如图 9-2 所示。

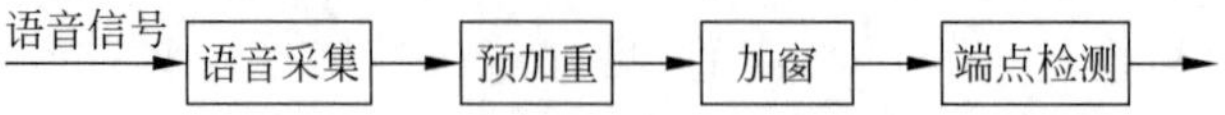

语音信号　语音采集 → 预加重 → 加窗 → 端点检测 →

图 9-2　语音预处理过程

1. 语音采集

语音采集一般是由话筒或者其他语音接收设备完成的，而这时采集到的原始语音信号是连续的模拟信号，必须将连续的模拟信号通过模/数转换为数字信号进行存储。由奈奎斯特采样定律可知，当采样频率大于原始语音信号两倍带宽的时候，原始语音信号就可以被完整地恢复。通常对语音信号采样的采样频率大于 8kHz，采样后的语音信号进行量化编码，转化为二进制数字存入存储设备，这一过程有均匀量化和非均匀量化两种方法。

在语音采集的时候，话筒自适应和输入电平的设定是很重要的。另外一个对语音识别性能影响较大的因素就是输入语音信号的品质，因此，对话筒的耐噪声性能有很高的要求。麦克风的性能，其优劣差异很大。因此，麦克风的选择也很重要，性能好的麦克风，不仅能提高输入语音质量，而且整个系统的鲁棒性也得到提升。同时，不同种类的话筒以及前端设备的声学特性是不同的，这会使输入语音产生变化。因此，为了保持识别性能的稳定，必须具备对话筒以及前端设备性能的测定以及根据测试结果对输入语音的变形进行校正的功能。

为了保持高精度的语音分析，必须要正确设定 A/D 变换的电平。同时要通过 AGC 对输入电平放大的倍数自动调整或者通过对于输入数据进行规整处理来控制语音数据幅度的变化。

2. 预加重

预加重是一种对信号高频分量进行补偿的处理方式，受口鼻的影响，语音信号 800Hz 以上的频段会有 6dB 的衰减，这使得在频谱分析时，从低频到高频的整个过程不能使用相同的信噪比。通过预加重处理，高频分量得到了补偿，使得语音变得更加平滑。

预加重通常使用一阶 FIR 滤波器来实现，如式（9-1）所示：

$$y(n) = x(n) - ax(n-1) \quad 0.9 \leqslant a \leqslant 0.97 \tag{9-1}$$

3. 加窗

语音信号通常是非平稳的，其相关特性随时间改变，但是语音的形成过程与多种生理因素有关，比如发音器官的运动，但是这种运动与声音振动速度相比要缓慢很多，因此短时语音信号可以假定是平稳的，将这种特性称之为短时平稳性，也就是时间在 10～30ms 内，可以将语音信号的频谱特性和物理特征参量看作是平稳的，这样就可以用平稳过程的语音信号处理方法来分析了。用得比较多的三种窗函数有：矩形窗、汉明窗（Hanmming）和汉宁窗（Hanning）。

声音信号在传输过程中会有语音信息和环境噪声以及干扰，环境噪声通常是会随着时间变化而发生变化,这种未知的噪声就会导致系统的识别率下降。环境噪声虽然可以通过抗噪声特性高的输入设备抑制,但是这种噪声并不能完全消除。因此,在周围环境噪声大的时候,就必须要对输入信号进行降噪处理。这种噪声可以是平稳噪声,也可以是非平稳噪声,可以是加性噪声,也可以是乘法性噪声。传统的谱相减(SS)降噪声技术对平稳噪声是有效的,而对于非平稳噪声,可以通过两个话筒分别输入语音和噪声相互抵消的方法减小噪声的影响。

4. 端点检测

通常可以将语音信号分为无声段、清音段和浊音段。无声段的平均能量最低;浊音段的平均能量最高;清音段的平均能量介于两者之间。清音段的波形特点明显不同于无声段,无声段信号的波形变化较为缓慢,而清音段信号的波形变化的幅度较大,过零次数也多。端点检测首先判断语音信号是有声还是无声,若有声,则再判断该语音信号是清音还是浊音。

端点检测主要是从语音信号中确定出语音的起点和终点。有效的端点检测不仅能缩短处理时间,而且还能排除无声段的噪声干扰,从而提升识别系统的性能。

在设计一个成功的端点检测模块时,会遇到下列一些实际困难:

(1) 信号取样时,可能会因为电平的变化,不太容易设置对各次试验都适用的阈值。

(2) 在发音时,这个过程会产生一些杂音,使语音波形产生一个很小的尖峰,并可能超过所设计门限值。此外,人呼吸时的气流也会产生电平较高的噪声。

(3) 取样数据中,突发性干扰可能会使短时参数变得很大,持续很短时间后又恢复为寂静特性,应对突发性干扰的一段语音容易被误计入寂静段。

(4) 弱摩擦音时或终点处是鼻音时,语音的特性与噪声极为接近,其中鼻韵往往还拖得很长。

(5) 如果输入信号中有 50 Hz 工频干扰或者 A/D 变换点的工作点偏移时,这时就不适合用短时过零率区分无声和清音。一种解决方法是算出每一帧的直流分量予以减除,但是这无疑加大了运算量,不利于端点检测算法的实时执行;另一种解决方法是采用一个修正短时参数,它是一帧语音波形穿越某个非零电平的次数,可以恰当地设置参数为一个接近于零的值,使得过零率对于清音仍具有很高的值,而对于无声段值却很低。但事实上,由于无声段以及各种清音的电平分布情况变化很大,在有些情况下,二者的幅度甚至可以相比拟,这给参数的选取带来了极大的困难。

由此可见,一个优秀的端点检测算法应该能够满足:

(1) 门限值应该适应背景噪声的变化。

(2) 将瞬间超过门限值的语音信号看作无声段。

(3) 将爆破音的寂静段作为语音的范围而不是无声段。

(4) 尽可能避免在检测中丢失鼻韵和弱摩擦音等与噪声特性相似、短时参数较少的语音。

(5) 避免使用过零率,以减小将其作为判决标准而带来的负面影响。

传统的端点检测方法是通过语音信号的短时能量和过零率的结合进行判断的,但这种端点检测算法可能会发生漏检或虚检的情况。大致可以将语音信号分为浊音和清音两部分,语音激活期的语音往往是电平较低的清音,如果环境噪声比较大,那么清音电平就接近于噪声电平。语音信号的清音段对语音的质量有非常重要的作用。此外,干扰较大的信号可能被当成是语音信号,从而造成语音激活的虚检。如可能出现弱摩擦音和鼻韵被切除、误将爆破音的寂静段或字与字的间隔认为是语音的结束、误将冲击噪声判决为语音等情况,因而实际运用中,如果处理得不好,则效果就不太好。为了解决传统端点检测算法这一问题,研究人员提出了很多解决方法。比如,应用基于相关性的语音端点检测算法。这种方法依据的理论是:语音信号具有相关性,而背景噪声则无相关性。因而利用相关性的不同,可以检测出语音,尤其是可以将清音从噪声中检测出来。为此,可以定义一种有效的相关函数,并且通过实验可以找到判决门限设定方法以及防止漏检和虚检的方法。

5. 语音参数分析

语音信号经过预处理之后,就要分析其特征参数,这一过程是为了抽取语音特征,减小语音识别时类内距离,增大类间距离。特征参数提取在语音识别过程中是非常关键的,选取的特征参数的好坏会直接影响到语音识别准确率。识别参数可以选择下面的某一种或几种的组合:平均能量、过零数或平均过零数、频谱、共振峰、倒谱、线性预测系数、PARCOR 系数(偏自相关系数)、声道形状的尺寸函数,以及音长、音高、声调等超声短信息函数。现在,在语音识别中常用的特征参数是经过 FFT 变换或者 LPC 得到功率谱以后再经过对数变换和傅里叶反变换得到的倒谱参数。另外,根据人的听觉特性变换的梅尔(Mel)倒谱参数也是常用的语音特征参数。通常用 $10\sim15$ 维的特征矢量的时间序列来表示这些特征参数。除了这些静态的特征参数外,上述参数的时间变化反映了语音特征的动态特性,而这种动态参数也是在语音识别中常用的参数。提取的语音特征参数有时还要进行进一步的变换处理,如正交变换、主元素分析、最大可分性变换等,以达到进一步的压缩处理和模式可分性变换,节省模式存储容量和识别运算量,提高识别性能的目的。

9.2.2 语音识别

语音识别系统的核心部分就是语音识别。该系统不仅包括语音的声学模型以及相应的语言模型的建立、参数匹配方法、搜索算法、话者自适应算法,还包括增添新词的功能、数据库管理和友好的人机交互界面等。

1. 语音模型

语音模型一般指的是用于参数匹配的声学模型,通常由语言模型和声学模型两部分组成。而语言模型一般是指在匹配搜索时用于字词和路径约束的语言规则,其主要分为规则模型和统计模型两种,统计语言模型是用概率统计的方法解释语言单位内在的统计规律,当前基于 N 阶马尔可夫假设的 N-Gram 语言模型应用比较广泛。声学模型是将语音信号的特征和句子的语音建模结合起来,语音声学模型的好坏对语音识别的性能影响很大,HMM模型是概率统计较好的模型。HMM 模型的概念是一个离散时域有限状态自动机,因为HMM 可以吸收环境和话者引起的特征参数的变动,实现非特定人的语音识别。与传统的语音声学模型 GMM-HMM 模型相比,当前声学模型中的 DNN-HMM 模型不需要对数据服从进行假设,并且可以使用多帧输入,充分利用上下文关系。

语音识别的性能也受到识别模型的基元单位的影响。对于其他语言(比如英语和日语)来说,以半音节、环境依存音素为模型的研究例子较多。因为半音节模型和音节模型相比,模型种类较少,并且能兼顾音素间的调音结合的影响。而且在连续语音识别时,利用半音节模型,减少单词间的调音结合的影响。以这些小单位作为识别基元的另一个好处就是识别系统可以随时增加单词和对单词进行变更,并且能适用于各种应用。因为通过学习,可以得到和识别词汇无关的非特定话者的半音节或者音素模型。

对于汉语的语音识别,可以用"声母—韵母"识别基元,也可以用音节字、词等识别基元。这里,大体上存在着识别正确率和系统的复杂度(需要的运算量、存储量等)之间的矛盾。基元选得越小,存储量越小,正确识别率越低。其次,基元选择也与实际用途有关。一般地说,对于有限词汇量的识别基元,可以选得大一些(如字词或短语等),而对于无限词汇量的识别基元,则需要选得小一些(如音素、声母—韵母等),不然,词或句的数量太大就会导致语音库太大而建立不起来。但是识别基元的选择还要考虑它的自动分割的问题,即怎样从语音信号流中分割出这个基元的难易问题。因为有时这种分割本身就要用到词义、语义的理解才行。

汉语字的分割是比较容易的,字的总数也不是太多(约 1300 个左右),因而即使对汉语全字(词)汇识别用途来说这也是可行的。但是,为了理解所识别的连续汉语的内容,这种识别基元时的识别结果是字,因而需要增加从字构成词的部分,然后才能从词至句进行理解。但是由于汉语中存在一音多字即同音字问题,所以也要考虑同音字理解的问题。此外,在汉语中由于音位变体过于复杂而不宜选用音素作为识别单元。总之,在汉语连续语音识别时,采用声母和韵母作为识别的参数基元,以音节字为识别基元,结合同音字理解技术以及词以上的句子理解技术的一整套策略,有望实现汉语全字(词)汇语音识别和理解的目的。

2. 连续语音的自动分段

连续语音的自动分段是语音识别的关键技术,指的是从语音信号流中自动分割出识别基元的问题。通过采用数字处理技术找出语音信号中各种段落(如音素、音节词素、词等)的始点和终点的位置。把连续的语音信号分成对应于各音的区间的过程称为分割。在汉语中,分段的主要目的是找出字的两个端点,进而找出其中的声母段和韵母段的各自位置。在不考虑实时性的情况下,可以采用人工分段的方法:先打印出语音信号流的波形,然后用标尺在波形图上测量,就可以准确地得出分段的结果了。

汉语的自动分段指的是:根据汉语特点及其参数的统计规律,设置一些参数的阈值,用计算机程序自动进行分段。陈永彬的汉语连续语音音节的自动分割算法采用时域参数进行分割。

自动分段所选的参数取决于各音段(背景噪声段、声母段和韵母段等)参数值的集聚性,也就是对于不同性质的音段,所选用的参数的统计值应当是易分的。通常,帧平均能量、帧平均过零数、线性预测的第一个反射系数或其残差序列、音调值等都是一些可用的参数。从简单、快速的要求而言,最好采用前两种时域参数,即帧平均能量和帧平均过零数。因为对于汉语语音信号流中的噪声、声母和韵母等段落,帧平均能量和帧平均过零数都有比较明显的规律性。

(1)帧平均能量的规律性:在环境噪声寂静的声段时最小、声母段时中等、韵母段时最大。

（2）帧平均过零数的规律性：在环境噪声寂静的声段时最小、韵母段时中等、声母段时最大。

虽然，上述分段原理是正确的，但是仍然需考虑一些实际问题，如取样数据中，有时存在突发性干扰；在讲话速度较快时，会出现相邻两字之间没有间隙的情况等。为了解决这些问题，除了在取样时采用"数字自动增益环"解决电平变化问题之外，还可以引用由帧平均能量和帧平均过零数派生的两个辅助参数：帧平均能量过零数积和帧平均能量过零数比。

对于连续汉语语音音节分割，实质上是一种线性映射，在处理声母韵母分割这一非线性问题方面还有一定的局限性。由于声音是通过神经元传入大脑的，而不同的声音信号将刺激不同的神经元，因此通过建立人工神经网络，模仿和确定不同声音所在的神经之间的联系，以获取声音内在的语声和语言信息。

3. 语音识别方法

基于参数模型的隐马尔可夫模型（HMM）的方法和基于非参数模型的矢量量化（VQ）的方法是现在语音识别技术两种比较主流的算法。隐马尔可夫模型是从马尔可夫链隐身推广的，而马尔可夫链是状态空间中从一个状态到另一个状态转换的随机过程，是一个随机信号模型。HMM需要解决的主要问题是：评估问题、解码问题以及学习问题。基于HMM的方法主要用于大词汇量的语音识别系统，它需要较多的模型训练数据，较长的训练时间及识别时间，而且还需要较大的内存空间。VQ实际上是一种数据压缩技术，将标量数据组合成矢量并在矢量空间中对其量化，所需的模型训练数据，训练与识别时间，工作存储空间都很小，压缩后的失真率较低，信息的有效性有一定的保证。但是VQ算法对于大词汇量语音识别的识别性能不如HMM好。另外，基于人工神经网络（ANN）的语音识别方法，也得到了很好的应用。此外，还可使用混合方法，如ANN/HMM法、FSVQ/HMM法等。

即使是同一个人对特定词发音，每次的发音可能是不同的，这种不同可能体现在发音的音节长短不同，或者频谱的偏移不同、音强大小的不同，同样的内容却存在着与发音的音节不构成线性关系的问题，这也是语音识别匹配中主要存在的问题。而传统的基于动态时间调整的算法（DTW），解决了从语音信号中提取出来的特征参数序列长短不同的模板匹配问题，在连续语音识别中仍然是主流方法。同时，在小词汇量、孤立字（词）识别系统中，也已有许多改进的DTW算法被提出。例如，为了使DTW算法适用于非特定人的语音识别，同时，提高系统的识别性能，利用概率尺度的DTW算法进行孤立字（词）识别的方法，取得了较好的识别效果。

用于语音识别的距离测度有多种，如欧氏距离及其变形的欧氏距离测度、似然比测度、加权的识别测度等。所选择的距离测度与识别系统采用的语音特征参数和识别模型有关。

对于匹配计算而得的测度值，根据相关的准则及专家知识，将判决选出可能的结果中最好的作为识别的结果，由语音识别系统输出，这一过程就是判决。在语音识别中，通常是采用K平均最邻近（K-NN）准则来进行决策。因此，选择适当的各种距离测度的门限值是一个关键的问题。而门限值通常是需要通过实验多次调整，才能得到比较满意的识别结果。

4．计算量和存储量的削减

由于语音识别系统的硬件和软件资源是有限的，因此，降低识别过程中的计算量和存储量是非常重要的。当识别的模型为 HMM 模型时，特征矢量的输出概率计算以及输入语音和语音模型的匹配搜索不仅会占用很大的空间，同时也会占用很多时间。为了解决这一问题，可以进行语音或者标准模式的矢量量化和聚类运算分析，利用代表语音特征的中心值进行匹配。在 HMM 语音识别系统中，识别运算时输出概率计算所消耗的计算量较大，所以可以在输出概率计算上采用快速算法。另外，可以采用线搜索方法以及向前向后的组合搜索法等以提高搜索的效率。计算量和存储量哪一个是减少的重点，这要由系统的硬件构成以及使用目的与价格来决定的。

5．拒识别处理

在语音识别处理过程中，不仅要考虑能不能识别出语音内容，而且还要考虑识别的可靠性，即识别的正确率有多大。可能会因为用户发音错误，而出现不在系统词汇表的单词或句子，同时，由环境噪声引起的语音区间检测错误也可能导致错误识别。因此，在实际的语音识别系统中，对信赖度低的识别结果的拒绝（rejection）处理也是一个很重要的课题，它不仅有助于提高系统对含有未知词或文法外（out of grammar）发音的处理能力，而且在会话系统中，通过用户和系统的对话，对信赖度低的识别部分进行重复处理，实现柔软处理用户发音内容的人机接口也是很重要的。语音识别并不能保证识别率能够达到 100%，如果给出识别的结果的可靠性，并且对识别结果的正确性加以判断就有利于减少识别错误，提高识别率。目前，国内在这方面的研究还不是很多。可以考虑利用音节识别得到的得分补偿的方式进行拒识别处理，在这种方式中，利用在不限定识别对象的条件下求得的参考得分来补偿的识别结果，并用补偿过的识别得分进行拒识别判定。阈值的选择要使补偿的得分值不受话者或噪声的影响。也可以研究把处理未知词（out of vocabulary words）的方法适用于发音的全体，开发用于整个发音的拒绝处理的方法。

6．识别结果确认，候补选择

为了避免因为误识别而产生的应用程序的误动作，采用让用户对识别的结果进行确定，让用户选择出正确的结果。该模块结果确认的操作、再输入、再识别的进行，要求消耗资源最小。因此结果确认的动态范围，以及确认方法的设计是很重要的。

7．用户设定

在一台识别系统被多个用户使用的场合，系统必须要具有的功能就是记忆和选择每个用户的特定模型。同时，要具备每个用户可以随时在自己的词典里增加或删减单词的功能，以及系统根据一定的特征信息自动进行不同用户间的应用识别程序切换的功能。

9.2.3　语音识别系统的基本数据库

语音识别系统一般会有大量的控制参数信息，这些参数是以数据库的方式在计算机内进行存储，构成了语音识别系统的基本数据库。包括词汇表、语音声学模型参数、语言模型参数等。语音库的作用是存储语音模型和模板；专家知识库的作用是存储各种语言学知识。通过"训练"（或"学习"）从单讲话者或多讲话者的多次重复发音的语音参数以及大量的语法规则中，经过长时间的训练而聚类得到的。汉语有特定的语言文法规则，比如汉语声调变调规则、音长分布规则、同音字判别规则、构词规则、语法规则、语义规则等。在汉语语音识别，尤其是汉语连续语音识别中，要利用这些语言文法等信息来提高识别精度。

实际上，一个比较好的语音识别系统的建立要与其特定的应用背景相结合。另外，更应注意的是，语音识别系统的建立应当结合语言的自然特点，否则，将很难达到较高的水平。

9.3　动态时间规整（DTW）

假定有一个孤立字（词）语音识别系统，利用模板匹配法进行识别。这时一般把整个单词作为识别单元。在训练阶段，用户将词汇表中的所有词依次说一遍，然后将其特征矢量时间序列作为模板存入模板库；在识别阶段，将输入语音的特征矢量时间序列依次与模板库中的每个模板进行相似度比较，把相似度最高的作为识别结果输出。

然而，由于语音信号有很大的随机性，所以不可能直接将输入参数序列与相应的参数模板直接进行比较。在进行模板匹配时，时间长度的变化会影响测度的估计，从而导致识别率降低，因此需要进行时间伸缩处理。

对此，日本学者板仓（Itakura）将动态规划（DP）算法的概念用于解决孤立词识别时的说话速度不均匀的难题，提出了著名的动态时间规整算法（DTW）。DTW 是把时间规正和距离测度计算结合起来的一种非线性规正技术。在语音识别中的前端处理中利用分帧、加窗和端点检测将一段长语音分成若干段语音，然后提取出每帧语音信号的特征参数，组成参数序列，最后再将每帧语音信号的参数序列与参考模板序列匹配，计算需要测量的语音信号的参数序列与参考模板序列的累积距离，将最小累积距离的参考模板作为输出。如图 9-3 所示，如设测试语音参数共有 I 帧矢量，而参考模板共有 J 帧矢量，且 $I \neq J$，则动态时间规正就是要寻找一个时间归正函数 $j = \omega(i)$，它将测试矢量的时间轴 i 非线性地映射到模板的时间轴 j 上，并使该函数 ω 满足：

$$D = \min_{\omega(i)} \sum_{i=1}^{I} d[T(i), R(\omega(i))] \tag{9-2}$$

其中，$d[T(i), R(\omega(i))]$ 指的是第 i 帧测试矢量 $T(i)$ 和第 j 帧模板矢量 $R(j)$ 之间的距离测度，D 是处于最优时间规正情况下两矢量的距离。

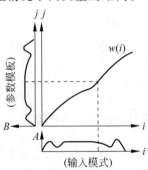

图 9-3　动态时间规整示意图

由于 DTW 不断地计算两矢量的距离以寻找最优的匹配路径,所以得到的两矢量匹配是累积距离最小的规整函数,这就保证了它们之间存在最大的声学相似特性。

实际中,DTW 是采用动态规划技术(DP)来加以具体实现的。动态规划是一种最优化算法,其原理如图 9-4 所示。

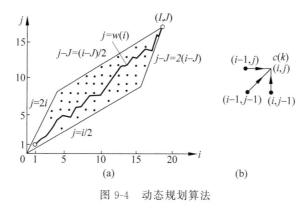

图 9-4　动态规划算法

通常,规整函数 $\omega(i)$ 被限制在一个平行四边形内,它的一条边的斜率为 2,另一条边的斜率为 1/2。规整函数的起始点为 $(1,1)$,终止点为 (I,J)。$\omega(i)$ 的斜率为 0,1 或 2;否则就为 1 或 2。这是一种简单的路径限制。目的是寻找一个规整函数,在平行四边形内有点 $(1,1)$ 到点 (I,J) 具有最小代价函数。由于已经对路径进行了限制,所以计算量可相应的减少。总代价函数的计算式为:

$$D[c(k)] = d[c(k)] + \min D[c(k-1)] \tag{9-3}$$

式(9-3)中,$d[c(k)]$ 为匹配点 $c(k)$ 本身的代价,$\min D[c(k-1)]$ 是在 $c(k)$ 以前所有允许值(由路径限制而定)中的最小值。因此,总代价函数指的是该点本身的代价与带到该点的最佳路径的代价之和。

通常动态规划算法是从过程的最后阶段开始,即最优决策是逆序的决策过程。进行时间规整时,对于每一个 i 值都要考虑沿纵轴方向可以达到 i 的当前值的所有可能的点(即在允许区域内的所有点),由路径限制可减少这些可能的点,而得到几种可能的先前点,对于每一个新的可能点按式(9-2)寻找最佳先前点,得到此点的代价。随着过程的进行,路径要分叉,并且分叉的可能性也不断增大。不断重复这一过程,得到从 (I,J) 到 $(1,1)$ 点的最佳路径。

9.4　孤立字(词)识别系统

目前,孤立字(词)语音识别技术已经比较成熟,人们设计的语音识别系统,对孤立字(词)的识别,无论是小词汇量还是大词汇量,无论是与说话人有关还是与说话人无关,在实验中均已经达到很高的正确识别率。

孤立字(词)识别系统,顾名思义是识别孤立发音的字或词。由于在孤立字(词)识别中,单词之间有停顿,可使识别问题简化;单词之间的端点检测比较容易;单词之间的协同发音影响较小;一般对孤立单词的发音都比较认真等。因此这种技术更加容易实现,并且该系统中运用的识别技术对其他类型系统具有很好的通用性,例如在识别部分只需补加适当的语法信息等,就可用于连续语音识别。

孤立字(词)识别系统,一般是以孤立字(词)为识别单位,即直接取孤立字(词)为识别基元。它们的识别方法大致有以下几种。

(1) 采用判别函数或准则的方法。最典型的是贝叶斯(Bayes)准则。它是一种概率统计的方法。

(2) 采用 DTW 的方法。在孤立字(词)识别系统中,DTW 是比较经典和有效的方法,因为这种方法主要解决了模板长短不一的匹配问题。字音的起始点相应于路径的起始点。最优路径起点到终点的距离就是待识别语音与模板语音之间的距离。把与待识语音距离最小的模板对应的字音即判为识别结果。虽然这种方法运算量较大,且匹配时间过长,但技术上较简单,识别的准确率比较高。在各点的匹配中对于短时谱或倒谱参数识别系统,失真测度可以用欧氏距离;对于采用 LPC 参数的识别系统,失真测度可以用对数似然比距离。决策方法一般用最近邻准则。

(3) 采用矢量量化技术的方法。矢量量化技术作为一种新型的量化编码方法,广泛应用于语音识别领域,尤其是在孤立字(词)语音识别系统中得到很好的应用。其中有限状态矢量量化技术对于语音识别更为有效。决策方法一般用最小平均失真准则。

(4) 采用 HMM 技术的方法。HMM 的各状态输出概率密度函数即可以用离散概率分布函数表示;也可以用连续概率密度函数表示。一般连续隐马尔可夫模型要比离散隐马尔可夫模型计算量大,但识别正确率要高。

(5) 采用人工神经网络技术的方法。

(6) 采用混合技术的方法。为了弥补单一方法的局限性,可以采用把几种方法组合起来的办法。如用矢量量化作为第一级识别(作为预处理,从而得到若干候选的识别结果),然后,再用 DTW 或 HMM 方法做最后的识别。因此,可用 VQ/DTW 和 VQ/HMM 等识别方法。

无论采用哪种方法,孤立字(词)语音识别系统都可用图 9-5 的框图来表示。先将语音信号进行预处理和将语音分析部分变换成语音特征参数。模式识别部分是将输入语音特征参数信息与训练时预存的参考模型(或模板)进行比较匹配。由于发音速率是在变化的,输出测试语音和参考模式间可能会有非线性失真的情况,即与参考模式相比输入语音的某些音素变长而另一些音素却缩短,呈现随机的变化。根据参考模式是模板或是随机模型,目前最有效的两种时间规正策略是 DTW 技术和 HMM 技术。除了发音速率的变化外,相对于参考模式,测试语音还可能出现其他的语音变化,如连续/音渡/音变等声学变化、发音人心理及生理变化、与话者无关的情况下发音人的变化以及环境变化等。如何提高整个系统对各种语音变化和环境变化的鲁棒性,尤其是在噪声环境下时,语音识别系统如何对带噪语音进行前端处理,最大程度消除语音中夹杂的噪声并且保持语音特征的有效性,使得语音识别系统在不同的噪声环境下仍能保持系统的识别率和鲁棒性一直是研究的热点,并且,提出了许多有效的归一化和自适应方法。关于这方面的内容,读者可以参考有关文献,这里不做详细介绍。图 9-5 中,后处理部分主要是运用语言学知识或超音段信息对识别出的候选的字或词进行最后的判决(如汉语的声调知识的应用等)。

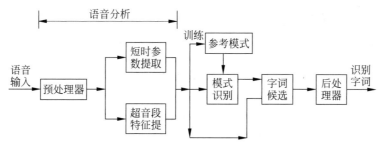

图 9-5　孤立字(词)语音识别系统

孤立单词识别是语音识别的基础。孤立字(词)识别中特征的选择和提取、匹配算法的有效性以及失真测度的选择等关键问题的优化解决,是如今在孤立字(词)识别中要面临的词汇量的扩大、计算复杂度的降低和识别精度的提高等目标的要求。目前,利用梅尔频率的倒谱特征参数和隐马尔可夫模型技术,可以得到最好的识别性能。矢量量化技术则为特征参数提取和匹配算法提供了一个很好的降低运算复杂度的方法。

下面介绍两个孤立字(词)语音识别系统:①基于 MQDF 的汉语塞音语音识别系统;②基于概率尺度 DP 识别方法的孤立字(词)识别系统。

9.4.1　基于 MQDF 的汉语塞音语音识别系统

在语音识别中二次判别函数法(QDF)被经常使用,但是随着特征向量维数的不断增加,从而导致系统的识别性能下降,面对这一问题,传统上的方法是对特征向量维数进行降维。修正型二次判别函数法(MQDF)是对 QDF 本身的改进而提出来的一种语音识别方法,它有效地解决了特征向量维数增加导致识别性能下降的难题。

在采用贝叶斯(Bayes)准则的 QDF 识别法中,设输入待识别语音为一个矢量 X 或者矢量的时间序列 $X = \{X_1, X_2, \cdots, X_T\}$(每一帧一个矢量)表示。词汇表中的字(词)数为 N,每个字(词)的有一个模板(模型)$M_i(i = 1, 2, \cdots, N)$ 表示(利用贝叶斯准则时 M_i 实际上就是 i 单词的均值和协方差距阵)。

令最后的识别函数为 $L(X, M_i)$,基于 Bayes 判别准则的二次判别函数如式(9-4)所示:

$$L(X, M_i) = \frac{1}{2} \ln |\Sigma_i| + \frac{1}{2} \left[(X - \vec{\mu}_i)^t \sum_i^{-1} (X - \vec{\mu}_i) \right] - \ln p(M_i) \qquad (9\text{-}4)$$

这里 X 是维数为 p 的输入特征向量,i 是参考样本类别,$\vec{\mu}_i$ 是 i 类参考样本的均值向量,Σ_i 是 i 类参考样本协方差矩阵。在式(9-4)所示的 QDF 中,协方差矩阵 Σ_i 的乘法计算次数为 $p^2 + p$,因此 X 维数的增加将导致系统计算量和所需内存容量的变大,最重要的是随着 X 维数的增加将造成协方差矩阵的计算误差的增大,从而降低系统判别的性能。为了避免直接计算 Σ_i 所引起的计算量和计算误差增大的问题,可以根据式(9-4)所示的协方差矩阵与它的本征值 λ_{ki} 和本征向量 $\vec{\phi}_{ki}$ 的关系对式(9-4)进行修正,即把式(9-5)代入式(9-4)可得式(9-6):

$$\Sigma_i = \sum_{k=1}^{p} \lambda_{ki} \cdot \vec{\phi}_{ki} \cdot \vec{\phi}_{ki}^t \qquad (9\text{-}5)$$

$$L(X,M_i) = \sum_{k=1}^{p} \frac{1}{\lambda_{ki}} [\vec{\phi}_{ki}^t (X - \vec{\mu}_i)]^2 + \ln \prod_{i=1}^{p} \lambda_{ki} - 2\ln p(M_i) \tag{9-6}$$

在式(9-6)中,维数仍然是 p,计算误差仍然存在。实际上高维的本征值的计算误差较大,所以把高维的本征值 $\lambda_{m+1} \lambda_{m+2} \cdots \lambda_p$ 都令其为相同的常数 h^2(h^2 的取值可由实验确定)代入式(9-6)中,然后进一步利用下列等式(9-7),对式(9-6)进行修正,可得式(9-8):

$$\sum_{k=1}^{p} [\vec{\phi}_{ki}^t (X - \vec{\mu}_i)]^2 = \| X - \vec{\mu}_i \|^2 \tag{9-7}$$

$$L(X,M_i) = 1/h^2 \| X - \vec{\mu}_i \| - \sum_{k=1}^{m} (1 - h^2/\lambda_{ki}) [\vec{\phi}_{ki}^t (X - \vec{\mu}_i)]^2$$

$$+ \ln h^{2(p-m)} \prod_{i=1}^{m} \lambda_{ki} - 2\ln p(M_i) \tag{9-8}$$

和式(9-4)相比,显然变换后的式(9-8)能较大地降低计算量和提高判别性能。式(9-8)称为修正型二次判别函数(MQDF)。

通过上面探讨二次判别函数的改进方法,提出了基于修正型二次判别函数(MQDF)的汉语语音识别。选取汉语中六个塞音音族[b]、[p]、[d]、[t]、[g]、[k],然后利用 MQDF 进行不特定话者语音识别实验。韵母尽可能选择均匀分配的 180 个含有塞音的音节。由 5 名男性话者对每个音节发音三遍,其中两遍做学习用(共 1800 个),一遍作识别用音节(共 900个)。这些音节通过 12kHz,16bit 的 A/D 变换以及窗长为 20ms、窗移为 10ms 的汉明窗以后,提取 14 阶 LPC 梅尔倒谱系数和 1 阶的短时能量组成一个 15 维的特征向量。然后进行破裂点的检测,再从破裂点前半帧开始取 8 帧语音信号作为学习和识别用数据。这样每个音节就变成了共有 $8 \times 15 = 120$ 维的语音特征向量。利用这 120 维的语音特征参数向量,并利用式(9-8)的 MQDF 进行识别的结果,平均识别率达到了 98%。

因为基于 Bayes 判别准则的 QDF 法作为一种统计的识别方法今后仍将广泛地应用于语音识别等领域,所以,对于 QDF 方法的改良就更显得重要。下边简要地介绍一种基于多特征组合的塞音语音识别方法。

对于塞音语音识别的研究,难点在于汉语塞音发音变化速率快和发音易混淆等问题。MQDF 通过寻找最优语音特征参数来达到提高塞音语音识别率的目的。目前在语音识别中,语音识别系统处理的特征参数一般包括 MFCC 参数、共振峰参数和韵律特征参数等。这些参数已经可以满足语音识别系统的要求,并且可以实现很好的识别率。为了更精细全面地描述塞音语音,研究者在 MFCC 参数、共振峰参数和韵律特征参数等语音和声学特征的基础上提出增加另外的特征参数种类的多特征组合语音识别,包括噪声起始时间(VOT)、音轨方程、发音器官运动轨迹的运动学特征。VOT 参数通过 Praat 语音分析软件提取得到;音轨方程为 $y = kx + b$,通过其中的参数 k 和 b 对塞音分类比判断音征趋势效果更好;发音器官运动的特征参数包括发音人嘴唇和舌头运动的位移、速度、加速度,以及它们的最值、均值和标准差等参数。实验中将语音特征、声学特征和运动学特征进行融合形成不同的特征组合,然后对这些不同的特征组合分别进行主成分分析、支持向量机和信息熵计算。多特征组合系统框图如图 9-6 所示。通过实验结果显示,特征组合的识别率较单组特征有明显的提高,同时特征组合在进行主成分分析和特征熵计算之后的特征维数也明显降低了,提高了语音识别系统的识别效率。

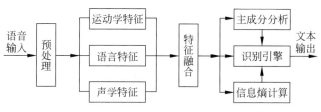

图 9-6　多特征组合系统框图

目前语音识别研究与运动学结合的较少,大多是依靠语音和声学特征参数进行分析研究,基于多特征组合的塞音语音识别在语音识别方面提供了很好的借鉴经验。而 MQDF 作为 QDF 的一种改进方法,有其理论基础和实用价值,不仅在语音识别上有重要意义,在其他领域也具有一定的推广价值。

9.4.2　基于概率尺度 DP 识别方法的孤立字(词)识别系统

传统的 DP 方法比较有局限性,只能用于特定人的语音识别系统。在这里采用基于概率尺度的 DP 方法不仅能用于特定人语音识别系统,而且也能用于非特定人语音识别系统。例如对于如图(9-7)所示的非对称型 DP 路径,具有概率尺度的 DP 方法的递推公式可以用式(9-9)来表示。

$$G(i,j) = \max \begin{cases} G(i-2,j-1) + \log p(X_{i-1} \mid j) + \log p(X_i \mid j) + \log p_{ps1}(j) \\ G(i-1,j-1) + \log p(X_i \mid j) + \log p_{ps2}(j) \\ G(i-1,j-2) + \log p(X_i \mid j) + \log p_{ps3}(j) \end{cases} \tag{9-9}$$

这里 $\log p_{PS1}(j)$, $\log p_{PS2}(j)$, $\log p_{PS3}(j)$ 分别表示 $q((i-2, j-1) \to (i,j))$, $q((i-1,j-1) \to (i,j))$, $q((i-1,j-2) \to (i,j))$ 三个状态转移的转移概率。

上述的概率尺度 DP 方法,就类似于把语音样本的每一帧看作一个模型状态的连续状态 HMM。因为如果参考样本是 $Y = Y_1$, $Y_2, \cdots, Y_J$,则其特征矢量的时间序列是一个马尔可夫过程,如果把每一个特征矢量看作马尔可夫过程的一个状态,同时把输入信号 $X = X_1, X_2, \cdots, X_I$ 看作观察时间序列并应用 Viterbi 算法,则

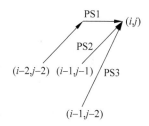

图 9-7　非对称型 DP 路径

HMM 法和概率尺度 DP 方法具有同一关系式。由于连续状态 HMM 能较好地描述语音特征矢量的帧间相关信息,改善 HMM 的动态特性,所以可以期待得到比较好的识别性能。

1. 条件概率 $p(X_i \mid j)$ 的作成

假定在状态 j 观测到的 X_i 是符合 (μ_j, Σ_j) 的高斯分布,则条件概率 $p(X_i \mid j)$ 由下式给定。

$$p(X_i \mid j) = (2\pi)^{-p/2} \mid \Sigma_j \mid^{-1/2} \times \exp\{-1/2(X_i - \vec{\mu}_j)^t \Sigma_j^{-1}(X_i - \vec{\mu}_j)\} \tag{9-10}$$

为了求出每一个时刻的均值和方差,先要选择一个学习样本序列作为核心样本,然后再输入一个同类的学习数据和核心样本进行 DP 匹配寻找最佳路径函数 F,利用最佳路径函数 F 找出和核心样本对应的帧矢量,最后计算和更新各个时刻的均值和方差,如此重复直到同类的学习数据用完为止,渐进地求出每一个时刻的均值和方差。在学习数据较少时,可以利用分段区间数据计算其均值和方差。

2. 状态转移概率的作成

为了计算状态转移概率,需要记下每一个学习数据和核心样本进行 DP 匹配时所选择的路径情况(如图 9-7 所示的三个路径之一),完成学习之后,假定在时刻 j 三个路径被选择的总数分别是 $\mathrm{PS1}(j)$、$\mathrm{PS2}(j)$、$\mathrm{PS3}(j)$,则此时的三个状态转移概率可由下列式(9-11)给定:

$$p_{\mathrm{PS1}}(j) = \mathrm{PS1}(j)/\{\mathrm{PS1}(j) + \mathrm{PS2}(j) + \mathrm{PS3}(j)\}$$
$$p_{\mathrm{PS2}}(j) = \mathrm{PS2}(j)/\{\mathrm{PS1}(j) + \mathrm{PS2}(j) + \mathrm{PS3}(j)\} \qquad (9\text{-}11)$$
$$p_{\mathrm{PS3}}(j) = \mathrm{PS3}(j)/\{\mathrm{PS1}(j) + \mathrm{PS2}(j) + \mathrm{PS3}(j)\}$$

3. 识别方法

识别时对于输入语音信号序列,利用式(9-8)和各个模型进行 DP 匹配。给出最大得分的模型所对应的类别即为识别结果。

9.5 连续语音识别系统

在连续语音识别系统中,特征矢量时间序列 $A = a_1, a_2, \cdots, a_I$ 是由语音信号(例如一个句子)经过特征提取而得到的,假设序列 A 中包含一个词序列 $W = w_1 w_2 \ldots w_n$,那么连续语音识别的任务就是找到与之相对应序列 A 中最可能的观测词序列 $\hat{W}$。这个过程如果按照贝叶斯准则就是:

$$\hat{W} = \arg \max_W P(W/A) = \frac{P(A/W)P(W)}{P(A)} \qquad (9\text{-}12)$$
$$= \arg \max_W P(A/W)P(W)$$

式(9-12)表明,只有 $P(W)$ 与 $P(A/W)$ 的乘积达到最大,才能最有可能找到词序列 $\hat{W}$。$P(A/W)$ 由声学模型决定,它是特征矢量序列 A 在给定词序列 W 下的条件概率。$P(W)$ 由语言模型决定,它是 W 独立于语音特征矢量的先验概率。在连续语音识别系统中利用语言模型的目的是找出符合句法约束的最佳单词序列,并且减少观测矢量序列 A 和词序列 W 的匹配搜索范围,提高识别效率。

连续语音识别处理过程中把基于语言模型的句法约束结合进来往往是很困难的,这是因为声学模型和语言模型的训练是分开进行的。因此,传统的处理方法是把语音识别处理和语言句法分析过程采用阶层性的处理方式进行统合,即先用语音的声学模型和输入信号进行匹配,求得一组候选单词串(列),然后利用语音的语言模型找出符合句法约束的最佳单词序列。这种分别施加语音声学约束和语言言语约束的方法,虽然较容易实现,但存在如下两方面的问题:

(1) 语音处理和语言处理相互之间不施加约束,必然增加许多不必要的中间结果,从而既增加计算量又增加误识别的可能;

(2) 两个非紧密结合的模块之间传递信息时,一般要产生信息丢失,因而影响识别精度。因此,一般采用的解决方法往往是把声学模型和语言模型结合在一个有限状态自动机的框架里进行处理。

下面举例来说明这种识别方法。

设系统的任务(Task)是一个机器人控制命令的连续语音识别。如图 9-8 所示的有限状态自动机中已经总结了全部要识别的语句内容。自动机通常具有一个初始状态、一个或多个终止状态和多个中间状态,每一个中间状态都称为语法状态。从起始状态到达某一中间状态后生成的词序列称为部分单词序列;从起始状态到达终止状态后生成的词序列是一个完整的语句,它表示匹配可以结束。并且在若干完整的语句中寻找到最可能的词序列 $\hat{W}$。

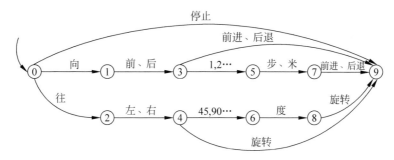

图 9-8 生成机器人控制命令语句的有限状态自动机

现在假定在图 9-8 中,句法分析从起始状态到达了中间状态③,则这时生成的部分单词序列是向前和向后两个单词。因此,在语头开始的所有部分矢量序列 $a_1, a_2, \cdots, a_i (i=1, 2, \cdots, I)$ 和生成两个单词的标准模板中与输入的观测矢量序列 $A = a_1, a_2, \cdots, a_I$ 进行 DP 匹配,累积距离最小的那个被选择记忆下来,现在假定这个最小累积距离记为 $D_3(i)$。

同样,考虑对应状态⑤的最小累积距离 $D_5(i)$ 的计算过程。从状态③生成单词 1、2… 到达状态⑤。首先考虑生成单词 1 的情况,设输入观测矢量序列的部分序列 $a_{m+1}, a_{m+2}, \cdots, a_i (i=1,2,\cdots,I)((m+1)$ 是新单词的起点) 和 1 的标准模板 $B^1 = b_1^1, b_2^1, \cdots, b_{T^1}^1$ 进行 DP 匹配的累积距离记为 $D^1(m+1:i)$,则有:

$$D_5^1(i) = \min_m \{D_3(m) + D^1(m+1:i)\} \tag{9-13}$$

同理可以求得 $D_5^2(i)\cdots$,比较它们则有:

$$D_5(i) = \min_{n=1,2,\cdots} \{D_5^n(i)\} \tag{9-14}$$

作为一般的情况,如果从状态 p 开始,生成单词 n 后到达状态 q 时,则 $D_q(i)$ 可由下式求得:

$$D_q(i) = \min_{p,m,n} \{D_p(m) + D^n(m+1:i)\} \tag{9-15}$$

可以把满足式(9-15)的 p、m、n 记为 $\hat{p}$、$\hat{m}$、$\hat{n}$ 存放在数组 $Q_q(i)=\hat{p}$、$B_q(i)=\hat{m}$、$N_q(i)=\hat{n}$ 中。上面的计算过程对于输入观测矢量序列 $i=1,2,\cdots,I$ 以及有限状态自动机中全部状态反复进行后,最终识别结果的单词序列可以使用回溯算法从语句最后一个单词开始来选择最优单词,选择过程如下:

(1) $i \leftarrow I, q \leftarrow \arg \min_{q \in F} D_q(i)$,($F$ 为终止状态的集合);

(2) 从 $N_q(i)$ 输出一个识别结果单词,$q \leftarrow Q_q(i)$,$i \leftarrow B_q(i)$;

(3) 如果 $i=0$ 则结束,否则转移到(2)执行。

上述的连续语音识别处理过程,$D_q(i)$ 的实现有多种方法,如 One Pass DP 法、Level Building 法和 2 段 DP 法。另外,单词与单词边界匹配和单词内部匹配是有区别的,单词内部的匹配才采用 DP 法。

一般来说,一个连续语音识别系统主要有特征参数分析部、语音识别部、句法分析和单词预测部等三大部分组成。在特征参数分析部,求取输入语音信号的识别用特征参数。在语音识别部,根据提供的被预测单词,按照文法字典提供的单词标准模式,然后利用上述算法和单词标准模型同步地和输入语音进行单词的识别匹配,并进一步利用搜索方法,由单词模型的连接求得最佳单词序列。在句法分析部,采用语言模型来描述待识别语句的句法构造,并利用句法分析器来进行句法分析和预测单词。

9.5.1 声学基元模型

识别模型的基元单位的选择对于识别性能影响很大。对于汉语而言可以采用韵母和声母作为识别用基元模型。由于汉语中韵母和声母的长度不同,所以如果采用 HMM 作基元模型的话,可以采用两种不同长度构造的 HMM。

9.5.2 系统语言模型

在连续语音识别系统中建立语言模型,针对词汇量较大的情况下一般采用 CFG、双词文法和三词文法。连续语音识别系统的语句识别难易程度则是由系统语言模型的复杂度来反映。假定用 CFG 来建立系统的语言模型,则能够描述连续语音识别系统整个被识别语句的 CFG 的非终端记号数、终端记号数和改写规则数反映了语言模型的规模;图 9-9 所示的是一个 CFG 的简单例子,该图中大写字母表示非终端记号,小写字母表示终端记号,数字号码表示终端记号和非终端记号的位置。

0		1	2	3	4 ···
08	S →	NP	VP		
16	S →	NP	aux	VP	
24	S →	aux	VP		
32	NP →	num	NP2		
40	NP →	NP2			
48	P2 →	adj	NP2		
56	NP2 →	NP3			
64	VP →	verb			
72	VP →	verb			
80	PP →	verb	PP		
88	NP3 →	num	NP		
96	NP3 →	NP3	PP		
104	NP3 →	pron			
106	NP3 →	noun			

pron → 女人(women)
pron → 我(I)
aux → 要(want)
verb → 预约(reserve)
num → 二间(two)
adj → 双人的(tein)
noun → 房间(room)
noun → 停车场(garage)

图 9-9 CFG 的例子

9.5.3 句法分析和单词的预测方法

为了说明句法分析和单词的预测方法,可以考虑图 9-9 中"我要预约…"部分句子以及它的右侧单词预测过程,部分句子"我要预约…"是由下面的过程导出的:

S→NP aux VP→ NP$_2$ aux VP→ NP$_3$ aux VP→ pron aux VP→

我 aux VP→ 我要 VP→我要 verb(ε;PP;NP)→我要预约(ε;pp;NP)

上面的过程如果用 CFG 上对应的数字构成的数字序列表示的话,则可得到如下所示的数字序列流:

"16"→"17"→"17 41"→"17 41 57"→"17 41 57 105"→

"18"→"19"→(19 65,19 73 或 19 81)→(ε,19 74 或 19 82)

这样后接可能的单词,可从 PP 或 NP 进行预测:

PP→num NP、NP→num NP2、NP2→adj NP$_2$、NP$_3$→NP$_3$ PP、NP$_3$→pron、NP$_3$→noun

根据以上的过程,从终端记号 num、adj、pron、noun 可以预测出单词"二间、双人的、我、女人、房间、停车场"。在上述的单词预测和路径更新法中,可以通过限制路径长度,避免由于左递归规则而引起的无限循环。

上述句法分析和单词的预测方法称为 Earley 句法分析法,它是一种 Top Down 型横向句法分析方法。除此之外,基于 CFG 语言模型的句法分析方法还有许多,如 CYK 法、LR parser 和 Chart parser 法等,在这里就不一一介绍了。

以上对于连续语音识别系统作了一些介绍,限于本书的篇幅这实在是一个非常简单的介绍,对于想深入学习连续语音识别系统的读者,可以参考有关的书籍和文献。

9.6 连续语音识别系统的性能评测

近年来在大数据背景下以及深度学习的应用,连续语音识别的研究成果突出,对实际应用系统的研究也已初显成果。在众多语音识别系统推出的时候,如何合理地评价和比较它们的性能,根据国内市场的需求改进完善系统设计,减少研究工作的重复性和盲目性,适时地引导语音识别研究向着期望的目标发展,都有着重要意义。本节将介绍一些连续语音识别系统中的评测方法,并讨论系统评测中的一些问题。

9.6.1 连续语音识别系统的评测方法以及系统复杂性和识别能力的测度

语音识别系统的评价研究就是要研究一套公认的评价标准和科学合理的评测方法,来衡量、评定不同识别系统和不同处理方法之间的优劣,预测在不同使用条件下的系统性能。然而每一个连续语音识别系统开展的识别任务都是不同的,它们的任务单词库和任务语句库也都是不同的。连续语音识别系统和孤立字识别系统可以采用共同的任务和词库进行评测相比,但是比较难制定统一的评价标准和方法。现在一些国家采用的方法主要有和标准的系统比较的方法、和人的知觉能力进行比较的方法以及使各系统适用于标准的单词库后再进行比较的方法等。在这些评测比较中使用的标准系统的一般配置主要是:使用

LPCMCC(LPC 梅尔倒谱系数)或者 MFCC 特征参数、Bi-Gram 语言模型以及 2 段 DP 匹配法(由基元模型联结得到最佳单词序列)等。系统识别性能的评价测度主要有系统识别率、信息损失度($H(X|Y)/H(X)$,其中 X 表示输入,Y 表示输出,H 表示熵)、使系统的识别率和人的听取率相当而应附加给系统的噪声级别大小等。如果只是简单地对某个系统进行评估,可以从系统的复杂性和识别精确性两个方面去考虑,分别为系统识别任务的难易程度和采用该系统的识别方法对该难度的识别任务的识别效果。下面将介绍一些评测系统识别任务复杂性的评价测度的定义和计算方法以及评价系统性能的连续语音识别系统的音素、音节和单词识别率的定义和计算方法。

1. 评价连续语音识别系统性能的系统识别率等测度

虽然可以直接用语句识别率来评估连续语音识别系统对于以句子或文章为识别对象的识别性能,但是语句识别率往往受到句子的数量以及语言模型信息利用情况的影响,如果句子较少或没有充分利用文法信息,则句子识别率往往很难有说服力。因此评估连续语音识别系统的性能一般采用音素、音节或单词的识别率。这时除了有正确率的指标,错误率中还必须考虑置换率、插入率和脱落率各占多少。一般常用的系统指标有如下所示的正确率(Percent Correct)、错误率和识别精度(Accuracy):

$$正确率 = \frac{正确数}{正确数 + 置换数 + 脱落数} \tag{9-16}$$

$$错误率 = 1 - 正确率 \tag{9-17}$$

$$识别精度 = \frac{正确数 - 插入数}{正确数 + 置换数 + 脱落数} \tag{9-18}$$

以上的识别结果中的正确数、插入数、置换数和脱落数的求取,可以采用目测的方法求得。也可以分别把识别结果和输入语句用音素、音节或单词序列表示,然后通过用 DP 法对两序列进行匹配求得。

2. 评价系统识别任务复杂性的测度

对于评测系统识别任务的复杂性上,连续语音识别系统相对于孤立词(字)识别系统要复杂一些。连续语音识别系统不仅要考虑词库中的单词的数量,而且还要考虑系统识别任务中被识别语句的数量和难易程度。一般来说,利用语言模型来描述连续语音识别系统识别任务的,但是系统识别性能受到语法描述的限制,即系统受语法的限制越小则识别越困难,反之则越容易。因此在对系统进行比较评价时,必须先要判断系统识别任务语句受语法约束的程度,即所谓系统识别任务复杂度,然后在此基础上通过比较系统识别精度,来评价系统识别算法的好坏。

表示在语言模型规定下的系统识别任务复杂性的测度主要有系统静态分支度(F_S)和平均输出数(F_A)、系统识别任务的熵(Entropy)和识别单位的分支度(Perplexity)等。

1) 系统静态分支度和平均输出数

假设语言 L 是由有限状态自动机描述的。$\pi(j)$ 是状态 j 的出现概率、$n(j)$ 表示在状态 j 输出的识别单位语数(单词、音节、音素等)。式(9-19)和式(9-20)分别定义了系统静态分支度和平均输出数。如下:

$$F_S(L) = \frac{\sum\limits_j n(j)}{\sum\limits_j 1} \tag{9-19}$$

$$F_A(L) = \sum_j \pi(j) n(j) \tag{9-20}$$

当各状态的出现概率相等的时候,系统静态分支度等于平均输出数,并且系统静态分支度和平均输出数的值是与描述的语言模型有关的。系统的静态分支度和平均输出数的值越大,那么系统识别复杂度就越高。

2) 系统识别任务的熵和识别单位的分支度

设在由语言模型规定的语言 L 中,S、$P(S)$、$K(S)$ 分别表示识别处理单位语的时间序列、序列 S 出现的概率和 S 的长度(当 $S = w_1, w, \cdots, w_k$ 时 $K(S) = k$),则语言 L 中每一序列的平均信息量(熵)以及每一个识别处理单位的熵可分别由式(9-21)和式(9-22)定义:

$$H(L) = -\sum_S P(S) \log_2 P(S) \tag{9-21}$$

$$H_0(L) = -\sum_S \frac{1}{K(S)} P(S) \log_2 P(S) \tag{9-22}$$

因为语言 L 每一个处理单位的熵是 $H_0(L)$,所以,从前一个单位语预测后续单位语时,平均需要有 $H_0(L)$ 次的 Yes/No 的判断操作。也就是说,要从 $2^{H_0(L)}$ 个出现概率相等的单位语中选择 1 个单位语。因此式(9-23)被定义为系统任务语言模型的分支度:

$$F_p(L) = 2^{H_0(L)} \tag{9-23}$$

因为这里的 $F_p(L)$ 与识别处理单元和任务语句语言模型的描述形式没有关联,所以经常用来比较各个系统任务的复杂程度。显然,分支度越大越不易识别,相反,这个值越小,那么在识别时后续预测单词就越容易确定,有利于提高系统的识别率,所以系统分支度 $F_p(L)$ 是一个评测系统的重要指标。下面就不同的语言模型来考虑系统任务语句的熵和分支度的计算方法。

设语言 L 是由有限状态自动机规定的。$P(w|j)$ 表示在状态 j 单位语 w 的出现概率。则在状态 j 的每一单位语的熵由式(9-24)定义:

$$H_0(w \mid j) = -\sum_S P(w \mid j) \log_2 P(w \mid j) \tag{9-24}$$

语言 L 中每一个单位语的熵由式(9-25)定义:

$$H_0(L) = \sum_j \pi(j) H(w \mid j) \tag{9-25}$$

其中 $\pi(j)$ 是状态 j 的出现概率。

当语言 L 是由上下文无关文法(CFG)规定的时候,各语句的长度分布可以由实际的抽样算出。则系统任务的熵以及分支度可由下列步骤求出。设语句长度为 K 的概率为 P_k,语言 L 生成的长度为 k 的语句的总数为 N_k。则有:

$$H(L) = -\sum_S P(S) \log_2 P(S) = -\sum_S \frac{P_k}{N_k} \log_2 \frac{P_k}{N_k}$$

$$= -\sum_k N_k \frac{P_k}{N_K} \log_2 \frac{P_k}{N_k} = -\sum_k P_k \log_2 \frac{P_k}{N_k} \tag{9-26}$$

同时语言 L 的语句集中每一个识别处理单位的熵,可由式(9-27)表示:

$$H_0(L) = -\sum_S \frac{1}{K(S)} P(S) \log_2 P(S) = -\sum_S \frac{1}{K(S)} \frac{P_k}{N_k} \log_2 \frac{P_k}{N_k}$$

$$= -\sum_k N_k \frac{1}{k} \frac{P_k}{N_k} \log_2 \frac{P_k}{N_k} = -\sum_k \frac{P_k}{k} \log_2 \frac{P_k}{N_k} \tag{9-27}$$

当语言 L 是由双词文法(Bi-Gram)或三词文法(Tri-Gram)规定的时候,则系统任务的熵以及分支度可由下列步骤求出:

$$H_0(L) = -\sum_{ij} P(w_i w_j) \log_2 P(w_j \mid w_i), \quad \text{Bi-Gram} \tag{9-28}$$

$$H_0(L) = -\sum_{ijk} P(w_i w_j w_k) \log_2 P(w_k \mid w_i w_j), \quad \text{Tri-Gram} \tag{9-29}$$

$$F_p(L) = 2^{H_0(L)} \tag{9-30}$$

严格地讲,上述分支度尺度是有一定局限性的,因为分支度尺度没有考虑句子的长度。若是考虑句子的长度,利用 $2^{H(L)}$ 作为分支度尺度似乎更合理一些。也可以利用上述分支度尺度和系统任务的熵共同表示系统识别任务的复杂性。另外必须单独考虑测试语句集合的分支度,因为对于具有同样词库的语言 L 来讲,测试语句数的不同,使得系统识别的难易程度产生差异,所以,进行系统评价时应该单独考虑测试语句集合的分支度,这种分支度又被称为测试分支度(Test Perplexity)。

一般来说,对于某测试输入语句,分支度也可通过下面的方法直接计算得到。假定系统的测试语句输入是 $S = w_1, w_2, \cdots, w_n$,则从单词(或音节、音素等)出现概率的角度,测试分支度定义如下:

$$F_P = \left(\frac{1}{P(w_1 \mid \#)} \times \frac{1}{P(w_2 \mid w_1)} \times \frac{1}{P(w_3 \mid w_1, w_2)} \times \cdots \times \right.$$

$$\left. \frac{1}{P(w_n \mid w_1, \cdots, w_{n-1})} \times \frac{1}{P(* \mid w_1, \cdots, w_n)} \right)^{\frac{1}{n-1}} \tag{9-31}$$

其中 $\#$ 和 $*$ 分别表示句头和句尾。另外,若从单词预测的角度去考虑测试分支度,即假定在部分单词序列 $w_1, w_2, \cdots, w_{t-1}$ 后面被预测到的单词数是 c_t(即分支数),则测试分支度可由式(9-32)定义,它是由各个时刻分支数几何乘积平均得到的。

$$F_P = (c_1 \times c_2 \times, \cdots, \times c_n)^{\frac{1}{n}} \tag{9-32}$$

可以利用上述方法求出每一测试输入语句的分支度,然后取平均值即得到测试语句集的分支度。

9.6.2 综合评估连续语音识别系统时需要考虑的其他因素

识别率是连续语音识别系统性能的重要评测标准,但是识别率的高低不仅受到识别算法等中心技术的影响,还受到其他因素的影响,比如:

(1) 识别对象中的词汇量大小,识别对象间声学特性的相似度等因素。

(2) 系统是针对特定话者还是多数话者或者非特定话者的识别系统。通常,特定话者的识别率比非特定话者识别系统的识别率更高,但是如果特定话者识别系统的训练数据较少的时候,识别性能不一定比训练数据充足的非特定话者识别系统好。

(3)系统是孤立发音(单词或音节单位)、词组单位发音(例如汉语习惯上的发音停顿的位置)、还是连续发音。通常而言,孤立发音要比连续发音识别系统识别性能要好。

(4)发音环境的情况,是隔音室、安静的房间还是噪声环境。

(5)话筒的位置在什么地方,是否是位置自由的。

(6)语音的频带限制等处理设备的电器效应,例如是否是电话语音带宽等。

(7)其他方面,如通用性、经济性、鲁棒性、识别速度,是否能够进行在线识别,语言模型的覆盖率等。

另外,特征参数、匹配时的距离尺度和使用的模型以及噪声环境、频带限制等处理设备的电器效应等也可以对于识别系统的识别性能有很大的影响。比如即使是采用同样的模型和识别算法的系统,识别效果也可能因为特征参数的不同以及模型精度的差异而产生比较大的差别。从以上分析可知,评价连续语音识别系统性能是很困难的,因为实用系统评价不仅要测试系统的识别性能,还要动态地测试影响识别性能的其他一些因素。此外,有效的语音数据库的建立在系统评估中起着重要的作用。数据库应包括常用目的的数据和诊断数据。通过对诊断数据的测试,可以充分表征识别系统的性能。最后在语音识别数据库的基础上,建立性能测试系统,并对测试结果进行了综合分析和评价。

语音识别是难度很大的发展中课题,语音识别技术的突破和产业化,不仅依赖于语音处理方法的进展,也依赖于语音识别数据库和语音识别系统评价这些基础性研究工作的支持。此外,要真正实现语音输入的目标,必须解决连续语音识别和理解的问题,孤立字识别方式大大地限制了语音识别系统的应用,也是将系统推向实用的主要障碍之一。

9.7　基于 DNN-HMM 的语音识别系统

早期的语音识别,已经出现很多将神经网络应用于语音识别的系统模型。近些年,随着深度学习的兴起,许多研究者们将深度神经网络(DNN)应用于语音识别系统之中,并取得了较好的识别结果。在这之中,较具代表性的是 DNN-HMM 模型。由于 DNN 需要固定大小的输入,为了解决这一问题,并提升语音识别的准确率,研究人员提出了一种 DNN-HMM 系统,即将 DNN 与 HMM 混合的系统模型。DNN-HMM 模型能够通过对参数的学习,进而对大量的数据进行建模,降噪的过程是在底层网络中实现的,而对于语音特征中比较有区分性的特征,则是通过高层网络进行提取的。这样不仅极大地增加了系统的鲁棒性,而且也很大程度上提升了识别准确率。图 9-10 为 DNN-HMM 声学模型。

特征提取方面,使用梅尔滤波器组系数(Fbank)作为声学特征。Fbank 是 MFCC 特征的一种,相比较于 MFCC 特征的提取过程,Fbank 特征的提取则省略了 MFCC 特征提取过程中的 DCT 模块,即将对数能量的输出直接作为声学特征,参见式(5-27)得到梅尔滤波器的输出频谱,对其取对数就可得到 Fbank 特征参数。在 DNN 中使用 Fbank 特征,一方面能够更好地利用 Fbank 特征相关性较高的特点,降低词错误率;另一方面能减少语音特征在时域的关联性丢失,提升识别率。

DNN 一般是包括输入层、隐藏层和输出层,相邻的两层之前的神经元节点是全连接的,

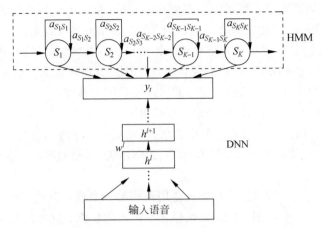

图 9-10　DNN-HMM 声学模型

但同一层的神经元节点之间是不连接的。假设 DNN 的隐藏层共有 L 个,且其输入为 $h^0 = x_t$,那么其输出可以表示为:

$$a^l = W^l h^{l-1} + b^l, \quad 1 \leqslant l \leqslant L + 1 \tag{9-33}$$

$$h^l = f(a^l), \quad 1 \leqslant l \leqslant L \tag{9-34}$$

$$y = \mathrm{softmax}(W^{L+1} h^L + b^{L+1}) \tag{9-35}$$

其中,W^l 和 b^l 表示的是改成网络的权重和偏置。$f(a^l)$ 表示的是隐藏层的非线性激活函数,在 DNN 通常使用 sigmoid 函数作为该非线性激活函数,其表达式为式(9-36)。

$$f(a) = \frac{1}{1 + \mathrm{e}^{-a}} \tag{9-36}$$

函数是在 DNN 的输出层所使用的函数,主要是对输入观察样本的后验概率分布进行建模。

在该模型中,常使用最小交叉熵(CE)准则对目标函数进行优化,其表达式为式(9-37)。

$$F_{\mathrm{CE}}(W) = -\sum_{r=1}^{N} \sum_{t=1}^{T} \log y_{rt}(S_{rt}) \tag{9-37}$$

式(9-37)指的是:在 t 时刻第 r 句话在状态 s 下对应 softmax 层的实际输出 $y_{rt}(S_{rt})$,S_{rt} 指的是声学特征向量 x_t 所对应的 HMM 状态标签。

HMM 是一种统计模型,利用 DNN 估计 HMM 状态的后验概率分布。在声学建模时,根据语料库标注的音素信息,将各个音素映射为 HMM 结构的各个状态,音素序列的变化形成了 HMM 状态转移过程。假设在 t 时刻的状态 s_j,定义前向概率 $\alpha_t(s_j)$ 和后向概率 $\beta_t(s_j)$,再计算状态占有概率和每时刻的状态转移概率,找出每个特征的后验概率并映射为 HMM 状态,与 DNN 的 softmax 输出相对应。

整个 DNN-HMM 模型的训练可以应用误差反向传播算法,目的是让目标函数达到最优值,从而获得比较优良的训练效果。目标函数通常使用交叉熵,实际优化过程中,采用随机梯度下降法处理。语音识别系统根据网络结构输出层的输出值计算状态输出的后验证概率进行分类识别。

9.8　小结

语音识别系统的分类大致从几个方面分析,孤立词、连接词、连续语音、会话、语音理解等语音识别系统;大词汇量、中词汇量、小词汇量等语音识别系统;特定人、非特定人等语音识别系统。若是从识别方法不同进行分类,大致有模板匹配法、随机模型法、概率语法分析法、基于深度学习等语音识别系统。其中应用深度学习技术在语音识别系统中已经成为主流,并且它还可以和传统的 GMM、HMM 完美结合,取得了优良的性能。目前的语音识别技术研究水平还远远不能达到使计算机与人类之间能够自然交流的这个终极目标,实用语音识别技术的研究是一项极具市场价值和挑战性的工作,但其存在的问题和困难是不可低估的,仍然需要研究者们不断探索新技术并逐步完善语音识别系统的性能,使其更加智能地进行人机交互。

复习思考题

9.1　语音识别的目的是什么? 语音识别系统怎样进行分类? 当前,语音识别的主流方法是什么方法?

9.2　为什么影响语音识别技术实用化的困难是不可低估的? 实用语音识别研究中存在哪些主要问题和困难?

9.3　你认为,汉语的语音识别与理解,是否比其他语言有其优越之处? 为什么? 如不同意这个看法,又为什么?

9.4　一个实用语音识别系统应由哪几个部分组成? 语音识别中常用的语音特征参数有哪些参数? 什么是动态语音特征参数? 怎样提取动态语音特征参数?

9.5　为什么在语音识别时需要做"时间规正"? 时间规正既然只是对时长的规正,为什么它又是一种重要的测度估计的方法? 请叙述动态规划方法的过程。你从文献上看到过有关 DP 的改进方法吗? 请介绍其中一种较好的方法。

9.6　什么是孤立字(词)语音识别? 孤立字(词)语音识别有哪些有效方法,并简要说明它们的工作原理。

9.7　为什么概率尺度的 DP 方法可以适用于非特定人的语音识别? 在概率尺度的 DP 中,条件概率和状态转移概率分别应怎样求得?

9.8　你认为,连续语音识别比孤立语音识别应该多考虑些什么问题? 有哪些难题? 应该如何去加以解决? 为什么连续语音识别一般要利用语言文法信息?

9.9　什么叫作语音库的自适应和自学习? 两者有何差异? 应该用什么方法来达到这些目的?

9.10　为什么语音识别系统的性能评价研究很重要? 应该怎样评测一个语音识别系统的性能好坏? 你通过连续语音识别系统的性能评测的学习,是否对语言模型有了更进一步的理解?

第 10 章

说话人识别

10.1 概述

自动说话人识别(ASR)是一种自动识别说话人的过程,是属于语音信号处理的一个分支。语音是人的自然属性之一,由于每个说话人的发音器官的生理差异以及后天形成的行为差异,每个人的语音都带有强烈的个人色彩,这也使通过分析语音信号的说话人识别成为了可能。自动说话人识别应用前景也非常广泛,近年来越来越受到人们的重视。通过语音来鉴别说话人的身份有很多独特的优点,比如:语音是人的固有特征,不会丢失或遗忘;语音信号比较方便采集,系统设备的成本也会比较低;另外,利用电话网络还可实现远程客户服务等。自动说话人识别在很多领域都发挥着重要的作用。

自动说话人识别根据其最终完成的任务可以分为两类:自动说话人确认(ASV)和自动说话人辨认(ASI)。实际上,这两类都是根据说话人所说的测试语句或关键词,提取出与说话人的特征有关的信息,再与存储的参考模型比较,完成判断。不过,自动说话人确认是对一个人的身份进行确认,只涉及一个特定的参考模型和待识别模式之间的比较,系统只做出"是"或"不是"的二元判决;而自动说话人辨认,系统则必须辨认出待识别的语音是来自待考察人中的哪一个人,有时还要对这些人以外的语音做出拒绝的判别。由于需要所有考察人次的比较和判决,所以自动说话人辨认要比自动说活人确认的误识率大,并且随着待考察人数的增加,识别性能将会逐渐下降,这也是在说话人识别研究中需要解决的一个难题。

本章主要介绍了说话人识别的原理,以及在说话人识别中常用的一些系统模型,并对其进行了详细的分析。另外,简单介绍了基于深度学习框架的说话人识别系统。最后,对语种辨识的原理和应用给出了介绍和分析。

10.2 说话人识别方法和系统结构

对说话人识别的研究始于 1937 年一起儿童被拐事件的说话人确认工作。早期的工作主要集中在人耳听辨实验和探讨听音识别的可能性方面。随着研究手段和工具的改进,研究工作逐渐脱离了单纯的人耳听辨。1945 年,Bell 实验室的 L. G. Kesta 用目视观察语谱图的方法进行识别,通过对说话人语谱图的观察和研究进行说话人识别,并首次提出了"声纹"(voice print)的概念。之后,随着电子技术和计算机技术的发展,使通过机器自动识别人的声音成为可能。Bell 实验室的 S. Pruzansky 提出了基于模式匹配和概率统计方差分析的说话人识别方法,从而引起信号处理领域许多学者的注意,形成了说话人识别研究的一个高潮。其间的工作主要集中在各种识别参数的提取、选择和实验上,提出了线性预测倒谱系数(LPCC),并将倒谱和线性预测分析等方法应用于说话人识别,而且识别结果也有了较大的提升。在 20 世纪 80 年代,Davis 和 Mermelstein 提出了一种梅尔频谱的梅尔倒谱系数(MFCC),并且论证了 MFCC 参数相比于其他特征参数的识别率更高。近些年,说话人识别的研究重点转向语音中说话人个性特征的分离提取、个性特征的增强、对各种反映说话人特征的声学参数的线性或非线性处理以及新的说话人识别模式匹配方法上,如动态时间规整(DTW)、主分量(成分)分析(PCA)、矢量量化(VQ)、隐马尔可夫模型(HMM)、人工神经网络方法(ANN)、深度神经网络方法(DNN)、高斯混合模型(GMM)、支持向量机方法(SVM)以及这些方法的组合技术上等。说话人识别的研究进程大致如图 10-1 所示。

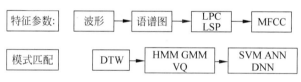

图 10-1 说话人识别研究进程

此外,随着深度学习技术的广泛应用,深度学习在语音识别中的应用也能达到很好的效果。与传统的说话人识别算法相比,DNN 这类更深层的网络模型对于较复杂的语音信号的处理效果更好。因为传统的说话人识别算法模型,只是对输入的语音信号进行浅层次的线性处理或者非线性处理。因此,对于较复杂语音信号的处理,通常使用 DNN 这类更深层的网络模型进行处理,以在进行说话人识别中获得更高的准确率。

说话人识别方法的基本原理是根据从语音中提取的不同特征,通过判断逻辑来判定该语句的归属类别,这一点与语音识别系基本原理相同。但它也具有其特点:

(1) 根据说话人划分语音,那么特征空间的界限也应按说话人划分;

(2) 选择对说话人区分度大,但是对语音内容不敏感的特征参量;

(3) 由于说话人识别的目的是识别出说话人,而不是识别语音内容,因此采取的方法也会不同,包括用以比较的帧和帧长的选定,识别逻辑的制定等。

说话人识别将说话人的个性特征从语音中提取出来,通过对说话人的个性特征进行分析与识别,以确认或者辨认说话人。说话人识别利用的是语音信号中说话人的个性特征,不考虑包含在语音中的字词的含义,强调的是说话人的个性。图 10-2 是说话人识别系统的结构框图,它由预处理、特征提取、模式匹配和判决等几大部分组成。除此之外,一个完整的说话人识别系统还应包括模型训练和判决阈值选择等部分。

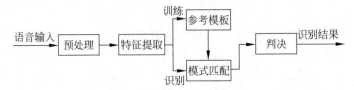

图 10-2　说话人识别系统框图

训练阶段和识别阶段是一个说话人识别的两个阶段。在训练阶段,系统的每一个使用者说出若干训练语料,系统根据这些训练语料,通过训练学习建立每个使用者的模板或模型参数参考集。而在识别阶段,把从待识别说话人说出的语音信号中提取的特征参数,与在训练过程中得到的参考量集或模型模板加以比较,并且根据一定的相似性准则进行判定。对于说话人辨认来说,将提取的参数与训练过程中的每一人的参考模型进行比较,并把与它距离最近的那个参考模型所对应的使用者辨认作为输入语音的说话人。对于说话人确认来说,则是将从输入语音中导出的特征参数与其声言为某人的参考量相比较。如果两者的距离小于规定的阈值,则是确认,否则就是拒绝。

10.2.1　预处理

语音信号的预处理包括对语音数据进行端点检测、预加重、加窗、分帧等处理。这一过程与语音识别时的预处理基本相同,但抽样频率、求取特征参数时的帧和帧长的选定等方面还是有一定差别的。根据奈奎斯特采样定律,只有当抽样频率大于原始信号的 2 倍时,才能将原始信号完全恢复。人的声音频率范围在 $0.3\sim4\mathrm{kHz}$ 范围内,因此通常将抽样频率设置为 $8\mathrm{kHz}$ 以上,以恢复原始的语音信号。说话人识别系统中,求取特征参数时的帧和帧长的选定的方法与语音识别的方法类似。

10.2.2　说话人识别的特征提取

在说话人识别系统中,从说话人发出的语音信号提取出能够反映说话人个性的特征就是说话人识别的特征提取,这是语音识别系统中的关键一步。通过对说话人的特征提取,减小其他冗余信息的影响,尽可能保留最能体现语音统计特性的特征参数,提升最后的识别率。虽然并不能完全确定哪些参数能较好地反映说话人个人特征,但一般都包含在两个方面,即生成语音的发音器官的差异(先天的)和发音器官发音时动作的差异(后天的)。前者主要表现在语音的频率结构上,比如倒谱和基音参数(静态特征)。后者的发音习惯差异主要表现在语音的频率结构的时间变化上,比如倒谱和基音的线性回归系数(动态特征),即差值倒谱(△倒谱)和差值基音(△基音)参数。在说话人识别中,用倒谱特征的识别性能比较好,而且稳定的倒谱系数在提取时也比较容易。

一般来说,一个说话人的特性是可以从说话人声音的音色、频率、能量大小等信息中分辨出的,那么可以通过复数特征的有效组合获得比较好的识别性能。比如,利用倒谱特征和可靠性高的区间的基音特征结合,先对浊音部、清音部、无音部语音分别进行编码。其中,在浊音部用倒谱、△ 倒谱、基音、△ 基音,而在其他区间用倒谱和 △ 倒谱作为识别特征,然后利用两部分的概率加权值和阈值进行比较,以获得较好的识别效果。另外,相关研究表明,对于与文本有关的说话人识别系统,利用动态特征和静态特征的组合,可以得到比较好的识别结果。而对于与文本无关的说话人识别系统,使用动态特征作为识别特征,并不一定得到好的效果。所以,对于动态特征的有效利用还需要进一步研究探讨。

过去很长的一段时间里,在说话人识别中,一般 0~6kHz 频带范围内的语声信息用得比较多,而在高于 6kHz 的频段内的个人信息利用的研究比较少。这是因为,通常会认为高频段内的语音频谱能量小,有用的信息也相对较少。实际上,对在 0~16kHz 频段内的特征进行说话人识别实验,分析高频段内对说话人识别的贡献度,结果表明,在高频段内,也存在有用的说话人信息,并且这些信息对于发音时间的变化以及加性噪声都比较稳定。低阶的倒谱参数对最终的距离贡献较大,而带有很多说话人信息的高阶的倒谱不能得到很好的体现,所以必须考虑倒谱参数的加权效果。

对识别率的影响还有一个重要的因素:说话人识别参数的时间变化。说话人识别参数的时间变化是指一段时间前后采集的说话人识别参数不同,发生了变化。因此,当在一段时间后采集的语音识别的参数与一段时间前采集的参数做成的模板或模型匹配,这时可能会错误识别。

通过以上分析,在理想情况下,选取的特征应当满足下述准则:

(1) 能够将不同的说话人有效区分,但又能在同一说话人的语音发生变化时相对保持稳定;

(2) 易于从语音信号中提取;

(3) 不易被模仿;

(4) 尽量不随时间和空间变化。

一般来说,很难在特征提取时找到能够满足上述所有特征要求的特征(至少在目前是如此),只能使用折衷方案。多年来,各国研究者对于各种特征参数在说话人识别中的有效性进行了大量的研究,并且得到了许多有意义的结论。如果把说话人识别中常用的参数加以简要归纳,则大致可划分为 5 类,以下将详细介绍。

1. 线性预测参数及其派生参数

通过对线性预测参数进行正交变换得到的参量,其中阶数较高的几个方差较小,这说明它们实质上与语句的内容相关性小,而反映了说话人的信息。另外,由于这些参数是对整个语句平均得到的,所以不需要进行时间上的归一化,因此可用于与文本无关的说话人识别。由它推导出的多种参数,例如部分相关系数、声道面积比函数、线谱对系数以及 LPC 倒谱系数,都是可以应用的。目前,LPC 倒谱系数和差值倒谱系数是最常用的短时谱参数,并获得了较好的识别效果。

2. 语音频谱直接导出的参数

语音短时谱中包含有激励源和声道的特性,因而可以反映说话人生理上的差别。而短时谱随时间变化,又在一定程度上反映了说话人的发音习惯,因此,由语音短时谱中导出的参数可以有效地用于说话人识别中。已经使用的参数包括功率谱、基音轮廓、共振峰及其带宽、语音强度及其变化等。现已证实基音周期及其派生参数携带有较多的个人信息。但基音容易被模仿,且不稳定,最好与其他参数组合使用。

3. 混合参数

为了提高系统的识别率,由于把握不好哪些参量是关键,相当多的系统采用了混合参量构成的矢量。如将"动态"参量(对数面积比与基频随时间的变化)与"统计"分量(由长时间平均谱导出)相结合,还有将逆滤波器谱与带通滤波器谱结合,或者将线性预测参数与基音轮廓结合等参量组合方法。如果组成矢量的各参量之间的相关性不大,则效果会很好,因为它们分别反映了语音信号中不同的特征。

4. 其他鲁棒性参数

包括梅尔频率倒谱系数,以及经过噪声谱减或者信道谱减的去噪倒谱系数等。综上所述,常用于说话人识别的特征参数有:语音短时能量、基音周期(现已证实基音周期及其派生参数携带较多的个人信息)、语音短时谱或 BPFG 特征(包括 14~16 个 BPF)、线性预测系数 LPC、共振峰频率及带宽、LPC 倒谱等,以及反映这些特征动态变化的线性回归系数等,其他的特征参数还包括鼻音联合特征、谱相关特征、相对发音速率特征、基音轮廓特征等,另外,也可以对这些特征进行变换加工,如 K-L 变换等,而得到加工后的二次特征。其中,倒谱特征和基音特征是较常用的特征,并获得了较好的识别效果。表 10-1 给出了日本人 Matui 和 Furui 在 1990 年针对倒谱特征和基音特征所做的比较实验结果。

表 10-1　不同特征的比较实验结果

所 用 特 征	误识率/%	所 用 特 征	误识率/%
倒谱	9.43	差值倒谱	11.81
基音	74.42	差值基音	85.88
倒谱与差值倒谱	7.93	倒谱、差值倒谱与基音、差值基音	2.89

5. 梅尔频率倒谱系数

由前面的介绍可以知道,MFCC 是基于人耳听觉特性的特征参数,与其他特征参数相比,其计算复杂度较小,而且鲁棒性更好。式(10-1)可以用来表示人耳对频率分布的敏感程度。

$$f_{\text{mel}} = 2595 \lg \left(1 + \frac{f}{700}\right) \tag{10-1}$$

其中 f_{mel} 是梅尔频率,f 指的是实际频率,单位为赫兹(Hz)。

根据式(10-1)可以将语音信号的频率划分为一组三角带通滤波器,称为梅尔滤波器组。MFCC 参数的提取过程可以通过图 10-3 实现。

语音数据 → DFT → 取模 → MEL频率 → 取对数 → DCT → MFCC

图 10-3　MFCC 提取过程

具体实现步骤如下：

（1）在对语音信号进行预处理之后，通过离散傅里叶变换（DFT）可以得到其频谱，计算公式为式（10-2）：

$$X(k) = \sum_{n-1}^{N} x(n) \mathrm{e}^{-\mathrm{j}2\pi nk/N} \quad (0 \leqslant n, K \leqslant N) \tag{10-2}$$

（2）将通过离散傅里叶变换得到的 $X(k)$ 通过梅尔滤波器组进行加权，得到频谱 $S(m)$。

$$S(m) = \sum_{k=0}^{N-1} X(k) W_m(k) \quad (1 \leqslant m \leqslant R) \tag{10-3}$$

式（10-3）中的 $W_m(k)$ 为梅尔滤波器组中第 m 个三角滤波器在频率 k 处的加权因子，R 是梅尔滤波器组的个数。

（3）将梅尔频谱 $S(m)$ 求对数之后，作离散余弦变换（DCT），得到 MFCC 特征参数 $C(l)$。

$$C(l) = \frac{2}{\sqrt{R}} \sum_{m=1}^{R} \log[S(m)] \cos \frac{\pi(2m-1)l}{2R} \quad (1 \leqslant l \leqslant L) \tag{10-4}$$

式中 L 是 MFCC 特征向量的阶数，$C(l)$ 为 MFCC 的特征向量。

得到 MFCC 之后，为了能够体现语音的动态特性，将相邻的 MFCC 相减，求其一阶差分得到差分 MFCC。

10.2.3　特征参量评价方法

通常，识别效果的好坏主要取决于特征参数的选取。对于某一维单个的参数而言，可以式（10-5）表示其在说话人识别中的有效性。同一说话人的不同语音在参数空间会映射出不同的点，如果对同一人来说，这些点分布比较集中，而对不同说话人来说，这些点的分布比较分散，那么选取的参数就是有效的。可以选取两种分布的方差之比（F 比）作为有效性准则。

$$F = \frac{\text{不同说话人特征参数均值的方差}}{\text{同一说话人特征方差的均值}} = \frac{<[\mu_i - \bar{\mu}]^2>_i}{<[x_a^{(i)} - \mu_i]^2>_{a,i}} \tag{10-5}$$

这里 F 越大表示越有效，也就是说不同说话人的特征量的均值分布的越离散越好；而同一说话人的均值分布的越集中越好。式中，$< \cdot >_i$ 是指对说话人作平均，$< \cdot >_a$ 是指对某说话人各次的某语音特征作平均，$x_a^{(i)}$ 为第 i 个说话人的第 a 次语音特征。

$$\mu_i = <x_a^{(i)}>_a \tag{10-6}$$

是第 i 个说话人的各次特征的估计平均值，而

$$\bar{\mu} = <\mu_i>_i \tag{10-7}$$

是将所有说话人的 μ_i 平均所得的均值。

在这里需要指出的是，在 F 比的定义过程中假定差别分布是正态分布的，这是基本符合实际情况的。可以看出，虽然 F 比不能直接得到误差概率，但是显然 F 比越大误差概率越小，所以 F 比可以作为所选特征参数的有效性准则。

将 F 比的概念推广到多个特征量构成的多维特征矢量。定义说话人内（Within Speaker）特征矢量的协方差矩阵 W 和说话人间（Between Speakers）特征矢量的协方差矩阵 B 分别为：

$$W = <(x_a^{(i)} - \mu_i)^{\mathrm{T}}(x_a^{(i)} - \mu_i)>_{a,i} \tag{10-8}$$

$$B = <(\mu_i - \bar{\mu})^{\mathrm{T}}(\mu_i - \bar{\mu})>_i \tag{10-9}$$

其中 μ_i 和 $\bar{\mu}$ 的定义同上,只是对于多维特征得到的是矢量。这样,就可以得到可分性测度(或 D 比)的定义:

$$D = <(\mu_i - \bar{\mu})^\mathrm{T} W^{-1} (\mu_i - \bar{\mu})>_i \tag{10-10}$$

所以利用 D 比可以评价多维特征矢量的有效性。

10.2.4 模式匹配方法

通过对每个人所说的特定的语音内容建立一个特征矢量序列,在进行说话人识别的时候将待识别语音的特征矢量序列与每个模板进行比较,计算欧氏距离或其他距离,计算的距离中最小的作为识别的结果。目前针对各种特征而提出的模式匹配方法的研究越来越深入。这些方法大体可归为下述几种:

1. 概率统计方法

可以将短时的说话人语音看作是平稳的,通过对稳态特征(如基音、声门增益、低阶反射系数)的统计分析,可以利用均值、方差等数学统计量和概率密度函数进行分类判决。其优点是不用对特征参量在时域上进行规整,比较适合与文本无关的说话人识别。

2. 动态时间规整方法(DTW)

说话人信息包含了稳定因素(发声器官的结构和发声习惯)和时变因素(语速、语调、重音和韵律)。将识别模板与参考模板进行时间对比,按照某种距离测度得出两模板间的相似程度。常用的方法是基于最近邻原则的动态时间规整 DTW。

3. 矢量量化方法(VQ)

VQ 方法最早是用于聚类分析的数据压缩编码技术。Helms 首次将这种方法用于说话人识别中,他将每个人的特定文本训练成码本,在识别的时候,将测试文本按此码本进行编码,以量化产生的失真度作为判决标准。利用 VQ 方法的说话人识别不仅判断速度比较快,而且识别精度也不低。

4. 隐马尔可夫模型方法(HMM)

隐马尔可夫模型是一种基于转移概率和输出概率的随机模型,最早在 CMU 和 IBM 被用于语音识别。应用隐马尔可夫模型的识别系统,为每个说话人建立一个发声模型,通过训练得到状态转移概率矩阵和符号输出概率矩阵。计算出未知语音在状态转移过程中的最大概率,然后再进行判决。对于与文本无关的说话人识别,一般采用各态历经型 HMM;对于与文本有关的说话人识别,一般采用从左到右型 HMM。HMM 不需要时间规整,因此,可节约很多判决时的计算时间和存储量,也是应用比较广泛的一种方法。但是这种方法的缺点就是训练时计算量较大。

5. 神经网络和支持向量机

人工神经网络在某种程度上模拟了生物的感知特性,它是一种分布式并行处理结构的网络模型,具有自组织和自学习能力、很强的复杂分类边界区分能力以及对不完全信息的鲁棒性,其性能近似理想的分类器。其缺点是训练时间长,动态时间规整能力弱,网络规模随说话人数目增加时可能大到难以训练的程度。大量的神经元相互连接形成了神经元,每个节点都有一个输出,有些节点之间存在一定的联系,称之为权重。神经网络有很多类型,其中前馈神经网络在说话人识别中使用的较多。前馈神经网络也被称为多层感知器,它是由多层 logistic 模型构成的,其中同一层神经元之间没有连接,但是各层之间的神经元是相互连接的,通过非线性函数的组合来处理信息,通过反向传播实现参数的更新,其中每层的参数更新是由上一层的误差以及参数决定的,并且参数更新的误差用于下一层的更新。虽然前馈神经网络能够实现数据的非线性传播,但是在误差传播过程中会导致梯度下降很缓慢,需要迭代的次数会增加很多才能完成训练,一般只有一层隐藏层,而且容易陷入局部最优值。于是在 2006 年,Hinton 提出了深度学习的概念,基于神经网络的深度学习能够进行逐层贪婪地无监督的预训练,这样就在很大程度上缩短了训练时间,有效地避免了局部最小值的问题,因此这种方法在说话人识别中比传统的神经网络更合适。在说话人识别中常用的深度学习网络主要有:自动编码机、深度神经网络、卷积神经网络等。

支持向量机(SVM)是近年来新兴起的模型,在图像识别、文本识别、语音识别等领域的应用非常广泛,其主要思想是使特征线性可分。可以分原有特征线性可分和原有特征线性不可分两种情况,如果原有特征是线性可分的,则没有什么问题,但如果原有特征线性不可分,SVM 的作用就是将低维的特征映射到高维,使其线性可分,这种算法的优点是有效解决了特征样本不可分的问题,并且基于结构风险最小化准则构建高维的分割平面使得学习器全面优化,解决了凸优化问题。不过这种算法的缺点就是在交叉验证时会耗费大量的时间,并且对于多分类问题 SVM 的效果不是很好。

10.2.5 说话人识别中判别方法和阈值的选择

多门限判决和分类技术在快速处理的说话人确认系统中的应用,可以加快系统响应时间而又不降低确认率的效果。多门限判决是通过多个门限作出接受还是拒绝的判决。例如,用两个门限把距离分为三段:如果测试语音与模板的距离比第一门限低,则接受;高于第二门限,则拒绝;如果此距离在这两个门限之间,那么系统就要补充更多的输入语句,然后再进行更精准的判决。同样,预分类也是加快系统响应的时间,在说话人辨认的时候,由于每个人的模板都要被检查一遍,所以系统的响应时间一般是随着待识别的人数呈线性增加的。但是如果按照某些特征参数预先地将待识别的人聚成几类(如以平均音调周期的长短来分类等),那么在识别时,根据测试语音的类别,只要用该类的一组候选人的模板参数匹配,就可以大大减少模板匹配所需的次数和时间。

在说话人确认系统中,门限的设定是非常重要的。如果门限设置得很高,真正的说话人有可能会被拒绝;太低了,又有可能接受假的说话人。在说话人确认系统中,确认错误一般是由误拒率(FR)和误受率(FA)来表示,误拒率指的是拒绝真的说话人而造成的错误,误受率指的是接受假的说话人引起的错误。通常由这些错误率决定对门限的估计,这时门限一般由 FR 和 FA 的相等点附近来确定。图 10-4 为两种错误率与接受门限的关系。FA 和 FR 都是门限的离散函数,点的个数取决于对真实者的 FR 测试和假冒者的 FA 测试次数。显然,如果两者的测试点相等,FA 和 FR 则会相交。然而在实际实验中,假的说话人通常会多于真的说话人,因此用上面的方法,FR 和 FA 是接近的而不是相等的。于是在一些实验中,就将此接近点当作门限。另外,说话人确认是一个二值问题,只需判定出是不是由申请者所讲,在经典的解决方案中,判定是由对申请者模型的语句得分与某一事先确定的门限比较而得到的。这种方案的问题是,得分的绝对值并不只是由使用模型决定的,而且还与文本内容以及发音时间的差别有关,所以不能采用静态的门限。可以利用 HMM 输出概率值归一化方法解决这一问题,实验证明这一方法可以明显提高确认率。

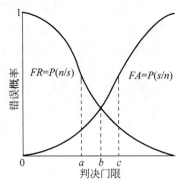

图 10-4　两种错误率与接受门限的关系(s 表示本人,n 表示他人)

10.2.6　说话人识别系统的评价

通常影响一个说话人识别系统的因素有很多,其中主要有正确识别率(或出错率)、训练时间的长短、识别时间、对参考参量存储量的要求、使用者使用的方便程度等,从实用的角度来看,还有成本的因素。

在说话人确认的系统中,FR 和 FA 是表征其性能最重要的两个参数,其中 FR 又称为Ⅰ型错误,FA 称为Ⅱ型错误。在不同的使用场合,这两个参数对系统造成的影响也是不同的。

说话人辨认与说话人确认系统的不同还在于其性能与用户数有关。因为它是先存储每个合法使用者的参考模型存储,然后再将输入语音的特征与之比较,所以当用户量增大的时候,语音处理的时间就会变长,而且也更难以将各用户区分开,进而会导致差错率变大。而对于说话人确认系统,差错率是不随着用户数量的增加而变化的,存储量决定能够容纳的用户数。图 10-5 表示了说话人辨认和说话人确认系统性能与用户数的关系。

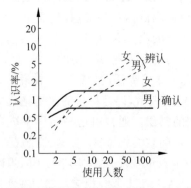

图 10-5　说话人辨认和确认系统性能与用户数的关系

由于人在说话时的语音通常是随着时间而变化的,而且说话人的健康和情感等因素也会对语音产生影响,因此当训练时间和使用时间间隔的时候,识别系统的性能会有一定程度的下降。为了解决这一问题,可以在训练的时候选择相隔几天或者几周的语音,但是训练的时间会加长,而且在实现过程中也比较困难,因为很难要求用户这样安排。还有一种解决方法是在使用过程中不断更新参考模型,比如,在每次成功地识别以后,即把当时说话人的语音提取得到的特征按一定比例加入到原来的参考模板中去,以保证对使用者说话状态的跟踪。

目前对说话人识别系统的性能评价还没有统一的标准。一个系统所具有的识别性能尽管看起来很好,但是它们所依据的条件却是差别很大的。为了给出统一的评价,需要建立一个测试数据库,它们应该包含大量的说话人且具有不同发音风格的语音数据。包括在不同时间间隔的语音数据。此外还应该包含这些语音经不同信道传输后的影响。

下面结合实际系统例子介绍几种典型的说话人识别系统,重点介绍应用 HMM 的说话人识别系统和应用 GMM 的说话人识别系统。

10.3 应用 DTW 的说话人确认系统

一个应用 DTW 的说话人识别系统如图 10-6 所示。它是与文本有关的说话人确认系统。它采用的识别特征是 BPFG(附听觉特征处理),匹配时采用 DTW 技术。其特点为:

(1) 在结构上基本沿用语音识别的系统。

(2) 利用使用过程中的数据对原模板进行修正,这样就可以使模板逐次趋于完善。

将采样的时间间隔设置为 2.5ms,所存的字音模板数为 15×16,即 15 个说话人各自的 16 个规定音。建立模板时,每个说话人对各字音各发音 10 次再经适当平均得到上述各模板。

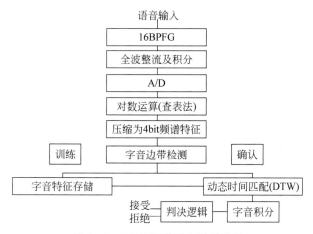

图 10-6 DTW 型说话人识别系统

在确认过程中,要求待确认者在其已知的 116 个字音中任意选择 2~4 个。先任选 2 个字,将 2 个"计分"(距离的倒数)相加,如果已超过判决逻辑中所设定的阈值,那么就予以肯定。否则,令待确认者另选 16 个字中其他字音并将计分加权累计,直到共发 4 个字音。若仍未达到阈值,则给以拒绝。

10.4　应用 VQ 的说话人识别系统

目前自动说话人识别的方法主要是基于参数模型的 HMM 和基于非参数模型的 VQ 的两种方法。1992 年,日本人 Matsui 和 Furui 发现连续的各态历经 HMM 方法比离散的各态历经 HMM 方法优越,当可用于训练的数据量较小时,基于 VQ 的方法比连续的 HMM 方法的鲁棒性更好。同时,基于 VQ 的方法比较简单,实时性也较好。

应用 VQ 的说话人识别系统如图 10-7 所示。完成这个系统有两个步骤:一是根据每个说话人的训练语音,建立相应的参考模型码本;二是将待识别说话人的语音的每一帧的内容与模型码本码字相匹配。由于 VQ 码本保存了说话人个人特性,这样就可以利用 VQ 法来进行说话人识别。与 DTW 方法不同的是,在 VQ 法中模型匹配不依赖于参数的时间顺序,而且这种方法比应用 DTW 方法的参考模型存储量小,即码本码字小。

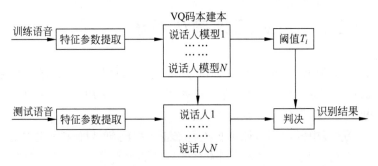

图 10-7　应用 VQ 的说话人识别系统

将每一个待识别的说话人当作一个信源,用一个码本(从该说话人的训练序列中提取的特征矢量聚类而生成的)来表征,只要有足够的训练数据量,那么就可以认为该码本有效包含了说话人的个人特征,而与说话的内容无关。识别时,先提取出待识别语音的特征矢量序列,然后用系统已有的每个码本依次进行矢量量化,计算各自的平均量化失真。选择平均量化失真最小的那个码本所对应的说话人作为系统识别的结果。

应用 VQ 的说话人识别过程的步骤如下。

训练过程:

(1) 从训练语音中提取特征矢量,得到特征矢量集;

(2) 通过 LBG 算法生成码本;

(3) 重复训练修正优化码本;

(4) 存储码本。

识别过程:

(1) 从测试语音提取特征矢量序列 $X_1, X_2, \cdots, X_M$;

(2) 由每个模板依次对特征矢量序列进行矢量量化,计算各自的平均量化误差:

$$D_i = \frac{1}{M} \sum_{n=1}^{M} \min_{1 \leqslant l \leqslant L} \left[d(X_n, Y_l^i) \right] \tag{10-11}$$

式中,$Y_l^i, l = 1, 2, \cdots L, i = 1, 2, \cdots N$ 是第 i 个码本中第 1 个码本矢量,而 $d(X_n, Y_l^i)$ 是

待测矢量 X_n 和码矢量 Y_i^j 之间的距离;

(3) 选择平均量化误差最小的码本所对应的说话人作为系统的识别结果。

由此可见,说话人发出的语音通常是随着时间而变化,而且说话人的健康和情感等因素也会对语音产生影响,因此如果说话人识别系统的训练时间与使用时间间隔相差比较大的话,系统的识别性能就会降低。所以当每一次的识别正确时,可通过这次的测试数据,对原来的模板进行修正,使系统能够跟踪说话人的语音变化,从而提升系统的性能。

在应用 VQ 方法进行说话人识别的时候,聚类的结果也会受到失真测度的选择的影响,进而影响说话人识别系统的性能。失真测度的选择要根据所使用的参数类型来定,在说话人识别采用的矢量量化中,较常用的失真测度是在前面章节介绍的欧氏距离测度和加权欧氏距离测度。

在基于 VQ 的说话人识别方法中,VQ 码本的优化问题和快速搜索算法的应用可提高系统的识别精度和识别速度,进而提高识别系统的性能。

10.5 应用 HMM 的说话人识别系统

近年来,隐马尔可夫模型(HMM)在语音信号处理上得到了广泛应用。由于 HMM 可以很好地体现语音的时序特性,而且它是基于转移概率的,也就是下一状态的值可以用当前状态的转移概率近似,同时 HMM 还能用短时模型——状态解决声学特性相对稳定段的描述,既可以很好地对说话语音进行建模,又可以统计发音的声学特性和时间上的变动,体现了说话人的个性特征。因此,HMM 已成为目前最佳的说话人识别处理模型。在与文本有关的说话人识别中,最好的结果是用连续 HMM(CHMM)对说话人特征建模而取得的。对于与文本无关说话人识别,不需要 HMM 模型的瞬态结果,所以常使用各态历经 HMM(Ergodic HMM)。

10.5.1 基于 HMM 的与文本有关的说话人识别

根据说话人的内容,可以将说话人识别分为文本无关和文本有关。图 10-8 为基于 HMM 的与文本有关的说话人识别系统结构。建立和应用这一系统有训练和识别两个阶段。在训练阶段,针对各使用人对规定语句或关键词的发音进行特征分析,提取说话人语音特征矢量(例如倒谱及 Δ 倒谱等)的时间序列。然后可以根据从左到右型 HMM(Left-to-Right HMM)能比较好地反应特征矢量时间构造的特点,利用从左到右型 HMM 建立这些时间序列的声学模型。在识别阶段,先从输入语音信号中提取特征矢量的时间序列,然后再利用 HMM 计算该输入序列的生成概率,并且根据一定的相似性准则来判定识别结果。

文本无关的说话人识别对训练语料和测试预料的内容或者语言没有要求,而文本相关的说话人识别要求测试语料和训练语料完全一致,通常来说文本相关的说话人识别更加简单,在实际利用电话语音的说话人识别实验中获得了比较高的识别率。另外,对于不同的说话人,变换文本内容并利用文本内容的差别,也可以进一步提高识别精度。

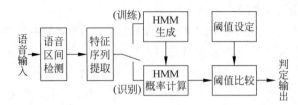

图 10-8　利用 HMM 的与文本有关的说话人识别系统构造

10.5.2　基于 HMM 的与文本无关的说话人识别

在文本无关的说话人识别系统中,可以采集的说话人的语音大多数情况是随机的。按照说话人集合可以分为开集和闭集,闭集指的是测试样本说话人与训练样本说话人属于同一个集合,开集指的是测试样本说话人不一定在训练样本中,因此开集说话人识别难度更大。

对于与文本无关的说话人识别,一般需采用各态历经 HMM 建立说话人识别模型。在学习阶段,对于说话人的各种文本发音提取其特征序列建立模型。在识别阶段,先从输入语音中提取特征序列,然后利用本人的 HMM 计算输入特征矢量的概率值,通过和阈值相比较,然后将判决识别的结果输出。

在说话人识别过程中,除了采用各态历经 HMM 以外,还可以采用其他结构类型的HMM。比如,作为两种结构 HMM 的折中,利用只有一个状态的混合高斯分布连续 HMM进行识别。另外,利用从左到右型 HMM 建立各说话人的基元模型集(音素或音节等基元),然后在识别搜索中,利用基元模型的自动连接进行识别,也可以得到较好的识别结果。

10.5.3　基于 HMM 的指定文本型说话人识别

指定文本型说话人识别系统的基本构造如图 10-9 所示。该系统要判别两点,即是否是本人的发音和是否是本人所发的指定内容的语音。系统的基本模型一般是各说话人的基元模型,由基元模型的连结组成指定文本内容的模型,这样做的目的是为了能够随时更换指定的文本内容。在训练基元模型时,一般是先利用多数说话人的语料训练的非特定说话人基元模型作为初始模型,然后由各说话人的训练语料对初始模型进行自适应训练而得到各说话人的基元模型,以实现利用有限的说话人发音语料使训练的模型能较好地保持说话人的个人特性的目的。并且由于说话人识别系统的自适应训练语料有限,所以在自适应训练时一般仅对混合分布的分歧系数和各高斯函数的均值向量进行重估,协方差矩阵参数则保持不变。在识别阶段,利用本人的指定文本模型和输入语音时间序列进行匹配,计算得到的概率值与阈值进行比较,最后说话人确认判决。

自动柜员机(ATM)系统就是一种指定文本型说话人识别系统。指定的文本类型是 4 位数字。基元模型为从左到右型 CHMM(状态数 10,混合高斯分布数 4)。在识别的时候,ATM装置会随机指定 4 位数字让用户发音,然后根据用户数字发音创建该说话人的文本模型,再将输入语音与 4 位数字模型进行匹配,然后计算输出概率,与阈值比较后得出判决结果。登录话者共有 50 人、假冒者共有 195 人。利用有 6 个月时间差、带宽 0～4kHz 的语料。采用 12 阶LPC 倒谱和 Δ 倒谱参数。对于 36 种类的 4 位数字语音的说话人确认率是 98.5%。

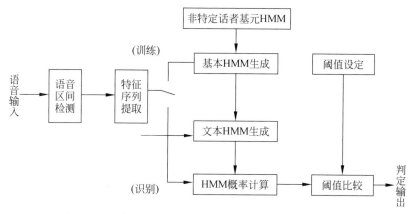

图 10-9 利用 HMM 的指定文本型说话人识别系统构造

10.5.4 说话人识别 HMM 的学习方法

在说话人识别系统中,由于用于各说话人 HMM 训练的语料比较少,所以 HMM 的学习是比较困难的。利用已有的登录的说话人的发音数据,建立各说话人的高精度模型,各说话人 HMM 的学习方法已经被提出。本节介绍两种模型的训练方法,一种是仅利用少量的登录说话人学习数据的学习方法;另一种是利用非特定人语音 HMM 和登录说话人学习数据的学习方法。在第一类型学习方法中,首先利用已有的发音数据建立一个和基元类别无关的初始化模型,然后根据各说话人的训练语音文本内容,利用连接学习法,仅仅对各高斯分布的权值进行再推定,而均值和方差不变。由于参加学习的数据不多,所以基元模型无法分得很细。第二类型学习方法是将非特定人基元 HMM 与各话者 HMM 组合起来的方法。比如,设非特定人基元 HMM 是 3 状态 4 混合高斯分布 CHMM,话者 HMM 是 1 状态 64 混合高斯分布 CHMM。先利用非特定人 HMM 收集对应于每一状态的学习数据,利用这些数据对说话人 HMM 的各高斯分布的权值进行再推定,并且把每一状态和相应的推定后的话者 HMM 置换,得到各话者基元 HMM(3 状态 64 混合高斯分布 CHMM),转移概率保持不变。然后以此作为初始模型,根据各说话人的发音文本内容,利用连接学习法,再一次对各话者基元 HMM 的各高斯分布的权值进行再推定。以上仅仅对高斯分布的权值进行再推定是为了保留说话人特性不变。

10.5.5 鲁棒的 HMM 说话人识别技术

鲁棒的说话人识别技术一直是一个很重要的研究课题,语音识别的鲁棒性大致可以从信号空间、特征空间和模型空间等三种空间上来研究,围绕这三种空间,鲁棒语音技术可以大概分为语音增强技术、特征补偿以及模型补偿。并且已经有许多研究成果被提出。例如,对于由信号传输信道、滤波器等引起的识别率下降,通过倒谱均值正规化法(CMN)可以得到较大的改善。通过似然度(或概率)正规化法可以改善因为发音方式和声道特征的时间变动等引起的识别率下降问题。通过优化 MFCC 特征参数,然后利用上述 CNN 和似然度正规化法,可以显著改善系统性能。如果利用说话人部分空间影射方法将语音中语义内容和说话人个人性分离,只把含有说话人个人信息的特征进行说话人识别,那么不一定用很多的数据,也可以得到较好的识别效果。在有些文献中,会把鲁棒的距离尺度(DIM)应用于说话人识别 HMM,把 HMM 的各高斯分布的两端用一定值(如 3σ)平滑,结果能较好地吸收特征参数的变动。

HMM 对噪声的鲁棒性较低,当外界环境和训练环境相差较大,或者外界环境噪声变化较大时,在实际环境下的基于 HMM 的说话人识别系统的性能会明显低于实验室里的系统。另外,在利用电话语音的说话人识别系统中,高于 3kHz 频带的说话人信息会丢失,包括电话机在内的传输线路特性的变化,来自不同干线的话音质量存在差异以及通话环境的噪声等,都严重影响说话人识别系统性能。在语音识别领域里,语音模型和噪声模型利用 HMM 合成法合成的语音模型在特定的信噪比(SNR)条件下,语音识别系统表现出来了很好的效果。将这一思想应用到说话人识别的系统中,利用 HMM 合成法进行与文本无关的说话人识别实验。在学习阶段,在没有噪声的环境中录制的说话人语音数据,建立 1 状态混合高斯分布语音 HMM。同时,在实际环境中录制的噪声信号数据,生成 1 状态混合高斯分布噪声 HMM。在识别阶段,利用 HMM 合成法,根据输入信号的 SNR,把说话人语音模型和噪声模型的分布参数进行加权组合,建立噪声说话人模型,然后利用该模型进行说话人识别,这种方法的识别效果也很好。但是这种方法要预先知道 SNR。但是,对于噪声这种非平稳信号,SNR 很难被准确地测到。因此,可以对未知 SNR 情况下的识别方法进行改进。在改进方法中,使用复数个 SNR 建立多个合成噪声说话人模型,在识别阶段,输入语音对复数个合成模型计算概率,取其最大值作为说话人模型的生成概率,实验结果表明了这种方法的有效性。

10.6　应用 GMM 的说话人识别系统

GMM 本质上是只有一个状态的隐马尔可夫模型,它去除了 HMM 的状态转移概率。GMM 通过多个高斯分布来模拟多维特征的连续状态分布概率,很好地体现了特征矢量的分布特性。经过研究发现,时序特征对于与文本无关的说话人识别并不是十分重要,GMM 不考虑样本的状态转移概率,极大地减小了计算量,所以 GMM 在与文本无关的说话人识别上应用非常广泛。混合高斯分布模型是只有一个状态的模型,在这个状态里具有多个高斯分布函数。

10.6.1　GMM 模型的基本概念

高斯混合模型(GMM)可以看作一种状态数为 1 的连续分布隐马尔可夫模型(CDHMM)。GMM 采用多维高斯概率密度分布对说话人语音进行建模,一个 M 阶混合高斯模型的概率密度函数可以通过式(10-12)得到,如下所示:

$$P(X/\lambda) = \sum_{i=1}^{M} w_i b_i(X) \tag{10-12}$$

其中 X 是一个 D 维随机向量,$b_i(X_t)$,$i=1,\cdots,M$,是子分布,w_i,$i=1,\cdots,M$,是混合权重。每个子分布是 D 维的联合高斯概率分布,可表示为:

$$b_i(X) = \frac{1}{(2\pi)^{D/2} \mid \Sigma_i \mid^{1/2}} \exp\left\{-\frac{1}{2}(X-\mu_i)^t \Sigma_i^{-1}(X-\mu_i)\right\} \tag{10-13}$$

其中 μ_i 是均值向量，Σ_i 是协方差矩阵，混合权重值满足以下条件：

$$\sum_{i=1}^{M} w_i = 1,\tag{10-14}$$

完整的混合高斯模型由参数均值向量，协方差矩阵和混合权重组成，表示为：

$$\lambda = \{w_i, \mu_i, \Sigma_i\}, \quad i = 1, \cdots, M\tag{10-15}$$

对于给定的时间序列 $X = \{X_t\}, t = 1, 2, \cdots, T$，利用 GMM 模型求得的对数似然度可定义如下：

$$L(X/\lambda) = \frac{1}{T} \sum_{t=1}^{T} \log P(X_t/\lambda)\tag{10-16}$$

10.6.2　GMM 模型的参数估计

GMM 模型的训练就是给定一组训练数据，根据某种准则确定模型参数 λ。其中最大似然(ML)估计是比较常用的参数估计方法。最大似然估计就是使得模型参数对于给定的训练数据有最大的概率。对于一组长度为 T 的训练矢量序列 $X = \{X_1, X_2, \cdots, X_T\}$，GMM 的似然度可以表示为：

$$P(X/\lambda) = \prod_{t=1}^{T} P(X_t/\lambda)\tag{10-17}$$

式(10-17)是参数 λ 的非线性函数，$P(X/\lambda)$ 的最大值不易直接求出。因此，常常采用最大期望(EM)算法估计参数 λ。利用 EM 算法，从参数 λ 的一个初值计算得到另一个参数 $\hat{\lambda}$，使得新的模型参数下的似然度 $P(X/\hat{\lambda}) \geqslant P(X/\lambda)$。新的模型参数再作为当前参数进行训练，这样迭代运算直到模型收敛。每一次迭代运算，下面的重估公式保证了模型似然度的单调递增。

(1) 混合权值的重估公式：

$$w_i = \frac{1}{T} \sum_{t=1}^{T} P(i/X_t, \lambda)\tag{10-18}$$

(2) 均值的重估公式：

$$u_i = \frac{\sum\limits_{t=1}^{T} P(i/X_t, \lambda) X_t}{\sum\limits_{t=1}^{T} P(i/X_t, \lambda)}\tag{10-19}$$

(3) 方差的重估公式：

$$\sigma_i^2 = \frac{\sum\limits_{t=1}^{T} P(i/X_t, \lambda)(X_t - \mu_i)^2}{\sum\limits_{t=1}^{T} P(i/X_t, \lambda)}\tag{10-20}$$

其中，分量 i 的后验概率为：

$$P(i/X_t, \lambda) = \frac{w_i b_i(X_t)}{\sum\limits_{k=1}^{M} w_k b_k(X_t)}\tag{10-21}$$

需要注意的是，GMM 模型的高斯分量的个数 M 和模型的初始参数在确定之后才能利用 EM 算法训练 GMM。其中比较困难且重要的问题是 GMM 模型的高斯分量的个数 M 的选择。若 M 太小，就会导致训练出的 GMM 模型不能有效地表示说话人的特征，整个系统的性能也会因此下降。若 M 太大，那么模型参数会很多，就很难得到收敛的模型参数，同时，训练得到的模型参数误差会很大。而且，模型参数越多，就会需要更多的存储空间，而且训练和识别的运算复杂度大大增加。M 的大小一般由实验经验确定，M 取值可以是 4、8、16 等。可以采用两种初始化模型参数的方法：第一种方法使用一个与说话人无关的 HMM 模型对训练数据进行自动分段。训练数据语音帧根据其特征给分到 M 个不同的类中（M 为混合数的个数），与初始的 M 个高斯分量相对应。每个类的均值和方差作为模型的初始化参数。第二种方法从训练数据序列中随机选择 M 个矢量作为模型的初始化参数。有些实验表明 EM 算法对于初始化参数的选择并不敏感，但是显然第一种方法比第二种方法要好。

10.6.3 训练数据不充分的问题

在实验应用中，通常不能得到大量充分的训练数据对模型参数进行训练。如果训练数据不充分，那么 GMM 模型的协方差矩阵的一些分量可能会很小，不能完全正确地描述数据的分布，这些很小的值对模型参数的似然度函数影响很大，可能造成有些数据出现误判的情况，严重影响系统的性能。为了避免这种情况，通常会在 EM 算法的迭代计算中，设置一个协方差的门限值，在训练过程中令协方差的值大于等于该门限值，否则就用该门限值代替。门限值设置可通过观察协方差矩阵来定。

10.6.4 GMM 模型的识别问题

说话人辨认是为了决定给定的一个语音样本属于 N 个说话人中的哪一个。也就是说确认该语音属于语音库中的哪一个说话人的语音。在辨认任务中，目的是找到一个说话者 i^*，他对应的模型 λ_i 使得待识别语音特征矢量组 X 具有最大后验概率 $P(\lambda_i/X)$。基于 GMM 的说话人辨认系统结构框图如图 10-10 所示。

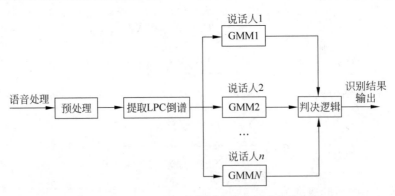

图 10-10 基于 GMM 的说话人辨认系统结构框图

根据 Bayes 理论，最大后验概率可表示为：

$$P(\lambda_i/X) = \frac{P(X/\lambda_i)P(\lambda_i)}{P(X)} \tag{10-22}$$

在这里：

$$P(X/\lambda) = \prod_{t=1}^{T} P(X_t/\lambda) \tag{10-23}$$

其对数形式为：

$$\log P(X/\lambda) = \sum_{t=1}^{T} \log P(X_t/\lambda) \tag{10-24}$$

因为 $P(\lambda_i)$ 的先验概率未知，假定该语音信号出自封闭集里的每个人的可能性相等，也就是说：

$$P(\lambda_i) = \frac{1}{N} \quad 1 \leqslant i \leqslant N \tag{10-25}$$

对于一个确定的观察值矢量 X，$P(X)$ 是一个确定的常数值，对所有说话人都相等。因此，求取后验概率的最大值可以通过求取 $P(X/\lambda_i)$ 获得，这样，辨认该语音属于语音库中的哪一个说话人可以表示为：

$$i^* = \arg \max_i P(X/\lambda_i) \tag{10-26}$$

在这里，i^* 即为识别出的说话人。

10.6.5 应用 GMM 和 BP 网络的说话人识别系统

1. 前馈神经网络模型

前馈神经网络是一种最早且最简单的神经网络，它将神经网络划分为很多层，各神经元分层排列。第一层和最后一层分别是输入层和输出层，而中间是隐藏层，其中每一层的输出信号作为下一层的输入信号。信号在传输过程中是单向传播，各层之间没有反馈。其网络结构如图 10-11 所示。

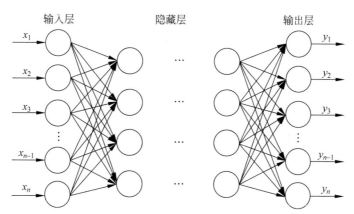

图 10-11　前馈型神经网络

2. 前馈计算

$$z^{(l)} = W^{(l)} \cdot a^{(l-1)} + b^{(l)} \tag{10-27}$$

$$a^{(l)} = f_l(z^{(l)}) \tag{10-28}$$

其中 l 为神经网络的层数，$f_l(\cdot)$ 为 l 层神经元的激活函数，$W^{(l)}$ 为第 $l-1$ 层到第 l 层的权重，$b^{(l)}$ 为第 $l-1$ 层到第 l 层的偏置，$z^{(l)}$ 为 l 层神经元的状态，$a^{(l)}$ 为 l 层神经元的活性值。输入 x 通过神经网络逐层传递，输出为 y。

3. BP 算法

BP(Back Propagation)网络是一种按误差反向传播算法计算的多层前馈网络，BP 算法是在训练神经网络时比较有效的算法。BP 算法可通过两步实现：

（1）通过前馈计算得到从第一层到最后一层的状态及激活函数；

（2）通过反向传播计算每一层的误差，并更新参数权重 W 和偏置 b。

下面对 BP 算法的公式进行一下推导：

设有一组样本为$(x^{(i)}, y^{(i)}, 1 \leqslant i \leqslant N)$，于是可以得到误差函数为：

$$J(W, b) = \sum_{i=1}^{N} J(W, b; x^{(i)}, y^{(i)}) + \frac{1}{2} \lambda \| W \|_F^2 \tag{10-29}$$

式(10-29)中的 $J(W, b)$ 代表的是总体误差，$J(W, b; x^{(i)}, y^{(i)})$ 是各样本的误差，$\| W \|_F^2$ 为系数误差。

下面对 W 和 b 进行参数更新：

$$W^{(l)} = W^{(l)} - \alpha \sum_{i=1}^{N} \left(\frac{\partial J(W, b; x^{(i)}, y^{(i)})}{\partial W^{(l)}} \right) - \lambda W \tag{10-30}$$

$$b^{(l)} = b^{(l)} - \alpha \sum_{i=1}^{N} \left(\frac{\partial J(W, b; x^{(i)}, y^{(i)})}{\partial b^{(l)}} \right) \tag{10-31}$$

根据链式法则，有：

$$\frac{\partial J(W, b; x, y)}{\partial W_{ij}^l} = \mathrm{tr}\left(\left(\frac{\partial J(W, b; x, y)}{\partial z^{(l)}} \right)^{\mathrm{T}} \frac{\partial z^{(l)}}{\partial W_{ij}^{(l)}} \right) \tag{10-32}$$

定义误差项 $\delta^{(l)} = \dfrac{\partial J(W, b; x, y)}{\partial z^{(l)}}$ 表示第 l 层神经元对最终误差的影响。

由 $z^{(l)} = W^{(l)} \cdot a^{(l-1)} + b^{(l)}$ 和式(10-32)计算误差项 $\delta^{(l)}$ 得：

$$\delta^{(l)} = \mathrm{diag}(f_l'(z^{(l)})) \cdot (W^{(l+1)})^{\mathrm{T}} \cdot \delta^{(l+1)} \tag{10-33}$$

由式(10-33)能够看出第 l 层的误差项可以通过第 $l+1$ 层的误差项得到，这也是误差的反向传播。得到误差项后再更新权重参数。

在 GMM 和 BP 网络结合的说话人识别系统中，BP 网络用于捕捉 GMM 输出空间不同说话人之间的交互信息。GMM+BP 网络的识别率比单独使用 GMM 或者 BP 网络更高。

GMM+BP 网络混合模型如图 10-12 所示。

图 10-12　GMM+BP 混合模型

可以将 GMM+BP 网络混合模型分为两个阶段,第一阶段用部分数据训练各自的 GMM 模型;第二阶段用所有数据先计算其对应各个 GMM 的分布概率,然后将这些概率作为神经网络的输入,对应的说话人作为输出来训练 BP 网络。

首先将待识别的语音发送到每个 GMM 模型,然后将产生的概率矢量送入已训练好的 BP 网络,计算输出矢量与每个说话人码字之间的距离,其中将最小距离作为判决结果。

以上基于 HMM 和基于 GMM 的说话人识别系统可以总结为是一种基于概率模型算法的说话人识别系统。概率模型法主要是利用样本特征矢量的统计分布规律,在训练的时候通过调整一系列模型参数,可以很好地模拟模型的概率分布,进而利用统计特性计算识别语音的匹配概率。和传统的模板匹配法相比,它的识别性能更好、系统性能更加稳定和系统鲁棒性更好等。流行的概率模型主要有高斯混合模型(GMM)和隐马尔可夫模型(HMM)。

10.7　应用深度学习的说话人识别

通过对于较深层次的线性处理或者非线性处理,深度学习能学习到语音信号中更多的信息。深度学习在说话人识别中的前端应用主要有两种方式,即 DNN 与 i-Vector 框架结合和只使用深度学习框架的 embedding 特征。

10.7.1　基于 DNN-UBM 模型的说话人识别

1. GMM-UBM 模型原理

GMM 能够有效地模拟多维矢量的任意连续概率分布,同时引入与说话人无关的 UBM 弥补建模样本的不足,因此 GMM-UBM 是说话人识别中常用的一种模型。图 10-13 为 GMM-UBM 说话人识别模型,先将数据进行预处理,然后再提取相关特征,将提取到的 i-Vector 特征通过概率线性判别分析(PLDA),最后对说话人进行判别。

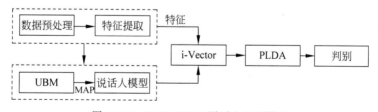

图 10-13　GMM-UBM 说话人识别模型

GMM-UBM 模型能够减少说话人的语音差异的变化,也可以将其看作高阶 GMM 模型。虽然该模型在理想条件性能较好,但其性能会因为信道的变异而降低。于是,研究人员提出了 i-Vector 模型,将 i-Vector 模型与 GMM-UBM 模型结合起来用于说话人识别,以解决此问题。

2. 基于 i-Vector 模型的说话人识别系统

i-Vector 模型是用一个全因子空间 T(total factor matrix),既可以描述说话人的信息,又可以描述信道的信息,然后在将说话人的语音映射到一个低维向量上。将每个数据的均值超矢量分解,可以用式(10-34)表达。

$$S = m + TW \tag{10-34}$$

式(10-34)中,S 是 GMM 模型的高维均值超矢量,m 是说话人信道信息与说话人无关信息的一个超矢量,T 是全差异空间,W 是全差异因子。

但是信道信息可能会对识别系统产生干扰,进而影响系统的性能。因此,通常会使用 PLDA 对信道进行补偿。基于 GMM-UBM 的 i-Vector 特征提取过程如图 10-14 所示。

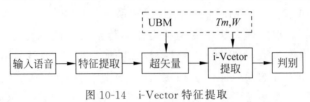

图 10-14   i-Vector 特征提取

3. DNN-UBM 模型

DNN-UBM 模型将语音中所包含的信息集成到统计数据中,将后验概率与标准说话人识别特征结合,这样就得到了更多的统计信息,有利于提取 i-Vector 特征。这种模型的识别率与鲁棒性都要比传统的 GMM-UBM 模型更好。

在说话人识别中,将 DNN 的每个输出节点作为一个高斯分量,然后计算零阶、一阶、二阶的统计量用于对 T 的训练,图 10-15 为基于 DNN-UBM 模型的说话人识别系统框图。

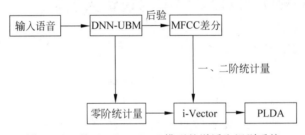

图 10-15   基于 DNN-UBM 模型的说话人识别系统

该模型是基于 i-Vector 特征矢量的说话人识别,则需要 GMM-UBM 模型提供所有类的每帧的后验概率,然后对说话人进行判别。对于 DNN,则是将 DNN 的每一个输出节点都作为一个类,主要是这些类通过语音识别中的类聚得到绑定的三音素状态,与相关语音对应,进而提升说话人识别系统的性能。

10.7.2   说话人识别中的 embeddings 特征

embeddings 特征能够将不同长度的语句映射到一个低维空间。其与 i-Vector 不同的是,embeddings 特征能够在训练神经网络的时候进行更新,且变种很多,具有非线性建模的能力,不过,其没有像 i-Vector 的贝叶斯建模的能力。在相关研究中,提出的基于 DNN 的 embeddings 特征主要有 d-Vector、x-Vector、j-Vector 等。

1. d-Vector

d-Vector 特征指的是,将说话人的语音帧输入到 DNN,一直到最后一层隐藏层的输出激活值,作为该特定说话人的表示。通常,网络的输出层为 Softmax 层,然而这种方法去掉了 Softmax 层,只在 DNN 的注册和匹配阶段提取出特定特征。虽然这种方法提取的特征适用范围较为局限,但对于深度学习框架下说话人识别的研究具有开创意义。

2. x-Vector

x-Vector 特征是在时延神经网络(TDNN)中提取出来的 embeddings 特征,所以在短时语音上,x-Vector 有更好的鲁棒性。在网络中,有一层统计池化层,主要是帧级特征的均值和标准差。在说话人识别时,x-Vector 的训练速度更快,且其识别的准确率较高。

3. j-Vector

j-Vector 称为联合向量,这一特征的提出是为了解决在文本相关的说话人确认的任务时,不仅要识别出该段语音的说话人,还要识别出语音内容的问题。该方法在训练神经网络时,网络参数的更新是通过说话人和文本两个标签信息实现的,在训练完成之后,通过网络的最后一层隐藏层提取出 j-Vector 特征。

深度学习的迁移性可以很好地解决数据量大,且没有标签的问题。另外,应用深度学习特征的说话人识别系统,降低了环境带来的某些干扰,提升了系统的整体性能。

10.8 说话人识别中尚需进一步探索的研究课题

说话人识别的应用前景广泛,尽管在几十年的研究和开发过程中取得了很大的成果,但还有很多重大问题需要解决。目前说话人识别所采用的预处理方法与语音识别一样,要根据所建立的模型来提取相应的语音参数。但是在对相应语音参数的提取过程中,很可能丢失了许多关键信息。这些基本问题的解决还需借助于认知科学等基础研究领域的突破以及跨学科的协作,短期内不易实现。说话人所说的话是识别信息的来源,而在语音信号中不仅包含了语音内容的特征,还包含了说话人自身的特征,而目前提取的特征并未分离,而是混合在一起,这样必然会降低识别率,所以一种把说话人的特征和说话人的语音特征分离的方法有待研究。说话人的特征常常会受到环境、说话人的情绪和健康状况的影响,从而造成说话人的个性特征具有长时变动性。一般在通信系统中信道的传输频率在几百到几千赫兹,而人耳所能听到的频率范围在 $20\sim2000\,\mathrm{Hz}$,这就造成了在实际环境中,通过通信系统的语音会产生一定的信息丢失,而且实际环境中也存在噪声,所以在实际环境下经过通信系统的说话人识别不太容易实现。对于说话人确认系统,理论上认为识别率和登录的话者数无关,但实际上对于利用二值(本人或他人二阈值)判定的说话人确认系统,怎样提高有许多登录话者的系统的确认率仍然是一个很重要的课题。因此,在说话人识别技术中,还有很多需要进一步探索的研究课题。以下指出一些尚需进一步探索的研究课题。

10.8.1 基础性的课题

(1) 目前系统而全面地研究语音中语义内容和说话人个性的分离的人还很少,现在有关说话人个人特性和其语音声学特性的关系还没有完全搞清楚。个人特性的详细研究,不仅在说话人识别方面,而且在语音识别方面也是非常重要的。

（2）说话人识别中什么特征参数是最有效果的? 非声道特征又该如何有效地利用? 非声道特征的应用面临着提取困难、特征变化明显、特征容易模仿和如何将这些动态特征模拟化等一系列问题。

（3）说话人特征的变化和样本选择问题。对于由时间、特别是病变引起的说话人特征的变化研究的还很少。除此之外,对于样本选择的系统研究还很少。根据听音实验,不同的音素包含有不同的个人信息,所以样本的合理选择对识别的准确率影响也很大。

（4）利用听觉和视觉的说话人识别研究,例如对说话人识别最有效的是什么样的特征以及语音的持续时间和内容与识别率的关系等,这些研究是构成用计算机进行说话人识别的基础。利用视觉的说话人识别主要是通过观察声纹（voice print）差别来判别说话人。

10.8.2　实用性的问题

（1）说话人识别系统设计的合理化及优化问题。

（2）指定文本型的说话人识别是一个有益的尝试。

（3）说话人识别系统的性能评价问题。

（4）可靠性和经济性问题。

由于应用的需求和数字信号处理技术的飞速发展,说话人识别的研究越来越被人们所重视。在国际声学、语音和信号处理会议（ICASSP）论文集中,每年都有关于说话人识别的专题。说话人识别的研究已经逐渐从实验室走向实际应用,目前,说话人识别的研究主要集中在如下三个方面:①语音特征参数的提取和组合。②HMM 模型与其他模型的结合以提升说话人识别系统的性能。③深度学习模型在说话人识别中的应用。

10.9　语种辨识的原理和应用

语种辨识（LID）不同于语音识别和说话人识别,通过一个语言片段的分析处理以判别其所属语言的语种,实际上也是语音识别的一个方面。

10.9.1　语种辨识的基本原理和方法

不同的语种之间是有很多区别的,比如音素集合、音位序列、音节结构、韵律特征、词汇分类、语法以及语义网络等,于是在自动语种辨识中就不止有一种可利用的特征。一个语种辨识系统的结构与语音识别及说话人识别的系统有一定的相似之处,图 10-16 所示就是语种辨识系统的结构。

从信源的建模来看,语音信号是一种典型的连续信源。所以语音信号可以用几种模型来建模:①无记忆模型;②有记忆模型;③离散模型;④连续模型。这些模型可分为四类,如表 10-2 所示。可以推断连续各态经历 HMM 是适合于与文本无关的连续语音信号的最佳模型。

然而,根据这一分类,T. Mastsui 和 S. Furui 通过与文本无关的说话人识别实验,对这

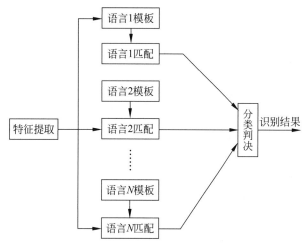

图 10-16 语种辨识系统框图

些模型进行了比较,却得出以下结论:基于 VQ 的识别方法和连续各态经历 HMM 方法有着接近的性能;在模型的概率分布总数相同的情况下,混合高斯分布模型也具有同连续各态经历 HMM 相近的性能。

表 10-2 语音信源模型

类　　型	记　忆　性	模　　型
离散	无记忆	VQ
	有记忆	离散 HMM
连续	无记忆	GMM
	有记忆	连续 HMM

当然,与文本无关的语种辨识和说话人识别也有很大的不同。语种辨识需要尽量消除说话人个体发音的差别。虽然音位结构是语种辨识的一个重要线索,但由于各种语种的音素持续时间各不相同,所以要把它完全应用到基于语音特征的各态经历 HMM 中还是很困难的。

1. 基于失真的 VQ 方法

VQ 是矢量量化方法,这种方法是使用 N 个聚类中心来代替原来的每个人的特征矢量序列,在识别的时候将待识别语音与每个说话人的模型的每个聚类中心比较计算距离,累加这些距离作为识别样本和该说话人模型之间的距离,最终选取距离最小者为匹配对象。VQ 方法在时间上不需要规整,极大缩短了计算时间,由于它不考虑时序特征,所以更适合处理时间较长的语音。

在基于 VQ 失真测度的语种辨识方法中,任意待辨识的输入语音信号通过利用 LBG 算法设计的语种码本时被矢量量化,从而使 VQ 失真值逐帧累积下来。对每种参考语种都计算其所有帧的 VQ 失真累积值(最终累积值要除以总帧数)。具有最小累积失真值的参考语种即被判定为该输入语音信号的语种种类。这一过程如图 10-17 所示。

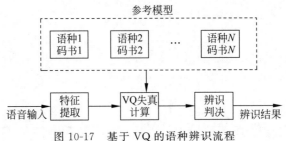

图 10-17　基于 VQ 的语种辨识流程

2. 离散/连续各态经历 HMM

基于 VQ 失真测度的方法是一种无记忆语音源模型(也就是独立时间序列源模型)。由于每种语种都具有其自身有规律的音位结构,所以与文本无关的模型也应该是一种有记忆模型。HMM 就是最适合于该类语音信号的模型之一,在语音识别中,通常会采用从左至右的 HMM 或者 Bakis HMM,但是在与文本无关的语种辨识中,就必须采用各态经历 HMM。

建立各种参考语种与说话人和文本无关的各态经历 HMM,并用 Baum-Welch 算法对 HMM 参数进行估计。通过这些 HMM,待辨识的输入语音的概率被逐帧累积。分别计算各种参考语种的概率累积值,将累积概率最大的参考语种判定为该输入语音的语种种类。这一过程如图 10-18 所示。

通常,连续 HMM 会采用捆绑式结构(Moore 类型);离散 HMM 既可以采用非捆绑式类型(Mealy 类型),又可以采用捆绑式结构类型。不过,一般在离散 HMM 中,采用非捆绑式结构类型可以获得比捆绑式结构类型更好的识别结果。

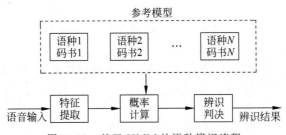

图 10-18　基于 HMM 的语种辨识流程

3. 混合高斯分布模型

混合高斯分布模型(GMM)是混合连续分布 HMM 的一个特例,即如果混合连续分布 HMM 每个状态的观察概率分布全都是满足高斯分布的,那么 GMM 就可以看成是单状态的混合连续分布 HMM。图 10-19 是一个具有 3 个混合数的混合高斯分布模型和三状态各态历经连续 HMM 的例子。如果输入语音信号矢量的时间序列为 x_1,x_2,x_3,则对于这两种模型的累积概率分别可由下式计算给出:

(a) 具有 3 个混合数的混合高斯分布模型:

$$P_a(x_1x_2x_3)=(\lambda_1 f_1(x_1)+\lambda_2 f_2(x_1)+\lambda_3 f_3(x_1))\times$$
$$(\lambda_1 f_1(x_2)+\lambda_2 f_2(x_2)+\lambda_3 f_3(x_2))\times \quad (10\text{-}35)$$
$$(\lambda_1 f_1(x_3)+\lambda_2 f_2(x_3)+\lambda_3 f_3(x_3))$$

（b）三状态3个混合数各态历经连续 HMM：

$$P_b(x_1x_2x_3)=\pi_1 f_1(x_1)a_{11}f_1(x_2)a_{11}f_1(x_3)+$$
$$\pi_1 f_1(x_1)a_{11}f_1(x_2)a_{12}f_2(x_3)+$$
$$\pi_1 f_1(x_1)a_{11}f_1(x_2)a_{13}f_3(x_3)+$$
$$\pi_1 f_1(x_1)a_{12}f_2(x_2)a_{21}f_1(x_3)+ \quad (10\text{-}36)$$
$$\cdots +$$
$$\pi_3 f_3(x_1)a_{33}f_3(x_2)a_{33}f_3(x_3)$$

如果 $\pi_1=a_{11}=a_{21}=a_{31}=\lambda_1,\pi_2=a_{12}=a_{22}=a_{32}=\lambda_2,\pi_3=a_{13}=a_{23}=a_{33}=\lambda_3$，则有 $P_a(x_1x_2x_3)=P_b(x_1x_2x_3)$。

通过以上分析可以看出，虽然混合高斯分布模型是无记忆性模型，但是在连续 HMM 模型中，转移概率的动态范围要比输出概率的动态范围小得多，所以转移概率不会对输出概率的累积产生影响，因此连续 HMM 与混合高斯分布模型之间的差别很小。而对于离散 HMM 模型，转移概率动态范围几乎是等于输出概率动态范围的，于是可以认为多状态离散 HMM 优于单状态 HMM。

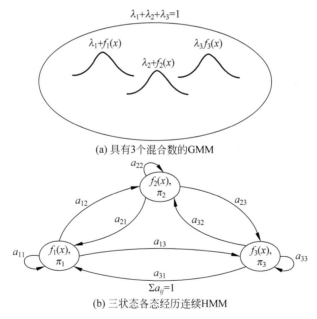

(a) 具有3个混合数的GMM

(b) 三状态各态经历连续HMM

图 10-19　3 个混合数的 GMM 和三状态各态历经连续 HMM

可以将基于 HMM 的语种辨识系统划分成两类：一种是为每个语种都建立一个或多个各态历经的 HMM，并且训练每个语种的较长文本；另一种是建立在非特定人大词汇量连续语音识别基础上，也就是为每个语种建立一个连续语音识别系统，该系统包括声学模型、语言模型。对于不同的语言，语言模型也有不同的构造思路。辨识阶段，实际上就是对大词汇量连续语音识别的过程，最后根据判决规则判别出最有可能的语言。这种方法的优点就是能充分地利用语言各层面的信息。缺点是须为每个语种都建立一个大词汇量识别系统，但这一过程是非常麻烦的。根据相关报道来看，这种方法识别率是目前最好的。

10.9.2　语种辨识的应用领域

语种辨识在信息检索及军事领域都有很重要的应用。主要包括以下几个方面：

（1）多语种信息服务：很多信息查询中可提供多语种的服务，但是这种服务系统在一开始必须提供多种语言，用于提示用户选择所需语言。语种辨识系统可作为一个前端处理，预先区分用户的语种，以提供不同语种的服务。在实际生活中，这种多语种信息服务系统在很多方面都有应用，比如旅游信息、应急服务、电话转接、购物、股票交易等。

（2）机器自动翻译的前端处理：将一种语言翻译成为另外一种语言的通信系统，首先就要确定用户所使用的语言，或者对大量录音资料进行翻译分配时，需预先判定该翻译的语音的语种。

（3）军事上对说话人身份和国籍进行判别或监听等：随着信息时代的到来以及互联网的快速发展，语种识别发挥着越来越重要的作用。因此，语种辨识的研究必将越来越引起人们的重视。

10.10　小结

说话人识别与语音识别不同的是，语音识别更注重的是识别语音的内容，对于这段语音是谁说的不是特别重要；而说话人识别更注重的是语音信号中的个人特征，而不是包含在语音信号中的文字符号以及语义内容信息，将说话人的个人信息特征提取出来，以达到识别说话人的目的。本章主要介绍说话人识别系统中所使用的方法和说话人识别系统的基本结构，以及说话人识别系统的应用。说话人识别系统与语音识别系统在特征参数的提取操作上基本相同，这里介绍了一些特征参数的评价方法，目的是选取有效的特征参数。说话人识别系统中常用模式匹配法进行识别，包括概率统计法、动态时间规整法、矢量量化法、马尔可夫模型法、支持向量机和深度学习中的各种神经网络模型法等，值得提出的是，近些年深度学习的不断发展，目前已经越来越多地应用在说话人识别系统上，并取得了显著的识别效果。系统的好坏需要科学的评价方法以及标准，目前对说话人识别系统的性能评价还没有统一的标准，需要研究者们致力于建立更加完善的评价体系。

复习思考题

10.1　自动说话人识别的目的是什么？它按照最终完成的目的主要可分为哪两类？按照被输入的识别用测试语音划分又可以分为哪 3 类？说话人识别和语音识别的区别是什么？在实现方法和使用的特征参数上和语音识别有什么相同之处和不同之处？

10.2　建立和应用说话人识别系统时主要分为哪两个阶段？请分别简述这两个阶段的工作过程。

10.3　什么叫作说话人辨别？什么叫作说话人确认？两者有何异同之处？

10.4 在说话人识别中,应选择哪些可以表征个人特征的识别参数?你认为,汉语语音的说话人识别应该注意些什么问题?应该如何使用超音段信息?应该如何使用混合特征参数?

10.5 说话人识别系统中,特征参数选取的好坏如何评价?什么是 F 比有效性准则?F 比的概念是怎样推广到多个特征参量构成的多维特征矢量的?

10.6 HMM 模型为什么可以广泛应用于语音信号处理?在测试语音不同类别的说话人识别系统中应该选取什么样的 HMM?选取它的理由是什么?

10.7 请说明基于 GMM 的说话人识别系统的工作原理。你从文献上看到过有关 GMM 模型训练的改进方法吗?请介绍其中一种较好的方法。当训练语料不足时,计算协方差距阵时应注意什么问题?

10.8 什么是 BP 网络?BP 算法是怎样实现的?

10.9 怎样解决由时间变化引起的说话人特征的变化?模型训练时应怎样考虑说话人特征随时间的变化?什么叫作模型自适应?应该用什么方法来达到这些目的?

10.10 说话人确认系统中,为了加快系统响应时间而又不降低确认率的情况下可以采用哪些技术处理?使用这些处理方法的好处是什么?

10.11 在说话人识别系统中,判别方法和判别阈值应该如何选择?是否应该根据文本内容以及发音时间的差别动态地改变?怎么改变?

10.12 哪些是说话人识别中尚需进一步探索的研究课题?你在学习了有关参考文献后,能否给出一个说话人识别的改进方案,请以大胆创新精神把这个方案写出来,供大家讨论。

10.13 研究语种辨识的意义是什么?语种辨识的应用领域有哪些?

10.14 语种辨识的原理是什么?语种辨识主要是利用了不同语种的哪些特性?现在语种辨识主要采用哪些方法?

第11章

语音信号中的情感信息处理

11.1 概述

人们的语音沟通不仅是信息交流的一种方式,也是人们情感交流的一种重要方式。情感表达在人类的生活中扮演着重要的角色,要实现人机交互的智能发展,让机器能够听懂人类语音中包含的情感信息是必不可少的。人工智能创始人,美国麻省理工的 Minsky 教授曾指出:"问题不在于智能机是否拥有情感,而在于没有情感的机器能否实现智能",Minsky 教授的话表明情感是实现人工智能的基础。随着人工智能不断发展进步,基于计算机的语音情感识别研究最终的目的是让人和机器之间的交互变得更加舒适、便捷,此外也将推动情感计算学科的发展。

语音信号中的情感信息处理主要有情感分类和情感特征提取。在语音处理领域,研究人员已经提出了几个不同种类的特征,如韵律特征、谱相关特征、语音质量特征和其他混合特征等。韵律特征方面如 Luengo 等人研究得出了由 84 个特征构成的韵律特征集;谱相关特征方面如陶华伟等人提出了基于 Gabor 灰度图像谱局部二值模式方法提取的局部纹理信息用于语音情感识别的特征,并且所提取特征具备良好的融合性;语音质量特征方面如 Christer Gobl 等人探讨发现特定语音质量特征与情感属性聚类存在一定的关系。在分类阶段,包括使用线性和非线性分类器进行特征分类。语音情感识别最常用的线性分类器包括贝叶斯网络(BN)和支持向量机(SVM)。语音信号通常被认为是非平稳信号,因此在语音情感识别中使用非线性分类器是有效的,例如高斯混合模型(GMM)和隐马尔可夫模型(HMM)等。当前深度学习的高速发展,使得深度学习广泛应用于语音情感识别领域,但是神经网络模型训练需要大量的数据支持,单一语料数据库往往较少,如何突破语音样本的局限将是应用深度学习的难题。

本章将首先介绍语音情感的分类、语料库的类别和语音情感特征分析的方法,然后介绍几种代表性的语音情感的识别方法,最后介绍目前比较流行的几种语音情感识别系统模型。

11.2　语言信号中的情感分类和情感特征分析

11.2.1　语音情感识别系统模型

本节分别从语音信号的情感分类、语料库、情感特征分析、语音情感识别方法 4 个部分进行说明。图 11-1 展示了语音情感识别系统流程。

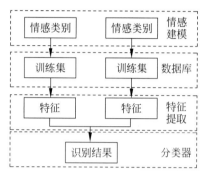

图 11-1　语音情感识别系统流程

11.2.2　语音信号中的情感分类

情感是人类独特的特点,它丰富了人类的特征以及增添了生活交流的乐趣。《心理学大辞典》认为:"情感是人对客观事物是否满足自己的需要而产生的态度体验"。20 世纪 60 年代,S. Schachter 和 J. E. Singer 提出了情感归因论,情感归因论指出情感产生的因素包括:生理唤醒、对生理唤醒的归因、对环境刺激的认识。

在进行语音情感识别之前,有必要对语音情感类型进行建模,这有助于判断人正处于什么情感状态,以便于从信号中提取有用的特征,用于识别。针对情感类型的建模主要包括 2 种观点:基本情感论和多维分析论。

1. 基本情感论

基本情感论将人类情感进行离散化,相互之间是一种独立状态,并将情感进行数量化,认为情感是可测量的。Silvan Tomkins 将情感分为 9 个类型,包括 2 种积极情感、1 种中性情感,6 个负面情感;Shaver 等对情感进行了细化,他将情感构建为 3 层树形结构,情感被分为上百个类别;此外,基本情感论中最具代表性的是 Ekman 等人提出的 6 种基本情感论——高兴、愤怒、厌恶、恐惧、悲伤和惊奇,得到了广泛的认可。Ortony 和 Turner 等人对基本情感论进行了归类,归纳结果如表 11-1 所示。

表 11-1　不同理论的基本情感类别

提　出　者	基　本　情　感
Plutchik	赞同、愤怒、期望、厌恶、高兴、恐惧、悲伤、惊奇
Arnold	愤怒、厌恶、勇气、沮丧、渴望、失望、恐惧、厌恶、希望、爱、悲哀

右上角：续表

提 出 者	基 本 情 感
Ekman，Friesen，and Ellsworth	愤怒、厌恶、恐惧、高兴、悲伤、惊奇
Frijda	渴望、幸福、爱好、惊奇、疑惑、悲伤
Gray	愤怒、恐惧、焦虑、高兴
Izard	愤怒、耻辱、厌恶、痛苦、恐惧、愧疚、爱好、高兴、羞耻、惊奇
James	恐惧、悲伤、爱、愤怒
McDougall	愤怒、厌恶、快乐、恐惧、征服、温和、惊奇
Mowrer	痛苦、快乐
Oatley and Johnson-Laird	愤怒、厌恶、焦虑、幸福、悲伤
Panksepp	期望、恐惧、愤怒、惊慌
Tomkins	愤怒、爱好、耻辱、厌恶、痛苦、恐惧、高兴、羞愧、惊奇
Watson	恐惧、爱、愤怒
Weiner and Graham	幸福、悲伤

除了上述基本情感外，学者们采用基本情感组成了复合情感（Complex emotion），其中较有代表性的是 Plutchik 提出的情感轮（Emotion Wheel）。Plutchik 通过对激活评价空间上的情感进行分析，他提出一种可以表示情感分布的圆轮，圆形结构的中心即为自然情感的原点，这个圆点理解为同时具备多种情感因素的状态，但是由于各种情感因素在自然原点处的强度太弱而表现不出来，反过来看，自然原点通过向四周不同方向的扩展而表现为不同的情感。圆形结构上的各个情感到自然原点的距离体现为情感的强度。Plutchik 的情感轮包含 8 种基本的双向情感：高兴、悲伤、愤怒、恐惧、赞同、厌恶、惊奇、期待。Plutchik 的情感轮如图 11-2 所示。

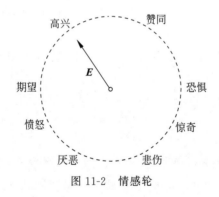

图 11-2　情感轮

在二维平面的情感轮中用情感矢量 E 来表示一个情感语句的情感强度和情感方向。其中情感矢量的角度和幅度值分别表示为情感的方向和情感的强度。

2. 多维分析论

多维分析论认为人类的情感可以分成不同的维度空间，而维度间即情感之间存在着一定的关联，且情感也是不断变化的。维度空间中的每一个维度代表心理情感的一种属性。维度空间在 Valence、Power、Arousal、Expectation 和 Intensity 等维度下表示，情感被量化为维度空间中的一个点，维度空间上的坐标点反映了情感在该维度上的强弱。

最常见且被广泛接受的维度空间,是由两个维度组成的 2 维空间,例如:激活维-效价维情感空间,简称 V-A 空间。在 V-A 空间中,激活维表示情感状态相关联的机体能量激活程度;效价维表示情感主题的情绪感受。针对 2 维空间的研究很多,Rebecca 等对 neutral 情感在空间中所处的位置进行了讨论,并利用 25 种情感,构建了一个情感空间,在边缘处定义了 neutral 情感。

在 3 维度情感空间中,Breazeal C 等建立的唤醒维-效价维-姿态维的情感空间(AVS)具有较大的影响。在 AVS 空间中,每个点都代表了一种情感状态,整个空间被分为若干个区域,每个区域被定义了一种特定的情感状态,该模型被用于 Kismet 机器人中,根据相应的情感状态,生成相应的面部表情等。此外还有 Johnny R J 等提出的 4 维空间情感模型等。

11.2.3　语料库

语料库是进行语音情感识别实验的基础,语料库质量的好坏对情感识别的研究起到了至关重要的作用。常见的情感语料库语音构成包括 3 种类型:表演型、引导型、自然型。这三种数据库中获取语音的各种情感数据集的难易程度可以用图 11-3 来描述。

1. 表演数据库

这些数据库中,语音数据由经过训练的和有经验的表演者进行表演而获得。在所有数据库中,这一数据库被认为是获取各种语音情感数据集的最简单方法。

2. 引导数据库

这种类型的数据库通过创建一种实验所需要的情感状况来收集情感数据。这是在表演者或说话者不知情的情况下完成的。与基于表演的数据库相比,这是一个更加自然的数据库。但是这可能会涉及道德问题,因为讲话者应该不知道自己已经被记录下来并且用于研究活动。

3. 自然数据库

这种数据是最真实地反映了不同人体在不同状态下的情感。但是由于难以获得这些数据集,通常从普通公众对话、呼叫中心对话等记录自然情感语音数据。

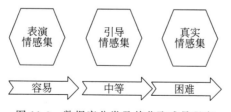

图 11-3　数据库分类及其获取难易程度

在 20 世纪 90 年代初期,研究学者掀起了基于语音的情感识别浪潮,刚开始阶段从表演数据库开始,后来慢慢转移到自然数据库。常用的数据库有柏林语音情感库(EmoDB)、eNTERFACE 库、AIBO 库、CASIA 汉语情感语料库、中文自然情感音视频库、飞机上人行为视听库、北京航空航天大学情感语料库。

11.2.4　语音情感特征分析

人类能够通过语音感受情感的变化,那么从研究角度看,是因为语音中有能表征情感的参数。情感的变化通过特征参数的差异而体现。因此想要研究语音中情感的变化,必须要研究这些参数的变化,这对于情感语音识别的研究起着至关重要的作用。一般来说,语音中情感的变化是与语音韵律的变化存在关系的。例如,在生气的情况下,说话速率会变快,音量会变大,音调会变高等。目前研究者们对情感特征做了大量的工作来研究能反映情感变化的特征参数,语音情感特征主要分为4类,包括韵律特征、谱相关特征、语音质量特征、其他特征等。本节详细介绍几种情感特征对情感的影响。

当一个人表现出不同的情绪状态时,他说话的速度也会不同,例如处在激动的情感状态下,说话速度就会较平时语速要快。所以可以利用语音语速的不同和说话的持续时间等参数来分析激动情感的程度。同样,语音信号的振幅也是与情感状态的变化存在一定关联的,不同的情感状态所反映的信号振幅也是不一样的,例如,情绪表达很明显的情感,像喜、怒、惊等情感,信号的振幅通常就很高,而悲伤情感的振幅就表现得较低,而且这些幅度差异越大,体现出情感的变化也越大。

语音的振动速率决定了语音信号的基频 F_0, F_0 同理解语音的基调有关,研究表明基音频率是反映情感信息的重要特征之一。语音振动产生的谐波谱,当它经过口鼻传输声音时,就相当于进行了滤波,这样最终就生成了一个时变谱。考虑到当同一人发出的带有不同情感而内容相同的语句时,其声道会有不同的变化,而共振峰频率与声道的形状和大小有关,每种形状都有一套共振峰频率作为其特征。因此,共振峰频率也是表达情感的特征参数之一。常用的语音情感识别参数见表 11-2。

表 11-2　常用语音情感识别参数

特　征　参　数	意　　义
Rate	语速,单位时间内音节通过的速率
Pitch Avenage	基音的均值
Pitch Range	基音的变化范围
Intensity	强度,语音信号的振幅方差
Pitch Change	基音的平均变化率
F_1 Avenage	第一共振峰均值
F_1 Range	第一共振峰变化范围

表 11-2 所示的这些参数因为受到研究者们的大量研究,已经基本形成了人们对这些特征参数所能表征的不同情感状态的共同认识,所以在大多数研究文献中得到普遍采用。除了以上这些特征参数以外,有些文献还使用了一些其他的参数,比如前三个共振峰峰值、前三帧的共振峰的带宽、基音的标准差、LPC 参数、语调包络的平坦维数等。而且也有许多文献研究了一些其他的参数与语音情感的相关性,并进行了大量的实验工作,但是这些语音情感特征参数都没有得到广泛的使用。

不同的情感在实际情况中对应的是不同的语音声道特征和激励源的统计特征。通过研究,Murray 和 Arnott 总结了情感和语音参数的关系如表 11-3 所示。

表 11-3 情感和语音参数之间的关系（Murray＆Arnott 1993）

规　律	愤　怒	高　兴	悲　伤	恐　惧	厌　恶
语速	略快	快或慢	略慢	很快	非常快
平均基音	非常高	很高	略低	非常高	非常低
基音范围	很宽	很宽	略窄	很宽	略宽
强度	高	高	低	正常	低
声音质量	有呼吸声、胸腔声	有呼吸声、共鸣音调	有共鸣声	不规则声音	嘟囔声、胸腔声
基音变化	重音处突变	光滑、向上弯曲	向下弯曲	正常	宽，最终向下弯曲
清晰度	含糊	正常	含糊	精确	正常

　　下面分析在不同情感状态下，各个语音特征的变化。当人表达出愤怒的情感时，人的一些生理特征也会表现得很突出，例如心跳加快、皮肤电压升高、血压升高等，这些生理变化也是会对特征参数产生一定的干扰影响。因为存在生理影响的原因，胸腔的回声和呼吸声在语音信号中所占的比重将有所增加，语音信号的振幅强度相对于其他一般情感的振幅会有明显的提高，语速也较快，这种语句可以看作是加速句和加强句的结合。在生气情感的状态下，有一个重要的特征表现，就是句子的基音在重音处的语调会有一个突变。句中的动词和修饰动词的副词其振幅强度比平均值要高一些。句子的调阈抬高，但调形不一定变平，有时它们的拱度甚至更加扩展了。句尾的感叹词等也不同于轻声，而变成类似于上声的声调。

　　高兴的情感特征没有很稳定，例如在高兴时一个人的语速就不是相对稳定的，不同的环境可能会有不同的语速表现。高兴的情感状态与愤怒情感有一点是具有相似特征的，声音中通常夹杂着呼吸的声音。高兴的情感与其他情感的主要不同之处在于，人处于高兴的状态时，他的基音变化通常是一条向上弯曲的曲线。句子的振幅强度也集中在句子的末尾的一两个字，整个句子的声调的调域要比平静语句高。通常高兴时句子的前边和中部的说话速度会快些，但是因为生理和语法规则的限制，导致语句中一些非关键性的字和词的调形拱度变得平缓一点，甚至失去本调，从而成为前后相邻两调的中间过渡。

　　由于悲伤情感属于压抑情感类，所以它的时长较平静语句慢，强度也大大低于其他各种情感，基音的变化也是一条向下弯曲的曲线。在悲伤的情感状态下，说话者的语速相对较慢，字与字之间的发音也相对独立，彼此间没有太多的影响，所以字调的调形保留了其单字的调形，多字调的效果弱化。因为在悲伤状态下发的每个字的音往往带有不同程度的鼻音，所以要进行鼻音化的处理，使悲伤语句的调阈降低，整个语句趋于平坦化。

　　恐惧情感在语速、基音、基音范围上同高兴情感、生气情感的语句相类似，不同之处仅在于语句的清晰度较其他情感精确。在实际的识别过程中目前还没有找到识别该种情感的有效特征参数。

　　厌恶情感往往会被并入生气情感的范畴，它们大部分的特征参数是相似的，只是厌恶情感在基音变化率上相较于生气情感会有较宽的变化率，并在语句末端有向下倾斜的趋势。

　　情感信息的重要的特点就是它依赖于说话人所在的环境条件。由于世界各国各地区的语言和风俗习性具有很大的差别，这就造成了情感信息的表达多样性。汉语是一个声调语言，其超音段特征，例如汉语语音的时序结构、节奏的基本层次和特点，韵律词、韵律短语和语调短语的特点，在不同情况下的音高、音长、音强的特点和关系，F_0的生成模型等在汉语语音信号处理以及语音情感信息处理的研究中起重要作用。语音情感信息的研究主要是对汉语的超音段特征进行研究。对于喜、怒、惊、悲四种情感,汉语语音信号的时间构造、振幅构造、基频构造和共振峰构造等特征的构造特点和分布规律,可以分析如下。

1. 时间构造的分析

分析情感语音的时间构造主要着眼于不同情感语音的发话时间构造的差别。对由情感引起的持续时间等的变化进行分析比较,我们可以计算出每一情感语句从开始到结束的持续时间,这一时间包括句中的无声部分,因为无声部分本身对情感是有贡献的。然后就情感语句的发话持续时间长度(以下简称为 T)以及平均发话速率(音节/秒)和情感的关系进行了分析和比较。分析结果如图 11-4 所示。

从图 11-4 可以看出,在发话的持续时间上,愤怒、惊奇的发音长度和平静发音相比压缩了,而欢快、悲伤的发音长度却伸长了。在被压缩的愤怒、惊奇中,愤怒的发音最短,其次是惊奇。欢快和悲伤相比,悲伤伸长很多,而欢快只是稍稍伸长。通过进一步的观察可知,这些现象的产生是由于和平静语音相比,在情感语音中一些音素被模糊地发音、拖长或省略了的缘故。根据上述分析结果,可以利用情感语音的时间构造很容易地区分欢快、悲伤和其他情感信号。也可以通过设定某些时间特征阈值,来区分欢快和悲伤的情感信号。至于愤怒和惊奇情感信号,显然仅利用时间构造特征不足以进行有效的区分。

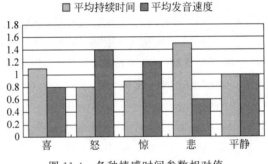

图 11-4　各种情感时间参数相对值

2. 振幅构造的分析

信号的振幅特征与各种情感信息具有较强的相关性。当人们感到愤怒或者惊奇时,说话的声音就会变大,当人们沮丧或悲伤时,通常说话的声音是很低的。由于语音情感振幅特征在情感变化中的显著区别,所以研究者们在情感分析研究中,都是将振幅构造特性作为语音情感的重要特征加以分析研究的。情感语句的振幅构造分析,主要针对振幅平均能量以及动态范围(以下分别简称为 A 和 A range)等特征量进行分析比较。可以求取语音信号每一帧的短时能量,分析它们随时间的变化情况。而且为了避免发音中无声部分和噪声的影响,应仅考虑短时能量超过某一阈值时的振幅绝对值的平均值。分析结果如图 11-5 所示,同时图 11-6 显示了一句情感语句的四种不同的情感的振幅能量的逐帧演示。

从分析结果可知,欢快、愤怒、惊奇三种情感发音信号和平静发音信号相比振幅将变大,相反地,悲伤和平静相比,振幅将减小。利用振幅特征,可以很清楚地把欢快、愤怒、惊奇和悲伤区分开来,另外,振幅特性也具有一定的区分欢快、愤怒和惊奇情感信号的能力。

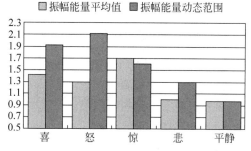

图 11-5　各种情感的振幅参数相对值

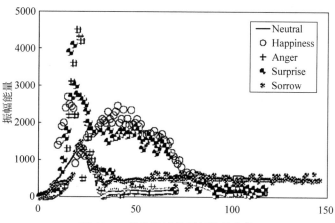

图 11-6　各种情感的振幅能量曲线

3．基音频率构造的分析

基音频率也是反映情感信息的重要特征之一。为了分析情感语音信号基频构造的特征，首先要求出情感语音信号的平滑的基频轨迹曲线，然后分析不同情感信号基频轨迹曲线的变化情况，找出不同的情感信号各自具有的基频构造特征。通过分析可知，不同情感信号轨迹曲线的基频平均值、动态范围以及变化率（以下分别简称为 F_0 平均值、F_0 动态范围和 F_0 变化值）等特征可以反映不同情感的变化。这里的基频变化率是指取得各帧语音信号基频的差分，然后再取它的绝对值，最后计算它的平均值。分析结果如图 11-7 所示，图 11-8 是一句情感语句的四种不同情感的基频的逐帧演示。

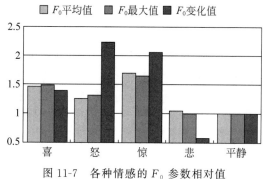

图 11-7　各种情感的 F_0 参数相对值

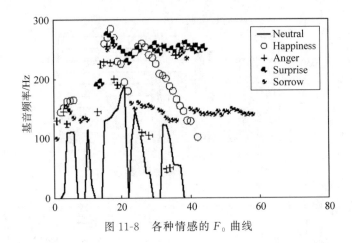

图 11-8　各种情感的 F_0 曲线

悲伤语音和平静语音信号相比存在着几点不同,悲伤语音比平静语音的平均基频、动态范围、平均变化率小。对比较大的平静语音来讲,这里平静语音包括欢快、愤怒、惊奇等,惊奇语音信号的特征量最大,其次是欢快和愤怒。另外,通过观察语音信号的基频轨迹曲线,发现惊奇情感的语音信号在句子尾端的基频轨迹曲线通常出现上翘的现象。

4. 共振峰构造的分析

共振峰是反映声道特性的一个重要参数。由于共振峰特征参数是与声道形状有关系的,那么不同的语音情感可能会造成声道的不同改变,所以,不同的情感发音势必会造成共振峰位置的不同。分析时首先用 LPC 法求出声道的功率谱包络,再用峰值检出法(Peak Picking)算出各共振峰的频率。对于不同情感第一共振峰频率的平均值、动态范围和变化率(以下分别简称为 F_1 平均值、F_1 动态范围和 F_1 变化值)的分析结果如图 11-9 所示。图 11-10 是一句情感语句的四种不同情感的第一共振峰频率的逐帧演示。

从图 11-9 中可以看出,相对于平静发音,欢快和愤怒的第一共振峰频率略微地升高了,而悲伤的第一共振峰频率有明显的降低。原因是人们处在高兴和愤怒的情感之下,说话时嘴比平静时张得更大。悲伤情绪下,不仅人们的嘴张得小,而且还夹杂有鼻音。四种情感的第一共振峰频率的动态范围均比平静时要大,其中,惊奇最大。而四种情感的第一共振峰频率的变化率均比平静时要小,其中悲伤最小。

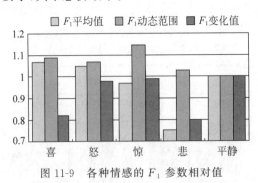

图 11-9　各种情感的 F_1 参数相对值

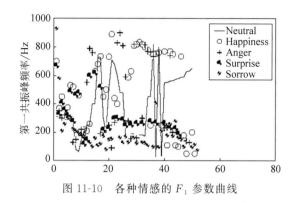

图 11-10　各种情感的 F_1 参数曲线

5. 分析结论

综合以上四个方面对含有四种情感的语音信号进行的分析比较,可以归纳出如表 11-4 所示的情感信号的特征规律。

表 11-4　情感语音中各特征参数的变化情况

特征参数 情感	T	F_0	F_0 range	F_0 rate	A	A range	F_1	F_1 range	F_1 rate
喜	+	+	+	+	+	++	+	+	_
怒	_	+	+	++	+	++	+	+	_
惊	_	++	++	++	++	++	_	_	_
悲	++	—	—	_ _	—	+	_ _	+	_ _

(上表中符号意义:+表示增加,++表示较大增加,_表示减小,_ _表示较大减小,—表示无明显变化。)

11.2.5　语音情感识别特征分析方法

情感信息处理技术高速发展是从 1990 年代中后期开始。其中情感特征在识别技术上取得了显著的进步。基于 Mahalnobis 距离分类方法、矢量量化法、主元分析法、神经网络方法、混合高斯模型法(GMM)、最大似然 Bayes 分类法、核回归法、K 最近邻法等模式识别的方法被应用于语音情感的识别。研究表明,主元分析方法、神经网络方法、GMM 方法、深度学习等技术手段在语音的情感识别中能取得较好的效果。下面介绍一些有代表性的语音信号情感识别方法。

1. 主元分析法(PCA)

对于要识别的数据,假设有 N 个样本信号,使用的特征参数个数为 K 个。对这个样本信号求 K 个特征参数所对应的协方差阵,然后对协方差阵进行特征值分解得到 K 个特征值和相应的特征矢量。对于不同的情感,利用样本库中的样本分别计算不同的主元 k 相对于不同的情感类型 j 所具有的均值 μ_{jk} 和方差 σ_{jk}。并用下列各式进行最大可分性处理。

$$L_k = C_J^2 \cdot \sqrt{\sum_{i=1}^{J} \sum_{j=i+1}^{J} |\sigma_{ik} - \sigma_{jk}|^2} \tag{11-1}$$

$$M_k = \frac{1}{J} \left| \sum_{i=1}^{J} \sigma_{jk} \right| \tag{11-2}$$

$$H_k = \frac{L_k}{M_k} \tag{11-3}$$

这里 J 是采用的情感的类型个数,L_k 表示第 k 个主元在情感类别中的分离性,M_k 表示第 k 个主元在情感类别中的集中性。用 H_k 来反映主元在情感类别中的辨别能力,H_k 越大时,辨别能力越强。按顺序对 K 个主元进行排列,选取 p 个 H_k 较大的主元作为识别用的主元。

识别时,首先获取识别用信号的特征参数矢量 X,并利用已知的各参数在不同情感中的均值和方差对该特征参数进行标准化得到 X_{std}(由于矢量中的各维元素的单位不统一,所以在多变量分析前,应把各维元素都化成均值为 0、方差为 1 的正态分布参数)。然后将 X_{std} 对选取的各个主元的基向量 A_k 分别进行投影求和,获得待识别语音在各个有效主元的得分值 Z_k。

$$Z_k = <A_k \cdot X_{std}> \tag{11-4}$$

按式(11-5)计算不同情感中各有效主元的综合概率。

$$P_j = \prod_{k=1}^{p} \left(\frac{1}{\sqrt{2\pi}\sigma_{jk}} \exp \left| -\frac{|Z_k - \mu_{jk}|^2}{2\sigma_{jk}^2} \right| \right) \tag{11-5}$$

最后选取概率最大的情感作为识别情感。利用主元分析方法进行语音信号情感识别的训练和识别流程如图 11-11 所示。

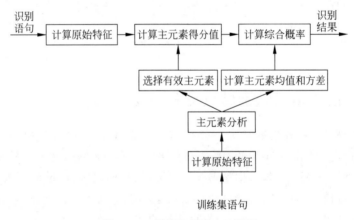

图 11-11　训练和识别方法概图

2. 神经网络方法(ANN)

神经网络是一种具有大量连接的分布式处理器,具有一定程度的学习能力,并能高效地处理一些问题。对于情感识别的问题,首先对每个情感构造一个网络。这种类型的网络叫作 OCON(One-Class-in-One-Network)。可以采用如图 11-12 所示的子网络并行结构。

对于每个子网络,首先构造一个神经网络结构,根据给定的目标函数,衡量理想输出和实际输出的误差,从而选定各层的传递函数。不同情感子网络具有相同的结构,仅仅在权值

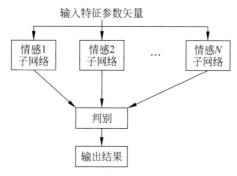

图 11-12　利用神经网络识别语音情感

上有所不同。利用这个函数对网络中各个节点的权值求偏导数来确定实际的权值,使每个子网络逼近于实际的情感概率模型。

在识别时,把获取的特征参数输入到不同的情感子网络中,对各个情感网络的结果进行判决来选择似然程度最大的情感作为识别结果。

3. 混合高斯模型法(GMM)

混合高斯模型(GMM)是只有一个状态的模型,在这个状态里具有多个高斯分布函数。

$$P_k = \sum_{i=1}^{N} w_i f_i(\vec{Y}) \qquad (11\text{-}6)$$

其中 f_i 是一个高斯分布函数,不同高斯分布之间的加权系数 w_i 满足条件:

$$\sum_{i=1}^{N} w_i = 1 \qquad (11\text{-}7)$$

在训练时首先利用矢量量化(VQ)抽取各类情感中有效主元矢量集的码本,并对每个码字求出相应的方差,这样每个码字和相应的方差就可以组成一个高斯分布函数。在识别时,对于某个语音情感主元特征矢量 Y 来求取它相对于每个情感类别的概率值,概率最大的即为识别结果。

目前,在语音信号的情感识别研究方面,包括语音情感特征分析、语音情感特征的提取、语音情感特征模型的建立、语音情感特征识别等方面已经取得了显著的进步。通过研究发现了一些有效的分析和识别用语音情感特征,提出了采用基于多变量解析、ANN、GMM 和MAP 相结合的统合方法等多种有效的从语音信号中识别情感特征的方法。根据资料显示,现在语音信号情感特征的平均识别率已经达到 90% 以上。

4. 深度学习语音情感识别方法

深度学习技术使用更深层次的体系结构来构造系统,以克服其他技术的局限性。诸如深度玻尔兹曼机、循环神经网络、深度信念网络、卷积神经网络和自动编码器之类的深度学习技术被认为是用于语音情感识别的基本深度学习技术,可以显著提高设计系统的整体性能。深度学习是机器学习中一个新兴的研究领域,近年来受到了广泛的关注。一些研究者使用深度神经网络训练了各自的语音情感识别系统。图 11-13 描绘了语音情感识别中传统机器学习和深度学习之间的区别。

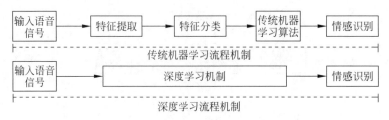

图 11-13 传统机器学习与深度学习的流程对比

11.3 基于融合特征的语音情感识别方法

不同特征对语音信号的表征特点有很大区别,众多文献表明,取得语音情感识别效果比较好的各种方法中,大多是将不同的特征进行融合处理,这样做的好处是可以将不同特征所表现的情感特性进行有效的互补,提升系统整体的性能。

语音情感识别系统包括:预处理、特征提取、特征融合、分类识别几个部分。预处理阶段可以分为采样量化、预加重、分帧处理、加窗处理等;然后,将预处理过的语音信号进行特征参数的提取,常用的特征有韵律特征、谱相关特征和语音质量特征等;特征融合阶段就是将不同特征进行组合,常见的方法包括特征选择方法和特征降维方法;最后,将这些融合特征送至分类器进行判别输出。基于融合特征的语音情感识别系统流程如图 11-14 所示。

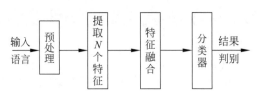

图 11-14 基于融合特征的语音情感识别系统流程

11.3.1 特征提取

语音情感识别结果的好坏直接受到语音情感特征好坏的影响,研究者们想要寻找一种合适的情感特征来识别不同种类的情感,但至今没有显著的成果。情感特征的分类方法比较多,总体上可分为韵律特征、谱相关特征、语音质量特征和其他特征。本节简单介绍基于融合特征情感识别系统中的一些常用特征。

1. 韵律特征

韵律特征又被称作"超音质特征"或超音段特征,韵律特征是语音和语音情感表达的重要形式之一。韵律特征是语言的一种音系结构,它与信息结构、句法等语言学结构密切相关,而且它是人类语言中的一个典型特性,例如高音下倾、停顿等。常见的韵律特征包括:过零率、基频、短时能量等。

(1)过零率。

在语音信号处理中,过零率是指每帧内信号波形穿过零电平的次数。通常,在时域中对语音信号的过零率分析较为简便。人在发浊音时,声门激励是以声带振动的音调频率为基音频率使声道产生共振。清音的发音过程是没有声带振动的,声道通过阻塞产生类白噪声,通过声道后的基频要比浊音的频率范围要高。且与浊音相比,清音有更高的过零率。过零率在某种程度上反映了语音信号的频率信息。语音信号 $X_n(m)$ 的过零率可以由式(11-8)定义:

$$Z_n = \frac{1}{2} \sum_{m=0}^{N-1} | \operatorname{sgn}[x_n(m)] - \operatorname{sgn}[x_n(m-1)] | \tag{11-8}$$

其中,sgn[]是符号函数,即:

$$\operatorname{sgn}[x] = \begin{cases} 1, & x \geqslant 0 \\ -1, & \text{其他} \end{cases} \tag{11-9}$$

（2）基音频率。

在周期性的语音信号中,声音的分量主要由基频和谐波分量组成,对于非周期的信号,则不存在周期性。在语音信号处理中,基音频率是一个很重要的参数,在很大程度上体现了说话者的个人特征,反映了声源信息。基音是一段声音中频率强度最大的,同时频率是最低的。通常,女声的基音频率比男声的基音频率高。在一些研究中,一般使用倒谱的方法提取基音频率。

（3）短时能量。

信号的能量是随着时间变化而变化的,其中清音和浊音的能量有很大的差别,且浊音的能量明显比清音的能量高。同时,信号的能量可以反映出信号的幅度,不同的语音情感会有不同的音调和语调。比如,当一个人愤怒的时候,其语音信号的幅度很高,此时能量就变得很大;当一个人伤心的时候,其语音信号的幅度很低,这时能量就变得很小。

假设 E_n 为第 n 帧语音信号的短时能量,可以通过式(11-10)表示:

$$E_n = \sum_{m=0}^{N-1} [x(n+m)w(m)]^2 \tag{11-10}$$

其中,$n=0,1T,2T,\cdots,N$ 为帧长。

在噪声不是很大的时候,用短时能量可以得到比较精确的结果。如图 11-15 所示。

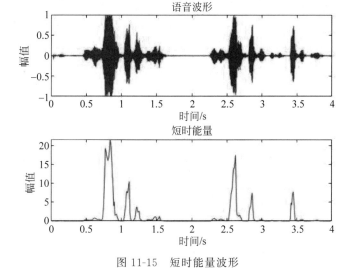

图 11-15　短时能量波形

（4）共振峰。

不同频率的能量在经过共振腔的时候，经腔体的滤波作用，将其重新分配，一部分经过共振作用得到强化，另一部分受到衰减。共振峰这一参数体现了声道的特性，展现了频谱中能量聚集在一起的区域，在语谱图中上表现为较深颜色的区域。

2. 梅尔倒谱系数

梅尔频率倒谱系数（MFCC）是语音情感识别系统中常用的特征参数。MFCC 是基于人耳听觉特性的特征参数，与其他特征参数相比，其计算复杂度较小，而且鲁棒性也更好。

在语音信号经过预处理之后，通过式（11-11）对信号进行离散傅里叶变换（DFT）可以得到其频谱为：

$$X(k) = \sum_{m=0}^{N-1} x(m) e^{-j\frac{2\pi km}{N}}, \quad 0 \leqslant k \leqslant N-1 \tag{11-11}$$

将经过 DFT 的 $X(k)$ 通过梅尔滤波器组进行加权得到频谱 $s(m)$，然后再对 $s(m)$ 进行对数运算，最后把对数运算结果经过离散余弦变换（DCT），得到 MFCC 系数为：

$$c(n) = \frac{2}{\sqrt{R}} \sum_{m=0}^{R-1} \log[s(m)] \cos\frac{\pi n(m-0.5)}{R}, \quad n=1,2,\cdots,N \tag{11-12}$$

式中 N 是 MFCC 特征向量的阶数，$c(n)$ 为 MFCC 的特征向量，N 是梅尔滤波器组的个数。梅尔频率倒谱系数（MFCC）的提取流程如图 11-16 所示。

图 11-16　MFCC 提取流程图

11.3.2　分类器

在语音情感识别的研究中，常见的分类器有隐马尔可夫模型、高斯混合模型、支持向量机、人工神经网络和 K-最近邻分类等。下面介绍一种从线性可分扩展到线性不可分的分类器，这种分类器被称为支持向量机（SVM）。SVM 是建立在统计学习理论和结构风险最小化原理基础上，利用有限的样本在模型的复杂度和学习能力间寻求最优的折中，获得最好的泛化能力。

1. 线性可分

SVM 最早是从线性可分情况下的最优超平面提出的。寻找线性可分最优超平面问题转化为约束优化问题：

$$\begin{cases} \min_{w,b} \dfrac{1}{2} \|W\|^2 \\ \text{s.t.} \quad y_i(\langle W \cdot x_i \rangle + b) \geqslant 1, \quad i=1,2,\cdots,N \end{cases} \tag{11-13}$$

（11-13）中 w,b 表示最优分类面 $f(x)=W \cdot x+b$ 的系数；$x_i, i=1,2,\cdots,n$ 表示 D 维空间中的 i 个向量；$y_i \in \{-1,1\}$ 为目标函数。

如果训练集是非线性的，可以通过非线性函数 kel($\cdot$) 将样本 x_i 映射到一个高维线性空间，使其变得线性可分。最优分类超平面描述为：

$$
\begin{cases}
\min\limits_{w,b} \dfrac{1}{2} \| W \|^2 + c \sum\limits_{i=1}^{n} \xi_i \\
\text{s.t.} \quad y_i(\langle W \cdot \text{kel}(x_i)\rangle + b) \geqslant 1-\xi_i \\
\qquad \xi_i \geqslant 0, i=1,2,\cdots,N
\end{cases}
\tag{11-14}
$$

式中 i 为松弛变量；c 为惩罚函数。采用拉格朗日乘子法求解得：

$$
\max\limits_{\alpha_i}
\begin{cases}
\left\{
\begin{aligned}
L_D &= \sum_{i=1}^{n} \alpha_i - \frac{1}{2} \sum_{i,j=1}^{n} y_i y_j \alpha_i \alpha_j \langle \text{kel}(x_i) \cdot \text{kel}(x_j)\rangle \\
&= \sum_{i=1}^{n} \alpha_i - \frac{1}{2} \sum_{i,j=1}^{n} y_i y_j \alpha_i \alpha_j \text{kel}(x_i, x_j)
\end{aligned}
\right\} \\
\text{s.t.} \quad 0 \leqslant \alpha_i \leqslant C, \sum_{i=1}^{n} \alpha_i y_i = 0
\end{cases}
\tag{11-15}
$$

式（11-15）中 α_i 为拉格朗日乘子。

在语音情感识别中，支持向量机是一种常用的分类算法，它的理论依据主要是由对偶原理、优化理论、核方法理论等组成，其中对偶原理的应用主要是将原始问题转化为对偶问题达到简化问题的目的；优化理论针对的是判别函数求解最值的问题；核方法则对 SVM 学习能力的提高起到重要的作用，并且使得 SVM 具有了处理非线性样本的能力。由上述两种样本情况可知，支持向量机根据样本情况可以分为两类，即线性支持向量机和非线性支持向量机。线性支持向量机通过构造超平面来对线性样本进行分类；非线性支持向量机通过将原始样本空间映射到高位空间，从而把线性不可分空间变为线性可分的空间，从而对其进行分类。

11.3.3　仿真实验

为验证特征的有效性，本节实验在柏林库（EmoDB）上进行。柏林库是由柏林工业大学录制的德语情感语音库，由 10 位演员（5 男 5 女）对 10 个语句（5 长 5 短）进行 7 种情感的模拟得到，包含 7 种不同的情感，分别为中性、害怕、厌恶、喜悦、讨厌、悲伤、生气等，实验选取535 条语音作为仿真数据库。

实验使用 OpenSMLLE 软件提取 EmoDB 上的特征集，特征集包含了 16 个低层描述子（LLD）和 12 个统计函数与回归函数。LLD 及统计函数如表 11-5 所示。

表 11-5　特征集 LLD 及统计函数

低层描述子（16）	统计函数（12）
过零率	均值
均方能量根	标准差

续表

低层描述子（16）	统计函数（12）
基频	峰度
谐噪比	偏度
MFCC 1-12	最大值、最小值、量程 相对位置、线性回归系数、均方误差

实验采用 LOSO（Leave-One-Speaker-Out）策略，即每次选出数据库中一人的情感语音样本作为测试集，剩余人的语音样本作为训练集，每个人语音轮流做测试集，最终计算若干次实验的平均值作为输出。评价标准采用加权精度（WA）。在 SVM 分类器下，柏林情感语料库的识别结果 WA 值为 75.47%。

11.4　基于 LSTM 的语音情感识别方法

11.4.1　LSTM 实现原理

前面章节给出了 RNN 网络模型结构，其当前时刻的输出可以看做下一时刻的部分输入传递给下一个网络模块。一般一个标准的 RNN 模块都是只有一个 tanh（）层，LSTM 网络为了解决 RNN 中存在的梯度消失或爆炸的问题，在网络中加入了三个门控单元（Gate），这些 Gate 有选择地让某些信息通过。网络中加入的三个 Gate 分别为遗忘门、输入门、输出门，图 11-17 显示了 LSTM 的网络模型。

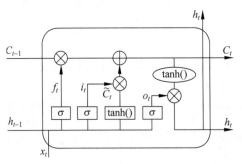

图 11-17　LSTM 网络模型

将图 11-17 分解为以下五个部分，如图 11-18 所示。下面逐个分析各部分的实现原理。

图①是一个门控单元，由一个 sigmoid 函数和一个 pointwise（向量的点乘）运算结构组成。其中 sigmoid 函数控制输出在 0～1。若 sigmoid 函数的输出为 0，则所有信息都不能通过；若 sigmoid 函数的输出大于 0 小于 1，则部分信息可以通过；若 sigmoid 函数输出为 1，则所有信息都能通过。

图②中的 sigmoid 层为 LSTM 网络的遗忘门，其输入为 h_{t-1} 和 x_t，并且按比例将输入状态信息保留及传递，该遗忘门的输出为 $f_t \cdot C_{t-1}$。其传递过程可以由式（11-16）表示：

$$f_t = \sigma(W_f \cdot [h_{t-1}, x_t] + b_f) \tag{11-16}$$

其中，W_f、b_f 分别为遗忘门的权值和偏置。

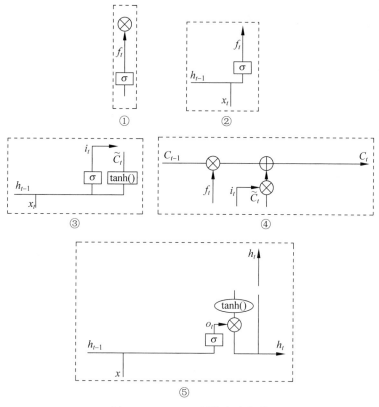

图 11-18　LSTM 网络各个部分

　　图③中的 sigmoid 层是 LSTM 网络的输入门,该门决定了允许多少信息传入到输出状态中,然后再将其与 tanh()层相乘后对网络状态进行更新,此过程可以通过式(11-17)和(11-18)表示:

$$i_t = \sigma(W_i \cdot [h_{t-1}, x_t] + b_i) \tag{11-17}$$

$$\widetilde{C}_t = \tanh(W_C \cdot [h_{t-1}, x_t] + b_C) \tag{11-18}$$

其中,W_i、b_i 分别为输入门的权值和偏置。

　　图④将上一网络状态信息与 f_t 相乘,将需要丢弃的部分信息丢弃,再加上 $i_t * \widetilde{C}_t$ 之后就是新的网络状态信息,这一过程可由式(11-19)表示:

$$C_t = f_t * C_{t-1} + i_t * \widetilde{C}_t \tag{11-19}$$

　　图⑤是 LSTM 网络模型的输出门的结构,这个门控是为了确定网络状态的输出结果,将网络状态通过一个 tanh()层,将所有可能的值输出,然后再将这些值与输出门的输出值相乘,于是就得到了需要的那部分的信息,并将其输出。输出结果为式(11-20)和(11-21):

$$o_t = \sigma(W_o[h_{t-1}, x_t] + b_o) \tag{11-20}$$

$$h_t = o_t * \tanh(C_t) \tag{11-21}$$

其中,W_o、b_o 分别为输出门的权值和偏置。

　　由整个 LSTM 的网络模型可以看出,LSTM 网络的的输出是由 f_t、i_t、C_t、o_t 共同决定的。

　　与前馈神经网络相似,LSTM 网络的训练过程也是通过误差的反向传播算法实现的。不过,由于 LSTM 网络处理的是序列数据,所以与按层方向传播的算法不同,LSTM 网络中的反向传播算法是按时间进行反向传播的,称为随时间反向传播算法(BPTT)。下面具体分析 BPTT 算法。

　　由上面给出的 LSTM 网络结构可以看出,前一个网络的状态会对当前的网络状态产生影响,这也是 LSTM 的"循环"特性。可以认为,网络是通过两个隐藏状态 C_t 和 h_t 进行反向传播的。

$$\delta_{h_t} = \frac{\partial L}{\partial h_t} \tag{11-22}$$

$$\delta_{C_t} = \frac{\partial L}{\partial C_t} \tag{11-23}$$

在输出时刻 τ 有:

$$\delta_{h_\tau} = \frac{\partial L}{\partial o_\tau} \frac{\partial o_\tau}{\partial h_\tau} \tag{11-24}$$

$$\delta_{c_\tau} = \frac{\partial L}{\partial h_\tau} \frac{\partial h_\tau}{\partial C_\tau} = \delta_{h_\tau} \otimes o_\tau \otimes (1 - \tanh(2C_\tau)) \tag{11-25}$$

现在根据 $\delta_{h_{t+1}}$、$\delta_{C_{t+1}}$ 反向求 δ_{h_t}、δ_{C_t}:

$$\delta_{h_t} = \frac{\partial L}{\partial o_t} \frac{\partial o_t}{\partial h_t} + \frac{\partial L}{\partial h_{t+1}} \frac{\partial h_{t+1}}{\partial h_t} \tag{11-26}$$

$$\delta_{C_t} = \frac{\partial L}{\partial C_{t+1}} \frac{\partial C_{t+1}}{\partial C_t} + \frac{\partial L}{\partial h_t} \frac{\partial h_t}{\partial C_t}$$

$$= \delta_{C_{t+1}} \otimes f_{t+1} + \delta_{h_t} \otimes o_t \otimes (1 - \tanh(2C_t)) \tag{11-27}$$

由以上求得的 δ_{h_t}、δ_{C_t},可以求出权值的梯度计算过程:

$$\frac{\partial L}{\partial W_f} = \sum \tau \frac{\partial L}{\partial C_t} \frac{\partial C_t}{\partial f_t} \frac{\partial f_t}{\partial W_t} = \delta_{C_t} \otimes C_{t-1} \otimes f_t (1 - f_t) h_{t-1}^{\mathrm{T}} \tag{11-28}$$

同样地,其他参数也可以用类似方法求出。

11.4.2　应用 LSTM 的语音情感识别

基于 LSTM 的语音情感识别的具体过程如图 11-19 所示。

语音信号 → 预处理 → LSTM网络 → 情感分类 → 判别结果

图 11-19　基于 LSTM 的语音情感识别过程

1. 预处理

　　由于语音信号是只包含时域信息的一维数据,传统的方法是将其通过傅里叶变换转化到频率域进行分析,但是这种方法不能看到时域的某些特性。于是为了解决这个问题,研究人员将一维的语音信号转换成二维的图像信号,通常是先对声音信号进行分帧、加窗,然后通过短时傅里叶变换(STFT)对每一帧的数据进行处理,最后再把每一帧通过 STFT 后的结果在时域上堆叠,于是就得到了一个梅尔谱,即包含时域和频域信息的二维信息。通过这个包含时频域的二维信息,可以观察到语音信号能量信息的分布情况,颜色越深的地方,则表明语音信号在该处的能量越强。因此,梅尔谱图是通过一个二维的平面表示一个语音信号的三维信息(时域、频域、能量)。

2. 特征提取

将在预处理阶段提取到的包含时域和频域的二维的梅尔频谱信息送入 LSTM 网络,并对此梅尔频谱特征进行建模,提取出相应的语音情感特征。梅尔滤波器倒谱系数(MFCC)的提取过程主要包括:

(1)在对语音信号进行预处理之后,通过离散傅里叶变换(DFT)可以得到其频谱,这一过程的实现可由式(11-29)表示:

$$X_n(k) = \sum_{m=0}^{N-1} x_n(m) e^{-j\frac{2\pi km}{N}}, \quad 0 \leqslant k \leqslant N-1 \tag{11-29}$$

(2)将通过离散傅里叶变换得到的 $X(k)$ 通过梅尔滤波器组进行加权计算,得到频谱 $S(m)$,可得到式(11-30):

$$S(m) = \sum_{k=0}^{N-1} X(k) W_m(k) \quad (0 \leqslant m \leqslant R) \tag{11-30}$$

LSTM 对语音情感特征的学习过程中,要考虑多个方面的问题,比如如何对多个语音帧进行学习的问题、损失函数的计算、网络参数的调整等问题。在 LSTM 网络中,常用的一些对语音情感的特征的学习方法主要有:

(1)Frame-Wise 方法,即将语音情感特征分配到语音信号的每帧上,然后再通过 BPTT 算法通过每一帧对 LSTM 网络进行训练。

(2)Final-Frame 方法,即只在最后一帧选出最终 LSTM 网络的隐层输出,然后再将其送入 softmax 输出层,通过反向传播,将误差传到语音信号的第一帧,而不是对每一帧的语音信号进行训练。

(3)Mean-Pool 方法,即不计算每一帧以及最后一帧的误差,求 LSTM 网络的所有输出值得平均值,然后将此平均值送入到 softmax 层。

在这个阶段的 LSTM 网络的层出选择非常重要,如果选择网络层数多,则会导致学习的时间过长;如果选择的层数过少,则会导致学习的效果不好。

3. 特征分类

经过上述的对特征的提取及学习,再将从网络中学习到的特征对语音的情感进行分类。在对情感进行分类的过程中,常用的方法主要有:

(1)支持向量机(Support Vector Machine,SVM)。SVM 是建立在统计学学习理论和结构风险最小化的基础上的,可以利用有限的样本在模型的复杂度和学习能力建寻求最优的方案,获得较好的汉化能力。其在解决小样本、非线性的问题中有更好的处理结果。

(2)softmax 分类器是在深度学习的研究领域特别常用的一种线性分类器,在语音情感识别领域也常用 softmax 分类器进行特征的分类。softmax 分类器是基于 Logistic 回归(LR)分类器的,但是,LR 分类器解决的是二分类的问题,而 softmax 分类器解决的是多分类的问题,将后验概率最大的类别作为语音情感识别的结果。

11.4.3 仿真实验

实验采用 LOSO(Leave-One-Speaker-Out)策略,WA 作为评价指标。

本节语音情感识别的过程是:在语音情感数据库 EMO-DB 上制作识别所需要的标签数据,再读取出 EMO-DB 中的 535 条语音数据,提取梅尔谱特征,然后将特征输入到搭建好的 LSTM 训练模型中进行训练,将训练的结果送入到 softmax 分类器进行分类识别。具体以表 11-6 所示的网络参数的实验为例,采用 64 维梅尔谱作为 LSTM 的输入,使用平均池化处理 LSTM 的输出。最终,在 EMO-DB 情感语料库的识别 WA 值为 80.01%。

表 11-6 LSTM 网络参数

网 络	层 名	神经单元数
LSTM	输入	64
	隐层	2048
	平均池化	2048
输出		2048

11.5 基于 CNN 的语音情感识别方法

11.5.1 卷积神经网络(CNN)

CNN 是基于 1968 年 Hubei 和 Wiesel 对动物视觉皮层的研究,他们定义了感受野(Receptive Field)概念,这一概念被借鉴应用到卷积神经网络中,用来描述神经元与前一层神经元所能连接区域的大小。在 1998 年,LeCun 提出的 LeNet 神经网络结构奠定了 CNN 的基础。随着计算能力的提升,以及深度学习技术的应用推广,各种复杂的 CNN 在许多研究领域获得了成功,图 11-20 展示了 CNN 模型演进的部分代表性模型。其中 2012 年提出的 AlexNet 具有非凡的意义,奠定了后续 CNN 演化的基础。

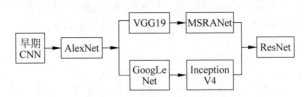

图 11-20 CNN 模型部分演化过程

深度神经网络(DNN)通过增加层数实现了模型性能的提高,但是随着层数的增加,特征参数的数量出现了膨胀,造成了过拟合现象。CNN 是在 DNN 的基础上改进的一种深度学习算法。CNN 的权值共享特性有效缓解了这一缺陷,一方面可以减少训练参数的数量,有效缓解了过拟合现象,在一定程度上起到正则化的作用;另一方面 CNN 网络可以实现基于 GPU 的并行计算,显著提高了计算效率。

卷积神经网络的学习范式可以分为监督学习和非监督学习。CNN 的监督学习是基于 BP 框架进行学习;CNN 的非监督学习是建立在与其他非监督学习算法结合的基础上,例如卷积自编码器(CAE)、卷积受限玻尔兹曼机(CRBM)和深度卷积生成对抗网络(DCGAN)。

11.5.1.1 网络结构

1. 输入层

卷积神经网络的输入层接受的数据可以是一维或者多维数据。在语音识别方面,输入数据通常是用时间/频率表示的特征图像,并且通常需要对输入学习特征进行归一化处理。

2. 隐含层

卷积神经网络的隐含层通常包含卷积层、激活函数、池化层和全连接层等。根据不同的CNN算法,隐含层里的卷积层和池化层可以有多层,并且两者也可以实现不同的组合形式。

卷积层主要是通过卷积核对输入数据进行参数的提取。卷积核可以看成由长宽深三个维度组成的块,其中卷积核的个数(即深度)是由特征图的深度决定的,卷积核的长宽则是人为设置的。卷积核的每个元素是由不同的神经元通过加权求和加偏置得来,通过神经元结构示意图,如图 11-21 所示,得出每个元素值为:

$$\alpha_i = \sum_{i=1}^{n} w_i \cdot x_i + b \tag{11-31}$$

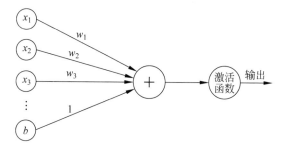

图 11-21 神经元示意图

然后通过激活函数 $f(x)$ 之后的输出为:

$$f(\alpha_i) = f\left(\sum_{i=1}^{n} w_i \cdot x_i + b\right) \tag{11-32}$$

卷积核在感受野中做卷积运算输出下层特征图元素值,即为矩阵向量之间做乘法求和再叠加:

$$\alpha_{i,j} = f\left(\sum_{l=1}^{L} \sum_{m=1}^{F} \sum_{n=1}^{F} w_{l,m,n} \cdot x_{l,i+m,j+n} + b\right) \tag{11-33}$$

其中 $\alpha_{i,j}$ 为其中一层特征图的第 i 行第 j 列元素值,L 为深度,F 为特征图的长宽(长=宽),$w_{l,m,n}$ 为特征图第 l 层的第 m 行第 n 列的权重。

卷积核通过卷积计算输出特征图,特征图的大小由卷积核的长宽、步长、填充等三个参数决定的。卷积核提取的参数,需要通过激活函数把卷积核输出的结果以非线性映射至下层特征图,可以更好表达语音信号的特征。常用的非线性激活函数有 Sigmoid 函数、tanh()

函数和 ReLU 函数等,分别如式(11-34)、式(11-35)和式(11-36)所示。

$$\mathrm{sigmoid} = \frac{1}{1+\mathrm{e}^{-x}} \tag{11-34}$$

$$\tanh() = \frac{\mathrm{e}^x - \mathrm{e}^{-x}}{\mathrm{e}^x + \mathrm{e}^{-x}} \tag{11-35}$$

$$\mathrm{ReLU}(x) = \max(0, x) \tag{11-36}$$

池化层也称为下采样层,通常是在卷积层之间出现。池化操作的作用主要是对特征进一步提取、压缩数据量、减少参数。常用的池化操作包括最大池化(max pooling)和均值池化(average pooling)。

全连接层通常出现在 CNN 的最后几层,它的功能主要是把输出特征通过非线性组合全连接在一起。在应用中,全连接层通常使用全局均值池化操作,即将卷积层输出的每个通道的特征参数值取平均值。

3. 输出层

CNN 的输出层在全连接层的下游。输出层主要是将特征进行分类,起到分类器的作用。通常使用 softmax 函数实现输出特征的分类。

11.5.2 基于 CNN 的语音情感识别模型

基于 CNN 网络语音情感识别系统与传统系统类似,可以分为语音信号预处理、特征提取、分类器等,如图 11-22 所示。

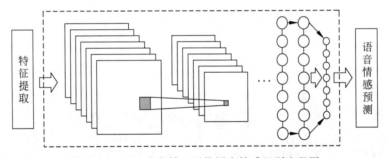

图 11-22 基于卷积神经网络语音情感识别流程图

1. 数据预处理

由于语音情感信号中往往会夹杂噪声,影响系统的识别性能,在提取语音情感信号之前,有必要对语音信号做预处理。预处理通常情况下分为以下几个步骤:采样量化、预加重、分帧、加窗和端点检测,具体实现过程在前面小节已经阐述,这里不做具体介绍。

在语音情感识别系统中,由于梅尔频率比较符合人耳听觉机理,所以通常使用 MFCC 作为语音声学特征。借鉴 CNN 在图像处理上的经验,以及语音信号本身的多样性等缺点,通常在 CNN 网络中,将梅尔声谱图作为 CNN 训练的输入特征。这样将语音信号转化为图像的处理过程,一方面克服了语音信号本身的多样性,另一方面利用 CNN 的卷积不变特性提升系统识别性能。下面给出梅尔声谱图的生成过程。

梅尔频率与实际频率的关系通过式(11-37)给出：

$$f_{\text{mel}} = 2595\lg\left(1 + \frac{f}{700}\right) \tag{11-37}$$

在得到梅尔频谱之前，通常需要对语音信号做预加重和分帧加窗处理，再通过式(11-38)将时域语音信号转化为频域信号：

$$X(k) = \sum_{n=0}^{N-1} x(n)^{-j2\pi k/N}, \quad 0 \leqslant k \leqslant N \tag{11-38}$$

其中 $x(n)$ 为输入的语音信号，N 为 FFT 选取的点数。

通过梅尔滤波器组过滤多余的冗余使其变得更加精简。假设第 l 个三角形滤波器的下限、中心和上限频率分别由 $o(l)$、$c(l)$ 和 $h(l)$ 表示，则它们之间的关系可以通过式(11-39)表示。

$$c(l) = h(l-1) = o(l+1) \tag{11-39}$$

根据语音信号的幅度谱 $|X(k)|$ 求每一个三角形滤波器的输出 $m(l)$ 为：

$$m(l) = \sum_{k=o(l)}^{h(l)} W_l(k) \mid X(k) \mid^2, \quad l = 1, 2, \cdots, L \tag{11-40}$$

其中 $W_l(k)$ 为：

$$W_l(k) = \begin{cases} \dfrac{k - o(l)}{c(l) - o(l)}, & o(l) \leqslant k \leqslant c(l) \\[2mm] \dfrac{h(l) - k}{h(l) - c(l)}, & c(l) \leqslant k \leqslant h(l) \end{cases} \tag{11-41}$$

最后将三角形滤波器的输出堆叠得到梅尔声谱图，如图 11-23 所示。

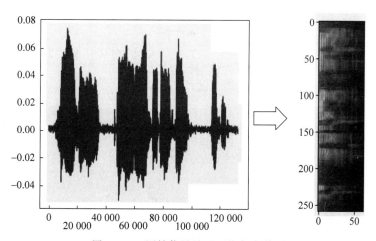

图 11-23　原始信号处理至梅尔声谱图

生成的梅尔声谱图是一维图像，通常 CNN 的输入是一个三维图像(矩阵)数据，因此需要计算梅尔谱声谱图的一阶差分和二阶差分组成三通道图像。此外，由于 CNN 网络对图像大小有要求，还需要使用插值算法进行调整输入图像的大小。插值算法主要是将源图像信息转化构造为目标图像的一种算法。常见的插值算法包括双线性插值法、最近邻居法、双三次插值法、面积插值法等。实际应用中，使用比较多的是双线性插值法，它的核心原理是在两个方向上分别线性插值，待求像素点与相邻四个像素点皆有关联，每个像素点又都决定待求点,这种算法处理的图像缩放效果更好,并且图像具有良好的保真度和平滑度。假设源图像中坐标为(i,j)、$(i+1,j)$、$(i,j+1)$、$(i+1,j+1)$所对应的周围四个像素的值决定待求像素灰度值$f(i+u,j+v)$,即有:

$$f(i+u,j+v)=(1-u)(1-v)f(i,j)+(1-u)vf(i,j+1)+ \\ u(1-v)f(i+1,j)+uvf(i+1,j+1)$$

(11-42)

2. 特征提取及分类识别

CNN 网络优势之一是局部感知,在感受野内通过卷积核可以学习到细微的语音情感特征,这些特征是实现最优分类的基础,从而提高系统学习能力。卷积核与输入特征图通过卷积运算得到一组学习特征,一张 6×6 的特征图与一个 3×3 的卷积核做卷积运算,将学习到一张 4×4 的特征图,实现过程如图 11-24 所示。

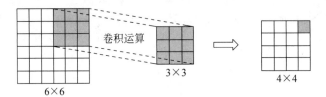

图 11-24 二维卷积运算过程

通常在卷积核输出特征之后,进行批归一化处理,一方面防止梯度消失,另一方面有利于后续的分类识别。归一化过程可以通过 4 步骤:

(1) 求每一批数据均值:

$$\mu_\beta = \frac{1}{m}\sum_{i=1}^m x_i$$

(11-43)

(2) 求每一批数据方差:

$$\sigma_\beta^2 = \frac{1}{m}\sum_{i=1}^m (x_i - \mu_\beta)^2$$

(11-44)

(3) 规范化:

$$\hat{x}_i = \frac{x_i - \mu_\beta}{\sqrt{\sigma_\beta^2 + \varepsilon}}$$

(11-45)

(4) 参数 ξ 和 η:

$$y_i = \xi\hat{x}_i + \eta$$

(11-46)

其中 x_i 为每一个卷积核的输出值,β 为卷积核的个数。

激活函数的功能是将线性特征映射为非线性特征,提高 CNN 网络的拟合能力,这是 CNN 训练语音情感模型必不可少的一步。通常使用的激活函数为 ReLU 函数,该激活函数的数学特性形成了输出特征具有不同程度的稀疏性。

池化层在一定程度上一方面降低了输出特征的数量,另一方面降低了 CNN 的训练难度,起到压缩特征映射图的作用。一张 4×4 二维特征矩阵通过最大池化操作得到 2×2 特征矩阵,池化过程如图 11-25 所示。

softmax 分类器常用在基于 CNN 的语音情感识别系统之中。softmax 的输入是全连接层输出的各类语音情感特征,输出是各个情感分类的概率值,通过式(11-47)计算:

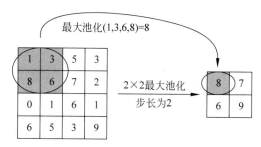

图 11-25 最大池化处理过程

$$P_j = \frac{e^{a_j}}{\sum\limits_{k=1}^{T} e^{a_k}} \tag{11-47}$$

其中 T 为情感的类别数, a_j 为某类情感特征向量的第 j 个值, a_k 为某类情感特征向量的所有值。分类之后需要一个损失函数对分类器的预测结果有一个评判标准:

$$L = -\sum_{j=1}^{T} y_i \log(P_j) = -\sum_{j=1}^{T} y_i \log \frac{e^{a_j}}{\sum\limits_{k=1}^{T} e^{a_k}} \tag{11-48}$$

11.5.3 仿真实验

同 11.4.3 节相同,实验策略采用 LOSO(Leave-One-Speaker-Out),WA 作为评价指标。

本次实验使用通过 ImageNet 数据集预训练的 Alexnet 网络作为 CNN 模型进行实验,采用梅尔谱及其一阶差分和二阶差分组成三通道的特征作为模型的输入,其网络详细参数如表 11-7 所示。实验的评价标准为加权平均精准率(weighted average precision),并且最终得到了 76.4% 的加权平均精准率。

表 11-7 CNN 网络参数

网　　络	层　　名	神经单元数
CNN	输入	$227 \times 227 \times 3$
	卷积-1	$11 \times 11 \times 96$
	卷积-2	$5 \times 5 \times 256$
	卷积-3	$3 \times 3 \times 384$
	卷积-4	$3 \times 3 \times 384$
	卷积-5	$3 \times 3 \times 256$
	全连接-6	2048
	全连接-7	2048
输出		2048

11.6　小结

　　本章主要讲述语音信号中的情感信息处理。首先对语音信号中的情感做了分类,主要分为基本情感论和多维分析论;对常用的语音数据库做了简单介绍,以及每种语音数据库的特点。然后,针对生活中常见情感的特征从不同的构造角度和分布规律作了基本的介绍;介绍了目前有代表性的语音情感识别方法,随着计算设备的计算能力提升,其中基于深度学习的语音情感识别方法得到了广泛的应用,相比较于传统的语音情感识别方法,其语音情感识别率得到了大幅提高。最后本章给出了三种语音情感识别的模型,是目前语音情感识别应用比较广泛的模型。

　　尽管语音情感信息处理的研究已经做了大量工作,并且也取得了显著的成果,但是要做到实际的应用,还面临着不少的阻碍。例如情感语音库范畴较小,努力研究其他环境下或者非特定人群的情感识别范畴;如何利用语义将语音情感识别相结合,在更高层次上识别情感也是值得研究的课题;情感的表现可以由面部表情、语音情感和身体姿势等体现,如何对这些不同模式的情感信息进行组合,以及如何确定不同情感模式之间的相互关系,都是语音情感识别中需要继续研究的课题。

复习思考题

　　11.1　语音信号中的情感信息是什么?为什么说语音信号中的情感信息是一种很重要的信息资源?

　　11.2　在进行语音情感识别之前,有必要对语音情感类型进行建模,那么对于语音信号中的情感模型可以分为几类?它们的区别是什么?

　　11.3　语料库是进行语音情感识别实验的基础,常见的情感语料库分为几种类型?它们之间又有哪些不同?如何评价语料库中的语音数据是否有效?

　　11.4　一般认为,语音信号中的情感特征往往通过语音韵律的变化表现出来。通过你平时的观察分析,你认为是这样吗?还有哪些特征能够反映语音信号中的情感。

　　11.5　语音信号中的情感识别一般有哪些方法?你在学习了有关文献之后,能够提出更好的方法吗?

　　11.6　梅尔倒谱系数是语音情感识别系统中常用的语音特征,它有哪些优点?获取梅尔倒谱系数的步骤有哪些?

　　11.7　在基于融合特征的语音情感识别方法中,多特征的融合使用对于语音情感识别率的提高有什么好处?

　　11.8　在学习了基于 CNN 的语音情感识别模型之后,CNN 在语音情感识别领域有哪些优势? CNN 的构成可以分为哪几部分?

　　11.9　在情感语音合成的研究中应该解决哪些问题?请结合之前学过的知识,设计一个情感语音识别的方案。

汉英名词术语对照

二画

二次型　Quadratic Form

二进制补码　Two's-Complement Code Words

人工智能　Artificial Intelligence

人类听觉系统　Human Auditory System

Teager 能量算子　Teager Energy Operator

三画

口腔　Oral Cavity

干扰　Interference

干扰语音　Interfering Speech

上下文（语境）　Context

上下文独立语法　Context-Free Grammars

上升-中点型量化器　Mid-Riser Quantizer

水平-中点型量化器　Mid-Thread Quantizer

子带编码　Sub-Band Coding

子带声码器　Sub-Band Vocoder

四画

贝叶斯定理　Bayes' Theorem

贝叶斯分类器　Bayesian Classifiers

贝叶斯识别　Bayesian Recognition

比特率　Bite-Rate

不定（非特定人）说话人识别器　Talker-In-Dependent Recognizer

长时平均自相关估计　Long-Term Averaged Auto-Correlation Estimates

反馈　Feedback

反馈量化　Feedback Quantization

反射系数　Reflection Coefficients

反向传递函数　Reflection Transfer Function

反向预测器　Reverse Predictor

反向预测误差　Reverse Prediction Error

分布参数系统　Distributed-Parameter System

分段圆管模型　Piecewise-Cylindrical Model

分类　Classification

分析带宽　Analysis Bandwidth

分析-综合系统　Analysis-Synthesis System

互相关　Cross-Correlation

计算机语声应答　Computer Voice Response

内禀模式函数　Intrinsic Mode Function

内插　Interpolation

欠取样　Undersampling

切分（法）　Segmentation

区别特征　Distinctive Features

冗余度　Redundancy

双积分　Double Integration

双音素　Diphones

双元音　Diphthongs

文本-语音转换　Text-To-Speech Conversion

无限冲激响应　Infinite Duration Impulse Response（IIR）

无限冲激响应滤波器　IIR Filter

无噪语音　Noiseless Speech

无损声管模型　Lossless Tube Models

元音　Vowels

中心削波　Center Clipping

中值平滑　Median Smoothing

五画

白化　Whitening

白噪声　White Noise

半音节　Demisyllables

半元音　Semivowel

边信息　Side Information

边界条件　Boundary Condition

声门处　At Glottis

嘴唇端　At Lips

代价函数　Cost Function

对角化　Diagonalization

对数量化　Logarithmic Quantization

对数功率谱　Logged Power Spectrum

对数面积比　Log Area Ratios

电话宽带　Telephone Bandwidth

自回归模型　Autoregressive(AR)Model

自回归-滑动平均模型　Autoregressive Moving-Average(Arma)Model

自适应　Adaptive

自适应变换编码　Adaptive Transform Coding

自适应量化　Adaptive Quantization

自适应滤波　Adaptive Filtering

自适应预测　Adaptive Prediction

自适应增量调制　Adaptive Delta Modulation

自适应差分脉码调制　Adaptive Differential PCM

自相关法　Autocorrelation Method

自相关方程　Autocorrelation Equations

自相关函数　Autocorrelation Function

自相关矩阵　Autocorrelation Matrix

自相关声码器　Autocorrelation Vocoder

七画

纯净语音　Clean Speech

词素　Morphs

词素词典　Morphs Dictionary

低通滤波　Low-Pass Filtering

杜宾法　Dubin's Method

伽玛概率密度　Gamma Probability Densities

含噪信道　Noisy Channels

含噪语音　Noisy Speech

局部最大值　Local Maxima

均匀量化　Uniform Quantization

均匀概率密度　Uniform Probability Density

均方误差　Mean-Squared Error

均匀无损声管　Uniform Lossless Tube

抗混(叠)滤波器　Anti-Aliasing Filter

快速傅里叶变换　Fast Fourier Transform（FFT）

连续可变斜率增量调制　CVSD Modulation

连续语音识别　Continuous Speech Recognition

连续数字识别　Continuous Digit Recognition

判据　Discriminant

判决　Decision

判决门限　Decision Thresholds

判决准则　Decision Rule

求根法　Root-Finding Method

声带　Vocal Cords

声道　Vocal Tract

声道长度　Vocal Tract Length

声道传输函数　Vocal Tract Transfer Function

声道滤波器　Vocal Tract Filter

声道模型　Vocal Tract Model

声道频率响应　Frequency Response of Vocal Tract

声门　Glottis

声门波　Glottal Waveform

声门激励函数　Glottal Excitation Function

声门脉冲序列　Glottal Pulse-Train

声纹　Voice Print

声学分析　Acoustical Analysis

声学特征　Acoustic Characteristics

声学语音学　Acoustic Phonetics

声导纳　Acoustic Admittance

声阻抗　Acoustic Impendance

声码器　Voice Coder

声激励声码器　Voice Excited Vocoder

声道中的损耗　Losses in the Vocal Tract

由于热传导　Due to Thermal Conduction

由于粘滞摩擦　Due to Viscous Frictions

由于屈服性管壁　Due to Yielding Walls

识别　Recognition

识别器　Recognizer

时间对准　Time Registration

时间校正　Time Normalization

时间规整　Time Warping

时域分析　Time-Domain Analysis

时域基音估值　Time-Domain Pitch Estimation

时间依赖傅里叶变换　Time-Dependent Fourier Transform

条件概率　Conditional Probabilities

听话人　Listener

听觉器官　Hearing

听觉系统　Auditory System

希尔伯特-黄变换　Hilbert-Huang Transform

系统函数　System Function

系统模型　System Models

系综经验模式分解　Ensemble Empirical Mode Decomposition

系综合成数　Ensemble Number

形心　Centroids

译码器　Decoder

诊断压韵试验　Diagnostic Rhyme Test(DRT)

残差激励声码器　Residual-Excited Vocoder

差分　Differencing

差分量化　Differential Quantizations

差分脉冲编码调制　Differential PCM

带宽　Bandwidth

独立随机变量　Independent Random Variables

矩形窗　Rectangular Window

矩形加权　Rectangular Weighting

类元音　Vocoids

冒名顶替者　Impostors

面积函数　Area Function

逆滤波器　Inverse Filter

前向预测误差　Forward Prediction Error

说话人（话者）　Speaker，Talker

说话人辨认　Speaker Identification

说话人个人特征　Speaker Characteristics

说话人鉴别（证实）　Speaker Authentication

说话人确认　Speaker Verification

说话人识别　Speaker Recognition

说话人无关的识别器　Talker-Independent Recognizer

说话人有关的识别器　Talker-Dependent Recognizer

送气音　Aspirated

误差　Error

误差函数　Error Function

相关（性）　Correlation

相关函数　Correlation Function

相关矩阵　Correlation Function

相关系数　Correlated Coefficient

相位声码器　Phase Vocoder

信息率　Information Rate

信噪比　Signal-to-Noise Rate(SNR 或 S/N)

修正自相关　Modified Autocorrelation

选峰法　Peak-Picking Method

咽　Pharynx

音标　Phonetic Transcription

音节　Syllables

音色　Timbre

音素　Phones

音位　Phonemes

音位学　Phonemics

音质　Tone Quality

语调　Intonation

语法　Grammar

语谱图　Spectrogram

语谱仪　Spectrograph

语言　Language

语言学　Linguistic

语义知识　Semantic Knowledge

语音　Speech Sound，Speech，Voice

语音编码　Speech Encoding

语音分析　Speech Analysis

语音感知　Speech Perception

语音感知质量评价算法　Perceptual Evaluation of Speech Quality

语音合成　Speech Synthesis

语音合成器　Speech Synthesizer

语音加密　Voice Encryption

语音理解　Speech Understanding

语音生成　Speech Generation

语音识别　Speech Recognition

语音识别器　Speech Recognizers

语音识别系统　Speech Recognition System

语音信号　Speech Signals

语音学　Phonetics

语音压缩　Voice Compression

语音应答系统　Voice Response Systems

语音预处理　Pre-Processing of Speech

语音增强　Speech Enhancement

语音的统计模型　Statistical Model for Speech

语音的全极点模型　All-Pole Model for Speech

语音信号的数字传输　Digital Transmission of Speech

语音信号的离散时间模型　Discrete-Time Model for Speech

语音质量的改善　Enhancement of Speech Quality

浊音　Voiced

浊擦音　Voiced Fricative

浊音区/清音区（区别特征）　Voiced/Voiceless Distinctive Feature

重音　Stress

复倒频谱　Complex Cepstrum

复合频率响应　Composite Frequency Response

残差　Residual

统计模式识别　Statistical Pattern Recognition

乘积码量化器　Product-Code Quantizers

十画

部分相关系数　Parcor Coefficient

倒滤（波）　Liftering

倒频（率）　Quefrency

倒（频）谱　Cepstrum

倒谱系数　Cepstral Coefficients

递归关系　Recurrence Relations

峰值基音提取器　Peak-Difference Pitch Extractors

峰值削波　Peak Clipping

高频预加重　High-Frequency Preemphasis

高斯密度函数　Gaussian Density Function

高通滤波　High-Pass Filtering

格型法　Lattice Solution

格型滤波器　Lattice Filter

海明窗　Hamming Window

海明加权　Hamming Weighting

宽带语图　Wide-Band Spectrogram

宽带噪声　Wideband Noise

离散余弦变换　Discrete Cosine Transform

破擦音　Affricates

特征空间　Feature Space

特征矢量　Feature Vectors，Characteristic Vectors，Eigen Vectors

特征选取　Feature Selection

特征阻抗　Characteristic Impedance

特定说话人识别器　Talker-Dependent Recognizer

调制　Modulation

调频 z 变换　Chirp z-Transform

通道声码器　Channel Vocoder

预测　Prediction

预测编码　Predictive Coding

预测残差　Prediction Residual

预测器　Predictor

预测器阶数　Order of Predictor

预测器系数　Predictor Coefficients

预测误差　Prediction Error

预测误差功率　Prediction-Error Power

预测误差滤波器　Prediction-Error Filter

窄带语图　Narrow-Band Spectrogram

乘积码　Product-Codes

十一画

清晰度（可懂度）　Articulation，Intelligibility

清晰度指数　Articulation Index

清音　Unvoiced Sounds

清擦音　Unvoiced Fricative

辅音　Consonants

辅音性/非辅音性（区别特征）　Consonantal/Nonconsonantal Distinctive Feature

混叠　Aliasing

混响　Reverberation

基带信号　Baseband Signal

基音（音调）　Pitch

基音范围　Range of Pitch

基音估值　Pitch Estimation

基音估值器　Pitch Estimator

基音频率　Fundamental Frequency，Pitch Frequency

基音周期　Pitch Period

基音检测　Pitch Detection

基因同步 lPC　Pitch Synchronous LPC

基因同步谱分析　Pitch Synchronous Spectrum Analysis

基音周期估值　Pitch Period Estimation

利用自相关函数　Using The Autocorrelation Function

利用倒频谱　Using Cepstrum

利用线性预测编码　Using LPC

利用并联处理　Using Parallel Processing

利用短时傅里叶变换　Using Short-Time Fourier Transform

距离　Distance

距离测度　Distance Measures

离散傅里叶变换　Discrete Fourier Transform（DFT）

偏相关系数　Partial-Correlation（PARCOR）Coefficients

深度神经网络　Deep Neural Network

谐波峰（值）　Harmonic Peaks

斜率过载　Slope Overload

斜率过载噪声　Slope Overload Noise

掩蔽　Masking

隐(式)马尔可夫模型　Hidden Markov Model
　　　　　　　　　　　（HMM）

综合分析　Analysis-Synthesis

十二画

编码器　Encoder

编码语音　Encoding Speech

窗　Windows

种类　Classes of

窗口宽度(窗宽)　Window Width

窗口形状　Window Shape

短时客观可懂度　Short Term Objective
　　　　　　　　Intelligibility

短时修正的相干系数　Short-Time Modified
　　　　　　　　　　Coherence Coefficient

短时自相关函数　Short-Time Autocorrelation
　　　　　　　　Function

短时平均幅度　Short-Time Average Magnitude

短时平均幅差函数　Short-Time Average Magnitude
　　　　　　　　　Difference Function

短时平均过零率　Short-Time Average Zero-
　　　　　　　　Crossing Rate

短时傅里叶变化　Short-Time Fourier Transform

短时能量　Short-Time Energy

短语结构　Phrase-Structure

幅度差函数　Magnitude-Difference Function

傅里叶变换　Fourier Transform

滑动平均模型　Moving-Average(MA)Model

联合概率密度　Joint Probability Density

量化　Quantization

量化误差　Quantization Errors

量化噪声　Quantization Noise

最大相位信号　Maximum Phase Signals

最大熵法　Maximum-Entropy Method

最大似然法　Maximum Likelihood Method

最大似然测度　Maximum-Likelihood Measure

最大后验概率　Maximum Posterior Probability

最陡下降法　Method of Steepest Descent

最佳量化　Optimum Quantization

最佳规整路径　Optimum Warping Path

最近邻准则　Nearest-Neighbor Rule

最小预测残差　Minimum Prediction Residual

最小预测误差　Minimum Prediction Error

最小均方误差　Minimum Mean Squared Error

最小相位信号　Minimum Phase Signals

十三画

错误接受　False Acceptances

错误拒绝　False Rejections

叠加原理　Principles of Superposition

叠接段　Overlapping Segments

叠接相加法　Overlapadd Technique

辐射　Radiation

辐射阻抗　Radiation Impedance

概率密度　Probability Densities

跟踪　Tracking

畸变(失真)　Distortion

解卷(积)　Deconvolution

零极点混合模型　Mixed Pole-Zero Model

滤波　Filtering

滤波器　Filter

滤波器组　Filter-Bank

滤波器组求和法　Filter Bank Summation Method

频带分析　Frequency-Band Analysis

频率直方图　Frequency Histogram

频率响应　Frequency Response

频谱分析　Spectrum Analysis

频谱平坦　Spectrum Flattening

(频)谱包络　Spectrum Envelope

频谱相减(减谱法)　Spectrum Subtraction

频谱整形器　Spectrum Shaper

频域分析　Frequency-Domain Analysis

塞擦音　Affricate

塞音　Stops

数模转换　Digital-to-Analog(D/A)Conversion

数字化　Digitization

数字滤波器　Digital Filter

数字编码　Digital Coding

倒频谱的　of The Cepstrum

共振峰的　of Formants

LPC 参数的　of LPC Parameters

时间依赖傅里叶变换的　of The Time-Dependent
　　　　　　　　　　　Fourier Transform

利用 PCM 的　Using PCM

韵律　Prosodics